从控制性规划到共同管理

以荷兰的环境规划为例

[荷] 格特·德罗　著
叶齐茂　倪晓晖　译

中国建筑工业出版社

著作权合同登记图字：01-2010-3729号

图书在版编目（CIP）数据

从控制性规划到共同管理—以荷兰的环境规划为例/（荷）德罗著；叶齐茂，倪晓晖译．—北京：中国建筑工业出版社，2011.11

ISBN 978-7-112-14234-7

Ⅰ．①从… Ⅱ．①德…②叶…③倪… Ⅲ．①环境规划—研究—荷兰 Ⅳ．①X321.563.01

中国版本图书馆CIP数据核字（2012）第062918号

责任编辑：段　宁　率　琦
责任设计：赵明霞
责任校对：肖　剑　王雪竹

从控制性规划到共同管理
以荷兰的环境规划为例
［荷］格特·德罗　著
叶齐茂　倪晓晖　译
*
中国建筑工业出版社出版、发行（北京西郊百万庄）
各地新华书店、建筑书店经销
北京永峥排版公司制版
北京建筑工业印刷厂印刷
*
开本：880×1230毫米　1/32　印张：14⅛　字数：430千字
2012年5月第一版　2012年5月第一次印刷
定价：**49.00**元
ISBN 978-7-112-14234-7
（21443）

目 录

图示一览

表格一览

前　言

这本书对荷兰的环境政策进行了分析，荷兰的环境政策一直是许多国家环境政策的基础。人们认为荷兰的环境政策是发展的和影响深远的。特别是后一个特征解释了为什么荷兰的环境政策让人们产生了如此之大的兴趣。当然，荷兰环境政策目前的发展正在完全改变着它的形象。日益增长的批判导致了这种变化。那些利益攸关者根据他们在荷兰的经历，针对传统的影响深远的环境政策后果而提出了他们的批判。荷兰的环境政策曾经表现出“令人难以置信”① 的特征，但是，它已经不能用来说明今天实践中所面临的环境政策问题了。荷兰环境政策的确到了建立新的方式的时候了。

此外，这本书讨论了荷兰在环境政策方面增加灵活性和把责权分散到地方的过程。随着增加环境政策的灵活性和把决策权分散到地方，利益攸关者表现出对“新包装的”政策的极大信心。但是，这仅仅是问题的一个方面。许多人对分散化采取的路径和可能的后果持保留态度，特别是那些曾经参与过制定分散化政策的人们心有余悸。我们现在怎样能够做出最优的决策，使其在未来的某个时间点上成为现实，而环境已经在此期间付出了代价？我们应该放松政策约束以便不让它们堵住了发展的道路，包括涉及环境问题的发展？我们的研究对这种探索的行政管理问题做了反思。

环境标准制度的兴起和衰落是我们写这本书的主要原因之一。直到20世纪90年代早期，荷兰政府强制执行的环境标准把荷兰的环境

①作者使用“too good to be true”来描述他对荷兰环境规划的基本看法。“too good to be true”这个英语习惯用法通常用来描述这样一种情况，一件事太好了，好到让人难以置信。人们期待这个结果，却又不相信它真的会发生，然而，这件事的确出人意料地发生了。澳大利亚的“每日电讯报”2011 年 3 月 19 日有一则关于日本东北地区大地震的报道就使用了“too good to be true”作标题，讲的是地震八天后，竟然还找到了一位生还者。所以，作者在使用这个短语来描述荷兰环境政策时，还是对荷兰环境政策过去几十年发展持肯定态度的，当然，需要改革，以应对今天的问题。如果这样理解作者对“too good to be true”使用，那么我们可以这样说，作者对荷兰环境规划的过去采取的态度是“扬弃”，而不是抛弃。——译者注

规划推到了风口浪尖上。正是因为标准制度的指令性质，环境规划发展成为一个完全被认可的政策领域，它实现了令人赞叹的结果，能够与其他政策领域旗鼓相当。事实上，这个刚性的、定量的标准实际上排除了除环境利益之外的所有利益。

当然，环境标准曾经完全证明，对它们自身和当时的形势而言都是非常成功的。令人惊讶的是，已经成为荷兰环境政策基础的环境标准，竟然在一个很短的时间里，成为人们不愿讨论的令人憎恶的东西。大约在20世纪90年代中期，环境标准“出局”了，帷幕已谢。在环境政策分散化的道路上几乎没有留下什么。

随着这个对标准的莫名其妙的和突然的厌恶，立法机构似乎倒向了另一边，使用“公众的共识”、“相互作用”和“补偿”这样一些概念，为新的理论提供基础。参与性决策和共同管理成为新的环境政策的里程碑。

这个掉头已经引起了许多问题。它给人一个印象，对新的信念的过分信赖已经替代了对旧的信念的过分信赖。是否新的信念能够产生预期的结果还需要观察。这类实际问题是我们分析决策和规划的基础。

分析决策和规划与分析荷兰环境政策的发展交织在一起的，也就是说，第二个分析是一种与公共行政管理方面问题相联系的综合。这个综合的目的是澄清政府部门在基于规划的行动和决策中所扮演的角色。这个研究的结果之一是基于规划的行动的多元模式，这个模式可以用来建立目标（特别是环境标准）和包括在决策中的所有事物之间的联系。这个模式也与规划和决策中的“效率”和“效果”概念联系在一起。

我们还提出了按照环境-空间冲突的复杂程度对环境规划问题做分类的建议。从根本上讲，我们在这里提出的复杂性是一个能够在规划理论中给明显对立的理论、看法和观念之间架起一座桥梁的因素，复杂性使我们能够跟踪和解释环境规划的发展。提出用复杂性对环境-空间冲突做分类的基本目的是为了推动新理论的发展。通过我们赋予复杂性概念的意义，我们就可以把许多不同的理论观点、看法和概念联系起来，形成一个理论框架。从我们的观点看，特别是就环境政策而言，这个理论框架能够引导我们进一步理解决策和规划，帮助我们去做政策选择，推进我们对可能的政策后果的研究。

这本书的荷兰文的第三版已经出版发行了。这本书英文版的出版发行得到了“荷兰科学研究组织”（NWO）的支持和补贴。我要对“荷兰科学研究组织”表达我最真诚的感谢。我还要感谢阿姆斯特丹市政府环境部，它提供了第7章的翻译费用。格罗宁根大学语言中心负责了这本书的翻译工作。我要特别感谢伊微特·米德（Yvette Mead）和茱莉娅·哈维（Julia Harvey）。我还要感谢亨克·乌格德（Henk Voogd）唐纳德·米勒（Donald Miller）、汉斯·弗斯珀尔（Hans Verspoor）和特奥·阿奎斯（Theo Aquarius），他们在我写作本书荷兰文版时，总是给我提供建议。他们的意见也体现到了英文版中。我还要真诚地感谢塔玛拉·卡斯佩斯（Tamara Kaspers）、米兰达·亚赫（Miranda Jager）、马丁内·德罗（Martine de Jong）和弗洛里斯·布吕伊（Floris Bruil），他们对英文版的出版给予了帮助。最后，我还要感谢阿西盖出版公司的瓦莱丽·罗斯（Valerie Rose），她毫不犹豫地把这本书加到了她的出版书目中。

格特·德罗

格罗宁根，2003年7月

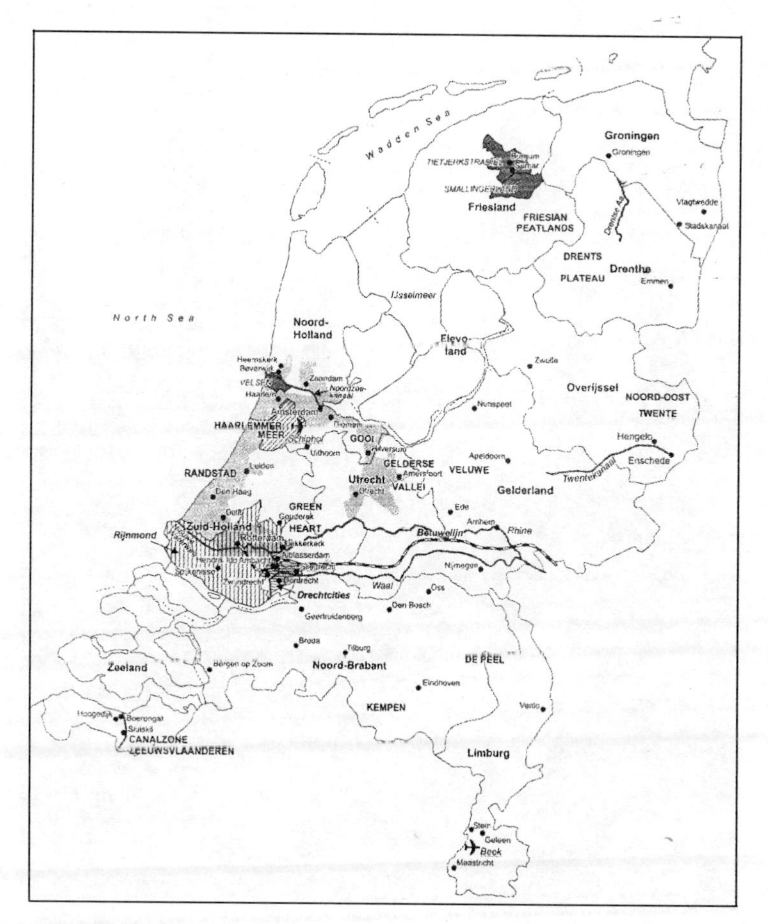
Wadden Sea
North Sea
Groningen
Friesland
FRIESIAN PEATLANDS
DRENTS PLATEAU
Drenthe
Emmen
Noord-Holland
IJsselmeer
Elevo land
Overijssel
NOORD-OOST TWENTE
Hengelo
Enschede
Twentekanaal
HAARLEMMER MEER
Schiphol
Amsterdam
Zaandam
Haarlem
Heemskerk
Beverwijk
GOOI
Hilversum
GELDERSE VALLEI
VELUWE
Apeldoorn
Amersfoort
Utrecht
RANDSTAD
Leiden
Den Haag
GREEN HEART
Gouderak
Zuid-Holland
Rotterdam
Rijnmond
Delft
Spijkenisse
Zwijndrecht
Dordrecht
Alblasserdam
Drechtcities
Waal
Betuwelijn
Rhine
Arnhem
Ede
Nijmegen
Gelderland
Oss
Den Bosch
Geertruidenberg
Breda
Tilburg
Noord-Brabant
DE PEEL
Zeeland
Bergen op Zoom
Eindhoven
KEMPEN
Venlo
Hoogedijk
Sluiskil
CANALZONE
ZEEUWSVLAANDEREN
Limburg
Stein
Geleen
Beek
Maastricht
Zwolle
Nunspeet
Uithoorn
Vlagtwedde
Stadskanaal
Burgum
Surhuisterveen
TIETJERKSTERADEEL
SMALLINGERLAND
VELSEN
Noordzee-kanaal

荷兰地图

2000 年 5 月 13 日的荷兰恩斯赫德

(E. P. Van der Wal)

第1章　引　　言

冲突、决策和环境规划的复杂性

不能依靠任何一双“看不见的手”把分别处理的部分组合成为一个适当的整体。所以，一个接触广泛的行政机构应该干预和处理有关美、空气和照明这类集体的问题。这是必要的［A. C. 皮古（Pigou），1920；196］。

1.1　恩斯赫德：2000年5月13日

2000年5月13日下午3点，荷兰恩斯赫德发生了一起不幸的事件。滚滚白烟、接二连三的爆炸，似乎使那里完全失去了控制，湛蓝的天空布满了烟尘。在恩斯赫德市的北部，不幸正在发生。3点半后的不几分钟里，随着两声巨大的爆炸，SE礼花工厂飞上了天，不可避免地殃及了周边的居住区，龙贝克街区顷刻间成为了灾害区。电视报道了全部事件，提供了这场悲剧难以置信的数据：500所住宅被摧毁或受到重创，1500所住宅受到轻微影响，500人受伤。21个人在这场灾难中遇难。幸好因为当时恰恰是周六双休日，在屋里的人不多，天气很好，否则遇难人数还要多。灾害地区是二战前建立起来的街区，围绕着这个工业区，政府建设了许多社会廉租房。当然，这样做也不能完全掩盖纺织业衰落的景象。如果这场爆炸波及储存在附近Frolsch啤酒厂的6000升氨水，情形还会更糟糕。当烟尘和火药味消散之后，许多人开始提出疑问，这样的灾难怎么会发生在一个居住区里（De Lugt，2000）。

这本书描述了荷兰环境规划的发展，荷兰环境规划对我们日常生活环境“宜居性”的影响。恩斯赫德市的灾难如同一面镜子，反映了处在那个特定时期的荷兰环境规划的状况。当时，人们正在试图使用各种方式回答这样的问题，我们是否应当因地制宜地采用更具弹性的环境规划。人们常常认为，荷兰的环境规划在技术上是先进的，在政策上是成熟的。恩斯赫德市的灾难却告诉我们，荷兰的环境规划实际上是“可望而不可即的”。

1.2 对指令性和控制性规划的疑惑

这本书涉及荷兰环境规划的日常工作方面，我们把这些日常工作方面看作例子，以决定环境冲突是否可以按照其复杂性来分类。这本书也试图确定，按照复杂性而做出的分类在多大程度上决定决策方法。为了说明这些问题，我们可以把环境规划的发展看作是一个经验领域的问题。这本书表明，就决策过程、环境质量、环境瓶颈和环境冲突等问题而言，荷兰的环境规划正处在转折点上。荷兰环境规划的理论和实践曾经一直遵循着一套通用的和指南性的环境标准。30 年以来，荷兰政府以“保护”环境为目标，建立了一套严格的和定量的标准，限制人类活动。这种自上而下形成的政策，借助一般规范的方式，传达到区域和地方政府部门，约束与生活环境相关的其他类型的政策。当然，这种严格的通用标准日益引起了争议。

标准能够推动人类活动，例如，生产规范，但是，它也会限制人类活动。环境标准通常具有限制人类活动的特征。环境标准是通过政策确定下来的限制，为了“保护”环境和阻止对环境进行破坏的活动。设立标准常常是一个“一刀切”的过程，所以，需要讨论。从这个意义上讲，环境标准与其他类型的限制和政策界定没有什么不同。与此相反，在 20 世纪 90 年代，对环境标准的批判引起了有关能否分层次建立规范的讨论，试图解决环境质量和空间规划的冲突。这场讨论构成了本书的主要线索。

这场讨论并非涉及是否把环境标准作为一种指标或手段的问题，而是讨论是否把它看作一个确定的政策目标，用来作为一个政策目标的标准的确是实现预期质量的有力手段。当然，实现可以接受的环境质量所依赖的因素却要大于环境政策。实现国家环境目标同时还依赖于其他与发展相关的政策领域，如空间规划和交通。如果把环境目标作为其他政策领域的指南，把个别政策目标作为压倒一切的目标，分歧不可避免。

在城市建设中，环境标准压倒一切的特征特别明显。二战后重建时期，建设模式为“分散化”和“约束性的分散化”，而到了 20

世纪八九十年代，簇团和集中的建设成为城市建设的基础。这种盛行的城市建设概念现在演化为“紧凑城市”。空间上的集中和建设紧凑城市的观念之所以产生了重大影响，部分原因是1993年荷兰中央政府有关大规模建设住宅的承诺，如住宅、空间规划和环境部（VROM）的“有关形体规划（VINEX）的第四号政策文件”，1995年公布的建设城市绿色缓冲区的“第五号政策文件”。许多政府部门认为，簇团和集中式建设，同时最优化地混合各类活动，改善环境质量，是城市建设的基本原则。当然，“第一个国家环境政策计划的评估揭示，这个旨在推进动态和宜居城镇建设的政策受到了僵硬的环境法规的干扰，因为这些环境法规并非适合于都市发展的现实（VROM 1995；5）。

我们面对本书称之为环境-空间冲突的问题。这种类型的冲突常常通过把环境标准转换成为距离的技术-功能方式来处理，即在环境敏感的和破坏环境的功能、活动或地区之间维持一定的距离。按照评估意见，这种通用的、指南性质的方式没有给地方政府留下充分的机会，因地制宜地处理地方环境-空间冲突。如果考虑到地方政府部门的反对意见，环境质量就不再是地方政府面临的唯一问题，地方生活环境的其他问题也需要加以考虑。这样，我们就不再可能以直接的、统一的方式来界定或描述环境-空间冲突。冲突不再按照国家环境质量标准来分类，而是按照地方情况因地制宜地来确定。这种变化会影响到国家政府有关环境的技术-功能工作方法。

抛开恩斯赫德的烟花惨案，通用的和僵硬的环境法规衍生出完全控制的巨大需要：指令-控制规划。这种规则日益显现出是城市发展和提高城市质量的阻碍。它在形体规划和涉及“紧凑城市的矛盾”（TK，1993）的环境之间产生分歧。在有关改变建立在标准基础上分层次和指南性环境政策的呼吁中，这种矛盾已经成为人们常用的证据。格罗宁根市议会提出，“在许多情况下，严格地坚持环境法规不一定会给居民带来最好的环境质量，甚至从环境的角度看，也是如此，也不一定会产生出期望的城市发展结果”（格罗宁根市议会，1996；25）。格罗宁根市议会并非唯一持有这种看法的机构。空间规划协会（RARO）提出，“是否有可能让较低层次的政府部门摆脱中央制定的标准”（RARO，1994）。这也并非空间规划协会的一家之言。

与此相关，较之于原先的方式，现在允许地方政府部门按照综合的、协调的和因地制宜的原则对指南式环境标准做出调整。这种变化也涉及环境政策在多层次政府间的“外部综合”，特别是，环境和形体规划政策应当协调发展和相互推进。同时，中央政府给予地方和区域政府部门自主权限。住宅、空间规划和环境部（VROM）坚持认为“负责任的人会负责任地做事……这样一种方式要求中央政府在国家目标和标准范围内保持一种灵活性”（TK，1996；2）。过去一个相当长的时期里，不仅出现了分散化的发展倾向，也出现了给发展松绑的倾向。松绑鼓励地方政府和非政府组织在处理地方生活环境问题时拥有更大的自主性和创造性。这种分散化和松绑的过程引导着政府在环境规划方面专断方式的改革。

住宅、空间规划和环境部（VROM）在20世纪90年代试行的两个政策性手段最好地说明了这种改革。第一个变化体现在综合环境分区规划的兴起和衰落（见§5.4和第6章），综合环境分区规划是国家标准政策的高级形式。当这种以标准的形式建立起来的政策显示出其弱点时，达成共识、参与和开放规划过程等概念逐步被人们接受。住宅、空间规划和环境部在有关区域政策（见§5.4）中使用了这些概念。住宅、空间规划和环境部把选定地区的政策看作是一种革新的政策方式，同时，或多或少把它看作是综合的环境分区规划。住宅、空间规划和环境部的选定地区政策部分建立在“复杂决策”（见§4.7）的战略基础之上。与综合的环境分区规划相比较，住宅、空间规划和环境部的区域政策拥有了正面的形象。区域政策是一种不再把环境指标看作是唯一指标的政策，它同时兼顾其他的地方问题。区域政策的目标不再是不惜代价地追求环境质量；其他与人们健康发展相关的因素也要得到考虑。这种制定政策的方式更适合于因地制宜地处理环境-空间冲突：走上共同管理和因地制宜编制规划。

20世纪90年代曾经有过许多广泛讨论的论题；除开对以上国家环境分区规划制度的批评之外，住宅、空间规划和环境部的区域政策还被看作是“社会可以接受的政策”。而下议院两次否决了以标准的形式提出的减少二氧化碳排放量的政策，人们认为，建立在多功能标准基础上的消除土壤污染和相关标准，是不可持续的和耗费时间的，人们已经就《减少噪声法》进行了辩论，最终也不会得以通过（见§5.5）。然而，围绕国家"城市和环境"项目的共识表明，进入21世纪之初，标准还将成为环境政策和相关自然环境的其他政策之间的焦点。当然，有一点是清楚的，尽管政策制定者和议会在恩斯赫德灾难发生之后开始犹豫相关的改革问题，标准体制的作用总会有所改变。不会把发展限制在改变使用环境标准上；多种管理部门的角色也在讨论之列。

追溯到1994年11月30日的宁斯佩特（Nunspeet）会议，那次会议是层次式和指南式环境政策向协调地方特殊情况的环境政策过渡的一个阶段。宁斯佩特会议是一个政策评估会议，许多部门表达了他们对环境政策的不满[①]，提出了他们对环境政策的期望。这次会议的目的是找到一种解除层次标准和考虑地方特殊情况之间死结的办法。"与特定领域相关的标准（如外部安全性或噪声污染）可能阻碍发展，发展的期待基于其他方面的考虑（如车站附近的建设）"（VROM 1995；附录1）。这个结论得到了所有与会者的赞成。在会议期间，许多部门试图通过会议达成共识，荷兰的环境政策究竟应当如何面对未来和究竟怎样执行这些环境政策。他们的结论基本上是建立在"环境政策的新的管理原则"的基础上（VROM 1995；附录1）。这种探索一直贯穿在1990年代后半期的环境规划中。

有些人提出，建立在共识基础上的政策最能适宜于在技术意义上择优的政策。必须通过社会对话来得到理解和编制政策。每一个环境问题都有其自身的特征。这就意味着因地制宜的方式比起通用方式更优越。这就是为什么要给予地方和区域层次更充分的空间去编制适合于区域特殊性的政策。同时，要给予它们更大的空间来建立起自己发展的先后目标。一种可以考虑的解决办法是，在"指南下形成适宜于自己的规则"。这些规则一定存在背离标准的可能，所以，必须进行广泛的公众讨论来明确这样做的后果。这种方式背后的理由是，从问

①来自住宅、空间规划和环境部环境管理董事会（DGM），水资源协会（UvW），跨省平台（IPO）和荷兰市政府协会（VNG）的代表参加了这个会议，他们均为联合协商平台（DUIV）的成员机构。

题出发而做出的决策比起从一般原则出发而做出的决策更为有效。环境目标必须同时与地方其他形式的特性一并考虑，“环境领域可以接受的整体解决办法能够产生适宜于作为整体的地区发展”（VROM 1995；11）。这样，在创造所期待的条件和设施方面，政府的角色比过去更具有指导性质（VROM 1995；附录1）。这些结论②形成了一定的共识，使那些围绕环境决策暴风雨式的争论消停了下来（§5.5）。在这些结论的基础上，有关环境政策层次和指南性质的讨论进入到形成制度的阶段，以便发现新的方向。最终的建议还是有效果的（见第5章）。因地制宜的和地方导向的规划政策已经成为替代通用的指令-控制性规划政策的可以接受的一种选择。当然，这样一种规划政策是否果真能够产生比指令-控制性规划政策更好的结果还需要观察。

以上概括了从问题出发的实践，描述了国家关于在环境政策中设定标准的讨论，说明了这类标准对与形体环境相关的其他形式政策的影响。问题是环境质量是否能够作为一个独立的领域来定义，或者说，环境质量是否应当作为一个相互关联的问题来加以考虑。从行政管理的角度出发，这是一个有关把重点放在分层次决策上，还是放在分散决策上。如果把重点放在分层次决策上，问题的确定一定是建立在通用的方式上。如果强调分散决策，每一个环境-空间冲突都被认为是独特的，问题的界定是建立在每一个案例的基础上的，所以，允许确定问题发生的背景。结果，从背景出发考虑的环境-空间冲突比起不考虑背景的环境-空间冲突更为复杂。

这里的问题是，环境政策的编制和改革是否使用“复杂性”这个术语来解释环境政策方面的问题。环境政策方面的问题是否应该直接或综合地面对或大或小的整体背景。我们所处的现实是，我们不可能直接使用一般公式，如通用的环境标准来界定所有的问题。“综合的决策”战略及其流行的概念，如参与、共识、自我管理和交流活动，都不适用于所有的案例，综合的战略框架也不可能完全替代包括标准在内的政策。可是，究竟什么是可能的？按照1990年代的精神，公共问题也能够按照市场机制来发展和管理，市场的力量果真可以回答这

---

②这些结论被正式记录在联合协商平台（DUIV）1994年12月15日的会议记录中。

个问题吗？相关一类问题的政策果真具有变更的弹性？这是否更是把重点转移到多元政策上去的问题呢？考虑到与政府管理、规划和政策编制是否应当集中或放松，是否应当分散化这类问题，上述疑问都是有关立场和愿景基础和合理性的学术问题。

1.3 节将确定本书的经验目标。这些目标部分具有管理性质，部分使用形体空间和社会术语来加以描述。环境-空间冲突并非只是它自身的问题。环境-空间冲突也可以看作是一个决策问题，一个它的复杂性是否可以看作一种决策标准的问题。决策，特别是相关于环境的决策，都是一个行政管理问题。1.4 节描述了怎样使用理论反映研究经验的问题，理论反映怎样具有经验的价值。这里的问题同时也是，复杂性是否能够是决策时需要考虑的一个问题。1.5 节所要讨论的问题是本书的基础。这一节的最后说明了这本书的框架安排。

1.3　冲突和决策：本书的研究主题

我们可以把环境-空间冲突的复杂性和决策过程之间的关系分解为三个相互联系的方面。第一方面涉及政策产生的有关环境-空间冲突的具体问题（见本书第一部分）。这些冲突源于环境健康和为满足多种功能所需而对形体空间的分配之间的矛盾。这些冲突有些是物质性的，有些则是行政管理性的。这在认知上还有待解决，一方面是承认相关的多种因素之间存在冲突，人类活动和人类活动的后果之间存在清晰的联系，另一方面是评估这些冲突和做出相关政策的选择。这种相互联系的第二方面涉及决策的行政管理问题，一方面是环境-空间冲突的关系，另一方面是有关环境政策的争议、环境政策的多种选择和编制（见本书第三部分）。我们在那里还讨论了环境政策和空间规划政策的协调问题。这一节将讨论环境-空间冲突和相关的决策。我们在1.5 节中提出环境-空间冲突的复杂性和决策过程之间关系的第三方面，即具体的和行政管理研究的理论反映（见本书第二部分）。这一部分的目标是，确定一个实用的和一致的理论视角，以便能够理解决策过程和解决冲突。

作为物质的和行政管理对象的环境-空间冲突

“环境-空间冲突”这一概念出现在1994 年末，当时正在研究一个综合环境规划分区中实验项目的规划后果［博斯特（Borst）等，1995，参见§5.4和第6章］。这项研究涉及的问题不仅仅与以指南形式设立的环境政策的空间后果相关，也与针对特殊和具体情况而制定的环境规划和空间规划政策之间的相互影响相联系。在一份讨论环境分区变化状态的报告中［比尤金（Beweging）的环境分区，博斯特等，1995］，“环境-空间冲突”概念特别涉及“工业和居住之间的冲突”。这个冲突意味着，工业发展对附近居住区环境质量的影响，同时，这个冲突也意味着，由于工业发展的影响，在工业区附近不可能建设住宅（博斯特等，1995；22）。所以，这个术语的意义有限，基本上是为了界定综合环境分区中实验项目需要研究的问题。

在本书中，环境-空间冲突的概念超出了工业区与居住区之间的冲突。这个概念的意义扩张到包括一个地区或地方的环境质量和空间规划以某种方式相互冲突的那些问题。这些冲突或冲突的状况涉及利益各方对相互影响或相互影响因素价值判断之间的分歧。实际上，这种冲突可能指，当居民的住宅与污染源之间没有达到安全距离时，工业、港口或交通活动所产生的有毒气体或致癌物质对附近居民健康的影响。例如，在阿姆斯特丹斯希普霍尔机场的空中交通对环境质量的影响可能导致人们认为在机场附近开发住宅不是明智之举。由于环境质量达不到要求，空间开发受到了限制，或者威胁到业已存在的空间使用功能。相反的情景同样存在，由于地方空间布局的原因，有损环境的或环境敏感的活动和目标不能持续下去。这里，我们把环境-空间冲突作为一个形体对象来对待，现实背离了期望的情形，所以，现实推进规划和政策发展。环境-空间冲突不仅以物理感觉而存在，如难闻的气味、空气污染等，也以政策之间的不协调关系而存在，如环境政策和形体规划政策之间的不协调。这两种政策之间的较量倾向于最终产生通用的、指南形式的环境法规。在这种情况下的问题是，是否能够简单地认定在环境和空间政策交叉领域的冲突都是“与环境相关的”冲突。例如，过去如果遇到居住开发接近工业区时，便会限制那里的工业活动继续发展。在这种情况下，限制新的工业开发目标的并非环境标准，而是过去制定的空间规划。

这些政策后果表明了环境-空间冲突的行政管理背景。从行政管理的角度看，环境-空间冲突可以描述为环境政策和空间规划政策相互交叉领域的问题。这些问题出自规划和政策中的法规、程序和过程，这些问题可能涉及不能满足预先确定下来的标准，或涉及利益上的冲突。这些问题的实质常常是把实际状况向期待的状况转变的可行性。

环境-空间冲突这类特殊问题将成为推进环境政策变更的缘由。环境政策的改变集中在改变环境标准的功能，改变环境政策的目标，在城市地区推行宜居性，在环境政策方面的改革旨在协调和综合考虑环境和空间规划政策，因此，不同政府部门和其他类型组织的角色也随之而发生变化。我们将集中讨论理想（物质性目标）与社会和自然现实不一致的政策内容和制度化方面（行政管理目标）的问题。

作为行政管理对象的环境和空间决策

我们不能认为，讨论城市地区损坏环境的功能与活动和环境敏感的功能与活动之间的关系是另一个问题。讨论这个问题始终与制定政策层次的发展相关，制定政策层次是问题实际发生层次之上的一个层次。必须在这个制定政策层次上实现环境和空间规划政策的外部综合。的确还存在一个政策层次，在那里使用更为抽象的术语：放松约束、分散化、市场机制、开放规划过程和非政府组织的参与。我们不应该把有关环境-空间冲突的讨论解释为分散和放松约束目标的直接结果，政府规划的若干领域的确存在这类改变[3]；我们也不应该认为，环境-空间冲突太特殊了，不能使用这些术语来加以描述。分散化和放松约束的建议几乎不可避免地会影响到有关环境-空间冲突、环境政策制定、环境和空间规划政策协调的讨论（参见§5.5）。

所以，我们能够发现三个政策编制层次，它们对我们了解环境政策和空间规划政策交叉领域的问题是重要的（见图4.1）。首先，在荷兰，最高决策层的许多政策领域是鼓励分散化和放松约束的。在这个

③科克（Kok）首相的“紫色”内阁旨在通过执行它的“MDW”（即市场机制、放松管制和法规质量）项目在政策制定和社会发展之间建立起一种比较紧密的联系。这个项目的基础是这样一条原则，法规一定不能阻碍经济发展，地方责任制或创造性。

层次，向市场力量开放决策日益增加。在“较低层次”上，我们能够把分散化、放松约束和把市场力量引入政府规划过程解释为长期政策倾向的结果。还有一个更实际的层次，如与空间规划或环境政策领域的政策相关的层次，中央政府认为它负责这些专门领域。我们的研究集中在环境政策和空间规划政策，特别是从推进和谐的角度，集中研究两种类型政策如何能够缓慢却又坚实地结合在一起，把共同的因素综合起来。最实际的层次是那些发生特殊问题的层次。政府政策得到具体执行的层次。所以，我们的讨论是关于环境-空间冲突的，严重的环境影响导致对空间规划的限制，或者空间规划的发展能够引起环境透支。

在多种制定政策的层次上，在有关政策制定的战略性建议和确定了具体目标的政策之间总是存在差异，具体政策性目标是建立在物质现实基础之上的，来自社会的和自然的发展。在对政府规划进行概述的层次上，重点集中在政策本身：放松约束和分散化必须产生比较大的效率和效果。在最具体的政府层次上，放开讨论政策的效果和效率，特别是那些实际社会和自然状况下采用的希望的政策措施。环境-空间冲突常有发生在最具体的政府层次上。所以，在最具体的政府层次上讨论环境-空间冲突的政策，基本上是寻求在冲突和通用的和指南式环境政策规则之间建立起一个因果关系。我们还需要注意到其他的发展：就补偿原则而言，环境问题必须在它们发生的层次上得到解决。所以，有关环境政策决策的讨论集中在政策改变对地方环境问题的后果上，这些政策变化是否是分散化，放松约束或补偿的结果，政策改变如何能够对产生和谐有所贡献，如何有可能综合协调环境和空间规划政策。

1.4　复杂性：理论思考的基础

环境政策决策的变化是敏感的。对此敏感的部分原因是，许多年以来，地方政府比起较高层次的政府，更为关注与地方利益相关的环境-空间冲突，也就是说，这类直接涉及地方利益的冲突更为复杂。长期以来，中央政府通过一般的和指南式的标准，把环境与其他利益分开来，环境利益成为影响地方决策过程的一个基本的方面，所以，环境利益相对直接地影响到地方决策过程。

我们可以把这种“一票否决”的和不容分辩的决策形式解释为功能-合理过程。暂且不考虑功能合理性比较专门的意义（在§4.6中讨论），按照系统理论，这种类型的决策基本上是以“整体的部分”之间直接因果关系为基础的（见第4章）。污染源和转移到一定范围内的污染物对环境造成损坏的负面结果之间的直接因果关系，成为建立与环境质量问题相关的政策的基本依据。这是有关污染源和环境影响结果之间的问题。

我们可以通过“合理性”的现代方式来说明这种技术-功能性方式的特征。通过有效的管理，应用有组织的和富有成果的技术，借助积极的态度，相信我们是有能力了解和控制物理的、生物的和社会的过程，为了我们自己的和未来人类的利益，我们总可以从“客观上”实现我们的目标［奥赖尔登（O'Riordan）1976；11］。这种方式关注构成整体的要素，认为这些要素之间存在着直接的因果关系［克雷默（Kramer）和德·斯米特（De Smit）1991］。就因果关系而言，这种方式涉及紧接因果关系，一个原因直接产生出结果。我们假定机械的世界正是遵循着一系列不可分割的要素因果链产生出来的。这就是我们通常所说的线性关系［格雷克（Gleick），1988］。为了清晰地确定问题，我们必须找到要素的因果链。如果我们找到了这种任何一个过程中都存在的全部因果关系，我们就一定能够预测最终的结果。

现在，人们日益认识到，这种假定的因果关系不过是一个理想的形象或过分简化的现实，事实上，任何一个过程都受到来自外部的影响。在这类情况下，最终结果就会变得难以预测。整体内在要素之间的关系也会变得比原先的假定更为复杂。当然，如果我们接受紧接因果原则，我们就有意或无意地排除了外部的影响（克雷默和德·斯米特，1991；3）。然而，背景和周边事物通常会对一种社会现象产生影响。当相互关系的影响增加时，整体要素之间的关系会变得不稳定，变得间接起来，于是，我们越来越难以给它们建立起一种直接的因果关系。这里，我们谈到了远程因果关系，或间接因果关系。于是，机械的因果关系日益被统计因果关系所替代［普里果金和施滕格斯（Stengers），1990］。这就是为什么基于系统的和基于网络的思维方式已经成为当代理论和概念的基础,“可能性、选择和外部影响[……]对于理解现象更为重要”(克雷默和德·斯米特,1991;5)。在整体要素之间的关系会变得不稳定和变得间接起来的情况下,最终结果的可预见性便会减少,因为产生一种结果的关系受到了影响。所以,问题本身变得越来越复杂,越来越难以确定。

对环境政策的技术功能或功能合理方式的批判不绝于耳。正如在第1.2节所提到的那样,这种方式生产出来的是通用的和定量的环境标准。于是,人们也对环境政策的通用的和定量的解释提出了批判。由于中央政府不能完全了解地方的特殊情况及其发展的可能性,所以,中央政府制定的通用的和定量的规则不能帮助地方利用那些发展的可能性。以通用和定量规则形式出现的环境政策通过国家环境标准“客观化”了形体的现实。对整体的分解(还原论)并非是使整体具有客观性的唯一方式;定量化的现实(使用抽象的数字解释现实)也不是对现实的感觉进行解释的唯一方式。奥赖尔登曾经讨论过“客观性的神话……因为数目有时具有伪装性,不可拒绝,受到尊重和可信,所以,对定量的诉求就是对‘理性的’计算的一个诉求”(1976;16)。许多市政府都要求减少“预先项目化的”环境政策(见第7章),提出协调包括环境问题在内的多方面的地方事务,提高地方政府的自主性。这就意味着,要更多地考虑到地方特殊情况,要把环境问题与其他地方事务统筹协调起来。既不能忽视使其具有客观性的“现实”,也不能忽视主体的和主体之间相互关系的“现实”,它们都是现象和问题的不可或缺的因素。

从抽象的角度讲,1.2节所提出的批判旨在削弱环境规划方面的定量、目标导向和控制性方式的支配性地位。中央政府已经注意到了这类批判,环境利益不再是唯一的,而应当把环境利益放到整体背景中加以考虑。不再接受那些忽略了定性环境标准而确定下来的环境-空间冲突,而是从地方背景上看待环境-空间冲突。因此,环境-空间冲突都是积累起来的问题和在社会发展中逐步形成的冲突,它们一起形成了复杂的社会现实。我们并非总有可能找出它们之间的因果关系。所以,最终结果难以预测。这并不意味着我们对这个问题只能就事论事:“如果现实问题包含在一个非常复杂的现实中,这个非常复杂的现实似乎不是顺序排列的（所以，任何有序的思维都无能为力），而是错综交织的，甚至或多或少涉及利益攸关者……”［考夫曼（Kaufmann）等，1986；16］，那么，我们期待理论化［克欧曼（Kooiman）1996；41］。我们的研究讨论一种规划导向方式的概念（见§4.9），环境-空间冲突的复杂性程度能够处于透明状态，能够使用环境-空间冲突的复杂性程度作为一种指标来决定决策方法。

1.5　转向与复杂性相联系的规划理论角度

在环境规划中使用通用的、指南性标准需要一种针对环境质量问题的功能合理性方式。正如我们以上解释的那样，这种方式假定了一种直接的因果关系，所以相对简单。除开功能合理的方式，我们还谈到了“综合决策”（见§4.7）。“综合决策”明确地与网络管理和参与决策相关，网络管理和参与决策可以解释为交流理性行为的因素（见§4.6）。与关系之间直接因果联系相关的功能机制相对立的是，主体间关系和相互作用。基于直接因果关系的决策形式和基于网络和参与的决策形式的区别在于简单和复杂。

这里，简单和复杂之间，或者说，功能合理方式和交流理性方式之间，并没有明确的划分。相反，我们把简单性和复杂性，功能合理的行为和交流的理性行为，都看成是一个连续轴的两个端点。这就需要一种理论角度（第4章），理论的角度较之于简单或复杂的分类具有更深远的意义。站在这个新的角度上，一个问题的复杂程度能够决定决策过程、解决方案和最好的方式。

我们把“一个问题的复杂程度决定决策过程、解决方案和最好的方式”这一原理，放到当前有关规划理论讨论的背景中。在经验问题领域：环境政策的编制，改变决策方式以解决环境空间冲突，我们也能看到这种观点。我们的研究旨在形成一个规划导向方式的理论框架（见§4.9），从这个目标出发，我们使用规划理论讨论作为规划导向方式理论框架的一种思想源泉和一面检验的镜子。通过规划导向方式理论框架的内在一致性，规划导向方式理论框架与现存理论的结合点，当然还包括规划导向方式理论框架提供的分析经验问题的可能性，我们可以衡量规划导向方式理论框架的价值。无论环境政策是否与空间规划政策以及与形体环境相关的政策相联系，环境政策的效率和效果是首先需要放到桌面上的问题。环境政策与环境-空间冲突的复杂性和背景相协调。为了确定环境-空间冲突复杂性的认识和研究如何能够促进政策制定和环境政策决策，我们需要对环境-空间冲突复杂性的认识和研究进行评估。进一步扩张我们的研究，我们将对环境政策和空间规划政策的协调和综合进行评估。与现在正在进行的环境政策讨论相联系，基于标准的方式——指令和控制性规划——都将面向针对一个更大整体的政策。这里，这个针对一个更大整体的政策是指，因地制宜的战略性规划和共同管理。

1.6 读者指南

本书分为三个部分。第一部分涉及变化背景下的环境-空间冲突。我们详细地讨论环境-空间冲突的方方面面，并把环境-空间冲突的方方面面置于一个动态的且持续变化的环境质量和功能-空间背景上。环境-空间冲突的诸方面、整体和背景之间的区别形成了本书第二部分的基础：我们认为，我们发现环境-空间冲突的方式已经蕴涵着确定环境-空间冲突的方式和环境-空间冲突的复杂性，所以，我们发现环境-空间冲突的方式决定了决策形式。第二部分涉及政策问题的复杂性和决策的多元性。我们提出了一个把决策和复杂性联系起来规划导向行动的功能结构。这个结构以系统论方式为基础，这个结构对规划，决策和管理的理解都是与复杂性概念相联系的。多元性的概念同样与环境-空间冲突的复杂性相关。在本书的第三部分，我们从政策实践的角度对决策和复杂性之间的关系加以评估。它涉及荷兰的环境政策中变化的目标和相互作用。我们特别把环境-空间冲突的复杂性与区域环境政策的效率和效果联系起来。对应理论反映来分析政策实践的目的是为了弄清决策和复杂程度之间的关系，以便使这种关系可以得到控制。

第2章和第3章涉及环境-空间冲突。我们把这种冲突看作是（有关什么的）决策和（什么的）复杂性之间的联系。第2章讨论了与环境质量相关的环境-空间冲突方面的一些问题。我们是在环境问题链的基础上讨论环境质量的。第3章讨论了功能-空间背景。我们以紧凑型城市作为研究环境-空间冲突的背景。紧凑型城市是一个城市概念，许多空间规划师认为这种城市形式是实现可持续发展和环境友好发展的解决办法。从环境质量和空间功能的角度研究环境-空间冲突引入了一个在本质上涉及环境-空间冲突的形体、社会和政策等方面的理论框架。第2章和第3章的主要目标是认识环境-空间冲突的诸多方面。我们首先分解一个冲突的元素，然后讨论这些因素之间的关系，以及自然、社会和行政管理背景对一个冲突的影响。这样，第2章考察了环境影响源和最终可以观察到的结果之间的技术-功能性因果关系。第3章特别强调了现实中存在着决定空间需求的多方面力量，特别是那些不被理解的力量。环境-空间冲突的关系受到多种力量的影响，这些影响力量可能与特定冲突产生的背景相关。按照1.2节的观点，在环境损害和环境敏感活动之间维持一定距离是最为符合逻辑的方式。这里，形成一种解决环境-空间冲突办法的基础一定要超出影响源和受到影响者之间的直接因果关系。按照恩斯赫德的悲剧（见§1.1），问题是："超出直接因果关系"究竟意味着什么？

第4章讨论了技术-功能方式的可能性、局限性和其他方式。随后再讨论规划理论和决策的发展。我们从三个角度分析规划和决策相关的理论和概念：目标导向的角度、引导决策的角度和机构导向的角度。值得注意的是，在这三个角度的框架内，我们如何能够突出规划领域多年积累起来的思维方式。我们这里讨论的规划理论的发展过程部分是因为日益增加了对规划复杂性的理解，增加了对规划导向行动所依赖的主体间相互关系重要性的认识。使用系统论的研究成果来构建问题、决策和复杂性之间的关系。我们使用新近发展起来的科学分支"复杂性理论"，努力建立起一种复杂性和决策之间的联系。简言之，使用规划理论讨论来分析复杂性和决策间的关系。在规划导向行动的框架内阐述复杂性和决策之间的那些关系。

理解复杂性能够有助于日常政策的决策和规划工作。第5章集中分析有关环境政策的规划导向方式。这个分析以第4章有关行为角度的分析和规划导向方式的理论为基础。第5章讨论了环境政策中可以看到的综合和责任变化的过程。这一章的主要目的是，找出处理环境-

空间冲突，同时兼顾地方形体环境其他问题的有效率和有效果的新方式。这些变化意味着环境政策特别适合于处理以测试本书提出的规划导向方式理论体系的经验问题。第6章提出了有关复杂性和决策观念的更为具体的形式。我们按照三类环境-空间冲突来评估作为政策措施的综合环境分区的实用性，这三类环境-空间冲突具有不同的复杂程度。这种方式应该可以说明多大抽象程度的观念能够实际帮助决策，制定政策和形成相关的政策工具。第7章集中做一个案例研究：阿姆斯特丹的豪特哈芬斯（Houthavens）地区（原先的木材码头）。在这个例子中，环境政策的制定从自上而下的方式改变为更为地方支配的方式，自上而下方式的基础是环境部门的标准和分区规划。这个案例代表了一种向共同管理方向的变化。研究这个案例的目的是，考察从地方出发思考的可能性和结果：一种因地制宜的战略政策。第8章提出了若干结论性的论题。

第一部分

变化背景中的环境-空间冲突

第2章　外部效应和“灰色”环境

环境侵害背景下的环境-空间冲突

地球上生命的发展历史就是生命与它们周边环境相互作用的历史。在很大程度上讲，地球的植被和动物生命的自然形式和栖息地已经由环境确定下来。考虑到整个早期阶段，生命实际上改变了它的周边环境，但是消极效果微乎其微。只是到了最近的这100年，一种生物物种，人类，有了足够的力量去改变世界的性质［雷切尔·卡森（Rachel Carson），1962；23］。

2.1　引言

“只要存在受到污染的城市，在这些城市被污染之前，总有已经受到污染的陋室和房屋”。布林布尔科姆（Brimblecome）和尼古拉斯（Nicholas）（1995；285）的看法说明了人类活动的永恒困境：人类倾向于“玷污他自己的家”—这几乎是发展和“进步”不可避免的副作用。这也常常称之为环境健康，环境卫生和环境侵害。在这一章中，为了区别环境问题的其他方面，如自然的“绿色的”环境，“空间的”环境和“日常的”环境，我们把环境健康和卫生、污染物的扩散称之为“灰色的”环境。

有着较高人口和人类活动发生的城市地区对灰色环境影响最大。一种功能或活动和它的“无法以价值衡量的后果”之间的关系通常与距离相关。这些无法以价值衡量的后果称之为“外部效应”①［马歇

①平奇（1985；89-93）已经总结了出现在文献中的和与产生“外部因素”的活动或功能相关的若干概括：

- 外部因素的性质和规模依赖于活动的性质和规模；
- 活动的性质决定不受欢迎的影响的衰退曲线；
- 一种活动能够产生不同类型的外部因素；
- 一种活动既能够有积极的影响，也有消极的（空间的）后果；
- 经验到这种影响的程度取决于个人的感觉。

尔（Marshall）1924，米沙（Mishan）1972，平奇（Pinch），1985]。这里，我们涉及的是那些通常具有特殊空间影响的外部效应。平奇（1985）提到的“减量效果”。为了获得空间环境，与一个引起负面环境效果的外部污染源保持足够的距离是符合逻辑的。正是这种技术-功能方式把环境健康和卫生标准转化成为空间轮廓线。这些轮廓线把具有环境影响的地区与影响已经减弱到可以接受水平的地区分割开来。这个划分对这些地区的功能和活动具有深远意义。环境影响具有空间效果这个事实是我们研究“环境-空间冲突”的基础。

为了实现可以接受的环境质量和实现宜居，使用通用的和指南式的环境健康和卫生标准，在不同土地使用功能之间维持一个充分的距离（见§1.2），我们还能有什么别的选择？这一章是从环境健康和卫生的角度提出这个问题，特别是它涉及影响环境的技术和社会特征。比起已经提出的政策，这些特征具有了更大程度的间接性。这里，我们正在讨论环境健康和卫生的特征。环境健康和卫生具有决定城市环境质量、与空间开发相关、引起社会反应并在政府政策中得到反映的一系列特征。同时，我们还要讨论环境健康和卫生中那些具有不确定性和模糊性的特征，那些受到不同解释、感觉和认识约束的特征。实际上，我们已经证明，环境健康和卫生是一个复杂的论题。这可能是本章最重要的发现。

我们在这一章中要深化“环境-空间冲突”概念和“环境”概念。我们在2.2节中对“环境”的定义比较接近本书的研究目标。这个定义是建立在这样一个假定之上，“环境”所包括的内容超出了环境的自然属性。环境还涉及环境属性之间的关系，以及环境属性如何被人们感知，被社会人士认识，如何在政府政策中得到反映。在2.3节中，我们把这些属性之间的关系表达为一种“因果关系链”。通过因果关系表达人类活动之间的联系，人类活动对环境健康和卫生的影响，人类对这种影响的最终感觉。随后的几节，我们会详细讨论这个因果关系链的各个环节。2.4节考察了与城市环境-空间冲突相关的环境影响特征，特别是有关环境健康和卫生问题，因为城市空间具有作为“外部效应”对环境产生影响的特征。正是这样一种看法产生了人们对环境-空间关系的认识，最终制定出针对环境健康和卫生这种外部效应的政策。我们的目标是创造一个针对多种环境论题的更为有效的环境政策。在 2.5 节中，我们讨论了这些论题中最为重要的论题。这些论题和环境健康和卫生标准（见 §1.2）之间有着重要的联系。标准体系在很大程度上是以环境影响中那些具有形体特征的因果关系为基础的，然而，这样评价环境影响的基础仅仅具有非常有限的客观推理性。我们在 2.6 节中将讨论实际情况，即环境-空间冲突通常包括了若干相互冲突的利益。

2.2　作为核心概念的“灰色”环境

从广泛的意义上讲，“环境”概念存在两个意义。第一个意义涉及人们生活、工作和度过他们生命的社会性的周边环境。这是多种主体相互作用的“主体间的”环境。第二个意义涉及“形体环境”② 在我们的这个研究中，我们基本上把环境-空间冲突看作社会问题，产生这种社会问题的部分原因是发生在形体环境中的那些现象（影响健康和卫生的污染）。

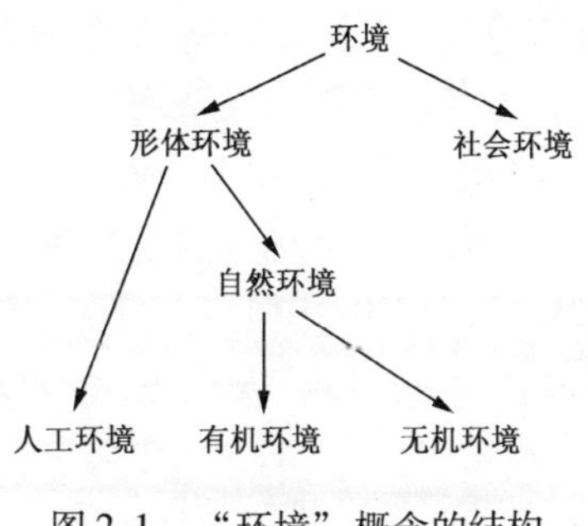

图 2.1　“环境”概念的结构

就功能-技术而言，形体环境可以分解为有机环境、无机环境和人工环境（见图 2.1）。在这个分类中，环境被看成三种形体因素的结合。然而，霍弗拉克（Hoeflaak）和青格尔（Zinger）（1992）从环境

②能够把形体环境定义为包括生命和非生命因素在内的整体：植物、动物、土壤、水、空气和人造物，分离的和结合的。

政策的角度，把环境分成三种类型：绿色的，蓝色的和灰色的[3]。这种分类强调了环境的政策背景，而不是环境的形体因素。这是一个把环境与地方政府日常工作联系起来的最简单的方式（霍弗拉克和青格尔 1992；11）。

与绿色环境相关的政策集中在自然和景观方面。这类政策旨在保护物种和某些类型的景观。按照霍弗拉克和青格尔所使用的定义，蓝色环境涉及那些有利于推进“可持续性”的环境因素（见§2.6）。我们通常在相对较大的地理尺度上感觉到它们的效果，也只有在一个相对长的时期里才能看到其结果。灰色环境是相关于形体环境卫生的那个环境部分，它从一定程度上决定地方和区域周边日常的环境质量。霍弗拉克和青格尔关心的是“明显与环境卫生相关的因素：地表污染，地表水污染，空气和土壤污染，有害物品、噪声和气味”（1992；12）。正是这些类型的环境影响具有空间意义。所以，环境-空间冲突基本上与灰色环境相联系。

我们对灰色环境的讨论与环境问题本身的讨论一样久远。当然，只是到了最近，人们开始从社会背景上考虑这些问题。一开始，灰色环境之类的问题是从公共卫生和经济之类的角度来讨论的（见§2.4）。在 1920 年，为了说明作为经济问题的灰色环境，皮古提出了“负面外部影响”的概念。按照皮古的意见，“负面外部影响”是，“没有得到补偿的服务和没有收费的损害所导致的私人最终产品和社会最终产品分离的结果”（1920;191）。马歇尔(1924)把“负面外部影响”称之为“外部事务”(见§2.1)。1967 年,米沙强调了新古典经济学理论的弱点。在这个理论中,从占主导地位的市场机制中产生出来的私人生产和消费比起公共产品受到更大的重视。哈丁(Hardin)在《公

③除开把环境分成绿色的、蓝色的和灰色的环境外，范·德·瓦尔（Van der Wal）和韦特森（Witsen）区分出蓝色网络（水流），绿色网络（生态关系）和黑色网络（交通流）（1995；4-5）。

有的悲剧》[4]（1968）中提出了相似的看法，得出低估了作为公共产品的环境的结论。除开经济影响外，他还强调了人口增长的影响［埃尔利希（Ehrlich）1969，哈丁1968，马尔萨斯（Malthus）1817］，生物和化学的影响（卡森1962）。

20世纪60年代以来，人们越来越强调各种事物之间的关系［如梅多斯等（Meadows）1972，1987年世界环境和发展署］。人们也开始考虑到美学的和伦理学的价值［内利森（Nelissen），范·德·斯特罗特（Van der Straaten）和克林克尔（Klinkers）1997］。这种向综合和协调方向的变化成为人们在讨论可持续发展问题时不可或缺的部分（见§2.6），到了20世纪80年代末，可持续发展的意识日益盛行起来［麦克唐纳（McDonald），1996］。按照希利（Healey）和肖（Shaw）（1993；771）的观点，可持续性的讨论集中在“可持续发展或生态型现代化的概念上，这种概念提出了环境资源保护和经济发展相得益彰的关系”。这里，希利和肖强调了经济和环境之间的关系，而“可持续性”是这种关系的核心概念（见§2.6）。联合国环境和发展署[5]（1987）把可持续性置于国际政治方略之中。联合国环境和发展署使用“可持续性”这个术语提出环境问题和其他相关社会问题的联系，使用“可持续性”来说明公众关切的，特别是近10年出现的许多全球“危机”（1987；4）。按照联合国环境和发展署的意见，能源、发展和环境是主要的全球问题。对于这些问题的理解一定要是综合的，而不是分离的。当然，承认这一点，花去了很多时间。

下几节，我们将讨论与功能-技术相关的政策与环境健康和卫生问题的社会特征之间的关系。为了直观地了解这种关系，我们在下一节将构建一个环境因果链。需要注意到，这种因果链不过是简化了的现实关系。那种认为所有的影响都是可以预见的观念是不正确的。况

---

④哈丁在《公有的悲剧》警告我们这样一种可能性，在一个自由追逐个人利益和单方面的和分割开来的地方目标的社会，有价值的社会资源和共有资产可能丧失掉。尼加卡马普（Nijkamp）称此为“社会陷阱”：“在一个民主社会里，追求个人利益的合理行为不会导致集体层次上的最优的或一致的选择。这是非常可能发生的情况”（1996；133）。

⑤联合国环境和发展署在后来的挪威首相格罗·哈伦·布伦特兰（Gro Harlem Brundtland）的领导下名声显赫。

且，在现实中，这类因果链中的联系不一定总存在确定性。因果关系链不过是我们用来辅助理解复杂现实的一个简单工具。

2.3 “灰色”环境的问题链

认识问题和承认问题是成长中的个人或社会了解一种具有负面的和不希望发生性质的现象或它的可能后果的一个标志，20 世纪 50 年代，人们了解到人类对形体环境发生的侵扰，而这种认识得到长足发展则是 60 年代。随之发生了许多重大事件，如 1952 年的“伦敦大雾”，以及一些有关环境的著作，如卡森 1962 年出版的《寂静的春天》⑥。这个时期被认为是环境保护主义兴起的时期［里德（Reade）1987；162］，是人类日益认识到因为自己活动而产生出来的恶果的时期。这种认识把我们的注意力转移到关注环境问题背后的更为复杂的因果关系。

现在，人们一般都认识到，环境损害活动不仅仅产生负面的后果，而且存在一个产生这类后果的机制。这种机制涉及环境影响链［黑斯（Haes）1991，拉加斯（Ragas）等 1994］或环境问题链［布维（Bouwer）和勒罗伊（Leroy）1995；26］。布维和勒罗伊乐于使用“环境问题链”这个术语，因为它表达出了影响环境问题的社会力量的相互作用。从侵扰-影响因果关系的意义上讲，环境问题的性质不仅仅是功能-技术性的，也是社会发展和社会活动的后果，这些后果很难使用因果关系来解释。在这些情况下，我们不应该把环境问题链看成是精确线性的。对环境问题的线性表达不过是对复杂的、非线性的社会和自然现实的一个简化表达（见 § 2.4-2.7）。

并不存在标准的、普适的问题-结果链这类事物。存在的是多种

---

⑥《寂静的春天》在推动人类活动的生态后果研究方面和法规制定方面都是重要的催化剂［德·科宁（De Koning）1994；22］。在《寂静的春天》中，卡森描述了超量使用杀虫剂如何损坏了生态系统。卡森认为，过量使用杀虫剂并不能增加它们的效果，那个时代，人们普遍认为是大量使用杀虫剂能够增加它们的效果，实际情况正相反，过量使用杀虫剂能够导致它们试图消灭的有机体产生免疫性，同时毒害了生态系统，包括人在内。

变量，它们在细节上和目的方面有所不同⑦。这种类型的链代表了一系列联系，通常起始于表达人类活动动机的联系——个人和社会的发展和需要。这些发展和需要推动这个链中的下一个联系：个人和社会的实际活动。反之，这些活动影响形体环境，这种影响依赖于活动的持续、规模、强度和性质，这些活动可能导致环境受到超负荷压力（见§2.4）。在一个或长或短的时期里，这种超负荷压力可能使形体环境中出现不期望的消极后果，随后产生来自社会的反应和通过政策而进行的干预（见§2.5和2.6）。环境问题链的最后一环与对所有结果和对环境的侵扰的认知相联系（见§2.6）。人们不仅仅关心人类活动的消极结果，也承认用来校正这类损害的干预和调整措施。

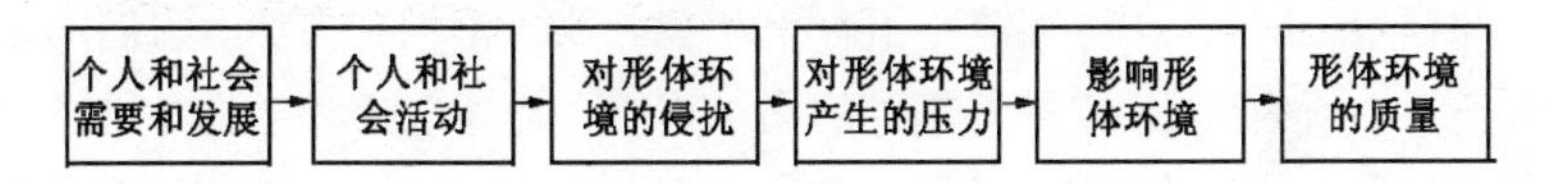

图2.2　环境健康和卫生因果链

图2.2所示的环境问题链或环境因果链说明，环境问题总是处于社会力量的相互作用之中。环境问题中的社会矛盾一方面以相互冲突的发展和需要而表现出来，一方面展示出不期望的结果。这种以链式形式展开的矛盾似乎确定多方面之间的因果关系。然而，这种联系并非总是不证自明的。围绕碳排放可能产生的问题就是一个很好的例子。这种关系表现为一个圈［阿德里安（Adriaanse），杰尔特（Jeltes）和雷林（Reiling）1989］或网络见住宅、空间规划和环境部1984a。当然，分类相对简单，分类的目的是了解环境影响中复杂的因果关系。接下来，我们讨论个人的和社会的需求和发展，以及由此而产生的新的个人和社会发展。我们将逐一对比考察对形体环境干预的技术-功能的特征、与政策相关的特征和社会特征及其他们的后果，我们将首先讨论环境影响的形体特征。

⑦为了做比较，参考布维和勒罗伊1995；22～39，拉加斯（Ragas）等，1994；23～24，乌多·德·黑斯1991；26～27。

2.4 城市中的环境健康和卫生

城市环境呈现出功能与活动集中和多样性的特征。这些功能和活动保证了一个动态的和多功能的城市空间，但是，从环境保护的角度看，有些功能相互之间是不协调的。这种功能相互不协调的问题就是所谓的“外部效应”问题，它们并非都是能够避免的。这一章首先讨论那些在城市环境中能够阻碍城市空间发展的环境问题的形体特征。

污染、消耗和损坏

乌多·德·黑斯（Udo de Haes）（1991；26）把涉及形体环境影响的问题划分成为三类：物理、化学和生物污染，消耗和损坏。它们均为人类活动所致⑧。污染是把超量的化学物质、物理现象和生物有机体添加到构成环境的某个或多个成分之中，以致地方或更大范围的环境平衡暂时受到干扰或受到破坏。消耗涉及人类从环境中大规模提取无机和有机材料，以致地方平衡临时或永久地被打破。损坏是指人类对环境的干预不能得到恢复或面临更大的困难。显而易见，污染和消耗会损坏环境，但是，污染和消耗并不是全部的影响形式。土地平整和河流小溪的疏通与污染或消耗关系不大，然而，它们却改变了形体环境。一般来讲，形体环境的改变几乎总会产生不可逆转的后果。所以，把环境问题分类成为污染、消耗和损坏包括了人类活动所产生的全部环境现象。

环境污染、消耗和损坏也有空间后果。例如，交通和工业引起污染意味着对环境敏感的活动不能与引起污染的交通和工业相邻。受到污染的土壤能够影响到空间的开发或场地的开发。原材料的消耗可能给开采场地带来不良的空间后果，它们很大程度上已经决定了未来如何使用那个空间［艾克（Ike）1998，范·德·木兰（Van der Moolen）1995，木兰，理查森（Richardson）和伍德（Voogd），

⑧ 按照约翰逊（Johnson）的观点，这种干预被看成对环境的“干扰”，而不仅仅是环境中的活动；有时，人们把人类活动看成是环境的“自然”方面之外的活动，所以，人类“干扰”是“非自然的”。当然，他正确地提出，“这个区别就在于规模；所有的人类活动都是自然的，但是，比起其他物种的活动，人类活动的潜在影响要大得多，例如核武器（约翰逊 1989；34）。

1998]。原材料的采掘对景观或水系影响的后果是明显的。对于三类环境损坏来讲，都可能在形体环境的干预和空间后果之间建立起一种联系。对于本书集中研究的城市地区来讲，污染基本上约束了形体环境状况和空间开发之间的相互作用⑨。

城市对于环境健康的影响通常是消极的。罗马时代，法庭必须处理工厂烟尘对相邻居住者的影响（布林布尔科姆和尼古拉斯 1995）。有人甚至提出，罗马帝国衰落的部分原因是铅毒（科皮斯·皮尔博姆和雷加德斯 1989）。许多作者［范·阿斯特（Van Ast）和格林（Geerlings）1993；15，范·佐恩（Van Zon）1991；94］指出，中世纪使用含硫的煤来取暖产生了有害健康的结果。1257 年的一段轶闻记述了诺丁汉（Nottingham）过度的烟尘和气味，以致皇家缩短他们在诺丁汉城堡逗留的时间。工业革命时期，城市污染不仅在量上增加了，而且污染种类也增加了。同时，工业地区的人口迅速增长。对于荷兰来讲，这种情况发生在 1870 年之后［范·德·卡曼（Van der Cammen）和德·克勒克（De klerk），1986；37］。20 世纪初，不仅是工业，城市交通，先是马拉车，以后是汽车，都确定无疑地留下了气味和噪声，它们提醒我们人类发展所带来的灾难。烟尘和恶臭的运河需要政府干预。按照范·德·卡曼和德·克勒克（1986），19 世纪末因为不适当的下水道系统而致的霍乱流行，使人们认识到西方世界工业城镇恶劣的生活条件。随着工业革命蔓延开来的城镇成为前所未有的产生富裕的场所，但是，那些人类活动也深刻地影响了人们日常生活的场所。

不久的过去，发生了许多戏剧般的案例，有害物质被释放到了我们周边的环境中，它们在地方尺度上严重地影响了我们的生活。1976 年 7 月 16 日，米兰附近塞维索（Seveso）ICMEA 工厂发生的爆炸，把

---

⑨　这个观点一定不能得出这样的结论，城市活动不会产生消耗和破坏。相反，城市居民的需要引起了物流和燃料的消耗，这些物质通常来自其他地区，那里的人们从环境中获取了这些物质，从而消耗环境并影响了那个地区的环境。这就意味着，对其他地方的资源的消耗也会减少整个地球的资源，尽管在此地看似积极的发展（参见 §2.6）。避免使用热带雨林的木材建造住宅的项目就是一个很好的例子。就因果关系而言，城市规划选择可以消除或限制消耗的原因（用经济学的术语讲，减少需求会影响到供应）。当然，这种选择对形体环境的影响在城市地区本身是感觉不到的，但是，在遥远的地方则可以感觉得到。

四氯二苯并-p-二恶英（TCDD）释放到了空中。二恶英被认为是世界上最有毒的物质。四氯二苯并-p-二恶英则是一种危害极大的二恶英。尽管这一事件导致了人员伤亡，然而，更为严重的是，这一事件严重影响了地方生态系统。1984年12月，印度博帕尔(Bhopal)联合碳化物公司排放了异氰酸甲酯毒气,造成超过2500人死亡,并导致周边超过100万人受到影响。1992年,接近墨西哥第二大城市瓜达拉哈拉(Guadalajara)所发生的化学事故震惊了世界。这些事件[科皮斯·皮尔博姆和雷加德斯1989;86,卡特(Cutter)1993,埃利斯(Ellis)1989;167]因其规模巨大而引起人们的注意。荷兰也同样发生过许多环境灾难。2000年春季发生在恩斯赫德的焰火厂爆炸事故至今萦绕在每一个人的心中,其中原因之一是地方电视台TV Oost(§1.1)对此所做的现场连续报道。每隔10年,我们都可以在城市地区或城市周边地区看到大规模的环境灾难,甚至巨大的人员伤亡。我们这样讲不仅仅是指这些事故引起的直接灾难,我们更为强调的是这些事故引起的长期后果。这些事件还告诉我们,存在污染、消耗和损坏的可能性或风险(TK1989),这些事故的性质和后果具有相当大的不确定性。

污染对人类的影响

我们可以按照对人类健康的威胁，污染对地方形体环境的危害来做分类。从一般意义上讲，我们可以对此划分出三类：公害、生理综合症和日益增加的疾病和死亡威胁［博斯特等1995；46，德·霍兰德(De Hollander) 1993］。噪声、气味和震动都是公害，它们不一定引起生理上的综合症。公害在很大程度上是个人的感受。这就是为什么我们使用平均值来制定一般标准，如用来限制排放的环境标准，立法者认定一定公害水平是不能接受的［艾特马（Ettema）1992］。那些认定为公害的有毒物质的排放随着时间的推移或排放量的增加，最终会导致生理上的综合症[10]。生理上的综合症也可能以间接地接受了有毒排放物而发生。生理上的综合症可能包括注意力不集中，焦虑症，

⑩　卫生协会（与世界卫生组织一致）的立场是，必须把接受引起干扰的排放看成是对人体的一种伤害，所以，是不可接受的［格德赫德斯（Gezondheidsraad）1994］。

呼吸或皮肤受损，也有可能导致癌症或其他综合症的发生。有害污染不一定立即产生生理上的综合症。有些生理上的问题要到许多年之后才会表现出来（德·霍兰德 1993）。所以，我们在一定形式的空气污染和地方居民的健康之间建立起联系并非一件很容易的事情，当然，原则上讲，工业活动所产生的空气污染能够严重影响人类健康⑪。

除开对公害、生理综合症和疾病及其死亡这样的分类外，污染也可以按照“公害和风险”来分类。“风险”基本上涉及可能因为一定水平的环境危害而引起生理综合症、疾病和死亡的那些污染，或者可能释放到环境中去的一定数量的污染物会引起严重的污染后果（见§5.2）。从政策编制的角度看，因为可接受的污染水平可以在概率的基础上加以确定，所以，人们容易接受这种分类方式。

使用公害和风险来做分类还是以在什么能够和什么不能够直接感受之间做出清晰划分为基础的。当我们的感觉感受到环境危害时，公害便发生了。感觉也是一个重要的因素。环境影响的绝对水平并不是决定公害水平的唯一因素。环境影响的“底线“也决定了什么程度的污染可以被认定为是公害。换句话说，阿姆斯特丹市中心皮卡迪利（Piccadilly）广场产生的噪声远远大于约克郡（Yorkshire）沼地产生的噪声，但是，人们对前者不以为然，而对后者却耿耿于怀。也就是说，噪声是相对的。“风险”表示一定水平的污染在一定时期会危害到人体健康的可能性。我们可以从感觉和认定两个角度分别考虑高风险危害的实际效果。所以，在决定风险水平时，并不考虑污染的底线。与高风险排放相关的法规比起与公害引发的排放相关的法规更为严格和更为广泛。感受到公害的居民也能够建立起自己的衡量方式，但是，我们不可能对高风险环境影响也这样做⑫。当然，因为建立与

---

⑪另外，由于接触有毒的和致癌物质引起的疾病和死亡的可能性依赖于个人对疾病和污染影响的敏感程度。

⑫当然，因为公众对于高风险活动有一定的感觉，所以，存在“间接”的感觉。公众接受风险活动常常取决于社会心理方面的因素，如他们认为这些高风险活动与他们的相关性，对政府和管理的信任程度，对高风险活动的熟悉程度，对高风险活动的依赖程度，假定对高风险活动及其消极后果都有管理，长处短处比较，自愿等（德·霍兰德 1993；607）。在一定意义上讲，对风险的科学估计意义有限，这也意味着，风险瞄准并非总是保护公共健康的适当手段［维克（Vlek）1990，米登（Midden）1993］。

风险相关的标准包括了更多的因素，所以，我们不能在个人感受与实际风险之间建立起一个联系⑬。（例如，科皮斯·皮尔博姆和雷加德斯1989，德·霍兰德1993）。

环境污染的特征

什么构成环境污染？城市环境中的污染可能产生于废弃物和有害物的排放。当然，在荷兰，城市垃圾基本上减至为运输问题⑭。所以，城市卫生主要取决于有害物质释放的水平，特别是释放到土壤和空气中的有害物质的水平。因为大部分城市污水都被排放到封闭的下水系统中，所以，进入表面水体中的有害物质已经被收集和处理，污水都得到了净化。⑮

在西方国家，一般都禁止向土壤中排放所有形式的环境破坏性物质，土壤污染十分缓慢，实际上，土壤污染已经成为过去的事情。所以，人们看到的是空间的约束［佩奇（Page）1997］。当然，在许多案例中，集中的“历史性”土壤污染还是超出了城市地区可以接受的底线。这种严重的和广泛存在的遗产不仅仅影响了土壤，也严重阻碍了空间开发（见§5.2和5.5）。而且，完全消除这些城市活动引起的

---

⑬在荷兰，与噪声相关的干扰标准有着特别强大的支持基础，噪声影响的规划结果极为详尽。涉及高风险排放，在强调把这些地区转化成为特殊分区方面政策不明确，或者说这种政策的法律依据还不是十分清晰。我们可以把这种对比描述为干扰/风险悖论（参见德·罗1996；111）。在荷兰，关于由有害物质和振动引起干扰的法规或是刚性的或者根本没有。所以，过去我们使用其他国家的标准，如德国的标准，作为处理许多案例的指南。

⑭现在，荷兰的垃圾收集部门是高度专业化的。市政府的或私人的垃圾服务公司定时从消费者的处所前或收集点前运走家庭或企业的垃圾。用户已经对垃圾做过分类。不能回用的垃圾，或焚烧或填埋［尼凯克（Niekerk）1995］。所以，在垃圾进入处理工厂前，并不是“外部因素”。

⑮在这种情况下，原则上可以认为这些污水是无害的，当然，如同垃圾焚烧场建设和运行一样，污水处理厂也会受到场地附近居民的反对［斯托（Sto Wa）1996］。实际上，也不是所有的企业和家庭污水都与污水系统相连接。在这种情况下，这些企业或家庭都必须使用污水处理设施或自然的方式对污水进行处理，收集损害环境的污染物质。在这个过程运行不佳的地方，乡村和城市渠道便成为气味干扰源。

土壤污染是不可能的。[16]

我们面临的最大挑战是超出污染源本身规模的地表排放。这些排放最难以使用法规或技术手段得到处理。与土壤问题相比较，虽然与这类地区相关的政策也在发生着迅速的变化（见§5.5），但是，有关地表污染的环境政策几乎不是企图完全消除排放，而是把目标定位在减少和消除排放的负面的和不期望的结果上，使之不至于产生公害。实现这类目标的措施通常是针对源头的，确保排放发生在大气层最可能的高点上，或者通过空间管理措施，使用转换措施，以隔离的方式面对破坏环境的公害。

环境健康状态和空间开发间的相互作用优势具有连续性质。例如，在那些土壤污染影响到地区开发的地方，有关土壤污染的问题就是这类情况的一个案例。在环境卫生和空间发展之间还具有同时发生和动态的关系。工业生产过程的变化，或者环形道路上日益增加的交通规模，都会影响到地方环境质量，影响到这一地区空间发展的机会。

在地表污染和地下污染之间存在根本性的差别。地下污染几乎总是化学的，而地表污染十分繁杂，难以分类，可能具有化学性质。当然，我们还可以进一步清晰地划分出有毒物质和致癌物质。因为释放离子，我们把放射性物质归类到物理污染类［普朗普斯（Pruppers）等1993］。来自高压线和广播/电视的电磁场也属物理污染源。住宅开发与这些污染源之间需要保持一定距离［范·登·贝尔赫（Van den Berg）1994］。震动（如行进中的火车），引起公害的过度的气味［卡瓦利尼（Cavalini）1992］，引起公害的过度的噪声，都是环境污染。这类污染还包括悬浮颗粒。小于4微米的悬浮颗粒能够产生过敏症，最终导致疾病。相比较，较大的悬浮颗粒基本上可以归于视觉污染类［策迪加（Zeedijk）1995］，因为这些沙尘妨碍了观察视线。过于刺眼

[16]日常活动产生出来的污染物逐步沉积到土壤里这是有史以来就有的城市生活现象。例如，由汽车发动机排放出来的铅，使许多城市的土壤里铅含量日益增加（科皮斯·皮尔博姆和雷加德斯1989）。而在引入无铅汽油之后，铅排放已经明显减少。尽管如此，多种类似污染物还会继续侵蚀“城市的”土壤。只要它们对公众健康不构成直接威胁，我们只能认为这类污染物是难以消除的不可避免的背景水平。

的照明光亮（如温室建筑和工厂），围绕建筑物的阴影，建筑物之间形成的风，也被认定为一种公害。生物污染也会影响到物理环境，当然，在一定程度上讲，它的地方空间开发的限制不会太大，或者说不存在⑰。城市核心区的小气候变化同样会影响到城市环境的宜居状态，当然，这种小气候变化不在环境污染的范畴之类［霍夫（Hough）1989；缪拉（Miura）1997］。因为多种环境影响之间的相互作用可能还会产生综合的和累计的效果。这类现象不在我们的研究之列。

从比较广泛的意义上讲，我们这里所研究的污染形式属于“减量效应”。污染集中的水平和污染的影响随着对污染源的距离成比例衰减⑱。随着污染集中水平的下降，对其的感觉或影响分类也会变化⑲。这种相对距离的关系最终消失或低于底线。⑳

并非所有形式的污染都会影响到人体健康，或产生生态的或空间

---

⑰荷兰政府认为它有责任使用法规和指南来控制生物污染的威胁（拉加斯等 1994；172）。在荷兰市政府协会出版的《公司和环境分区》第一版中（1986），害虫也被认定为能够对环境产生破坏作用。对于这类环境影响来讲，“距离能够发挥作用，但是，距离并非决定因素”（VNG1986；20）。这个文件的后续版本中，害虫不再作为一种分区类别。其他形式的生物污染，如基因调整有机物和致病有机物，随着人类的干预，能够产生负面的和不期望的环境影响。在许多情况下，如种植基因调整大豆，允许基因调整有机物进入环境是经过深入研究的。这里，中央政府主要关心的是，我们还缺乏对它们可能产生的环境后果的认识（法律和法令简报 53；1990）。因为没有定量风险分析的系统程序，所以，也没有制定允许这类有机物进入环境的环境质量指标的程序（拉加斯等 1994；173）。偶然或谨慎地把具有入侵性的物种，如基因调整或未调整的物种引入环境，会产生严重的环境后果。允许维多利亚湖（Lake Victoria）中的巴斯鱼种群数目激增，愿望旨在发展经济，结果却是完全打破了那里的生态系统平衡，现在各界都承认这是一起最大的生态灾害［宛因克（Wanink）1998］。在这种情况下，我们不再说环境污染的“减量效应”。医学地理揭示出，一些形式的生物污染分布模式是与传染病传播模式一致的［哈格特（Haggett）1979］。随着距离的增加，化学或物理污染源的污染效果成比例减少，然而，生物污染的模式完全不同于此，而且难以预测。这就意味着说，生物污染非常不同于化学的和物理的污染。

⑱以间接的形式也能引起污染，如购物中心里乱扔的垃圾，鱼类加工厂里的寄生虫，海鸥大规模集中的场地。

⑲减量效应在一定程度上取决于对污染源的界定。如果认为整个工厂都是污染源，而不只是烟囱，那么工厂相邻地区的污染浓度可能低于更远地区的污染浓度。

⑳当然，存在这样的污染形式，污染源产生微量的效果，如 CO_2，O_3 和 SO_2 这类污染物质，它们之所以产生负面效果，是因为长期持续排放这类污染物质，增加了全球或某块大陆同类污染物质的背景水平，从而在大尺度上破坏了环境，而非地方或区域尺度上的环境。

的后果。显而易见，这依赖于污染的性质和规模，当然，污染物如何进入环境的路径也是十分重要的。过去的1个世纪。我们已经看到，人类努力尽可能地把不希望的排放结果引导到较高的地理高度上，或比较长的时间规模上（见§5.3）。当我们把排放引开，环境健康和空间发展的关系变得比较间接，最终消失。同时，相对个别事故的因果关系来讲，我们比较难于跟踪污染源和公害影响之间的关系。在这种情况下，对形体环境的不希望的和有害的影响将会扩散到更大区域，而且其影响效果需要经过比较长的时间才能显现出来。与这种不希望的和有害影响相关的环境健康和卫生与空间开发之间的相互作用比起有着直接和明确关系下的相互作用要大一些。我们也可以使用空间术语来描绘这种情况，即个别污染源和分离的地方影响。

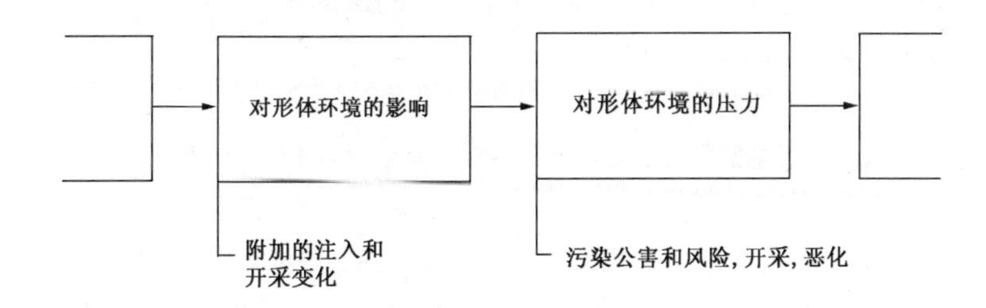

图2.3　环境影响的形体特征

注：把影响置入影响环境健康和卫生的因果链之中（见图2.2）。

总而言之，我们可以说，导致地方不希望的和有害的环境污染是产生城市环境-空间冲突的部分原因。在第一种情况下，在环境卫生状态、生态和健康效果和空间发展之间有着直接的和可以证明的相互作用。能够对空气和土壤产生影响的污染对于人类和生态系统具有很大风险。如果减少、转移和削弱排放，如果控制排放过程的措施和隔离受影响的一方是不可能的，或者需要做出巨额的投资，那么，因为环境污染而引起的空间要求便会出现了。对空间提出要求的一方通常会拿出环境健康和卫生标准来支持他们的要求。

2.5 作为政策论题的地方环境冲突

城市环境-空间冲突的讨论在很大程度上集中在对地方环境产生负面的和没有预期环境影响的政策反应和行动上（见图2.4）。我们必须在个人的和社会的需求和发展角度寻求对地方环境质量产生负面影响的原因。

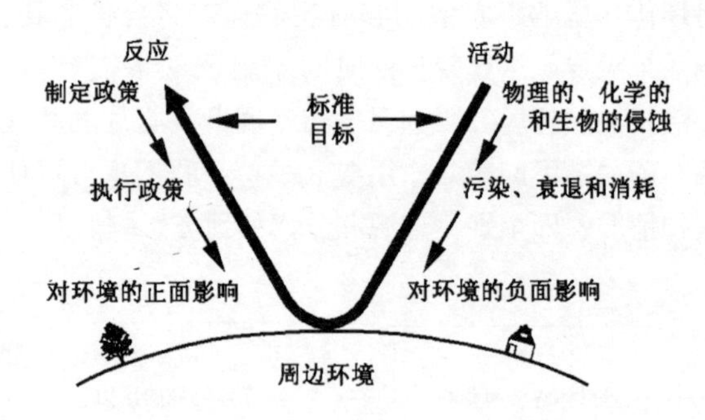

图2.4 对个别和社会发展引起的对不希望的形体环境的政策反应

如果对环境质量的负面影响导致政策反应，那么，这些反应的目标通常是消除负面的和不期待的影响或把它们减少到可以接受的水平。现在的问题是，政策如何评估负面的和不期待的环境质量影响，如何执行和强制执行这项政策。第5章将全面回答这个问题，特别是有关环境影响中的源头-结果关系怎样能够成为形成标准型政策。以标准为基础的环境政策为这种因果关系奠定了关键内容，在1.2节中，我们提出，以标准为基础的环境政策存在问题，因为它基本上是建立在因果关系上的。这至少意味着，在所有情况下，建立环境标准将明确地说明，与环境质量相关的问题怎样能够通过一种令人满意的和“可持续下去的”方式得到解决。当然，明确可以讨论。

我们可以把环境政策的编制和形成法规工作追溯到20世纪70年代，当时，人们以技术-功能方式形成环境政策，环境影响的因果关系成为当时的主要思潮。政策的目标是“消除”污染，清除负面的和不期待的那些土壤中、空气中和水中的看得见的环境后果。这种方式最终被证明是无效率的和十分有限度的（见第5章）。

在20世纪80年代，人们认为，以影响源为导向的政策回答了环境问题。这种编制环境政策的思维方法替代了以结果为导向的政策。政策制定者认为，较之于继续擦干地板上的水，把水龙头关上是比较好的办法。在关上水龙头后，会要求形成影响结果导向的措施，这一部分工作在政策编制过程中仅占不大的份额（见§5.4）。这个命题从功能的观点看可能是有用的，但是，从经济和社会基础上讲，不可能从源头杜绝有害排放。即使制造出没有噪声的汽车是可行的，这类无噪声汽车的价格可能难以承受，它在经济上没有吸引力，在社会上也是没有希望的。有害的排放依然存在，因此，将会需要持续考虑多方面的利益，考虑资源导向环境政策和结果导向环境政策之间的协调水平。

在20世纪80年代中期，荷兰住宅、空间规划和环境部（VROM）提出若干有关环境政策的基本论题，以便使环境政策有一个相互协调的机制（见§5.3）。这些论题涉及许多相关的环境问题，如气候变化、土壤酸化、水体富营养化和干扰。[21]

荷兰住宅、空间规划和环境部（VROM）提出若干有关环境政策基本论题的目标，不再是从这些现象的单个方面出发去研究它们，也不再是以连续的因果链来说明它们，而是把它们看作一个统一的整体，包括它们的特征、因素、联系和意义。首先关注的不是实用性，而是了解这些论题如何联系起来的。这些论题研究方式的附加价值基本是关于它的机制（第5章）。环境政策的这些论题产生的结果之一是，如何从整体上看待相关环境问题，而这个整体是由相互关联的部分组成的。对于那些可能产生空间影响的地方环境卫生问题、干扰问题、蔓延和酸化问题，都是相互联系的。

干扰

表2.1说明了霍弗拉克和青格尔（1992）如何把环境政策论题与

---

[21] 人们常常称这些论题为环境政策的“Ver论题”，因为，在“国家环境政策计划”的若干版本中，用荷兰文表达的8个论题均有“ver”作为前缀，如“verzuring”（酸化）等。其他的荷兰战略规划也是以“Ver论题”为基础的。1990年的“自然政策规划”（LNV 1990）涉及其他一些论题。除开国家的“Ver论题”外，还有一些区域的“Ver论题”，它们均有“ver”的前缀。

他们找出的形体环境类一一对应起来。这些环境政策论题是在1985~1989年长期项目中提出来的（住宅、空间规划和环境部1984b），并在第一个国家环境政策计划（TK，1989）中得以发展。就噪声、气味、震动、外部安全和地方空气污染而言，干扰会影响宜居环境的实现和保护（TK1989；150）。这些问题基本上是由工业活动、农业或汽车交通所致。提出"干扰"论题的目标是，减少由于人类活动所致的化学排放和物理现象的有害和不希望的影响。这个论题集中在我们周边的环境。有关干扰论题（住宅、空间规划和环境部1994）以三个方面为基础表达了地方环境质量的重要性。首先，对人的健康和福利的影响，也就是以上我们描述的"风险和公害"。其次，对我们生活的地方环境质量的情感价值的影响。最后，由于我们必须考虑到空间活动存在的相互影响的特征，所以，我们需要关注地方环境质量如何影响一个空间有限的国家的空间规划。这一方面表达了环境-空间冲突的本质。

这个论题文件认定了三种环境污染形式，如果要使用国家政策，至少应当出现三种环境污染之一（住宅、空间规划和环境部1994；3）：

- 对公众健康产生不利或危害的环境污染形式，如可以直接看到和感觉到的那些影响。
- 随着相对污染源或污染源地区的距离的增加，影响强度减少的环境污染形式。污染发生地区的范围可以通过分区标记出来。
- 主要是在地方或区域规模上发生的污染形式。

干扰论题仅仅在某种程度上涉及了影响到地方层次的环境污染，特别是地表以上的排放和排入。地表以上排放的一般特征是，"在污染源被清除后，地表污染物对地下的污染迅速减少"[范·尔茨（Van Velze）和马斯（Maas），1991；397]。这些排入主要影响到城市地区。通过建立空间分区，把环境敏感功能和地区与环境有害功能和活动分开，的确可能达到一个可以接受的环境水平，实现可能的环境"可持续性"。通过表达了所希望的环境质量的标准，基本上可以实现这种可持续的分隔。进一步讲，这种标准对地方空间发展实施了直接的影响。在干扰论题之下，综合的环境分区方式也得到了发展。现在，政府把综合环境分区方式作为解决工业综合区与居住环境之间的环境-空间冲突的一种办法，成为通用标准基础上的政策的一个例子（§5.4，TK1989；152）。这样，分区成为了一种政策性工具，在环境政策和空间规划之间架起一座桥梁。

环境政策论题和环境利益的结构 **表2.1**

分 类	环境论题[a]	利 益
蓝色环境	气候变化、酸化、扩散、消除、水体富营养化[b]	未来人类（可持续性）
灰色环境	干扰、扩散、酸化[c]	公共卫生/影响现有人群（宜居）
绿色环境	干旱、破碎、干扰	自然、景观、现在的和未来的人类

a 环境论题参考NMPs。“破碎”是一个附加的论题，它原先出现在自然政策计划中（LNV1990）。

b 在霍弗拉克和青格尔的分类中没有包括水体富营养化。

c 霍弗拉克和青格尔的分类中增加了酸化（见文字解释）。

资料来源：参考霍弗拉克和青格尔1992。

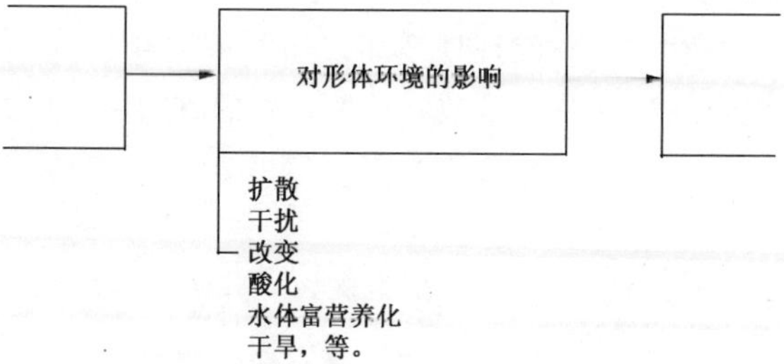

图2.5 阻止不良环境后果发生或保证把不良环境影响控制在可以承受的水平之内的环境政策论题

注：参看图2.2。

扩散

扩散是一种环境污染形式（即土壤污染），它影响到地方环境，能够限制空间发展[22]（参见§5.2和5.5）。在这种背景下，制定出来的政策应该可以有效地处理导致灾难发生的破坏环境的排放。一般来讲，“扩散”这个论题涉及“规模巨大的有害物质，包括[……]杀虫剂、重金属、放射性物质、基因调整的物质，个别的或集合的，构成对人体健康或环境的一种风险”（TK1989；140）。能够进入“扩散政策”类的政策基本上是物质导向的，所以，较之于干扰类政策，很少是“区域导向的”。在“扩散”情况下，重点放在减少排放上。KWS2000项目（住宅、空间规划和环境部1989）就是用来鼓励“工业”群引入源头控制措施政策的一个例子。编制了针对土壤和水体的质量标准，限制有害物质的排放（TK1991）。总之，扩散论题是针对排放、随之而来的后果和最终形成有害物质对环境的破坏而展开的。与扩散相关的政策能够对空间规划产生影响，当然，并非总是这样。空间维度几乎总是被排除在土壤恢复政策之外的。原则上讲，由于法规禁止在受污染的土壤上开发房地产，所以，土壤污染会产生空间后果（§5.5）。土壤污染影响到城市开发的可能性。第二部国家环境政策计划（NMP-2）涉及“由于土壤污染的案例数目的增加，社会发展面临受阻的风险”（TK1993；90）。许多人并不把土壤恢复和保护政策看成是扩散政策的一个直接部分，而是作为一个分离的政策种类。在第三部国家环境政策计划（NMP-3）（住宅、空间规划及环境部1998）中，这个观点被表达为，“土壤恢复”涉及“扩散”论题之外的事物。

酸化

霍弗拉克和青格尔（1992）把干扰和扩散认定为忧患灰色环境的

[22]在“第一个国家环境政策计划”（TK1989）里，土壤污染治理的政策被置于清除的语境中，而在“第二个国家环境政策计划”（TK1993）里，土壤污染治理的政策被放到为扩散的语境中，到了“第三个国家环境政策计划”（VROM1998）里，土壤政策成为“扩散”论题的一个独立部分，以“土壤污染”冠名。

政策论题，但是，国家层次上的氨排放问题并不包括在这个论题之中。氨是一种酸物质，就政策来讲，它归属于“酸化”类论题。一般来讲，二氧化硫、一氧化氮和氨的排放会引起酸化。而容易变质的有机物质的排放间接地增加酸化，这些容易变质的有机物质释放高浓度的臭氧，从而增加二氧化硫、一氧化氮的酸化效果。由于大部分酸化物质或者释放到大气层中（SO_2），或者释放到较高大气层层次上（NOx），所以，它们对地方的影响是有限的。它们的影响在长期过程中才会明显起来，它们在排放几十年之后，会在超区域层次上产生超浓度的酸化物质。所以，霍弗拉克和青格尔把酸化归纳到“蓝色”环境类中，当然，这个推论不适用于氨。氨并不进入较高的大气层，所以，它不会在比较广大的地区扩散。养殖牲畜的粪便是氨的基本来源，氨不可能进入较高的大气层。这样，氨持续保留在产生它的区域，形成负面的环境后果。所以，我们可以把氨与干扰相关的论题做比较，可以在空间上采取一定管理措施。氨对城市环境的负面影响是有限的，但是，对乡村地区动植物的影响是很大的。因此，氨对绿色环境和灰色环境产生影响。

在这些与灰色环境相关论题的基础上，我们能够认识到三种形式的污染，它们均对地方环境产生直接的和相互的影响，所以，荷兰已经并正在对此编制特殊政策：

- 地表污染，特别是发生在城市地区的地表污染，归纳到“干扰”论题中。一般来讲，这类政策旨在通过分区规划或其他方式，在污染源和环境敏感功能或地区之间保持一定距离；
- 地下污染归纳到“扩散”类论题中。地区导向的政策不是旨在保持距离，而是旨在清除污染，决定允许或禁止在污染场地或污染场地附近可能的控件使用方式；
- 氨污染主要对乡村地区产生负面影响。这类政策旨在养殖场和环境敏感动植物群之间保持一定空间距离。

由于我们集中研究城市环境-空间冲突，所以，我们只涉及前两类污染形式。

参与“城市与环境”（在现存法规下的创新）项目的市政府报告的主要“环境瓶颈”　　**表 2.2**

程序

1　噪声：

执行现行的噪声法规（赦免，追究等）能够导致人力和资源的浪费。

2　土壤：

土壤污染物清除程序会拖延居住开发。

资金

3　土壤：

清除土壤污染物的费用限制了使用设计：如果不允许在内城开发建设，便需要开发城市边缘地区。

特殊政策

4　噪声：

按照《噪声减少法》（WGH）设定标准限制了城市扩张。

5　土壤：

强制性土壤污染物清理阻碍了最有效地利用资源。

6　气味：

气味标准与公众对气味干扰的感觉不一致。

7　外部安全：

群体风险和个人风险标准（定位和私人公司）限制了紧凑城市的建设。

8　噪声：

WGH 噪声标准与公众对噪声干扰的感觉不一致。

9　所有环境方面：

在一些情况下（例如在内城地区），对气味、交通噪声和工业噪声的限制值不能够实现。如果城市开发不紧凑，目标值只会是可行的，而不会成为现实。

10　交通：

高昂的费用阻碍了交通噪声的减少。小汽车在交通总量中的增长产生了新的问题。从环境的角度期待的交通政策也影响着这种情形，即主要交通通道上的道路交通“约束”。这种约束已经影响到了空气质量，从环境的角度看，空气质量一定不能恶化。

设计和技术

11　设计和新技术的可行性

在土地使用规划层次实施的新技术和设计之前，在总体规划层次要求相应措施。

资料来源：住宅、空间规划和环境部 1996e；31。

表2.2是大规模和中等规模市政府报告的主要问题一览。这些报告是“城市与环境”项目（在现存法规下的创新）所做的分析结果。[23] 这个分析之所以有意义是因为它把环境问题分成了四类：程序的、资金的、政策的特殊性和技术的。这个结构揭示了市政府经历的环境空间问题。

在1.2节中介绍过的“标准讨论”并非空穴来风，而是对地方上实际存在的问题的一种感觉。资金和程序问题同样是地方上存在的。这一点也是清楚的。空间发展的停滞不前，人力和资源的无效率的分布都是由于如下原因所致：没有与空间规划适当协调；由于与环境政策相关的程序性义务耽误了住宅开发；约束性的和不现实的环境标准和满足环境质量标准的高额投入。明显的结论是，地方议会并没有把环境-空间冲突的原因都归结为污染本身，而基本上把原因归结为指南设置、通用标准和程序。

这个分析支持了巴特尔德（Bartelds）和德罗（1995；65）的结论，“紧凑城市的矛盾基本上是与政策相关的”。这些问题都具有地方和区域的特征，能够转化成为空间的“要求”，明显的目标是把环境敏感功能与环境污染源分离开来。在城市地区，主要涉及地下和地表污染的威胁，这些威胁可以划进干扰和扩散的政策论题类中。这类污染决定了地方环境质量，能够通过指南设定和通用标准影响地方空间开发。

2.6 灰色环境评估

评估灰色环境不仅仅通过尽可能客观地解释在形体环境中观察到的现象，让多数人能够了解的评估也是重要的。评估的水平还依赖于个人感觉、社会对话和政策观点之间的相互影响。这种相互作用不可避免地影响着与灰色环境相关的政策。从根本上讲，对“灰色”问题承认的程度和这些问题被处理的方式依赖于如何评估它们。

㉓COBBER是荷兰文“在现存法规下的创新”的缩写，这个与其他部门联合进行的项目于1995年开始运行。1996年，这个项目编辑了“城市与环境”的出版物。这个项目基本上是针对“现存法规与实现紧凑城市之间关系领域”（VROM 1996e；14，参看§5.5）。

可持续性

环境评估还与可持续性的概念相关，即必须谨慎从事人类活动以保护形体环境的质量。“可持续发展”这个概念1980年初出现在“国际保护自然和自然资源联合会”㉔（IUCN）的出版物《世界保护战略》㉕上，当然，是在联合国“世界环境和开发署”1987年的报告《我们共同的未来》发表之后，“可持续发展”这个概念才真正流行起来。世界环境和开发署在报告中使用“可持续发展”这个术语来指出，需要保证未来的人类与今天的人类获得同样的自然资源。今天的活动和干扰不要拿未来人类用来发展的遗产作为代价。换句话说：可持续性与福利和富裕的发展相关，承认这样一个事实，社会必须在“不以未来人类的能力去换取自己需要的条件下满足自己的需要”（世界环境和开发署1987；8）。在这个意义上，可持续发展的定义是以人类为中心的。在《我们共同的未来》这份报告中，可持续发展被认为是可行的，因为现在的这一代人正在希望做出必要的努力㉖和继续推进技术进步（参见荷兰国家公共健康和环境研究所见RIVM 1988；11）。

对于奥普赛乔尔（Opschoor）和范·德·普勒格（Van der Ploeg）来讲，可持续性意味着，“维系人类社会生存的生态系统组成部分继续存在”㉗（1990；102）。这里，可持续性或多或少与生态系统的支撑

㉔IUCN是“国际保护自然和自然资源联合会”的缩写。

㉕特别强调了保护和可持续发展之间的关系［参见蒂博诺（Thibodeau）和菲尔德（Field）1984］。国际保护自然和自然资源联合会在有关荷兰的报告是由丹科曼（Dankelman）、尼加霍夫（Nijhoff）和韦斯特曼（Westermann）撰写的（1981），作为国际保护自然和自然资源联合会及其世界保护战略执行小组的荷兰国家委员会接受了这个报告对荷兰情况的描述（1988）。

㉖早在1972年，罗马（Rome）俱乐部就讨论了从根本上改变个人、国家和全球价值观念和目标的需要（梅多斯等1972；187）。

㉗奥普赛乔尔和范·德·普勒格把可持续发展定义为“对环境产生压力，却在‘生态上可以接受’的发展”（1990；101）。

基础[28]（TK1989；92）或支撑能力[29]（希利和肖 1993）和能够为社会发展的目的更替形体环境（奥普赛乔尔 1990；99），具有相同的意义。皮尔斯（Pearce）等（1990）把可持续发展定义为，希望长期保存“一组社会愿望”。这里，他们并没有特别涉及形体环境，而是涉及时间方面。当然，这个定义也表达了有必要保护的方面和功能的一般感觉，这些直接或间接与经济发展相联系的需要保护的方面和功能，在生态功能内部和生态功能之间是联系着的，是个人和社会确认的。在苏尔赫·伍尔·摩根（Zorgen Voor Morgen）的《关照明天》中，荷兰国家公共健康和环境研究所（RIVM）提出，“时间因素也在环境问题发展中发挥着作用”（1988；XV）。它声称“甚至在排放已经消失，[……]如果恢复到原始状态的可能还存在的话，那也需要很长的时期”（1988；XV）。随着《关照明天》（RIVM 1988）的发表，国家“第一个环境政策计划”（NMP-1）（TK 1989；43）提出了增加分段时间[30]和延迟效果[31]。除开时间方面，环境问题的日趋增加的规模也是一个因素。“过去，主要的环境问题都是相对局限在地方上的”[温斯米厄斯（Winsemius）1986；27]，而“现在，环境问题常常是区域的，甚至是全球的”（1986；27）。当环境问题发生的规模日趋增大时，发现它们需要更长的时间。直到最近，人们在地方环境中一直还没有这类大规模环境问题的经验，这些大规模环境问题比起地方规模的环境问题更难以应对。所以，可持续性不仅仅涉及未来的人类（在时间推延），也涉及环境问题能够发生的较大规模（在空间上的推演）（参见 §5.2 和德罗 1996；20～23）。

㉘环境管理的主要目标是“保护环境的承载能力，以便允许可持续发展”（TK1989；92）。按照住宅、环境和空间规划部的观点，“如果在一代人的时间范围内，发生了导致死亡的疾病在人类间传播，严重的干扰和福利衰减，动植物物种濒临灭绝，生态系统解体、损坏水源供应、土壤种植能力和文化遗产，限制空间和经济发展等这类不可逆转的结果”（TK1989；92），环境的承载能力便会下降。

㉙“承载能力”是指“一个确定的生态系统或环境能够维持一定的动物种群数目，超出这个水平，种群将会崩溃”（比特利 1995；339）。

㉚由于问题发生的尺度较大，源头数目众多，在认识问题和采取措施之间的时间也会延长（TK 1989；9）。

㉛在源头改变和消除负面效果之间的时间，有时，不能消除负面效果（TK1989；9）。

虽然可持续发展的努力基本上涉及关照未来的人类，阻止或消除对其他地方产生不希望的和有害的结果，但是，远离我们自己的地方环境，这里做出的选择，也能对可持续发展有所贡献。显而易见，这并没有解除地方行政管理者和决策者的责任。按照布雷赫尼（Breheny）的观点："必须把地方的目标看成是对实现更大区域的、国家的和全球尺度的可持续性的贡献。所以，我们'放眼世界，着眼地方'"[32]（1992；280）。

然而，奥普赛乔尔和范·德·普勒格（1990；81）提出，可持续发展的概念中存在若干问题。他们认为，这个概念很难下定义，为了在不同方面包括环境运动和经济利益团体之间的达成共识而做出妥协。于是，奥普赛乔尔和范·德·普勒格问到，"可持续发展这个术语是否囊括了环境政策的所有方面"（1990；81）。他们认为可持续发展这个术语没有囊括环境政策的所有方面："可持续发展是一个最宜居生活和自然系统综合的问题"[33]（1990；81）（见图2.6）。

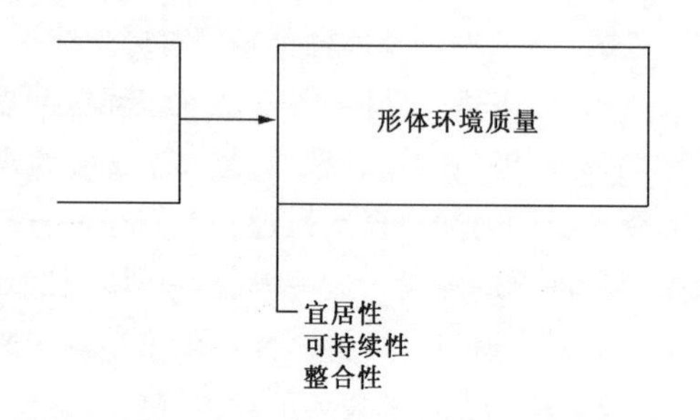

图2.6 形体环境质量的可能区别

资料来源：奥普赛乔尔和范·德·普勒格 1990（见图2.2）。

---

[32]"放眼世界，着眼地方"是"21世纪战略"的一个口号，是在巴西里约热内卢举办的"联合国环境与发展大会"（联合国，1992）之后提出来的，这个会议鼓励世界各地的地方政府和城市实施地方的21世纪战略，提出能够在地方实施，有对全球可持续发展有所贡献的措施。

[33]奥普赛乔尔和范·德·普勒格认为，保护"生物财富的特殊形式，物种和生态系统的多样性"（1990；103）不一定遵循社会发展的愿望，所以，只能在有限意义上把它归纳到宜居性和可持续性中。他们讨论完美，而他们的完美部分涉及照顾和保护由伦理和美学需要出发的形体环境。

宜居性

避免人类活动引起对其他区域或未来人类的负面的和不希望的环境后果的可能性不一定总是存在的。施肥释放出来的氨气始终是一个地方的和区域的问题，它对农业部门和紧靠高强度农业地区造成了不良的环境后果。交通和工业活动引起的噪声基本上是地方的，影响这些活动的相邻地区。气味、震动和颗粒物高度集中在源头地区。造成的危险物泄漏的交通事故和工业事故基本上限制在事故现场地区。直到最近，污染物侵入土壤还是很普遍的现象，它引起了当前对土地使用的限制。在这些人类活动直接损害地方尺度环境的案例中，地方生活环境质量受到损害，从而对人和社会的宜居性构成威胁。

这样，与“可持续性”概念一样，“宜居性”概念也有了针对“社会的保障性功能”的意义（奥普赛乔尔和范·德·普勒格 1990；103）。当然，与可持续性相比，宜居性并不太多地涉及远距离的和长期的环境效果，而是关于此时此地的环境状况。[34]

这里，宜居性涉及的是人类在日常生活世界里经验的环境质量：涉及卫生、安全和（多）功能性等经验的质量。这不仅仅是环境的功能性问题，宜居性还依赖于我们如何感觉这个环境。宜居性涉及“此时此地”。所以，宜居性是一个包括了灰色环境和地方空间-环境冲突在内的质量概念。宜居性的定义基本上是主观的，特别是涉及社区安全和对绿地的需要方面时更是这样。但是，为了具体化我们周围的客观存在，特别是在包括了可以衡量的健康方面时，宜居性有可能使用经验指标。宜居性始终也没有显示出归纳到地方环境质量类别之中的简单意义：范·德·贝赫（Van den Bergh）等（1994；11）总结说，“决策者和（空间的）使用者都没有对宜居性形成一个统一的理解”。宜居性常常与可持续性混为一谈。在涉及环境和环境健康和卫生时，

---

[34]遵循这个推论，许多市政府使用的“紧凑城市”基本上涉及的是，地方阻止对形体环境产生负面的和不欢迎的长期后果的决定。紧凑城市也用到说明旨在改善环境质量决定的可持续的性质，地方决策保证超出一代人的宜居性。当然，在地方层次，可持续性有时与地方实现或保护地方形体环境宜居性的政策目标混为一谈（见巴特尔德 Bartelds 和德罗 1995；42～43）。

英语文献中的可持续性和宜居性之间几乎没有什么区别。按照比特利（Beatley）的观点：涉及“创造和支撑人居环境、适合于生活的地方、提供高质量生活的社区”这些问题时，“需要使用诸如宜居性和生活质量［……］这类术语来定义和描述”（1995；387）。荷兰语文献也并非总是对奥普赛乔尔和范·德·普勒格，霍弗拉克和青格尔等人使用的可持续性和宜居性做出区别。荷兰国家公共健康和环境研究所（RIVM）把许多家庭受到噪声干扰，内城许多街道因为空气污染而“不卫生”（RIVM1988；340），看作是可持续性问题。第一个和第二个国家环境政策计划主要涉及了可持续性，部分原因是，这些计划是战略性的和长期的。当然，阿姆斯特丹市政府强调了可持续性和宜居性之间的区别：“与可持续性相比，宜居性不涉及未来，只涉及当前的环境状态，环境必须提供一个可以接受的生活质量”[35]（阿姆斯特丹市政府 1995；9）。

宜居性不仅仅与环境质量相联系，还与其他形体环境的因素相联系。一方面，宜居性部分由环境健康决定，使用荷兰制定的环境质量标准，能够在一定程度上定量描述环境健康。另一方面，地方环境的社会质量、空间质量和经济质量决定着宜居性，[36] 这些质量有些可以

㉟宜居性包括“由一种功能引起的环境损害（排放、影响）和这种功能的环境质量。因为功能不同，所以重点也不同。对于‘工作’和‘交通’这类功能，与工作相关的和与交通相关的排放对整个环境质量的影响成为问题的中心。而对于‘生活’、‘公共空间’和‘自然’这类功能而言，更强调的是这些功能本身的环境质量和宜居性”（阿姆斯特丹市政府 1995；9）。

㊱范·德·贝赫（1994）指出了紧凑城市中宜居性的 15 个方面（1994；53～70）：对住宅的喜爱程度、来自邻里的干扰、交通强度、交通安全、公共交通的有效程度、购买日常必需生活用品的方便程度、公共空间状况，娱乐的、美学感受的和生态绿色地区的存在和质量、空气污染、由有害气味引起的干扰、卫生和不安全的场所。国家住宅协会在一份冠名为“前门外”的有关居住街区宜居性的报告中提出了类似的指标，这些指标特别适用于居住街区。［卡姆斯特（Camstra）等 1996；26～27］住宅、环境和空间规划部在他的报告中提出了 7 个指标：身份、舒适和安全、创新能力、“灰色”环境值、“绿色”环境值、经济值和聚集空间发展。国家公共卫生与环境研究所认为这些指标是生活环境公式，所以，它反对这些指标（1998）。

用“硬”指标决定，有些则是感觉和经验。[37] 所以，宜居性是能够用多种方式定义的我们周边日常生活事物的质量的一个方面，灰色环境的质量是宜居性的一个部分。

损坏环境的活动和环境敏感区域之间相互的和通常因为直接影响而产生环境-空间冲突需要一种“可持续的”解决办法，以保证这种解决办法不会很快失效。然而，因为“宜居性”基本上是由直接影响地方环境的人类活动决定的，所以“宜居性”将总是以地方为基础的灰色环境质量最重要的方面。

评估、责任和管理/控制

荷兰的中央政府已经试图通过设定排放、侵入和环境质量标准确定可以接受的周围事物（见§5.2)。这是一种仲裁式的活动，它采用了一种强调污染因果关系的功能-技术机制（见§2.4)。中央政府的目标一直是在全国范围内执行这些标准。从理论上讲，无论什么情况，无论什么地方，无一例外地使用这些标准去限制损坏环境的活动和产生的污染。评估灰色环境的方法没有充分照顾到地方的特殊情况，因此，一定范围的责任已经下放（参见§1.2)。同时鼓励从“技术导向的政策”向建立在共识基础上的政策转变（见§5.4和§5.5)。

按照乌格德（Voogd）的观点，创造一个社区的支持基础“基本上是一个信息和交流的问题”（1996；38)，人们越来越把交流看成规划过程的一个组成部分。在这个意义上讲，规划过程是“一个政治和行政管理的过程，协商、形成观念、建立共识和政治决策等方面都发挥着重要作用”（乌格德1995；51)，基本原则是在不同社会利益集团和机构之间在目标、资源和利益方面实现共识（乌格德1995；31)。

---

[37]在荷兰空间规划中，使用了3个价值作为提高日常生活环境质量的基础（TK 1988)。第一个值是“未来价值”，它涉及对长期空间功能的评估参见乌格德1987，在许多方面类似于可持续性的定义。第二个价值是使用价值，它与现行的功能使用和空间布局有关。空间规划不仅涉及空间的使用功能，也涉及使用者的生活福利设施价值。生活福利设施价值就是第三个价值。使用价值和生活福利设施价值在一定程度上与宜居性的概念具有相同的意义（见巴特尔德和德罗1995；68~74)。

正如我们在2.3节中提到的那样，技术-功能标准型政策不是没有不确定性的。这一点同样适用于建立公众共识。这种不确定性不是因为与反对相关的不确定和与功能-技术相关的不确定性，而是主体间关系的评估和应用所致，是用来决策的方式所致。在“灰色”问题的评估和决策方法及其政府控制之间的关系取决于谁已经确定了质量目标。按照1.3节概括的发展线索，在不久的将来，制定标准的政策原则的决策者将会希望把这些原则较少地建立在对灰色环境所做的“客观的”和定量的解释基础上（参见第5章）。灰色环境的“社会”评估，即直接生活在一种灰色环境之中的那些人的感觉，正在变得越来越重要。

这也导致了为谁定义质量的问题。在我们决定什么程度的环境质量退化是可以接受的或必须接受的以便在一个超出地方范围的层次上整体改善环境质量时，这个问题特别确切。环境问题上的公共利益有时是因为地方的居民日益增长对让更大地方区域受益的活动不满所致，这些满足更大区域利益的活动导致了地方上的环境问题。市民个人和行动组织日益由他们自己对环境-空间冲突和发展的感觉所支配，这些环境-空间冲突和发展影响了地方生活质量。在这个背景下，“地方上不欢迎的土地使用功能”（LULU）[38]和“不要在我的后院”（NIMBY）[39]这类术语有着特殊的意义。按照巴克（Bakker）的观点（1995；183），这些概念富有浓郁的情绪色彩，他们几乎不给理解或限定条件留下空间。虽然“地方上不欢迎的土地使用功能”和“不要在我的后院”并非仅限于环境-空间冲突［见阿什沃思（Ashworth）和恩嫩（Ennen）1995］，但是，这两种“综合症”一般是与地方上不欢迎的环境干扰的感觉有关。由于一种让相对更大的群体受益的活动引起的污染，让相对小的群体的生活质量下降，当这种情况出现时，通常会发生“不要在我的后院”这类综合症。

“地方上不欢迎的土地使用功能”和“不要在我的后院”清晰地涉及地方上感觉到的地方利益和一般利益之间的不平衡。正如我们在

---

[38]LULU是“地方上不欢迎的土地使用功能”的缩写。

[39]NIMBY是“不要在我的后院”的缩写。

2.1节中提到的，这种冲突包括了外部效应，随着相对污染源的距离增加，这种外部效应减少。“地方上不欢迎的土地使用功能”和“不要在我的后院”都隐含地涉及受益方和处于劣势方在尺度上的差异。在地方尺度上，这种“外在因素”感觉是消极的，而在更大尺度上，由这种活动引起的感觉是积极的（参见§3.4）。

平奇提出“一个外在因素的正或负的程度基本上是取决于个人的感觉”（1985；92）。尽管外在因素的评估基本上是一个个人问题，但是，“不要在我的后院”具有社区的特征。“不要在我的后院”的情感几乎与社会身份没有关系：“环境问题正在影响着富人，也同样影响着穷人”[布洛尔斯（Blowers）1990；96]。

不仅仅是一些个人聚集起来而形成了对地方环境的共同的不满，行政管理机构也是同样的，它们以它们所管理社区的名义行动。地方上对希普霍尔机场林德斯（Linders1995）扩建的抵制使得莱顿（Leiden）市议会去购买“荷兰地球朋友”种的树去阻止机场第五跑道的建设。地方政府还威胁要撤销对其他大型项目的支持，包括通过荷兰绿色河流带的货运铁路线。“不要在我的后院”的情绪基本上源于对政策选择的不满意，因为那些选择引起了地方环境污染或使其雪上加霜。

总而言之，我们可以说，灰色环境质量更大程度地与宜居性相关，而非可持续性。传统上讲，中央政府已经使用定量标准表达了灰色环境的“宜居性”。然而，对灰色环境的评估不只是政府的事情。一方面，社会力量的相互作用对因为附近功能或活动产生的负面的和不受欢迎的外部效应之间感觉的不平衡做出反应，另一方面，对这些功能或活动给更大区域带来的收益或一般利益做出反应。所以，环境-空间冲突影响更为深远，它已经超出了简单地以政策为基础的问题，因为基于政策的问题仅仅与环境和空间诉求有关（见§2.5）。无论是环境-空间冲突还是基于政策的问题都不能纯粹依靠技术-功能概念来解释或理解（见§2.4）。环境问题还必须放到它的背景中去。如果现在的倾向流行起来（见§5.5），个人、社会团体和行政管理部门将会联合起来决定那一种环境和空间诉求之间的关系是可以接受的，以及地方环境质量将怎样去实现。

2.7 环境-空间冲突和环境健康与卫生

我们已经在1.3节中提出了，因为恶劣的环境质量而威胁到现存的空间分布形式而引起的问题，或者因为空间布局阻碍了有害物质的吸收而引起的问题，就是环境-空间冲突。原先，环境-空间冲突这个术语仅仅在综合环境分区项目中使用，在那里，把工业活动看成是损害环境的，是与住宅开发相冲突的，而把住宅开发本身看成是环境敏感功能。一般来讲，环境-空间冲突是与环境污染相关的，环境污染能够在地方尺度上产生不受欢迎的负面影响，在这种情况下，作为“灰色”环境的环境健康和卫生状况和空间发展之间存在很大程度的直接和显而易见的相互作用。在损害环境的功能与活动和环境敏感功能和地区之间存在程度或大或小的人们不期待的叠加，这种叠加包括功能或活动的环境健康和卫生的外在因素，根据功能或活动的性质和规模，它们具有如下特征：

- 负面的、不受欢迎的和没有得到同意的；
- 大规模化学和物理的污染，影响自然环境；
- 污染的形式，至少在荷兰情况下，主要是空气污染和土壤污染形式；
- 明显的或高风险的效果：噪声，生理综合症和/或引起疾病和死亡；
- 按照他们的空间表现，随着污染源和环境敏感地区的距离的增加，空间影响减少。

这种叠加是一个由污染空气的排放和由污染土壤的吸收而引起的外部效应问题。为了限制这些外部效应的影响，能够限制空间发展。由于这些外部效应是与距离相关的，所以能够把环境标准转变成为分区，而分区有导致空间诉求，一种空间诉求可能与另外的空间诉求发生冲突。环境质量标准和随之而来的空间诉求基本上都是从环境污染的因果关系中得到的。

我们在2.3节中提出的环境因果关系链建立了一个以个人和社会需求和发展之间联系、损坏环境的活动、这些活动的损害效果及其与反应相关的政策，社会对这些后果的评估等为基础的模型。在以下章节，我们还要结合与环境-空间问题相关的概念、分类和论题，讨论因果关系。图2.7对我们的讨论做了一个总结。抹成灰色的部分包括了与环境-空间冲突的环境健康和卫生方面相联系的概念。

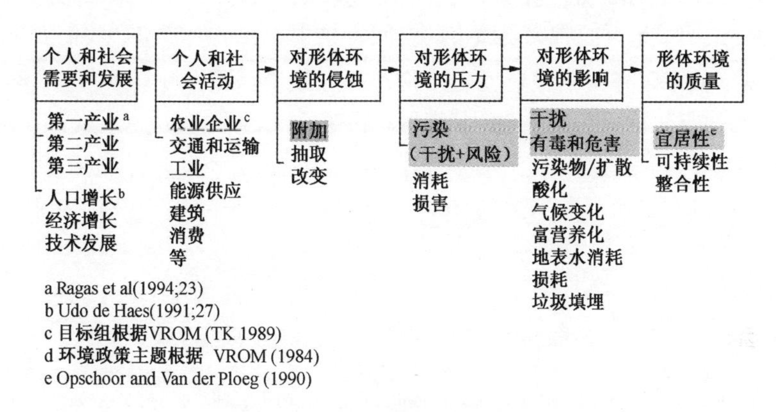

图2.7　环境因果关系链的衔接

注：灰色部分是与环境-空间冲突相关的概念。

这个细化的因果关系链说明，用直接因果关系仅仅能够部分地理解与环境健康相关的外部效应。城市地区的环境压力远远超出了形体问题。当我们在形体特征的基础上去解释形体问题的功能因素时，我们还必须考虑到功能因素的社会背景。认识和评估问题，权衡人们的诉求和利益都与可以观察到的形体环境状态一样重要。认识和评估问题与权衡人们的诉求和利益这类问题包括，利益的协调，“地方上不欢迎的土地使用功能”和“不要在我的后院”这类现象都与利益相关。这样，布维（Bouwer）和勒罗伊（Leroy）（1995；26）提出了因果关系链的“社会生成”。因果链的组成部分具有很高的分析价值，他们提出了环境问题起源的一般指标。但是，我们还要记住“当一个环境问题与因果关系丝毫不相关，仅仅在一定程度上有因果关系时，环境影响的‘客观’特征和社会评估之间的联系”（布维和勒罗伊1995；38）。这一章的目的是仅仅提供了对环境-空间问题的一部分研究和从政策上讨论了有关对环境冲突的愿望和现实之间的差异。同样重要的方面千万不要遗忘了：对论题复杂性的认识发展。在因果链中，复杂性不是明显的，而是包含在背景之中的。

到此为止，我们基本上是在环境健康和卫生的范围内讨论环境-空间冲突。然而，“环境-空间冲突”这个概念还清晰地涉及与环境问题相关的空间环境。损害环境的功能和环境敏感的功能和地区之间的冲突最明显地反映在紧凑城市的空间背景中。在下一章里，我们要把“紧凑城市”作为一种环境来讨论，在“紧凑城市”中，环境-空间冲突的空间特征在最复杂的状态展现出来。

第3章　紧凑的城市

一个受到青睐的概念

大城市能够从残忍、欺诈和对任何约束的拒绝中生长起来。宜居城市却只能在谦虚、同情和知足中得以维系[唐奈·梅多斯（Donella Meadows）1994；138]。

3.1　引言

当可持续发展出现在全球计划之中时，荷兰的和其他国家的一些空间规划师相信，他们已经有了一个“可持续”的概念：紧凑的城市。比特利曾经说，“可持续发展的社区［……］是那些表现出紧凑形式的城市”（1995，384）。紧凑城市是一个时期指导城市发展的空间概念。簇团和集中等都是实现紧凑、功能混合和“可持续”空间规划的重要概念。当然，紧凑城市的发展同时也意味着，从环境角度看，把不相匹配的功能和活动混合在一起，有可能导致城市质量的下降。

在这种情况下，紧凑城市发展成为处理城市环境冲突的一种工具。事实上，这种方式的基础是，在环境敏感和环境侵扰的功能、活动和地区之间保持一个充分的距离，以致把环境标准变成空间分区。在建立紧凑城市时，要维持充分的距离，使用这种方式去衡量超出环境承受能力的发展，都是很困难的。这种矛盾有时涉及“紧凑城市悖论”（TK1993；203）。

紧凑城市是描绘空间发展和灰色环境质量之间矛盾的理想模式。紧凑城市也提供了相对复杂和动态的城市景观来考察多种环境冲突的可能性。在一个紧凑城市里，空间是一种相对稀缺的资源，对这个城市空间提出要求的数目相对高，且具有波动性。所以，问题是因环境入侵而产生的空间要求怎样在整个紧凑城市模式中与其他空间要求相联系。另一个问题是，当维持一个充分距离不再是适当的选择时，是否存在其他的方式。罗斯兰（Roseland）（1992；22）认为，存在其他的方式，城市提供了无穷无尽的解决环境问题的方案。如果真的如此，我们究竟如何认识这些“机会”呢？

第2章集中讨论了环境-空间冲突中环境角度的一些问题。这一章将把重点放在环境-空间冲突中空间方面的一些问题上。我们还要讨论在紧凑城市情况下的环境与空间的关系问题。3.2节将“突破”作为空间概念的紧凑城市。20世纪80年代后期和90年代早期，人们认为，紧凑城市对环境会产生正面的影响。事实上，紧凑城市很快被认为是一种可持续发展的概念。3.3节将讨论20世纪90年代的发展，它影响了对城市空间的需求，包括人口发展和预期的住宅建设发展。这些发展敦促中央政府承认紧凑城市的概念。当然，这些发展也揭示出对紧凑城市观念的反对意见。3.4节将讨论这些反对意见，如“生活质量矛盾”，随着功能集中，生活质量受到威胁。“紧凑城市悖论”与空间发展和环境质量之间的关系相联系，如缺少空间和空间对环境的压力。正如以上提到的，这个矛盾是，我们很难把对环境造成负面影响的功能与那些对环境敏感的地区分开。处理环境-空间冲突的相对简单和明显的战略即是，保持安全距离。

3.2 紧凑城市的概念

在荷兰人口增长的几十年间，经历了二战后重建、分散化、簇团式分散化等一系列城市发展模式的变化，从而导致了乡村地区的城市化，出行需求增长。乡村地区的城市化和日益增加的交通严重威胁了空间极其有限的荷兰。人口迅速增加表现在家庭规模的变化。所以，荷兰对住宅的需要一直在增加，从而使城市空间面临巨大压力。20世纪70年代，较低的经济增长和人口发展成为推动中央政府更为谨慎地面对有效资源的因素，要求对“去城市化”的政策做出调整［弗里林（Frieling）1995；7］。

作为空间概念的紧凑城市

我们在紧凑城市的空间概念①里找到了这样一种答案。使用这个概念是为了“控制交通和经济地使用空间”（VROM1993；203）②。在整个20世纪70年代，阿姆斯特丹和鹿特丹这样一些大城市开始积极地扭转城市蔓延的倾向，主张发展紧凑型城市［博尔克特（Borchert），埃格伯斯（Egbers）和德·斯米特1983］。在一份有关紧凑城市的评估报告中（RPD 1985），国家空间规划局（RPD）列举了若干城市沿用的城市集中政策，作为导向性原则。这些原则主要有：

- 维持城市人口，如果可能，增加城市人口，同时，限制城市空间使用的增加，增加城市的基础设施。［……］
- 阻止和扭转损害城市经济、社会和文化功能的倾向。［……］
- 让城市适应汽车交通的增长，鼓励发展公共交通，降低城区车速。［……］
- 强化城市空间与功能的协调。［……］
- 利用现有的投资，特别是关注基础设施投资。（RPD 1985；30，由巴特尔德和德罗总结1995；38）。

人们把紧凑城市的概念看成是解决城市地区、城市周边地区和乡村地区多方面问题一种方案。因此，紧凑城市概念的内涵已经超出了空间和环境效益；实际上，从一开始，集中的政策基本上源于经济与社会的考虑（见RPD 1985）。在20世纪70年代，作为经济和社会发展基础的城市核心区开始衰退，这成为当时荷兰的一大问题［朱尼菲尔德（Zonneveld）1991］。除荷兰之外的国家，同样出现了这类问题。

---

① 朱尼菲尔德认为空间规划概念是“一种用文字和图示表达的简明形式，它指出了一个利益攸关者怎样考虑期待的空间环境发展，以及认为必要的干预性质”（1991；21）。按照佐特（Zoete）的观点，这个看法使空间规划概念成为“有着强大交流功能的象征物，空间规划概念来自于日标（即观点的实现）和措施结合起来的可能性”（1997；14）。

② 早在1973年，丹茨格（Dantzig）和赛提（Saaty）就提出，“紧凑城市”是减少城市蔓延和保护开放的乡村地区的方式。他们把这个看法推向了极端：“25万人将生活在2英里宽，8层楼高的建筑物中。在一个气候得到控制的建筑空间里，垂直的和水平的旅行距离都会非常短，能量消费将减少”（1973）。

当时，自我包容的观念就在于加强对城市空间的利用［埃尔金（Elkin）等，1991；16］那时，美国城市正在开展对贫民窟的再开发，内城地区人口衰减[3]［见雅各布斯（Jacobs）1961；金斯特（Kunstler）1993；史密斯（Smyth）1996］，这些现象也受到欧洲人的关注[4]。比特利（1995；384）惋惜地说，"'蔓延的城市'似乎成为那个时代的规则"。这些都是他称之为"城市蔓延的恶魔"所致（1995；384）。结果是城市人口结构的平衡被打破，不太富裕的阶层聚集生活在内城地区。荷兰的情况也是这样。这种开发导致人们担心城市衰退，同时缺乏经济基础。内城不仅仅减少了其经济功能，而且开发本身出现不平衡。这些因素使城市的吸引力锐减，内城地区的社会治安也开始恶化，特别是在晚上。基于这样的考虑，不仅仅要增加内城空间的使用强度，而且还要增加那里多样性的功能。这些都是保护城市基础地位的需要[5]。所以，这里的问题不是紧凑或集中，而是城市空间的功能和质量。这就是为什么现在城市规划面对的是集中而不是紧凑。

20世纪70年代的政策依然集中在通过设计城市增长中心来引导城市化。因为分散化而出现的城市问题越来越暴露出来，而对没有发展动力的增长中心的批判也出现了。一开始，人们认为国家空间规划局（RPD）对紧凑城市的概念缺乏兴趣［科塔尔斯·阿尔特斯（Korthals Altes）1995；97］。当然，集中和紧凑逐渐成为国家空间规

---

③有时人们使用"城市的美国化"［博彻特（Borchert）等1983；93］。

④像其他人一样，苏吉奇（Sudjic）认为，"迅速的城市分散化已经是第二次世界大战以来大部分西方国家的一大特点，这个过程在美国开始得比较早。对于不同的国家来讲，这种分散化的性质有所不同。在美国、加拿大、日本和澳大利亚，城市分散化倾向于采取大规模郊区化的形式，创造了城市分散化的极端形式，100英里的城市"（1992）。

⑤在20世纪80年代和90年代的欧洲，多样性和多功能在紧凑城市的政策中并非新概念。在《美国大城市的死与生》（1961）中，简·雅各布斯已经倡导了多样性和多功能性的概念。简·雅各布斯提出了在城市街道和地区里产生丰富多样性的几个条件。第一个条件是，尽可能在内部做细分的区必须具有一个以上的基本功能，最好两个以上。这些功能必须保证按照不同活动规律出门和不同目的出门人们都有效，人们能够使用多种公用设施。（1961；150）—荷兰市政府接受了这种观念，以便保护城市地区的生活质量。

划政策的基本原则。

因此，“关于城市化的政策文件”（VRO1979）不仅仅集中在有关城市增长中心和分散化的政策上，也集中在改善城市质量上。这个文件第一次纳入了紧凑城市的概念。鼓励经济地使用城市空间，把现有城市内部的建设放在首位[6]。在荷兰议会（现在的下议院）的坚持下，这个报告“强调了在国家范围内和城市范围内的簇团城市化”（VRO1979；XI-2，96）。“城市化战略纲要”修正案[7]（VROM 1983）再次确认了荷兰城市政策的变化，从发展增长中心到强调城市集中。集中到城市群的城市化政策将阻止城市向郊区和乡村地区的蔓延（VROM1983；XI-2，27）。

1985年，国家空间规划局有关紧凑城市评估的报告[8]最终在荷兰突破了紧凑城市的概念。在这个报告中，国家空间规划局把紧凑城市的核心因素描述为，“强调城市功能（生活、工作、服务和公共设施）的集中”（1985；30）。紧凑城市最终成为一种时髦的空间概念，以应对过去簇团式分散化的空间政策。

荷兰的许多城市本来就已经相对紧凑了[9]。紧凑性主要用于内城地区，那里，中世纪的建筑物依然居于支配地位[10]。当然，这并不意味着城市的所有部分均匀紧凑。特别是在分散化和蔓延指导下实施的

⑥　当然，人们对保护现存建筑物持怀疑态度。特别是荷兰城市的战前建设起来的那些地区，状况很不好。然而，城市更新比起城市扩张更重要，特别对于大城市更是这样。

⑦“城市地区战略规划大纲”（VROM 1983）被修正为“城市化战略规划大纲”，这个文件与“城市化政策文件”一起发表。

⑧国家空间规划局的报告注意到，社会弱势群体的集中和公用设施如绿地和休闲娱乐场地的集中所产生的不利影响。同时，这个报告也提出了需要尽可能防止和限制交通噪声干扰。

⑨巴特尔德正确地提出，当一个人关注城市特征时，他总是看到有限区域内高度集中的任何活动。紧凑城市概念在一定程度上可以看成是一个多余的字眼（巴特尔德和德罗 1995；33）。

⑩孔斯特勒（Kunstler）在他的《无处的地理》（1993）中精彩地描述了这种并不适用于美国城市的空间发展的事实。

二战后重建似乎与在稀缺土地资源条件下小心翼翼的建设存在冲突⑪。按照科克（Kok）和维嘉（Van Wijk）的观点（1989），紧凑城市旨在“阻止城市要素在整个区域散布开来，同时，在城市本身，严格划分功能分区”（1986；16）。

勒·克莱尔（Le Clercq）和霍根多恩（Hoogendoorn）［1983；161，也见德·容和门泽尔（Mentzel）1984］在以下原则基础上，用功能-空间术语，概括了紧凑城市：

■ 强调城市和景观是通过兼顾原有建筑的基础上完成的；
■ 在城市分区的层次上把功能结合起来；
■ 以限制居民必要的交通出行和改善他们的便利性为基础分布公用设施；
■ 高密度建设；
■ 强调公共交通。

这些原则期待在紧凑地布置建筑物之后能够改变人们的出行模式，而居民出行模式的变化可能会减少居民自驾私家汽车出行。当然，不仅仅勒·克莱尔和霍根多恩⑫对紧凑城市的效果寄予厚爱，紧凑城市政策会减少出行机会一直是人们的愿景。减少出行上的这一信念，离开紧凑城市可以推进可持续发展的看法，还有一步之遥。⑬

---

⑪许多年以来，多种研究揭示出，英国的工作和人口已经从城市转移到了乡村（OPCS 1992）。布雷赫尼和罗克伍德怀疑在英国是否还有紧凑型城市发展的机会：“它要求完全扭转过去50年以来的城市发展倾向：即分散化”（1993；155）。

⑫布杰斯（Buijs）（1983）也提到了紧凑城市概念的若干特征。他认为，功能分散和高密度建筑是减少出行距离的一种有用的方式。这将会刺激减少车速和鼓励公共交通。保护已经存在的是首要任务。通过更新和修缮现有的建筑能够避免完全拆除。这会产生对空间的经济利用。

⑬当然，出现过一些批判。早在1986年，欧文斯（Owens）就表示她对紧凑城市在减少能源和流动性方面效果的怀疑：“紧凑城市的观点毫无悬念地引起了一些疑问，除开这种形式是提出的灵活性和社会意义等严肃问题外，有关节约能源的优势并没有得到详细的证明”（1986；62）。她讨论了出行模式的变化，常常是从郊区到郊区，实际上增加了交通流量。霍尔（1991）对“紧凑城市”也持批判态度，暂且不论其他问题，城市密度单独不能决定出行距离和“出行模式多样化”。

作为可持续发展概念的紧凑城市

不仅在荷兰，实际上，在世界范围内，人们都在遵循紧凑型城市发展的原则。联合国环境和发展署的报告，《我们的共同未来》(1987)，在这一主题的讨论中发挥了重要作用（见§2.2 和§2.6）。许多国家的政府已经采用了这个报告倡导的可持续发展的概念，以此作为他们制定政策的一个关键要素。他们也寻求城市发展的"可持续性"概念，特别偏好紧凑城市的发展模式。⑭

在欧洲，欧盟委员会是可持续发展的积极倡导者。在欧盟委员会的《城市环境绿皮书》中，欧盟委员会（CEC1990）列举了许多阻碍可持续发展的城市问题。这个报告特别指出，"一般来讲，对汽车的依赖程度正在增加，特别是对私人交通工具的依赖正在增加"(1990；48)。按照欧盟委员会的意见，引起空气和噪声污染的交通拥堵，是造成城市污染的一个原因。欧盟委员会选择了若干政策方式：

- 联合城市地区的功能和鼓励居住到内城地区，改变严格的分区规划模式；
- 把城市向它的边缘地带延伸不应当成为解决城市问题的办法，城市问题应当在现存的城市边界之内得到解决（CEC1990；45)。

欧盟委员会在采用这些政策指南的同时，也采纳了紧凑城市的概念[参见布雷赫尼（Breheny）和罗克伍德（Rookwood）1993；155，霍尔（Hall），赫巴特（Hebbert）和吕赛（Lusser）1993；23]。欧盟委员会强调"保护已经存在的"观念，鼓励恢复已经存在的地区，改造衰败的城市地区，推进多样性（CEC1990；60）。

1992年6月，联合国在里约热内卢举行了环境与发展大会。该会议的主要贡献是，提出了"可持续"城市发展的观念。这次会议认为，改变城市交通模式是实现可持续发展城市的一个基本阶段。有效率的和生态友好的公共交通系统和不使用汽车的交通方式都是十分重

⑭范·德·瓦尔和韦特森（Witsen）把"可持续发展的城市"定义为"不把自身功能产生的环境影响转移给下一代或其他地区的城市系统"(1995；3)。

要的。当然，欧盟委员会认为，需要在地方和区域层次上决定实施这些主张的措施。[15] 所以，希望地方政府在采用这个行动计划时从地方实际情况出发：地方21世纪发展计划。欧盟委员会相信，紧凑城市的概念应当为采用可持续发展提供一个空间范围［参见詹克斯（Jenks）、伯顿（Burton）和威廉斯（Williams）1996］。

埃尔金等（1991；12）相信，一座可持续发展的城市一定要“具有适合于步行、骑自行车、有效率的公共交通和鼓励会相互交往的紧凑性的形式和尺度”。这样，20世纪80年代早期的紧凑城市的观念逐步发展成为可以应答可持续城市发展的一种观念。詹克斯、伯顿和威廉斯（1996）总结道，“最近以来，人们越来越关注城市形式和可持续发展之间的关系，建议城市的发展和密度能够包容未来。从这场争论中，人们得到了这样一种观念，紧凑城市是最可以持续发展下去的城市形式”。

密度和可持续发展

相信紧凑城市可以带来好处的信念广泛传播。托马斯（Thomas）和库森（Cousins）（1996）对许多人［例如，参见恩威查特（Engwicht）1992，麦克拉伦（McLaren）1992，纽曼（Newman）和（Kenworthy）1989，肯沃西（Sherlock）1991］的看法做了这样一个总结：“较少依赖于私家汽车、低排放、减少能源消耗、较好的公共交通服务、增加整体上的便利程度，重新使用基础设施和原先开发的土地、旧城地区的恢复和城市复苏、高质量的生活、保护绿色空间、提高商业贸易活动的水平”（1996；56）。减少汽车交通的观念十分强大有力。当然，托马斯和库森指出，这些看法“并非浪漫的幻想，也没有多大的风险，但是，没有充分地反映经济需求、环境可持续性和社会愿望等现实问题”（1996；56）。荷兰的政策也是这样，紧凑城市发展的愿景带上了一些情绪色彩。减少对汽车依赖的目标并没有达到，因为《第四号形体规划政策》（VINEX）和《第五号形体规划政策》

---

[15] 21世纪计划（联合国21世纪环境项目）形成的目标具有很抽象的特征。以下目标与可持续城市发展有关：“改善人居经济、社会和环境质量，改善所有人的生活和工作环境，特别是城市和乡村贫穷人口的生活和工作环境”（联合国1992；95）。

(Vijfde Nota) 而引起的大规模建筑项目已经使乡村地区进一步城市化(见§3.3)。

韦尔邦克 (Welbank) (1996) 总结道，追求建立在紧凑性原理基础上的可持续城市发展，基本上是建立在一种信念的基础上，而不是建立在一种合理命题的基础上。布雷赫尼同样怀疑作为可持续发展的紧凑城市所追求的目标。欧盟委员会认为“郊区发展”就是一种“蔓延”，“紧凑城市将为它的居民追求超级生活质量”(布雷赫尼和罗克伍德，1993；155)。詹克斯、伯顿和威廉斯特别指出，紧凑城市概念的形成，基础和研究者对它的评估之间的联系十分微弱 (1996；7)。

特别是那些使用英语的作家，攻击欧盟委员会把“可持续发展的城市”等同于紧凑城市的观点。当然，在荷兰，从来就没有希望把“紧凑城市”作为可持续性的一个空间标志，而是强调小心翼翼地提高对现存城市地区的使用强度。在这个意义上讲，紧凑城市的概念是对那些在政治上和社会上都不希望出现的发展的反应。这个反应一厢情愿地，甚至天真地，预测了一些积极的效果。当然，我们应当把紧凑城市与扭转城市分散化的愿望分开来看。

实践已经证明，紧凑城市就一定是可持续的城市，这种看法走得过远了，而且，这种看法是对一种并不存在的事物的信念。城市是一个复杂的系统，它几乎不会被城市事物的一些方面所左右，如汽车交通。作为对这种紧凑的可持续发展城市信念的一种反应，布雷赫尼(1996)、思科汉姆 (Scoffham) 和韦尔 (Vale) (1996)，以及托马斯和库森 (1996) 希望公开讨论密度水平问题和分散化的新愿景。在此基础之上，这场讨论还要对欧洲有关可持续发展政策中的片面性和一些观点做出批判。

因为本书的范围仅限于这样一个“矛盾”：空间紧凑和可以接受的环境质量之间的矛盾，所以，我们仅仅涉及布雷赫尼和其他人有关紧凑的愿景和程度的讨论。这里，能够得到这样一种结论是比较重要的，即紧凑的空间概念、紧凑的环境概念、紧凑的可持续发展概念，都存在着本质差异。作为可持续发展概念的紧凑性似乎过分依赖于信念，而作为空间概念的紧凑性是对“容易出行”的一种反应。我们可以找到许多理由说明，在社会上和政治上，“容易出行”都是没有希望的。[16] 所以，对紧凑和集中的选择基本上涉及的是，已经存在的城市和城乡空间的生活质量。

3.3 簇团，增长和轮廓线规划

尽管人们越来越多地了解到，紧凑城市的概念不会产生太多的积极效果，但是，在20世纪90年代，人们还是把重点放到了集中的城市开发上来。必须进一步减少汽车的增长，当然，这将是困难重重。住宅、工作场所和公用设施必须建设在人们可以使用自行车和公共交通工具的距离之内。这就是城乡地区在政策上有所差异的理由之一。乡村地区的城市化必须加以限制，按照当前政策，对城市的支持不能缩减（VROM1993；6，VROM2000；7-20）。

贯穿整个20世纪90年代，对城市空间的需求日益增长，部分原因是人口、经济增长和社会发展。一方面，这种增长的需求是控制城市地区发展的一个理由。另一方面，这些发展妨碍了对城市增长的控制。事实上，现存城市地区所面临的压力日益增加。所以，对于城市地区紧凑性空间规划而言，问题是选择紧凑型城市和选择使用轮廓线做规划是否能够超出宣言而变为现实的目标，使用轮廓线做规划是由《第五号形体规划政策》（Vijfde Nota）（VROM 2000；5-36）提出来的。

簇团

20世纪90年代，《第四号形体规划政策附加》(VINEX，VROM 1993)支配了荷兰的空间规划。《第四号形体规划政策附加》是《第四号形体规划政策》的新版本：一种在参与基础上的选择方式。对比先于这两个文件之前的空间规划，《第四号形体规划政策附加》是包括空间规划各参与方之间的一个详细协议。这意味着荷兰空间规划的一个变

---

[16]格勒肯、波芬和冯达斯（Geleuken，Boeven，Verdaas）做了进一步的补充，“作为资源的‘空间’从根本上是不同于天然气和其他矿产资源，对于这类资源，越经济地使用就越好。然而，空间数量是恒定的。使用空间的方式不同于使用其他资源的方式”（1997；16）。

化,从国家政府集中管理改变为协议和分担责任基础上的管理⑰（参见§4.7)。这个规划用来为多个政府参与者提供一个框架［科塔尔斯·阿尔特斯 1995；151，参见布鲁萨德（Brussaard）和爱德华兹（Edwards) 1988］。人们提出了空间规划的改革以及在空间规划上权利与义务的划分。社会发展成为空间规划的基础。不再寻求放置各地皆准的普适解决办法，只对那些最重要的和空间上与社会发展相关联的事物编制政策。⑱ 这样做的目的不是追求一个综合政策，而是对现行的或指望发生的发展的有选择的反应（科塔尔斯·阿尔特斯 1995；155)。⑲ 在共识的基础上，人们接受了政府动机和政策的变化，共同负责推进政策的发展（VROM 1988)。

在所有参与者达成共识的基础上，形成专门项目的未来战略前景，从而实现广泛支持的空间发展方式、行动计划、发展先后次序⑳和资金安排。这些未来战略包括关键项目、“指定的空间规划和环境地区”（ROM）的地区政策（见§5.4)、城市枢纽和宜居项目。这些项目不仅仅管理和推进项目地区的空间规划，也用做发展样板，给人们提供交流的机会。

---

⑰斜线规划公式特里德（Ter Heide 1992）也起源于这个时期。斜线规划公式的目的是，“把政府政策转化成为战略性地区的远景，这些地区将要开展的战略项目。这里使用的‘斜线’概念设定了其他（水平的）政府的合作方和其他（垂直的）政府机构的参与”(佐特 1997；112)。

⑱另一方面，“城市化政策文件”还说明了奖励政策和整个荷兰的空间发展政策(科塔尔斯·阿尔特斯 1995)。

⑲随着把城市港湾作为一个政策概念引入之后，政府投资可以有选择地分配到几个有限的城市。当然，这种选择在很大程度上受到上下两院的压力，来自那些“遗漏掉的”城市，那些没有被指定为“城市港湾”的城市［佐特 1997，索恩德（Zonneveld）1997］。

⑳当时认定的四个优先投资领域是：（1）提高荷兰的竞争地位，（2）通过建立“A”和“B”地区（见§3.4)，协调工作、生活、公用设施和公共交通等，(3）保护、调整和更新乡村地区，(4）在“指定的空间规划和环境地区”制定地区导向的空间和环境政策（§5.4）和改善宜居性。第一个优先考虑的领域是“第四个国家环境政策计划”的基本要素，这就是阿什沃恩（Ashworth）和乌格德等把“第四个国家环境政策计划”看作“一个提高国际竞争力的国家计划的”的理由之一（1990；5)。国家政府的基本责任就是改善经济发展条件，而优先领域2、3和4的责任则应当是共同承担的(佐特 1997；114)。

一旦《第四号形体规划政策附加》得到认可，就开始执行这些政策。“创新在于国家层次的政府与其他层次的政府处于协调协商的位置，希望实现共同的决定，并以正式协议的形式确定下来”［扎维尼肯（Zwanikken）等，1995；19］。在20世纪90年代早期，荷兰政府开始与省、4个主要城市和预期的城市区域，就如何执行《第四号形体规划政策附加》（VINEX）提出的建设任务，进行协商（见表3.2）。当时希望这些协商可以比较快的进入执行协议阶段。㉑ 当时的想法是，“城区（或省）也要对协议的条款承担风险。按照住宅、空间规划和环境部的看法（VROM 1996；5），随着协议的执行，人们开始主动地追求分散的原则”。㉒ 通过签署这种协议，地方和区域行政当局承担了努力完成这个地区的建设项目。

首先，《第四号形体规划政策附加》表现为城市发展的一个里程碑。当然，这种印象可以通过协商、有关如何建设项目以及项目的责任承担方式的协议得到确认，正是这种协商和协议的方式使《第四号形体规划政策附加》得到了广泛的支持。㉓《空间规划法》和《空间规划法令》为执行政策建立了法律依据，除此之外，以下手段也在空间规划中使用：沟通、共识、建立项目先后次序、因地制宜的方式和共同承担责任［佐特 1997；111］。《第四号形体规划政策》已经成为

㉑当然，这个发展过程并没有像预想的那样顺利。直到1994年中，与省里的执行协议才签署下来。1994年12月22日（VROM 1996a），乌得勒支第一个建立了自己的区域政府，管理这个城市群。1995年10月6日，艾恩德霍芬（Eindhoven）区域与中央政府签署了最后一个“第四号形体规划政策附加”的执行协议。“第四号形体规划政策附加”项目的进展缓慢主要是因为在资金和责任方面的协商反反复复所致。中央政府和市政府没有以同样的方式解释土地开发（肯彭 1994；195），中央政府对城市更新支持的性质需要澄清（科塔尔斯·阿尔特斯 1995；184），土壤治理的费用也有过讨论。肯彭建议，这些“影响深远的政策改革和它们必须在短期内实现大大增加了提高低层次政府行政管理能力的需要”（1994；220）。

㉒省选择城市群或城市联合组织作为协商对手或多或少边缘化了省政府。当然，并非城市群中的每一个相邻市政府完全信任这种协作群体，中心城市在此之中居于支配地位。按照“第四号形体规划政策附加”，省政府明确的责任就是在编制和实现“第四号形体规划政策附加”执行协议中担当中间协调机构（科塔尔斯·阿尔特斯 1995；193～194）。

㉓在修正后的“第四号形体规划政策附加”中，协商被放到了更早的阶段；省（并非城市群）提出城市化位置，然后中央政府指定它的选择（扎维尼肯等 1995）。

一种交流沟通和协商的计划。

在《第五号形体规划政策》（Vijfde Nota）的序言中，立法、共识、建立项目先后次序、因地制宜的方式和共同承担责任等一系列有关空间规划的措施得到了进一步的完善（VROM 1999，VROM 等 1999）。除此之外，这个文件还使用了20世纪90年代荷兰“紫色”联合政府（社会民主党和自由保守党）的标语，“绿色（荷兰的）低洼开拓地模式”。㉔ 形体规划《第五号形体规划政策》能够进一步拉近与其他社会组织的合作关系（VROM 1999；14，参见 WRR 1998）。㉕

当然，《第四号形体规划政策附加》（VINEX）不仅仅是一个用于交流和协商的计划和制定决策的大纲，《第四号形体规划政策附加》还详细地说明了什么是最有前景的城市化模式，描述了如何实现这种模式的方式（扎维尼肯等，1995；18）。在《第四号形体规划政策附加》中，使用簇团政策这一术语来表达集中的城市发展。簇团政策意味着“在人口众多的地区，通过以城市群的方式建设居住建筑、商业建筑，提供基础设施，来满足日益增加的住宅、工作和支撑地区日常运行的基础设施”（VROM 1993；5）。㉖ 规划工作以规划期内开发建设集中的居住和商业建筑为重点。这项建设工作应当在靠近城市和城市群的有限数目的人口集中地区开展。郊区建设应当保持在最低程度上。同时，《第四号形体规划政策附加》最终摆脱了过去的政策：单一功能的大规模居住区（增长区）。与过去的政策不同，这项新政策的目标是，把“生活”、“工作”、“娱乐”和“自然”地集合起来。

㉔“绿色（荷兰的）低洼开拓地模式”直接涉及20世纪80年代和90年代成功的经济和就业政策。这些政策的基础是政府和“社会伙伴”之间的协商和利益的细微调整。

㉕住宅、环境和空间规划部当时的部长提出了两个条件。首先，各方确有愿望相互讨论相关问题，以便形成一个联合推荐意见，提交给部里。其次，他们必须接受，最终决定将是一个政治决定（VROM 1999）。强调双方协商的原则这种愿望并不排除中央政府的监督。

㉖期待使用城市群概念提供一个以市政府间合作为基础的地区导向的方式，以此推动城市发展，与增长中心政策做一个平衡，阻止郊区化。这个概念的基础是，城市能够超出行政边界来发展，与周边相邻市政府建立有力的联系。在“城市化政策文件”的第E部分和“城市地区战略规划纲要”的前言中，城市群的水平被认定为，能够实现簇团城市化的水平。[见博彻特，埃格贝斯（Egbers）和德·斯米特 1983 和科塔尔斯·阿尔特斯 1995]。

当然，这个目标并不妨碍对《第四号形体规划政策附加》提出的“靠近城市和城市群的有限数目的人口集中地区”的空间位置。一般来讲，这些空间位置被认为是，没有兴趣的，单调乏味的和非常不具有标志性的地方。在20世纪80年代，这些地方被贴上过“增长的城市”标签。

簇团政策形成了5个标准。邻近标准建立了一个开发建设场址选择次序，首先考虑内城地区，特别是那些保护性建筑，需要重新开发的旧场地，需要做填空式开发的场地。当《第四号形体规划政策》的详细建议产生后，邻近被认为是最重要的标准（扎维尼肯等，1995；19）。便利标准与开发适当的城市和城市群公共交通相关。也与推进降低车速相关。除此之外，还有凝聚标准（即在各类功能之间形成一个紧密的联系，如居住、工作、娱乐和绿色空间），保持开放空间开放的标准。保持开放空间开放的标准特别涉及保持城市之间的开放空间。[27] 最后一条标准是政策的可行性，可行性不仅涉及资金上的和经济上的可行性，也涉及社会上的和环境上的可行性。这些空间位置场地标准使得省和市政当局能够按照《第四号形体规划政策附加》给它们规定的义务，改变新居住区和工作场所的空间位置，在规模和场地上，适合于地方区域。当然，借助簇团和簇团导向的空间位置选择标准的空间-功能管理不仅仅用于（紧凑）城市，也用于比城市更大的区域，如兰斯塔德（由阿姆斯特丹、海牙、鹿特丹和乌得勒支包围的地区），以及其他一些城市群。一方面，簇团和邻近的要求旨在推进完整城市向紧凑型方向发展；另一方面，推进城市与周边地区形成凝聚的城市群。

轮廓线规划

就行政管理政策而言，《第五号形体规划政策》（Vijfde Nota）希望在多个层次上实现城市功能的簇团布局。这个文件提出了几个新的概念，包括城镇与乡村的“强化和结合”和“改造”，以及“红

---

[27] 1995年，住宅、空间规划和环境部的部长，马格斯·德·博尔（Margreeth de Boer）开始公开讨论兰斯塔德城市群“绿色核心”的保护问题，希望断了在这个地区做城市开发的念头。这个讨论的结果被认为是确认了当时的政策（VROM 1996e）。

色”和“绿色”边界的“改造”。这些概念都是用来推进簇团政策和完善紧凑城市政策。这些概念也指导、确认和保证已经建立起来的，或多或少自主开发或那些被证明难以控制的开发能够满足新政策的要求。

甚至在《第五号形体规划政策》（Vijfde Nota）公布之前，例如在鉴定和改进《第四号形体规划政策附加》期间（VROM 1996d），人们就在寻求理论框架中存在的细微差异。现在，使用的是“完整城市”的概念。“完整城市”表达了把综合空间政策结合到比较宽泛的大城市政策中去，以增加城市的各方面的“活力”[范德菲加（Van de Vijver）1998]。同时，“完整城市”的概念改进了集中的城市化政策。“完整城市”强调了内城之间的差异，特别是城市中的密度和重要性方面的差异（VROM，1998）。

科克内阁第二任期（1998～2002）的联合协议强调，汽车城市社会要求进一步细化紧凑城市的发展方式以及控制发展区域“走廊”（见 VROM 等 1999 和 VROM-Raad 1999）。这一观点随后在住宅、空间规划和环境委员会的推荐意见中形成了一个战略性设想（参见 VROM 等 1999）。尽管在《第五号形体规划政策》（Vijfde Nota）和《国家交通和运输规划》（2000）中小心翼翼地避免涉及“走廊”概念，但是，“走廊”作为提供经济和空间发展机会的重要性正在显现出来，包括“没有规划的增长”，这类增长为使用战略的方式来优化多种功能提供了机会（VROM1999；31）。

坐落在走廊和其他区域和超级区域交通轴线上的紧凑的和完整的城市将在被管理起来的增长之下发展。决策者希望这种发展会导致区域城市网络簇团的发展（VROM 等，1999，VROM 2000，V&W 2000）。网络城市的概念必须在制定政策时承认城市群之间关系的存在，这种已经存在的相互关系正在决定着城市和城市群的扩张。

当然，公布《第五号形体规划政策》和希望分散责任并不能够抑制对空间发展实施控制的需要。“控制空间需求”之类的主题出现了。按照荷兰住宅、空间发展和环境部的政策，要求以主要道路簇团为基础的分区提高城市开发的集中程度和强度（VROM 2000；7-19）。这个要求意味着提高了城乡之间的对比程度。“一方面是基础设施完善的城市集中区域,一方面是大规模的自然景观区域”(VROM 2000;7-20)。这种对比也可以通过引入“轮廓线政策”来实现。

通过引入轮廓线规划，荷兰国家政府旨在一定程度上减少对地方空间规划的干预。省和市政当局应当在区域和地方空间发展方面承担更大的责任。当然，有一个条件，红色轮廓线和绿色轮廓线必须包括在它们的战略性空间规划中。这个要求的目的是为了约束城市发展，不要影响到乡村地区和自然保护区。在荷兰，必须围绕所有的建成区和必要的城市扩张区划出“红色轮廓线”。《第五号形体规划政策》专门规定，“居住”和“工作”功能应当建设在红色轮廓线之内(VROM 2000；5-36)。那些具有景观、文化或历史价值的地区应当划入“绿色轮廓线”之内，设定“绿色轮廓线”的目标是，阻止城镇和村庄新的扩张，“阻止因为基础设施建设而引起对农业和休闲地区的割裂”(VROM 2000；5-37)。在10年空间规划项目必须建立红色轮廓线和绿色轮廓线。

这种新概念和建议的出现显示了人们试图摆脱静态的紧凑城市原则的新方式。簇团增长的愿望与城市发展的扩张型方式相冲突。当然，同时勉强接受了太大的弹性和自由所产生的后果。对扩张型城市发展的控制充满困难，甚至是不可能的。

这种对轮廓线的批判并非完全空穴来风。20世纪90年代，在把这类轮廓线规划的建议转化成为政策时，特别是在环境规划中，曾经出现过多次冲突。在这种情况下，决定环境侵蚀水平还是可以接受的(§5.4和§5.5)。在环境规划中，建立发展轮廓线和环境分区政策现在必须更精确和更具弹性地处理日常的发展需要。荷兰在这方面的一个重要经验是，不要对发展轮廓线规划寄予太高的期望（参见第5章）。

增长的分布方案

《第四号形体规划政策附加》(VINEX)包括了“切实增加住宅存量”(VROM 1993；11)的分布方案，这个方案涉及荷兰全国，执行时段为1995～2015年，旨在控制城市发展[28]。这个住宅建设定量分布方案随后被《第五号形体规划政策》废除，以便让区域和地方政府比以前承担起更大的责任。《第五号形体规划政策》也关注未来城市发展对空间的高水平需求，当然，它不再使用具体的建造住宅的数目。国家住宅需求的增长以公顷数目表示（VROM 2000；4-6）。增长与簇团一道成为荷兰空间规划决策的一个关键因素。

这种变化的目标是，借助一种三阶段方式，以密度指标，来管理簇团和增长的空间发展。这种方式旨在"把新的住宅、工作岗位、娱乐空间和公共设施布置在大中城市内或尽可能靠近大中城市的地方"。通过三个阶段，决定空间开发的先后次序："首先对城市地区提供的潜在建设场地实施开发，然后再开发城市边缘地区，最后开发远离城市中心却也与城市中心具有联系的地方"（VROM 1993；6-7）。按照《第五号形体规划政策》的规定，地方和区域政府必须在建立红色发展轮廓线，并且让这个轮廓线长期"不变"的基础上，确定城市化进程。

《第四号形体规划政策附加》和《第五号形体规划政策》都再次确定了对紧凑城市概念的忠诚。《第四号形体规划政策附加》是以这样的观念为基础的，城市空间应当尽可能高强度地使用，"在可能的时候，创造机会保护和提高空间质量"（VROM 1993；13）。《第五号形体规划政策》建议，紧凑城市应该以网络的方式建设，当然，不要丧失掉它们各自的特征，或者把城市之间的空间全部用于建设开发（VROM 2000；5-41）。首先使用城市轮廓线内的开放空间，重新开发空闲的工业场地、军事基地和铁路场地。为了支持这种集中建设的政策，在应用相关法规如《减少噪声法》和进行协商时，尽可能不要阻碍集中政策的实施（VROM 1993；15）。尽管存在环境条件，《第四号形体规划政策附加》还是十分清晰地表达出荷兰政府主张更集中地开发城市空间，以实现城市空间功能的大规模增长。

---

[28]"第四号形体规划政策附加"（修正）（VINEX VROM 1996d）提出，直到20世纪结束，都将沿用"第四号形体规划政策附加"所提出的基本政策。它还提出，当区域提出它自己相应的城市化政策时，中央政府将决定建设什么和条件是什么。除开强调住宅开发和开发位置外，"第四个国家环境政策计划附加"（修正）比以前更为强调，工作、绿色空间、娱乐，强调这些功能的位置。

《第四号形体规划政策附加》中确定的协议和《第五号形体规划政策》中认定的空间发展需求都努力预测了大规模自主开发。这类预测的最重要的方面是，能够满足未来对住宅的需求，当然，对基础设施和企业园区的需要也是一个问题。根据预测[29]，在1995～2015年期间，必须建设大约100万套住宅，以满足需要（见表3.1）。如果住宅存量和城市地区其他空间功能开发的膨胀与相关标准联系起来的话，现存城市空间不可避免地面临压力。

荷兰住宅存量增长[30]的需求估算（1995～2015）[31]　**表3.1**

	1995～1999	2000～2004	2005～2009	2010～2015	总计 1990～2015
1988年报倾向	52		38		
1992年报倾向	332	169	149	150	800
1995年报倾向	353	264	229	225	1071
1999年的实际数字（这行之上均为预测）	243	299			

家庭总数的增加是住宅增长需求的基本原因。这种增加的直接原因是家庭规模的减小和“成年人口”的增长。[32] 到2015年，成年人口将从1170万人增加到1300万（CBS 1997；64）。[33] 与家庭规模相关的

[29]有关需要扩张的估计没有包括更换需求或住宅存量的扩张。如果把它们都计算到一起，这三个因素决定全部估计住宅建设数目。

[30]在这个时期，多种报告都对住宅需求做了预测。从长期来看，这种需求呈略微增长趋势（VROM 1990a，VROM 1990b，VROM 1999b）。

[31]决定住宅需求是某种不确定的过程［见胡梅尔（Hooimeijer）1989］。批判“倾向报告（RARO 1993）”中的数字基本上是针对整个计算所采用的PRIMOS模式方法［德·赫拉夫（De Graaf）等1994］。自1983年以来，荷兰一直使用PRIMOS模式以家庭规模估计开发。

[32]荷兰国家统计局把年龄超过19岁的人认定为成年人。

[33]过去几十年里，荷兰19岁以下人口占全部人口的比例明显降低，从1970年的36%下降到1996年的24%（CBS 1997；64）。年龄分布上的这个变化还将持续很长一段时间。当然，同时，19岁以上人口占全部人口的比例还会继续上升，当然，自1979年以来，年度增长的速度逐步放缓，这种倾向也会延续下去。直到2030年，成年人口中的65岁以上人口还会继续增加，从1996年的13.3%增加到2015年17.2%（CBS 1997；64）。

发展也解释预测中的未来家庭数目为什么增加的现象。未来一些年里，家庭规模还将进一步缩小。这样，独自生活的人口百分比不久还将增加，但增加的速度会减缓（住宅、空间规划和环境部，1995；43）。比较保守的估计是，独自生活的人口从1995年的210万人预计会增加到2015年的270万人（住宅、空间规划和环境部，1995；48）。家庭规模的缩小和成年人口总量的扩大意味着家庭数目会增加；保守地估计，荷兰家庭数目会从1995年的650万个增加到2015年的750万个（住宅、空间规划和环境部，1995；48，另见荷兰统计局，1996）。

人口因素并非能够单独决定空间需求的性质和水平。行为模式的变化、社会和文化的发展倾向，经济发展和政府政策同样会影响到空间需求的性质和水平［参见德·贝尔（De Beer）和罗登博格（Roodenburg），1997；4］。这些具有很大自主性的因素的影响十分有限，而它们完全有可能限制簇团、集中和轮廓线规划的制定和实施。

《第四号形体规划政策附加》“住宅消费者”的研究揭示，“人们一般都青睐于比较大的住宅和独立住宅”［肯彭（Kempen），1994；191］。[34] 甚至一个人单独生活时，也不放弃寻找大住宅来居住。在《第四号形体规划政策附加》中的“住宅消费者”，那些对较大的和郊区的住宅情有独钟的人们，与限制郊区住宅开发的荷兰政府之间存在差异。[35] 因为这些“软性”指标具有很大的不确定性，所以，对空间需求的预测能力正在日益衰减。事实上，成年人口正在增加，人们

---

[34] 预期住宅存量扩大所需要的空间基本上是由每个区域所需要的住宅数目、家庭规模的变化、每种家庭规模所需要的住宅规模等因素决定的。因为家庭规模会继续缩小，所以，我们可以得出这样的结论，较小住宅的需求会增加。同时，住宅密度正在降低。正如卡森内尔所描述的那样，结果是一个住宅建筑密度降低和城市化的矛盾：“从城市化的意义上讲，荷兰正在日益完全城市化，但是，城市建筑密度正在下降”［1997；20，尼达姆（Needham）1995］。

[35] 从多层建筑到从地面入室建筑的变化，从单元建筑到独立住宅的变化，住宅价格昂贵却以分期方式偿付，都导致了单位公顷土地上住宅数降低［科尔彭（Kolpron）1996b；12～14］。另一方面，“第四个国家环境政策计划附加”的大型项目地区，因为土地价格相对昂贵，所以资金负担相当沉重。按照肯彭的意见，这种负担产生了增加密度的需要，而不是减少密度。这一点4个大城市重新开发战前老区时特别明显，那里的密度正在增加。为了创造公共交通、公用设施和零售商业的基础，同样需要增加建筑密度。

对住宅的态度正在变化，所以，对住宅空间的需求正在增加。

现在，人们认为簇团和轮廓线规划是处理对住宅日益增长需求的基本原则。人们正在城市里或接近城市的地方选择适当的建筑场地和位置。把已经出现的《第四号形体规划政策附加》的协议集中到一起，我们会发现，整个《第四号形体规划政策附加》预定的住宅目标（638000 套住宅）的 71%（455000 套住宅）都将建设在《第四号形体规划政策附加》规定的空间位置上（RPD 1997；106）。这些住宅的 1/3 都将建设在城市地区，2/3 将建设在城市边缘地区［见表 3.2，科尔朋（Kolpron），1996，VROM 1996］。[36]

十分明显，分配给荷兰城市化地区的建设场地（如兰斯塔德城市群），高于平均住宅开发建设目标，而在《第四号形体规划政策附加》公布之前的那些年里，住宅增长不大，甚至没有增长。同样明显的是，在不同城市的内部和外部的住宅开发建设比例存在差别。阿默斯福特（Amersfoort）的开发受到限制，大部分住宅将建设在城市边缘地区。另一方面，在鹿特丹区域，一半以上的住宅（28000 套）将建设在鹿特丹市之内。当然，这个区域也有一些边缘建设场地，包括诺德兰特（Noordrand）Ⅱ和Ⅲ。这些场地在现存城市轮廓线之外，它们不与现存的城市中心连接在一起（相邻标准的第二阶段）。

在后一个案例中，更多的是一个有关位置的问题，“这些位置属于一个多中心的大都市区城市群，在它之中的社区相互交织在一起，而非希望附着于一个最近的历史性城市”［范·德珀尔（Van der Poll）1996；33］。鹿特丹的情况并非唯一的。规划的居住区，如阿纳姆市（Arnbem）的德内尔奥斯特居住区，接近恩斯赫德的艾斯马克居住区，埃门（Emmen）附近的德尔弗兰登居住区，围绕布雷达（Breda）的海牙比登居住区，都与现存的城市没有联系。所有这些居住区都远离

---

[36]“第四号形体规划政策附加”建筑位置研究揭示，在城市边缘地区的平均住宅密度将是每公顷 34 幢住宅，而在内城地区计划的平均住宅建筑密度为每公顷 65 幢住宅。使用表 3.2 的数据做一个简单计算，结果揭示出，如果要满足 1995～2005 年的建筑目标，在内城地区大约需要 2600 公顷土地（170000 幢住宅，每公顷 65 幢住宅的建筑密度），城市边缘地区大约需要 8400 公顷（285000 幢住宅，每公顷 34 幢住宅）。住宅密度被定义为“纯住宅规划面积”，包括公共绿地和街区公用设施（科尔彭 1996a；15）。

城市中心（VROM 1996）。范·德珀尔研究了《第四号形体规划政策》有关位置的20多个概念，在此基础上，他提出，“可以预测的一般生活环境的孤立位置”（范·德珀尔，1996；32）。科尔彭（1996a）对《第四号形体规划政策附加》提出的许多开发场地对它的城市群主要城市中心的距离进行了测量。于城市内部的开发场地对市中心的距离平均在2.9公里，而地处城市边缘地带的开发场地对市中心的平均距离约为9.2公里。阿姆斯特丹的这类开发场地对市中心的距离不少于15.5公里，位居这项研究及所有场地之首。

按照《第四号形体规划政策附加》的协议，每一个城市群1995～2005年建设目标一览　表3.2

	城内	城外	总计	
阿姆斯特丹城市圈	34500	65600	100100*	
鹿特丹地区	28000	25000	53000	
Haaglanden 城市圈	9000	33500	42500	
乌得勒支地区	5600	26000	31600	
多德雷赫特城市圈	3450	10250	13700	
哈勒姆城市圈	3100	3700	6800	
希尔弗瑟姆城市圈	3350	1150	4500	
莱顿城市圈	8000	3840	11840	
兰斯塔德地区人口	95000 36.0%	169040 64.0%	264040	58.0%
艾恩德霍芬地区	12130	16270	28400	
布雷达城市圈	约5500	10400	15900	
's-Hertogenbosch 城市圈	约6000	6000	12000	
莱尔堡城市圈	约5500	10000	15500	
阿默斯福特	1600	11100	12700	
阿纳姆-奈梅亨发展中心	7011	17109	24120	
连接区域城市	37741 34.7%	70879 65.3%	108620	23.9%
其他城市圈	38032	44654	82686	
其他城市圈	38032 46.0%	44654 54.0%	82686	18.1%
总计	170773 37.5%	284573 62.5%	455346	

*包括阿梅尔（Almere）的27000个家庭。

资料来源：VROM 1996。

成年人口的增长，荷兰家庭结构和规模的变化，人们对住宅态度的变化导致了人们对生活空间需求的明显增加，这种增长甚至还没有计入产业活动和交通规模增加的因素。空间处于高度需求状态。城市环境之外的地区，接近城市的或远离城市的地区，都参与到了对空间日益增长的需要。尽管人们对紧凑城市政策抱有良好的愿望，但是，这个政策不可避免地会影响到乡村地区和交通。作为规划原则，簇团和轮廓线规划不仅仅影响到了街区层次和城市层次，当目标是为了在城市空间规划中实现凝聚的话，那么，簇团和轮廓线规划也影响到了城市群层次。所以，没有什么意外，《第五号形体规划政策》涉及了区域城市网路（VROM 等 1999，VROM 2000；5～41）。簇团和红色轮廓线包括了城市群层次和城市群以下层次之间的协调。每一个层次按照它自己的方式发展，这就影响了其他层次。这种状况同样在城市内部地区发生。从一个意义上讲，已经是紧凑的和受到变化约束的环境有它自己的发展机制，可能提供城市发展的机会。

正在变化的城市内部环境[37]

大部分市政当局只有能力开发城市轮廓线以内那些过去没有用于居住的场地。这意味着在城市地区把住宅与其他已经存在的城市功能结合起来，以增加城市的多功能、多样性和功能之间的相互结合。当然，正如范·德珀尔（1996；34）总结的那样，例如，我们几乎没有见到把居住场所和工作场所混合起来的发展战略。事实证明，在一个场地把居住和其他空间功能结合起来比起社会住宅和为市场而建设的住宅来讲，是不太成功的。到目前为止，内城住宅开发已经开发出了

---

[37]每一个区域采用“第四号形体规划政策附加”执行协议都有自己独特的住宅开发计划。这个计划基本上期望用来阻止许多已经存在社区的衰退。更远的目标是随着一个地区的开发解决那里积累下来的问题，防止新旧街区的分化［见恩格斯德普加斯特尔斯（Engelsdorp Gastelaars）1996］。在执行“第四号形体规划政策附加”的开发场地上建设的住宅应当是低于平均收入居民可以承受的。“为街区而建设”（即集中关注街区里的一个支配性群体）的概念不再适用于老区的更新改造和填充式开发，而且用创造完整的经济基础替代了“为街区而建设”的目标，这就意味着为多种收入的群体建造住宅。为了实现这一点，必须使用以下分配公式：30%的社会公共住宅，私人建设使用剩下的70%的住宅（RPD 1997；106）。

一些相当单调的场地，类似于“城市边缘的那些宁静生活的居住区”(范·德珀尔 1996；37)。重新建设或改造那些没有使用或衰退的场地，让它们成为多功能的居住区。建设多功能居住区有可能解决按照《第四号形体规划政策附加》实施的住宅项目的单调性。

《第四号形体规划政策附加》提出了重新使用废弃的工业场地、闲置的军事用地，车站、火车编组站等用于住宅开发的可能性。这些场地并非完全空置和被抛弃（例如，因为严重的土壤污染），通常存在改变土地使用功能或改变原先确定的空间使用方式的需要。有时，这些地方涉及过渡地区（巴特尔德和德罗 1995），转换地区［布劳沃(Brouwer）等 1997，海德迈（Heidemij）1996］或功能变更地区（科尔彭 1996a)。布劳沃等（1997）提出了把这些地区转换成居住区的机会：“到目前为止，使用这些城市空间的问题还是一个土地使用功能的转变问题，对 19 世纪和 20 世纪早期使用过的场地实施功能转换，包括港口地区、医院、仓库、屠宰场、煤气场、水厂、啤酒厂等；对于福利国家的城市来讲，未来几十年间，优先考虑的建设任务应当是城市更新”(布劳沃等 1997；16)。

除开推进城市更新之外，特别是集中对二战后建设起来的居住区的更新改造外，上述作者还看到了城市设施的功能转换和巨大的发展。按照布劳沃等人的看法，仅就教育方面出现的倾向而言，“当成千设施衰败的建筑物被闲置起来时，教育将产生一个完全不同的空间需求”（1997；16)。医疗设施、体育运动和购物中心周边地区的发展都与教育对空间的需求一样，使得空间的使用功能正在发生着变化。

对过时的或废弃工业场地和港口场地的土地使用功能的转换正在进行之中。这类开发还将延续下去。佩朗巴尔格（Pellenbarg）(RPD，1997）估计，荷兰有 60000 公顷工业场地，其中约有 10000 公顷可能已经衰败了［布林克（Brink）1996；30，EZ 和海德迈 1996］。这意味着荷兰大约有 15% ~20% 的工业场地面积已经衰败，需要进行大规模整修、重建、更新和转换［柯克巴克（Koekebakker) 1997；4］。一般来讲，重新建设的场地通常不再沿袭原先的土地使用方式。内城地区或靠近内城的那些衰落的工业场地在功能变换方面特别具有意义。从工业使用变为居住使用，或者从单一功能到多重功能（§3.4）。

以上这些情形描述了衰退工业场地、社会、文化和医疗设施，废弃或陈旧的港口和铁路场地的情况，它们都可以用于开发内城住宅。这的确是有一定道理的，但是，这只是强调了《第四号形体规划政策》有关住宅项目的一个方面。虽然最近出现在教育部门的风潮可能导致集中和对空间的需求变化（布劳沃等1997），但是居住功能不会消失。与此相反，人们还在内城或邻近城市的地方寻找新的场地。这些场地更多地用于工业和办公场地。有些人估计，许多区域办公空间的需求将会导致那些地方发生办公空间的短缺，另外，这些短缺可能是因为部门本身供应不足所致（EZ 1994；61-63）。尽管存在这样一个事实，我们已经发现了“离心运动”[卡森内尔（Kassenaar）1997；21]和“经济的郊区化”[奥斯特哈弗（Oosterhaven）和佩朗巴尔格1994]，但是，办公空间的短缺可能发生在内城办公区（EZ 1994）。在20世纪90年代前半期，公司变得越来越具有游弋的特征，这种状况基本上是因为公司的发展和不够通达而产生的空间短缺所致。“长期以来，企业间的商务服务业持续驻扎在内城地区，内城在信息方面更为敏感。随着大规模汽车化和通信事业的发展，现在，人们把城市边缘地区也看成是具有吸引力的另一种选择”[赫梅尔（Hemel）1996；17]。事实上，大部分公司搬迁的地方距离原址不远，并指向城市边缘地区（奥斯特哈弗和佩朗巴尔格1994）。

《第四号形体规划政策》特别涉及了兰斯塔德城市群的许多突出活动，但是，没有继续深入下去。在更新版的《第四号形体规划政策附加》中，对商务和工业的需求做了定量描述，而那些与省和地区签署的协议中，2005~2010年期间需要建设的工业场地以公顷数目加以表达（VROM 1997；2）。整个计划包括了3000公顷以上需要开发的土地，其中大部分在兰斯塔德城市群、布拉班特（Brabant）和荷兰东部的海尔德兰省（Gelderland）（见VROM 1996d）。这些协议以类似住宅项目的方式去适应地方情况；国家决定主要的定量指标，地方政府执行这个协议，确保协议要求得到满足。紧凑型城市化也是这种开发形式的基本原则。

在空间规划中，簇团的主要功能已经证明是空间发展的一个基本战略方向。由于人口和家庭数目的显著增长以及人们对住宅的态度变化，随之而来的城市扩张进一步导致了对乡村空间的侵占。这些社会过程基本上是自动的和难以控制的。另外，也没有公众支持基础去形成控制这类过程的法规。然而，这类社会过程导致了实际的空间需求，虽然存在通过法规加以限制的可能性。这就是为什么既没有协议或类似方式支撑的《第四号形体规划政策》所提出的增长的分配方案，也没有《第五号形体规划政策》中建立起来的观念，以城市发展轮廓线来限制城市向外的空间扩张，因此，不能保证约束向城市边缘地带的大规模开发。

由于发展仅仅能够在一定程度上受到控制，所以，政府政策的重点旨在向创造机会的方向转变。机会总是不可胜数的。例如，重建和转变地区显示出，紧凑城市的概念可能能够提供多种该质量城市发展的机会。当然，有些机会具有负面的影响。这类开发所引起的对城市空间的高强度使用可能很难在环境损坏和环境敏感功能方面维持足够的距离，保证产生一个高质量的环境。这样，就有可能出现空间-环境冲突的临时增加。在这种情况下，紧凑城市的发展不仅仅对可持续发展的意义有限，而且紧凑城市发展对生活质量也产生压力。

3.4　紧凑城市中的环境冲突

显而易见，对城市空间发展感兴趣的不仅仅有空间规划师和决策者。环境决策者也同样对城市发展的空间后果有着浓厚的兴趣。第一部《国家环境政策规划》（NMP-1，1989～1993）至今一直支持着作为空间概念的紧凑城市（VROM 1989）。当然，第二部《国家环境政策规划》（NMP-2）强调了改变紧凑城市发展对地方环境质量的影响：多种功能日益集中到了城市。这种发展有着正反两个方面的结果，尽管程度不同。一个正面的结果是管理了交通和经济地利用空间。同时，城市的紧凑发展正在使环境问题集中到了城市地区。这可能导致"生活"和"工作"功能的不协调（TK 1993；203）。

紧凑城市的矛盾涉及因为紧凑城市建设而引起的"环境"和"空间"之间的冲突。环境和空间之间的冲突可能导致城市发展的停滞，当然也包括经济发展的停滞。基于这个理由，紧凑的建设不再是一个对过去不尽如人意的城市发展的适当解决方案。当然，紧凑城市政策的后果超出了空间规划本身的能力。人们已经注意到，紧凑城市发展只能在空间和环境价值之间实现有限的协调。当我们从紧凑城市发展对“绿色”、“蓝色”和“灰色”环境的贡献的角度看待发展紧凑城市的结果时（§2.2），平衡是负面的，特别是对于“灰色”环境而言。

这里不存在无歧义性的矛盾；问题极端复杂和充满多样性。所以，在“环境”和“空间”相交的地方，我们有理由讨论城市发展的两难境地。这些困境来自选择，即对环境和空间复杂相互作用的选择（参见巴特尔德和德罗 1995）。紧凑城市的矛盾表现在多个层次上。以下我们将进一步详细描述这些差异，以便解释与城市环境冲突相关的那些方面。

规模、地区、距离和位置

就灰色环境和紧凑城市发展之间的地理关系而言，我们可以在“紧凑城市的矛盾”之间做出细微的区分。这些区分涉及“外在的”地理特征（参见§2.1和§2.6）。我们可以在规模、地区、距离和位置等概念的基础上定义“外在的”。这里，我们最关心的是环境污染的空间偏向。

城市地区集中了各类设施和活动，这些设施和活动为整个国家或国家的各个部分提供服务，同时，从负面影响着它们所在地区的环境。经历一项活动环境负面影响的地区几乎不会同时得益于这项存在问题的活动。例如，能源生产对国家具有重要意义，而生产能源的地区较高层次的环境会受影响。如二氧化硫的排放。在这类情况发生的地区，负面环境影响不会偏向一个较低的地理尺度或时间尺度上。负面环境影响偏向另一个时间尺度或地理尺度仅仅在一定程度上存在可能，很难从伦理基础上谈论这种负面环境影响。例如，在不同地区之间“变更”垃圾处理场地。在城市地区，有许多设施和活动的功能超出了地方层次，但是，它们产生的负面环境影响却仅仅留在地方层次上。政府和行政管理活动一般都是发生在城市里。因此，会产生大规模地方交通，增加交通拥堵和事故。城市也是国家公路和铁路的枢纽。所以，交通网路的密度对国家和地方都具有重要意义，但是，也给地方引起许多问题。这里，我们谈到的是，给全社会带来效益的活动和功能会给地方环境带来负面影响。目前正在讨论的贝蒂沃货运铁路新建设计划（这条充满争议的铁路线从东至西横跨荷兰的河流，经过生态上十分重要的贝蒂沃（Betuwe）区域，与德国相连）和阿姆斯特丹希普霍尔机场的扩建，除开项目的收益外，都集中在如何在地方环境损害和国家整体利益之间取得平衡的问题上（参见§5.4）。这些项目的受益人群远远大于受到环境负面影响的人群。例如，噪声污染，交通量和垃圾的大规模增加。单一功能的正负影响随层次不同而变化。

“投入-产出”之间的矛盾不仅存在于地方（城市）层次、区域层次和国家层次，也存在于城乡之间。把功能集中在城市可以在一定程度上保护乡村免遭城市化的影响。这是20世纪80年代主张紧凑城市的命题之一（§3.2）。人们希望这个政策可以保持乡村的“绿色”和“开放”。目前对1996年“绿色核心”的讨论已经十分明确地得到这样的结论，仅靠城市政策是不足以保护乡村地区的。我们至少需要一种限制性政策［范比伦（Van Bueren）1998］，但是，乡村地区人口的自身增长也会导致乡村地区住宅存量的扩张（RPD 1996）。住宅、空间规划和环境部承认，城乡之间的紧密联系使得城乡政策不能分开：“例如，如果没有相对其他地方的住宅竞争能力，紧凑的住宅开发仅仅只是可能的”（VROM 1996b；6）。在城乡之间做出区别也会导致“压力”变化。例如，以空间上更“宽松”的生活和空间上更宽松的工作环境等这类社会需求来表达“城市空间压力”（VROM 1996c；2）。郊区环境下较大的住宅，把假日住宅变成日常生活住宅，公司在城市边缘地带建设空间宽松的工作场所，都会对乡村地区造成压力。同时，农业规模在经济上和空间上正在减少，乡村地区没有适当的功能去“填补那里因为经济衰退而产生的空白，去补足农业经济的衰退（VROM 1996c；2）。就环境而言，紧凑城市意味着城市地区担负起比较大的责任去减少对乡村的环境破坏，减少对乡村空间的压力。这并非对另一个层次的倾斜，而是不同类型地区之间的一种交换。

在城市地区，我们同样能够发现层次和区域之间的矛盾。例如，紧凑城市政策引起的对城市空间的高强度使用对城市里的绿色空间产生压力。用其他城市功能替代这些绿色分区能够对生活质量产生负面的影响（巴特尔德和德罗 1995；49）。在城市地区，为了保证对环境产生负面影响的功能和活动能够维持在可以接受的水平（参见第 2 章有关外部事物的负面影响的论述），城市地区更为关注在功能方面维持一定的距离（见第 5 章到第 7 章）。城市地区存在大量冲突或不和谐的例子，环境影响成为决定允许或禁止一个地区拥有一项功能或活动的决定因素。一条道路的建设或延伸将会引起交通量的增加，因此，不可避免地会引起更多的交通事故。但我们希望改善一个居民区的通行水平时，人们会就投入和产出的平衡问题提出疑问。然而，对于一个贯穿性道路或环路来讲，地方居民所承受的负面影响可能会大于附近基础设施所提供的收益。在这种情况下，空间政策不仅决定是否让一个特定的空间可以用于特定的功能，而且还必须考虑这项功能对地方环境的距离。

与距离相关的环境冲突常常与地表污染相关，如空气污染。在表面污染（土壤污染）的情况下，环境敏感功能的位置而非相关污染源的距离限制着空间-功能的开发机会。这样，环境冲突能够是距离相关的和位置相关的。这些冲突的形体方面能够通过土地使用和/或减少影响的措施来加以处理。在选择集中的城市发展的角度看，重点放在位置上。在空气污染的情况下，重点将会包括针对污染源的环境保护措施，污染的扩散或/和哪些地方接受了这些污染排放物。在土壤污染情况下，选择方案是如何清除、收集和埋藏那些污染物。以便能够使环境健康地使用这些土地。

灰色环境受到多种功能集中的压力，包括那些在环境上不相协调的功能的影响。我们必须区别在影响区域层次的污染，依赖地区类型不同而变化的污染，那些可以用距离衡量污染源和受污染者关系的污染，用环境保护基础上的功能-空间关系说明的污染。[38] 环境-空间冲突关心的是环境保护基础上的功能-空间关系；污染能够追溯到污染源，污染对于地方居民、现存的空间功能和空间发展的可见的影响。

---

[38]环境侵蚀能在不同地理尺度和时间尺度上表现出来，这个事实或多或少表明，处理环境问题的政策必须针对不止一个层次。出于这样的理由，在环境问题发生层次上处理环境问题的原则需要细化。

空间位置冲突

按照巴特尔德和德罗（1995）的观点，大部分环境-空间冲突发生在特定类型的空间位置上。第一类是城市工业场地［博斯特等1995，SCMO-TNO1993］。在巴特尔德和德罗对紧凑城市矛盾的研究中，还描述了其他有特征的空间位置，包括制定重建的工业场地，土壤受到污染的场地，铁路车站，与道路和铁路设施相邻的区域。

要获得这些空间位置全部的特性和规模不是一件容易的事情。当然，通过地方政府对VROM项目的报告中，我们有可能获得与环境冲突相关的指标。例如，综合的环境分区项目揭示了重工业场地与周边居民区之间存在的冲突（见§5.4和第6章），同样，那些享有综合特区政策的城市地区也有类似例子（见§5.4）。

那些具有最大范围空间位置类型的项目就是“城市和环境项目”（参见§5.5）。这个项目是在NMP-2中宣布的，其目标是从环境-空间矛盾中找出解决城市冲突的战略性方案。1994年，荷兰政府要求市政当局提交涉及实验项目的冲突细节。结果，荷兰政府收到了87个相关书面报告，其中25个被选定1995年的项目，并给予“实验项目”的身份。[39] 如果我们把这些实验项目按照空间位置来划分的话，可以分成7类（见图3.1）。除开以上已经提到的空间位置类型外，这些项目还涉及码头，河岸地区，居住区和内城地区。[40] 这些几乎覆盖了所有重建地区（库加佩斯 Kaijpers 和阿夸里斯 Aquarius 1998）。这种空间位置类型相对综合地表达了多种环境冲突发生的空间状态（TK1998）。

工业场地

在荷兰，工业活动实质性地对居住区质量产生整体干扰。据说荷兰有4%的人口受到工业活动的严重干扰（VROM 1993；96）。其他一些资

---

[39]提交的87份书面申请中有35份最终撤销了。在47个市政府设计的62个项目中，最后选择了25个作为实验项目。正如所期待的那样，这些申请大部分来自荷兰西部地区。4个最大的城市共提交18份申请（见布兰肯1997，库加佩斯和阿夸里斯1998）。

[40]空间位置类型是以更新规划前的主要功能为基础定义的。

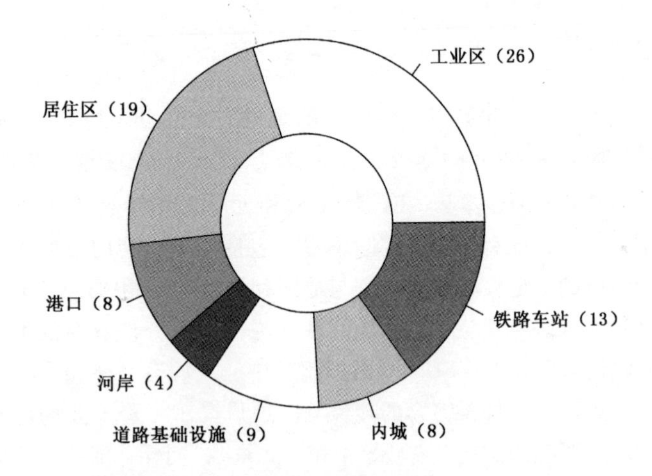

图 3.1 按空间位置类型划分的城市和环境项目

资料来源：布兰肯（Blanken）1997。

料来源提出，6% 的荷兰人口受到工业噪声的严重干扰（VROM 等 1998）。整个噪声（包括建筑活动引起的噪声）问题大约影响到 10% 的荷兰人口（VROM 1993）。[41] 这种情况十分不同于气味干扰，颗粒物的扩散和外部安全。工业引起了 45% 的气味干扰，35% 空气污染排放。工业也对大部分（约 80%）的外部安全问题负有责任（VROM 1994）。

在 1990 年和 1993 年之间，住宅、空间规划和环境部指导了若干涉及荷兰工业引起的环境问题的研究［阿克曼（Akkerman）1990，巴特尔斯（Bartels）和范斯威特 1990，奥瓦尔（Hauwert）和科伊伦（Keulen）1990，SCMO - TNO 1993，范斯威特和科伊伦 1992］。在对 1700 个场地进行的调查中，发现 257 个场地具有相对严重的因工业引起的环境污染（SCMO – TNO1993，参见第 6 章）。这些场地中的大部分（即 176 个）仅仅有两类污染，噪声和气味是最一般问题。这些研究中的一项研究，从支配类型的污染源出发，考察了受到污染的环境

[41] 不少于 40% 的荷兰人经受了“严重噪声污染的干扰”（VROM 等 1998）。

敏感区的规模。这项研究提出了一个基本估计,[42] 这项估计比较精确地描述了工业活动如何影响地方环境。按照这个估计，在257个场地中，只有59个产生排放的工业场地影响不足1000个当地居民，在257个工业场地中，有99个工业场地影响到1000~10000个当地居民；在257个工业场地中，有77个影响到10000~50000个当地居民。荷兰大约有22个工业场地影响到50000个以上当地居民的生活环境。(SCMO-TNO 1993)。[43]

场地再开发

从经济的使用空间和集中城市功能的角度出发，《第四号形体规划政策附加》(VINEX) 提出了重新开发那些在城市地区或靠近城市地区的没有使用的场地 (VROM1993; 13)。当人们乘车出行活动集中在数日有限的站点，内城站点向外迁移，往日的铁路站点和编组站空闲起来，成为可以重新开发的场地。阿默斯福特铁路场地就是这类闲置场地的一个案例 [霍格兰 (Hoogland) 和科尔马特 (Kolvoort) 1993]。柏林墙倒塌、冷战结束后出现的裁军，放弃强制性兵役制度等，都使得城里或接近城市地区的前军事用地成为可以重新开发的场地，如前克罗姆胡特营房，它成为乌得勒支市提交给“城市和环境项目”的一个再开发场地。[44] (§5.5) 但是，这个项目已经中止，因为提议的新的使用与保持环境质量相悖 (乌得勒支市，1997)。在大多数情况下，由于这类场地仅仅有一种原先的功能被放弃了，所以，这类场地的空间开发机会常常是明确的。同样的情况也发生在一些工业场地，如前煤气工厂 (见格罗宁根省 1997)。当这类场地的原有功能失效后，它们或多或少得到了一些“清理”，土壤被污染的状况，对地方环境的破坏程度，都是决定何时、何地、以何种规模开发环境敏

---

[42]为了可以计算受到严重噪声干扰的人数，使用一个矩形把相关的部门环境轮廓线封闭起来，对应国家三角测量系统，矩形的边之间的最近距离为500米。然后计算生活在这个矩形之中的人数 (SCMO-TNO 1993)。

[43]对这项研究的评论，见博斯特等 1995; 58。

[44]作为“城市与环境”项目，乌得勒支的这个项目已经放弃了，因为市政府不能为这个场地购买土地。

感功能的因素。

虽然无需过多地讨论绝大多数工业场地用于住宅开发，但是，它们是否已经可以用于再开发还是有多种理由的［阿佩东（Apeldoorn）1998，莱顿（Leiden）1998，霍格兰和科尔马特 1993，凯珀·孔帕尼奥（Kuiper Compagnons）1996］。这些场地都是一些没有主导使用功能的场地，它们常常用于多样性的目的。空闲的建筑物，没有被划分的土地，经济上运行不良的公司，那些不再为人们青睐的空间位置，便利程度和环境质量等，都是再开发时需要考虑的因素。这些场地常常不再便利，因为它们已经在一定程度上被住宅开发所包围。进一步讲，那里的基础设施和与主要道路的链接不再适当，交通方式业已改变。这些场地过去由铁路和港口设施提供服务，现在，大部分交通是通过道路来承担的（柯克巴克 1997）。现在，这类再开发的场地必然要阻止那里的进一步衰败，所以，人们认为有机会把它们改变成高质量的和多功能的场地，以配合周边的土地使用状况。由于政府在政治上更倾向于综合的、多样性的和多功能的城市空间规划，由于紧凑型发展将会导致高强度地使用空间，所以，我们能够期待环境-空间冲突在这些场地上展现出来。

规划师认为活动的空间位置调整是一个严肃的问题。有些活动已经迁移出去，有些活动将会在未来迁移出去，有些活动希望迁移出去，但是没有条件实现，对于一些活动，迁移到其他地方去并非一种选择。所以，缺少清晰地认识使得实现多功能的目的或开发住宅充满困难。

城市边缘的建成区

城市边缘是《第四号形体规划政策附加》（VINEX）的一种类型的空间位置，是一种“过渡空间位置”：“《第四号形体规划政策附加》所确定的空间位置包括新居住区、新设施中心，新工商业场地，现存地区的变更区”（柯克巴克 1997；3）。认为这些场地是“无人接触的”，它们能够用于任何目的的看法，是不正确的。由于期待中的居住开发不能与相应开发场地的环境状况相协调，所以出现了有关空间的争议。《第四号形体规划政策附加》所认定边缘空间位置是特指地处城市边缘的空间位置，那里也是大部分工业场地所在的地方（柯克巴克 1997；3）。工业场地对地方环境的排放（允许的或其他）影响，进出工业场地的交通影响，都是明显的。所以，在选择一个《第四号形体规划政策附加》所认定的边缘空间位置中，街区行动是一个重要因素。克赖勒曼（Kreileman）（1996）揭示出，甚至《第四号形体规划政策附加》所认定边缘空间位置也不是完全没有对现存功能或活动引起的环境问题的抱怨（见图3.2）。这些已经产生环境问题的功能并不一定需要搬迁，例如：地下和地表的能源设施，交通设施和现存的活动（参见克赖勒曼和德罗 1996）。

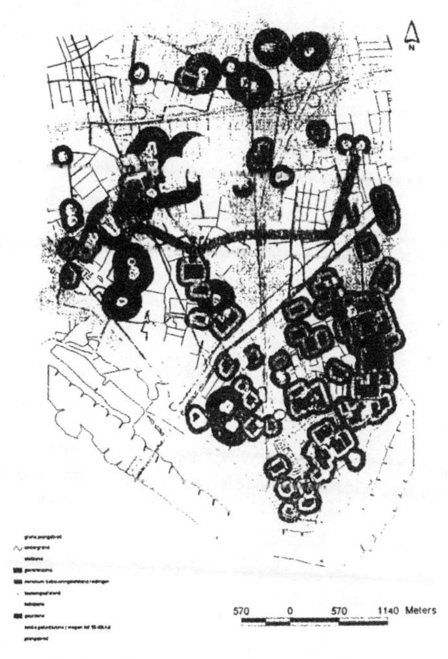

图3.2　奈梅亨(Nijmegen)的瓦尔斯朋边缘空间位置的环境侵扰轮廓线图

资料来源：克赖勒曼 1996。

注：这个地区坐落在瓦尔（Waal）河的北岸。

范·德珀尔注意到，在许多案例中，噪声污染轮廓线决定《第四号形体规划政策附加》（VINEX）认定的空间位置是否适合于住宅。

于是，他提出，《噪声减少法》常常成为决定了一个场地如何开发。克赖勒曼对《第四号形体规划政策附加》（VINEX）空间位置的环境冲突研究支持了这种环境驱动的“轮廓线规划”。在克赖勒曼讨论的冲突中，由于环境轮廓线的存在，空间不能得到开发或开发被禁止，随之而来的问题发生了，因为缺少信息，仅仅强调了受到法规约束的环境方面的问题，比较晚地把环境方面的问题并入空间规划过程（克赖勒曼 1996）。

土壤被污染的场地

在荷兰的许多场地中，过去活动所采用的方式都导致了土壤污染。由有害物质引起的污染水平很高，所以土壤的自然状态已经受到影响或正处于威胁之中，对生态系统和人类健康存在潜在的威胁。在大多数情况下，这些场地现在是或曾经是工业场地（§5.2）。当然，除开工业外，其他活动也引起了土壤污染。不合法的垃圾填满［如蒂莫泽迪克（Diemerzeedijk）、阿姆斯特丹以北的伏尔根米尔珀尔德（Volgermeerpolder）等］。地下的国家石油储备库也是一个众所周知的案例。尽管许多土壤污染都是在最近几十年间引起的，但是，也有一些土壤污染已经延续了几个世纪。阿姆斯特丹的乔达安（Jordaan quarter）地区现在基本上是居住区，那里的土壤污染是由许多小制鞋厂和其他一些与16世纪和17世纪的造船业相关活动而引起的。城市发展的规律是，造成污染的原因并非即刻就显现出来的。基于这样的理由，在了解土壤污染过程中，第一步常常是历史研究（参见§5.2和5.5）。

铁路车站场地和铁路分区

有关铁路火车站场地的开发，荷兰政府已经形成了若干观念，并把这些观念转变成为政策，这些政策不一定相互补充。许多火车站场地，如阿默斯福特、多德雷赫特、亨厄洛、芬洛等，实际上或潜在地在空间开发上受到阻碍。这主要是因为“ABC-空间位置政策”和在“干扰”论题下形成的政策之间的不一致所致（见§2.5）。1998年，荷兰住房、空间规划和环境部发布了ABC政策，这项政策的目标是办公和商务，从交通拥堵和交通的角度出发，推进城市簇团发展，对城市地区和城市周边地区的交通实施管理。就交通而言，这项政策的目标是“正确的公司入住正确的地方”（VROM 1990c）。一般来讲，“ABC”政策旨在改善城市地区的便利程度，着力强调工作场所。同时，通过推进交通模式的变更来改善环境质量。[45] 除开专门的规划安排外，从ABC政策中获得的实际经验使荷兰政府在《第五号形体规划政策》（Vijfde Nota）（VROM 2001）和《国家交通和运输规划，V&W 2000》中提出了“主动发展政策”。交通瓶颈是“目标不协调、没有弹性的标准和没有承担起责任的代理机构一起造成的结果”（V&W 2000；63）。为了解决交通瓶颈问题，《第五号形体规划政策》（Vijfde Nota）在一个比较广泛的背景下建立了一个“ABC空间位置”政策：“这样建立商务机构和设施能够最大限度地提高城市交通网络和村镇的活力”（VROM 2001；5-45）[46]。这样，地方政府承担责任。尽管这是一个根本性的政策变化，基础设施枢纽依然在政策制定方面至关重要。荷兰铁路的主要车站被确定为“A”场地，并将维持下去。所以，这些地方是潜在的办公空间。

当然，围绕铁路车站场地和接近铁路设施的地方所做的功能-空间开发会与现存的铁路运营发生冲突。人们认为铁路设施在空间上和对环境的障碍性影响是城市发展的一个问题（布兰肯 1997，莱顿 1998，霍格兰和科尔马特 1993）。除开巨大的噪声外（布兰肯 1997，荷兰铁路公司 1996），同样也存在与环境风险相关的问题［巴克（Bakker）1992，巴克 1997；也见范·德·拉恩（Van der Laan）

---

[45]《第五号形体规划政策》（Vijfde Nota）规定了三种类型的位置：

A 位置：公共交通最大限度地与之联通；

B 位置：公共交通网络和道路网络愿意选择；

C 位置：接近公路和支路交叉点和进出口。

为了设计企业及其设施位置，地方政府必须为企业及其活动在交通便利和承载能力之间做出协调。一个场地的交通便利是指这个场地如何容易通过私人汽车和公共交通而容易进出。交通承载能力是对进出该地区企业潜在人流使用公共交通总量的估计（VROM，V&W，EZ 1990）。

[46]《第五号形体规划政策》使用了三种住宅/工作分类来建立这个“ABC位置”政策：“中心环境”，涉及城市节点，如市中心、火车站地区等，“特殊工作环境”，主要是工业场地和多种交通模式并用的交通枢纽，“混合环境”，包括居住和工作功能的地区（VROM2001；5～46）。

1992]。例如，有关群体风险的标准[47]认定，不允许在接近火车站的地区做高密度住宅开发，因为火车车厢可能运输有害物质，如氨、液态气、环氧乙烷和氯[48]。所以，那些具有运输功能的“A”空间位置的空间开发是受到限制和约束的。[49]

道路基础设施

与交通工程、城市发展和社会发展相关的若干理由说明了为什么道路和沿着道路的环境压力对于周边环境产生重大影响。例如，尽管提出了紧凑城市的发展方针，私家车的使用依然在增加，上下班的出行距离的减少微乎其微。[50] 进一步讲，居住和工作区域的发展和重新调整正在不同的方向发展（赫梅尔 1996；17），夫妻都有收入的家庭正在增加，而他们分别在不同的地方工作［卡姆斯特拉（Camstra）1995］。公用设施和社会机构正在以簇团方式分布，以休闲为目的的交通流量明显增加。公共交通的质量和数量可能都不能满足要求；通行措施、再开发措施和价格政策都受到车主、零售商、结构和内城商人的反对；供自行车使用的基础设施并非完善。实际上，还有更多的例子。城市里和城市周边地区的交通拥堵和交通问题非常复杂，任何单一政策都不可能解决所有问题。自主发展、技术限制、公众反对和心理因素，都可以解释为什么私家车依然是一种毋庸置疑的习惯势

㊼报告“面对风险”（TK 1989）划分了个人风险和群体风险之间的界限（参见§5.2）。

㊽多德雷赫特 1992 年发生的一起空间环境需求冲突典型案例，把办公室建在火车站附近，完全符合紧凑城市的要求。区域的环境检查人员认为这个项目坐落在交通要道的风险轮廓线内，火车有规律地运送氯化物经过此地，所以反对这个项目开工。这个项目建设只得停工。必须成立一个研究小组，确定这个风险没有超出标准。以数字的方式表达风险是相当复杂的。直到这个问题得到解决，所有的参与者们几乎都变得聪明起来了（巴克 1997；4，见 ROM 10/1992；46）。

㊾在 A 位置上，执行停车标准而强制执行限制性停车政策。企业认为这些标准限制性太大，所以，它们打算搬走。这也有可能导致相邻居住区的停车拥堵，从而给那里的生活质量带来负面影响。

㊿德恩·奥朗代（Den Hollander）、克鲁依夫（Kruythoff）和泰乌列（Teule）等人说，“第四号形体规划政策附加”的簇团政策“从整体上对兰斯塔德城市群中的日常出行具有一定的积极效果”（1996；121）。每家平均周出行距离减少了 15 公里。

力。这种习惯至今没有被克服的事实说明它并非一个好恶问题那样简单。对于许多人来讲，从可承受性、时间和便利程度上看，私家车依然是最好的选择。从交通运输问题上讲，减少便利的交通拥堵对地方环境产生负面的影响。一些“城市和环境”项目的建议书揭示出（见§5.5），市政当局相信，如果有关噪声（共有 8 份建议）和空气污染（共有 4 份建议）的法规不去阻拦他们的话，他们就能够使用与道路相邻的空间（见布兰肯 1997）。

其他空间位置类型

至此，还有 4 种空间位置没有谈到：港口和河岸，“内城”和“居住区”。港口和河岸的问题类似以上描述的“工业场地”和“再开发场地”等空间位置的问题。它们涉及改变港口和河岸地区的空间使用方式也见第 7 章，向居住和休闲娱乐功能转移也见第 7 章，涉及港口和河岸的更新改造，向多功能区方向发展也见第 7 章，开发开放空间等。“内城”和“居住区”的分类有些重叠。“内城”包括城市中心地区相对较小规模的项目［阿纳姆 1997，代尔夫特（Delft）1998，霍夫斯塔（Hofstra）1996，Projectgroep Raaks1997，范德厄肯 1997］或那些具有主题性质的项目，例如，（见布兰肯 1997）。市政当局需要确立在那些地方开发旅馆、餐馆和餐饮业等的相关政策。“居住区”类具有多样性的特征，常常涉及那些需要做社会更新的居住区［范·里尔（Van Riel）和海因德里克森（Hendriksen）1996］。

前一节我们主要涉及了环境-空间冲突发生的“空间结构”。这一节讨论了环境-空间冲突本身的特征。从紧凑城市开发中产生出来的多种矛盾可以描述为“环境空间冲突”。这些冲突涉及与距离相关的地表环境影响，涉及与子表面污染产生的空间位置冲突。从功能-空间角度出发，这些瓶颈都是从现存的空间区域中产生出来的，特别是从“工业的”和“交通的”功能中出来的，或者说，是因为现存空间结构的变化而引起的。现存空间结构变化而引起的冲突大部分是暂时的。

3.5　结论

紧凑城市已经证明是一个建立在过分期待基础上产生的概念；一

种良好愿望的象征。对于荷兰的城市发展具有刺激性的、主动的和指导性的影响，同时，紧凑城市仅仅是对城市发展机制和盛行的城市增长方式的一种解决方案。从关切现行的空间布局，关切城乡生活质量的角度讲，青睐紧凑型发展、簇团模式和增长约束轮廓线的城市建设决策必须从以上讨论的问题出发得到解释。这些概念昭示出它们不仅仅涉及地方和城市，也影响着城市群层次的空间规划和空间结构。

荷兰的城市开发并非完全以紧凑和簇团模式去决策，而是由住宅和商业场所的需求，日益增加的交通流量来决定的。这些发展在一定程度上解释了为什么紧凑型城市对于可持续的城市发展价值有限。"紧凑"和"簇团"这些术语仅仅用于指出城市增长应该选择的方向。它们表达了一种愿望，以实现城市功能的集中，这种愿望比起以前更强烈一些。

多重因素和多种条件使得城市发展既充满机会也受到限制，以致产生出不同的集中政策，适合于地方和区域的实际状况。这类政策在控制程度上的虚弱引起了对空间规划的新思考。建立在优先考虑和因地制宜地考虑基础上的政策替代了综合的面面俱到的方式。除开法律和规划手段之外，其他一些手段也被认为是实现目标的方法。共同承担的和地方管理日益强调了咨询、协商和协议。按照这种以联合协议基础上的责任分担的决策模式，中央政府的工作基本上监控未来的空间需求，同时，在住宅建设目标的分配和空间位置选择上，承担协商和指导功能。在这种情况下，中央政府只是建立数目有限的前提条件。地方政府的基本责任是保证中央认定的空间需求得到满足，为了做到这一点，地方政府将尽可能地实现紧凑和簇团的空间发展模式。考虑到紧凑城市发展的复杂矛盾，实现紧凑和簇团的空间发展并非一件容易的事情。中央政府已经明确表示，它不希望过快地放松控制权。随着《第五号形体规划政策》（Vijfde Nota）的公布，中央政府通过建立城市增长的具体的前提条件，即在红色和绿色轮廓线内的规划，检查执行共同承担责任的情况。这是一种"至此为止"的方式，它拒绝了城市问题的复杂性，城市地区自主的和发展的过程。城市发展被约减为一个简单的和可以管理的问题，事实上，情况并非如此。同时，这种方式在很大程度上忽视了在20世纪90年代环境政策下产生的轮廓线规划的经验（参见§5.4和§5.5）。

在集中和簇团发展方面的努力导致了环境质量和空间发展交织在一起的地区的若干矛盾。有些矛盾与我们这个研究中所讨论的环境空间冲突相关。它们包括地下污染的情况，因此而产生了与空间位置相关的冲突，包括地表污染的情况，因此而产生了与距离相关的冲突。城市增长不可避免地引起环境冲突数目的增加，当然，这类与城市增长相关的环境冲突可能是暂时的。同时，城市增长会限制寻找空间决策基础上的解决方案的可能性。越来越少的形体空间允许我们为了实现“可持续发展”而把环境有害功能与环境敏感功能分离开来。不仅如此，城市增长的步伐也意味着我们越来越少有时间去寻找解决办法。也许最为复杂的方面是，环境空间冲突没有一个单一的可以使用紧凑性城市发展描述的原因。与此相反，存在的是许多种不同的原因，从“历史的”因素（过去遗留下来和历史发展所造成的土壤污染），到缺少实现“ABC”空间位置政策的资金，因为功能空间调整而产生的环境问题，不同城市功能的自主增长。这些原因产生了一个城市的发展机制，我们只能在一定范围内对其实施控制，这些原因确定了环境-空间冲突不仅仅具有空间位置的特殊性质，也具有综合性质。

我们可以从多个方面考虑环境-空间冲突。我们可以从污染源-被污染关系的技术-功能基础上评估环境-空间冲突。正如我们已经指出的那样，这是一个具有局限性的视角，它能够使我们产生一个清晰的、精确的和近乎完整的政策，而排斥掉了所有结构性因素在环境-空间冲突中的存在。事实上，第2章揭示出，环境问题的重大意义在很大程度上是来自产生它们的社会背景。从第3章出发，我们可以得出这样的结论，空间概念只是在一定程度上让我们理解和让我们控制空间发展，因为许多影响城市发展的社会因素是看不见的，是自主发生的。有一种不同的方式，那就是把环境-空间冲突看成综合的和发展的问题，结构性因素在其中发挥着作用。这种方式将是模糊的，在可预见性上有所降低。环境-空间冲突越来越被人们看成是利益协调过程中的一个部分。当然，这将使环境-空间问题更为复杂。换句话说，我们能够以若干种方式定义环境-空间冲突，这依赖于我们如何看待环境-空间冲突，我们从多么复杂程度上去认识环境-空间冲突。这种选择将改变决策过程。下一章将讨论，在我们考虑到一个问题（如环境-空间冲突）复杂性时的决策过程。

第二部分

复杂性和多样性

第4章　理论角度下的规划导向行动

复杂性和多样性

> 在人类生活的世界中，人们习惯看到模式，把复杂的问题简化，对事物做分类，给它们打上标签，而自然的世界并不知道这样的划分或这种分类：实际上，世界是独立于人类按照他们自己的看法去组织的那个世界，世界作为一个整体而存在着［乔治．查德威克（George Chadwick）1971；33］。

4.1　引言

本书的第一部分讨论了这样一个事实，我们不仅能够从密度和标准的定量单元角度看待环境-空间冲突，我们也能从定性的和多数人可以理解的环境评估（如宜居性）角度看待环境-空间冲突。从这样的事实出发，我们可以得出这样的结论，在因果直接关系基础上，我们只能部分地理解环境污染的结果（参见第2章）。那种认为只有从技术或法律的角度才能看到环境-空间冲突的观念正在日益变得不堪一击（§1.2）。环境-空间冲突是社会和政治论证的主题，是人们直接感到包括其中的问题，是影响到他们生活的问题，是从社会力量发挥作用的角度进行评估的问题。我们可以理解这些，但是，理解这些未必会使环境-空间冲突更容易说明，也不一定会使环境-空间冲突更容易处理，情况可能正相反。

环境-空间冲突的概念乍一看起来似乎是一个相对直接的概念，实际上，环境-空间冲突的概念包含了一个极端复杂和动态的世界。我们在第3章中讨论了环境-空间冲突发生的空间环境的动态特征。明显的解决方案是维持一个安全的距离，比较简单地讲，就是以“可承受的”的方式，让环境敏感功能离开环境损害功能远点儿。当然，这种措施并非放之四海而皆准，因为许多社会和形体环境方面的问题都需要加以考虑。这里，复杂的和高度自主的城市化过程妨碍了创造一个“可以塑造的”的社会。社会仅仅在一定程度上是“可以塑造的”，这个事实迫使我们考虑，我们究竟应该怎样处理那些直接影响我们的复杂问题。

我们在第1章中讨论了地区导向环境规划理论和实践的转折点。环境政策的决策过程正在经历着一场结构性变化。主要进展是，从以标准为基础的统一政策管理方式向比较地方的和因地制宜的管理方式转变，这一转变的目标是为分散管理建立一个基础。这个重心转移具体表现在建立起和接受了两项创新手段上：“综合环境分区”（IEZ）和“指定的空间规划和环境地区”（ROM）。“综合环境分区”以中央政府的环境标准为基础，而“指定的空间规划和环境地区”政策则是以共同承担责任为基础。中央政府几乎同时推出“综合环境分区”和“指定的空间规划和环境地区”这两个恰恰相反的管理手段（§5.4），它们在环境标准和建立公众支持两者之间呈现出二元性。实际上，二者难以调和。

在环境规划领域，已经对集中确定标准和分散达成共识的二元规划理论有过讨论。在那些讨论中，“交流的理性行动”方式对功能-合理方式发起了挑战。在功能-合理方式中，认识和探索的是直接的因果关系。交流的理性行动则是把利益攸关者间的相互作用关系，相互换位成为主体而形成的观点，看成是规划的核心要素。交流的理性行动是以理论为基础的（参见§4.6），参与荷兰迅速发展的环境政策实践的所有人都会熟悉这种理论。

这一章涉及规划理论的探讨，人们通过这些探讨寻求解释环境规划的进展，而这一章的基础是政策实践和抽象理论讨论之间的相似特征。从抽象的意义上讲，这种探讨涉及一个复杂和动态发展的社会所经历的一系列问题，而这些问题起源于日益复杂起来的城市背景，直接的因果关系不再适合于用来作为建立战略设想、决策和预测的基础。在许多情况下，假定直接因果联系基础上产生的严格控制措施，只能部分地实现解决冲突的目标。另一方面，我们一定不要简单地认为，其他的方式如达成共识就能够满意地解决各式各样的规划问题。

这一章试图建立一个可以适应于多种复杂性的模式，其基础是目前对规划导向方式的研究。在复杂性和规划导向方式的联系中，我们会发现如下问题：在决策过程的什么层次上能够采用什么决策？决策与什么事物相关？谁将做决策？决策将形成一个统一的政策框架，还是形成一个不统一的和考虑到地方因素的综合政策？要回答这些问题，我们需要浏览令人困惑的理论研究、战略设想、争议、观点和疑问。我们研究这些问题的目标是，寻找制定规划导向决策的适当结构，特别是在形体环境和空间环境之间的界面上，寻找能够用来研究复杂和动态发展的现实世界的结构。

要想探索决策和规划理论的基础，首先需要回答4.2节提出的三个问题：必须实现什么？怎样能够实现必须实现的？谁将包括在这个实现过程之中？在4.3节，我们把这些问题置于规划理论探讨过程中已经出现的发展背景之中。4.2节中提出的问题将在讨论中反复出现，这表明这些问题的至关重要性。这种至关重要性体现在引导规划和决策的目标、决策主体、主体间和相互作用背景之间的关系上，在这个相互作用背景中，主体与其他利益攸关方一起形成价值判断和决策。在4.4节中，把这个规划理论的基本要素演绎为多元的规划导向行动。多元的规划导向行动包括规划导向行动的三个侧面：目标导向的行动（§4.5），引导决策的行动（§4.6）和机构导向的行动（§4.7）。在4.8节中，我们将更为详尽地讨论这个理论，并把这个理论与链接三个规划侧面的复杂性联系起来。在4.9节中，“复杂性”和“多元性”成为构造规划导向行动背景的框架，我们将在第三部分中应用这个框架。第三部分将分析地区导向环境政策的发展，包括处理环境-空间冲突的方式转变。

4.2 作为规划对象的环境-空间冲突

在荷兰国家层次上有关空间规划限制的讨论中，关注焦点集中在环境保护政策和空间规划政策之间关系方面。空间规划限制源于法令式和设定框架式的环境政策。在我们的研究中，讨论不能脱离国家层次上诸种发展，特别是放松管制和分散化这类基本发展倾向（参见第1章，这是政府规划的基本倾向，参见图4.1）。有关环境和空间需求相协调的讨论在一定程度上反映了地方层次所面临的实际困难，例如：把框架形式的环境要求并入空间环境中。实际上，认识地方因素和国家层次上的发展已经产生了重新确定问题的需要。我们不再提出“要求提供什么样的资源才能有效地解决X区域的环境问题?”，而是提出，“我们如何减少环境影响，同时解决多种社会和经济问题?”[库加佩（Kuijpers），1996；62]。这就意味着，地方环境问题的背景正在变得越来越重要。最近的信念表现为：“环境问题应当在它发生的地方得到解决”（VROM1995，附录1；2），这样，环境问题的背景在比过去大得多的程度上决定着解决问题的战略（见图4.1）。

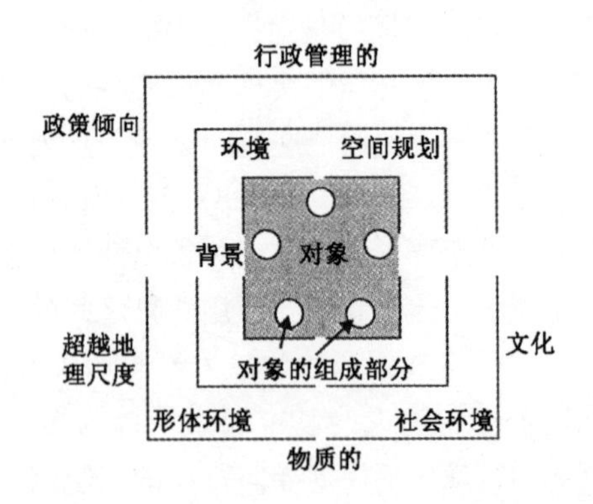

图4.1　在宽泛范围内规划对象（的部分）与规划对象和它的物质性的和行政管理的背景之间的相互作用

直到最近，修正国家环境标准几乎总是唯一的解决办法。当然，这种政策转向实际上承认了这样一个事实，环境问题并非孤立发生的，而是与地方上的许多其他问题相关的，这些问题可能影响到解决问题的方式的选择（图4.1描述了目标的背景）。荷兰住宅、空间规划和环境部（VROM）承认了这种政策转向。

在这场讨论中，人们把环境问题的独特性和环境问题与其他地方因素相互作用的内容用来作为改造严格的国家标准的理由，至少是要求这些国家标准应当具有更大灵活性的理由。

为了反映这个政策转向，有必要考虑如何从政策的角度看待冲突或问题。有三个命题对我们的讨论有意义：（1）一般来讲，政策和决策都是建立在对自然和社会现实一致的和普遍接受的看法上，而干预则是以特定背景或确定的目标为基础的，以便（a）解决一个问题，或（b）把现实“引向”期待的状态。（2）对自然和社会现实的这些干预要求做出选择。这些选择必须在决策过程中得到反映。（3）基本目标将要保证，政策考虑到了机会和个人、组织或更一般层次上的机构和机构化了的群体的愿望。① 这三点是制定和执行政策的基础。政策制定也能够影响到机构如何行动，如果政策不能适当地表达利益攸关者的愿望和期待，政策的执行会受到抵制。这些命题提出了决策和规划的三个因素：②

- 自然和社会现实是或能够受到有目的的干预的约束；（规划的物质性目标或内容）
- 决策过程中产生选择；（选择的合理化）
- 决策和政策制定过程中的组织和交流。（机构因素，利益攸关者和相互作用）

原则上讲，这与决策和规划过程相关，决策和规划过程是更高层次政府规划的组成部分③［范·豪滕（Van Houten）1974；109，基克特（Kickert）1986］。这三个因素能够通过回答以下行动导向问题推论出来：

必须实现什么？（目标导向）

怎样能够实现必须实现的？（引导决策）

谁将包括在这个实现过程之中？（机构导向）

这些问题表达了规划导向行动的性质，我们可以从三个侧面看到这一性质：目标导向，引导决策和机构导向。决策和规划通常产生于目标导向方式所认定的现实需要。利姆（Lim）强调，“任何规划活动总是随着某种有关目标的意图而推进的。“规划为了什么？”可能是规划活动程序性和实质性方面最重要的因素（1986；76）。当然，这就

---

①除非特别指出，在这个研究中，我们把“利益攸关者”用来作为一个集合名词，用来指个人的“利益攸关者”，“利益攸关者”的群体，机构和机构群体等。

②乌格德（1986，1995a）做了类似的区别：空间导向、决策导向和行动导向。

③按照范·福格特（Van Vught）的观点，政策和规划之间的区别在于“规划是支撑政策的基础。规划给予政策一个系统的特征”（克雷科勒斯，1980；77）。范·福格特把政策描述为，为认定的问题寻求目标导向的答案，而规划可以看成是对期待决策的系统执行和协调，［……］以处理认定的问题［……］。“‘政策’和‘规划’都是为学习解决问题”（克雷科勒斯 1980，77）。

不可避免地导致了选择（引导决策）和“谁将包括在这个实现过程之中?”（机构导向）的问题[④]（见图4.3）。

处理环境-空间冲突是与作为政策目标的日常环境质量相联系的(见第一部分)。这里，质量基本上被理解为环境质量。由于我们的研究涉及许多问题，所以，我们还要讨论追求单一问题目标的决策（如环境质量标准，或环境质量的一个方面）或追求一个存在多方面问题的目标的决策（如形体环境质量，包括空间环境和形体环境的质量）。我们在追求一个目标时不可避免地带有某种愿望，制定特殊政策将能够在愿望和现实之间架起一座桥梁。我们必须认识期待的情形与实际的情形，尽可能从实际出发地把愿望和现实协调起来。确定什么在政治、行政管理和社会上是合理的和有可能实现的是一种引导决策的活动，它在一定程度上以这样一个框架为基础，什么样的愿望和现实能够或应该协调起来，什么样的资源属性和数量对于这一目的有效，实现这一目标的“机会费用”。政策目标和有关如何实现这一目标的决策不可避免地要回答谁将包括在这个实现过程之中，政策组织的角色和其他与实现这一目标相关的人和组织的角色，这里，我们涉及了环境-空间冲突能够得到处理的机构框架。

人们在讨论环境和空间需求之间实现协调的问题时，集中关注了通用的和设定框架的环境标准的功能问题，所以，把讨论的焦点放到了可以期待的环境质量水平上。这实质上是一个目标导向的方面。确定和实现环境部门规定的环境质量水平需要不同类型的决策，而这些决策要求我们把部门规定的环境质量看作形体的日常生活环境的一个组成部分。这里提出的三个方面（目标导向，引导决策和机构导向）都可以看作认识决策方法和规划方法之间关系的第一步，也是认识环境-空间冲突复杂性的第一步。

4.3 针对规划的多元形式

我们的研究主要是关于规划导向的科学方式，包括针对形体的日

④强调规划中的选择并不意味着政策的确定、执行和评估在整个规划过程中没有选择重要（见，例如法吕迪 1987 和克雷科勒斯，1980；56）。

常环境的科学方式，有关形体日常环境的政策措施旨在让社会受益。规划是一个有着悠久和丰富历史的学科。我们讨论这个历史过程是为了说明，规划如何得到它的多元形式的形象。规划的多元形式能够用来理解形体环境和相关与形体环境的政策措施。

正在改变的规划观：荷兰的角度

自从第二次世界大战以来，荷兰社会的发展如此迅速，以致荷兰政府必须针对荷兰的空间规划而制定越来越多的政策措施。这些政策措施的重点并不是落脚在质量上，而是放在空间规划的功能方面。因为需要更清晰地认识20世纪60年代社会变化产生的空间后果，荷兰产生了有关规划的学术研究。1929年，德·卡塞雷斯（De Casseres）在他的著作《规划学原理》一书中提出了荷兰的“规划学”概念，而后逐步发展成为一个学术领域，研究在空间环境中基于政策和基于规划的干预。与这种“规划学”相关的政策领域成为人们现在所知道的“空间规划”。

按照曼海姆（Mannheim）的意见，规划应当关注“把历史上形成的社会重建为一个以人为中心的管理完善的统一体”（1949；193）。自20世纪50年代以来，规划理论发展缓慢，但是，它逐步脱离了那种认为社会是一个完全稳定的，可以用功能-合理（见§4.6）和分层方式进行管理的信念。承认空间管理的局限性。社会内在的自主因素，不能忽略的发展，迅速变化的社会，空间发展与日俱增的复杂性和动态机制，最后，政府本身存在的局限性，都是产生空间管理局限性的原因。于是，规划理论开始向新的方向转变。

在20世纪60年代，理论规划师依然关注政策效果，包括空间发展的社会学意义。斯泰根加（Steigenga）（1964；23）提出了规划的社会驱动性质。对于范·德·卡曼而言，这就意味着作为一个学术分支的空间规划“在科学和政策效果间存在内在的矛盾”（1979；11），因为“在日常生活中，我们基本上关注的是结果”（1979；11）。除开认识目标和寻找未来外，综合性被看成规划的一个本质特征（范·德·卡曼 1979）。在20世纪70年代和80年代，尽管科学的重心已经从政策的实际内容，转向强调空间发展及其结果的政策形成过程及其程序，综合性仍然被看成是规划的特征［参见克雷科勒斯（Kreukels）1980；62］。威斯克（Wissink）（1986；192-193）随后考察了单方面强调程序的问题，他认为单方面强调程序会忽略的规划的本质：空间结构和空间发展（参见乌格德 1986）。

在 20 世纪 80 年代末，规划中引入了绩效的概念［例如，德·郎格（De Lange）1995，马斯托普（Mastop）和法吕迪（Faludi）1993］。实际上，规划最终展示，对空间规划制度的进一步投入并没有改善空间规划的控制效果（马斯托普和法吕迪 1993；75）。“绩效”这个术语涉及这样一个事实，决策过程的结果和最终观察到的实际结果之间存在或多或少的直接关系（马斯托普和法吕迪 1993；72）。绩效涉及战略政策对“政策主题”的影响［马瑞斯（Maarse）1991；124，赫维佳（Herweijer）等 1990］。战略决策仅仅表现出有限的效果，并不一定实现期待的目标。政策内容的性质、有效的信息、规划参与者之间的交流和他们个人的知识和解释、政策的弹性程度，规划参与者之间的责任这些因素意味着，虽然政策有绩效，但是，政策并不导致决策和结果之间的一致性（马斯托普和法吕迪 1993；79）。

当使用“绩效”这个术语来解释政府机构内的交流机制时，“建立政治愿望和共识”，“参与”，“网络规划”这类概念涉及在空间发展过程管理中其他利益攸关者的影响和参与。正如乌格德正确提出的那样，规划总是社会力量的结果（1995a；23）。在 20 世纪 90 年代，建立政治愿望，允许社会成员的参与，在社区中形成共识等，成为荷兰和其他国家规划导向研究的论题［参见希利 1997，英尼斯（Innes）1996，赛杰（Sager）1994 和沃尔特杰（Woltjer）1997］。

规划是一门包括空间问题和行政管理问题的科学。规划处理“空间问题”，正如范·德·卡曼所说，空间问题“不仅包括空间，还包括人们所关切的问题，这些人们关切的问题成为协商的论题，通常还包括政策措施”（1979；17）。“灰色”环境（§2.2）就是这样一个论题，因为环境污染的负面效果是可以观察到的，所以成为人们关心的基本问题。环境污染的负面效果通常在空间背景下表现出来，能够阻碍空间开发。对空间环境的干预可能对形体环境产生正面的或负面的效果。灰色环境和空间环境需要通过政策来管理。这至少是一种社会观点。

规划的功能-空间和行政管理方向超出了空间环境的范围。规划关心人与他的周边环境的关系，这种关系远远超出用模式表达的关系。人类行为和社会发展都是难以预测的。用来支持、规范和指导人类行为和社会发展的空间干预并非总是受到普遍欢迎的。另外，协调政策措施的愿望和实现这种协调能力都已经证明是有限的。在第3章中，我们已经讨论了社会发展和空间动态发展已经实质性地损害了紧凑城市概念的基础。

随之而来的是，学术讨论的焦点从目标导向转到主体间性的相互作用上。这种转变也能在实践上看到。参与和共同管理很快在政策形成过程中成为流行的概念。长期以来，公众参与一直是荷兰空间规划过程的一个组成部分（§3.3）。然而，只是在没有完全实现“国家第一个环境政策计划”（TK 1989）（§5.4和§5.5）所设定的目标而受到严厉批判之后，中央政府才认识到公众支持环境政策的重要性。这种变化使我们可以得出这样的结论，在公共协商基础上产生的政策应当替代传统的“技术导向”的政策（§1.2和§5.4）。荷兰每一个层次的政府都日益承认建立在直接因果关系基础上的管理是有局限性。于是，就出现了从目标导向的政策向关注政策制定过程本身的重大转变。重点在于减少公众的抵制，营造公众对政策支持的基础。在规划导向的行动“减少”了专门的技术内容时，这种发展还产生了恰当地调整多种过程的方式，这些需要调整的过程都与通过谨慎干预来识别和使用能够实现现实和愿望相协调的机会相关。

多元形式的角度

如果在复杂的和动态的自然和社会现实中的干预是建立在对现实的多元形式的认识基础上的话，干预能够成为一项目的服务（参见乌格德1986；3）。以上对荷兰规划的观察证实了这种理论。这里，多元论⑤（以后叫作“多种形式”）涉及“解释角度的多样性而非单一性”

⑤多元论也是一个在社会学和政治学中使用的术语，涉及美国经验民主模式（传统的多元论），这个模式支持20世纪50年代和60年代的“公司资本主义”。我们不是在这个意义上使用这个术语。

的概念［麦克伦南（McLennan）1995；ix］，多元论可能能够对现实做出更好地描述，多元论是后现代文献中广泛讨论的一种观点。[⑥] 按照希利的看法，这种概念的关键因素是，“推崇多样性和认识差异[……]。进步不止一条路径，而是存在多条路径的，不止一种推理形式，而是存在多种推理形式”（1992；149-150）。

多元论不仅仅包括对现实的感觉的研究，对愿望与现实差异的研究，对愿望与现实协调的可能性的研究，还包括对那些并没有与一个问题相关的愿景的研究。多元论相对较少地与实践问题（如环境-空间冲突）相关，相对更多地与空间概念相关——是否形成了模型和/或前景 —— 它们是规划过程的基础。按照索恩德的话来讲，[⑦] 概念是从“一个集体形成的形象”中提出的情形或发展的表达[⑧]（1991；71）。空间概念（如紧凑城市概念和绿色核心概念）都是“相关于空

⑥后现代主义是对现代主义运动的一个反应，现代主义运动很大地影响了17世纪文艺复兴运动以来的西方思潮。“现代主义”信仰依靠科学和技术而产生的发展和进步，相信绝对真理。按照哈珀和斯坦(1995;233)的观点，“过分强调这个方面导致了科学主义(声称科学和科学的方法是唯一的知识来源)，实证主义(声称只有经验知识才是唯一有效的)，基础主义(相信能够建立起普遍真理的决断基础)和绝对论”。米尔罗伊(Milroy)发现了现代主义的四个特征：“在提出和建立怀疑传统信念方面，现代主义是解构的，现代主义主动地试图确定谁从他们掌握的权利中推出价值和替代传统信念；在把共性作为真理的基础上，现代主义是反基础主义的；在拒绝把主体和客体分开，以及把真理和观点、事实和价值分开方面，现代主义是反二元论的；现代主义鼓励多元性和差异”(1991在希利著作中，1992;146)。我们的研究剪辑中在后两方面，不与后现代主义思潮建立更多的联系。

⑦见第3章，尾注1。

⑧除开规划概念外，还有规划信念（亚历山大和法吕迪1990，科塔尔斯·阿尔特斯1995）。有关概念，存在一种一般的对假定的认识，这些假定通常是可以讨论的。当这些假定在一定程度上被接受，概念就成为了信念。所以，信念是那些成为己见和无意识的假定，成为了基本原则的一部分，受到社会的广泛支持。法吕迪和范·德·瓦尔克（Van der Valk）把荷兰的规划传统作为一个例子：“荷兰人喜欢秩序和整洁，如果有了这种需要，他们会要管理机构去维护秩序和整洁。秩序是规则，要求立规者去维持秩序。这就是荷兰规划的关键。也就是说，规则和秩序不是自上而下强制的，规划是以荷兰方式在行事”（1994；7~8）。德罗尔（Dror）谈到“大假定”（引自亚历山大和法吕迪，1990；7）：“政策信念系统比起执行政策、计划、项目序列要高”。这些信念通常不用明确表达，然而，它们会影响到决策和规划过程。“信念”这个术语涉及那些或多或少蕴藏在规划过程中的那些蕴涵的看法。第1章提出了这样一个事实，变化总被看成一种蕴涵的方法，例如影响中央政府应用的抽象原则。

间环境或发展的一组‘理想的’愿景”。这些愿景可能出现在一定层次的共识之上，但是，它们通常起源于过去的发展，实践中经历过的问题，或一组预测未来会发生的问题。所以，空间概念表达的是“人们所要的”，而空间问题，障碍和冲突表达是“人们不要的”。

什么、如何和谁

“许多有关政策的，提出有关政策方法的或描述或解释政策和政策过程的论文或文件”推进着空间规划、环境规划和作为学术分支的规划中的发展［德克尔（Dekker）和尼达姆 1989；2］。按照乌格德的观点，这基本上是相关于“未来导向的活动［……］。它们关注目标导向［……］，选择资源和机会［……］，做出决策［……］和主题内在的行为取向［……］”（1995a；3）。简而言之，规划是有关要什么，如何实现所要的和与谁一道去实现所要的。这个看法与原先（见§4.2）的看法是一致的。

索恩德（1991；16）提出了三个“取向”，当我们同意一个问题或一组愿景的描述和领域时，客观的取向，主观取向和社会取向是很重要的：在客观取向中，问题或一组愿景都是以客观世界的术语定义的；依靠主观取向，决策是建立在愿景、情感和所有合理的考虑基础上，这些都取自索恩德的描述；[⑨] 索恩德使用的社会取向涉及那些对问题或一组愿景做出社会定义方面发挥着重要作用的人们之间的相互关系。这个命题意味着，我们能够在这三个“取向”内考察变化和/或发展，而这些考察的结果可以用于规划。

空间问题和概念的观点都有客观的、主观的和社会学的取向（最后一个方面涉及规划到新行动的主体间性方面），三个取向的持续的

⑨利姆（1986）把一种或多或少具有可比性的分类方式用到索恩德使用的‘侧面’上。利姆提出，我们把规划看作“三重活动，它需要技术侧面、主体之间的侧面和伦理侧面的理论和实践”（1986；75）。他把主体侧面限制在伦理方面，而索恩德保留了美学方面。在我们的研究中，讨论了规划的合理方面。

相互作用（图4.2）是4.2节所定义的规划角度的重要基础：⑩

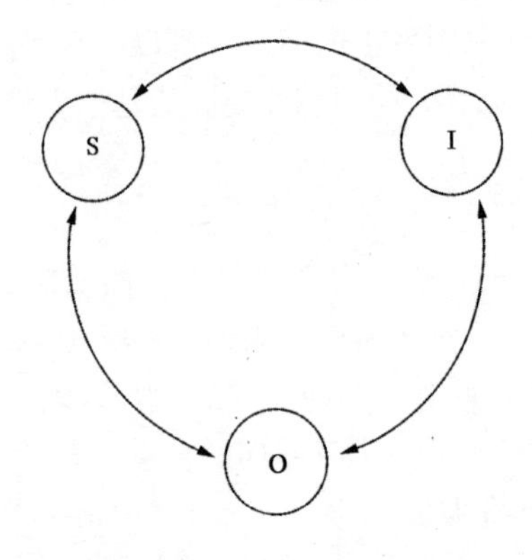

图4.2 规划导向行动的主体间性方面

- 现在或未来能够受到政策或规划干预的自然和社会现实；（客观的取向：O）
- 决策过程中所做的选择；（主观基础上的，推理性的取向；S）
- 参与决策和政策制定的组织和交流；（主体间性的取向；I）

我们的研究将从若干角度考虑规划导向的行动。我们之所以选择这种方式是为了获得一个综合的规划导向行动的视野，以回答规划理

⑩ 除开这个基础理论，许多人还对不同层次做了划分，他们认为不同层次是现实、问题和远景的基础［博尔丁（Boulding）1956 和古德阿皮儿 1996］。皮尔西格（1991）也提到过层次，然而，他不是谈论系统层次，而是特质的层次：物理化学的、生物的、社会的和智力的品质。布朗代尔（Braudel）（1992；21～22）区别了时间尺度："地理时间"、短得多的"社会的"时间尺度和最短的时间尺度："个人的时间"。心理学家马斯洛发现了需求的五个层次，这些需求推动个人的行为。首先满足基本需求，然后再依次满足较高的需求。弗勒德和杰克逊（1991）使用哈贝马斯的"知识-构造利益理论"（1972）作为系统论的基本原则。例如，福雷斯特（1989）使用哈贝马斯的主体间性和交流作为实用主义的基础，这种实用主义是由布兰科为规划理论发展的一种哲学。其他一些人采用了法国哲学家德里达（Derrida）和富科（Foucault）观点。富科的工作集中在知识和权力之间的关系（参见哈珀和斯坦 1995）。哈贝马斯和富科的观点则起源于'亚里士多德的观点，特别是他关于政治和实践理由的观点（实践和实践智慧）'（德雷泽克 1990；9）。这些观点依然有效，是"批判的系统思考"的核心（弗勒德和杰克逊 1991）。

论讨论中出现的多种问题(§4.5-§4.7)。我们假定这个综合的规划导向行动视野将会条分缕析地研究日常政策实践的发展。年复一年，这些发展已经从原因导向的规划和结果导向的规划演绎为关注规划程序、规划过程、项目规划和规划制度的规划等方面（§4.9)。与政策内容相关的总体形象同样发生了变化，从综合的和详尽无遗漏的方式向有选择的和有先后次序的方式转变。人们日益认识到，控制只能达到一定的限度，复杂的和动态的社会也只能在一定范围内“加以变革”。这些有关发展的研究产生了一个五彩斑斓的调色盘，我们将从中选择若干核心特征：规划导向行动中的目标导向，引导决策和机构导向的发展（§4.2)。

为了得到以下要讨论的规划导向完整的形象，我们需要这样一种观点，在规划中，我们并非只有一种角度而是存在多种角度。多种角度使我们产生一种综合的和多样的愿景或方向，从而反映出形体环境和社会发展的复杂和动态的现实，反映出形体环境和社会发展之间的相互作用以及政策干预。

4.4　综合的和相互联系的规划导向行动

为了得到综合的和相互联系的规划导向行动，我们把4.2节定义的三个角度（目标导向，引导决策和机构导向）看作是多元的，在规划导向的行动中，它们在逻辑上相互联系和相互补充。最明显的关系是目标导向的行动和形体规划项目之间的关系。在决策过程中做出的选择是规划导向行动的核心部分。在机构导向行动的情况下，有组织决策过程的发展、交流、承诺和社会成员的进入，都是决策和规划的核心。规划导向行动的三个方面建立在这样的基本观念上，一种相互联系的背景把客观方向、主观方向和相互作用（见图4.2）连接起来。如果我们接受这种观点，接下来的逻辑是假定，以上定义的三个方面之间存在一种关系。当然，这种关系的性质和这种关系怎样与现存的规划理论争论、愿景和概念相关联，还是一个需要研究的问题。

这个多元的和综合的规划并非一个新鲜事物，类似吉灵沃特

(Gillingwater)[11] 远景那样的愿景涉及以上三个方面，因为它们是对拒绝规划中传统的“综合”概念的一个反应。[12] 拒绝“综合”概念是因为这个概念假定我们可以完全了解现实。正如弗里德曼（Friedmann）(1973) 对这个观念做了纠正，“完全综合”是不可能的，[13] 当然，“综合”依然用来作为规划导向行动的一个规范。[14]

现实具有无穷的多样性，难以把握，我们究竟如何实现“综合”呢？我们能够通过把我们对现实的本质的认识与相关的和熟悉的愿景或分类结合起来，以多元方式形成规划。乌格德提出了类似的建议。我们能够依赖于情况或问题，“重点关注一个方位或更多的方位，借此应用多方位的方式［……］”（1995a；27）。在查德威克（Chadwick）的系统理论说明中：“我们引进了一种秩序，通过研究适当的系统，约束多样性……”（1971；71）。我们正在讨论的是一种“秩序”，这个秩序把规划导向行动三个角度结合起来。

规划导向行动可能是任何一种由个人、团体或组织承担的行动，这个行动以系统的方式，通过选择和执行选择，必要时得到其他帮助，使用所有需要的资源，以实现确定的目标。在以规划为基础的关系中，目标导向的方式包括整个规划“流程”，从问题确定，问题战

---

⑪在吉灵沃特“综合的”规划中，他使用了一种三重方式，他认为这种三重方式是“一种大纲，更恰当地说，构成更适合于规划性质和实践的理论的框架，特别是公共规划。这些主题领域是，规划过程（内部）的概念、规划领域（内部和外部）的概念，社会变化（外部）的概念”(1975；60)。

⑫“综合”代表“整体的”观点，这一点在城市规划师中是普遍的。“综合”也与整体哲学相联系。整体论坚持，一个整体或系统的构成部分只有从作为整体的系统上，而不是从它的部分上，才能更好地认识［卢伊（Lui）1996］。“综合”不仅代表了整体论，也代表了还原论和扩展论。还原论是一种分析复杂事物的原理，它通过把复杂的整体分析为这个整体简单的构成部分。扩展论是解释事物的一种原则，通过较之于这个事物大的整体，即超级系统，去解释这一事物（克雷默和德·斯米特 1991，参见图4.5）。

⑬例如，弗里德曼和范·德·卡曼就讨论过这个观点。

⑭帕蒂达里奥（Partidário）和乌格德（1997）提出，“特别是在环境规划中，人们日益认识到，不能孤立地处理环境问题，而是要从环境问题之间的相互关系同时兼顾社会和经济问题上去处理环境问题”［1997，参见米勒和德罗，1997，Voogd1994］。他们“倡导整体的方式，如森格（Senge）(1990) 和玛丽埃塔（Marietta）(1995)”，他们提出，“当我们从整体上把握住系统，我们就能够开始理解我们能够怎样地安排解决环境问题的可能办法”(1997；2)。

略、社会参与、资源使用，到对决策和行动的监督和评估。[15] 目标导向的政策首先关注做出决策和采取行动（可能有一个相互作用的背景所影响或推进）的主体和需要管理或改变的客体间的关系。在一些方面，这种关系的性质把（作为一个学科的）空间和环境规划与其他规划基础上的学科区别开来。例如，在空间规划中，主体/客体关系包括作为现存的或预定的社会需求之间相互作用的政策发展研究，这个政策发展研究涉及地球表面功能空间安排。这样，我们可以把目标导向的行动看成决策和执行之间的持续的相互作用，[16] 决策涉及自然的和社会的环境，执行这是影响自然的和社会的环境，或对自然和社会环境的一种反应。这里，我们把目标导向看成是规划系统背景的基本动力（图4.3），规划过程中决策阶段的最重要方面和最终的规划结果。当然，目标导向依赖于引导决策和机构导向所采取的行动。

如果说目标导向的行动强调规划过程的形式，那么，引导决策的行动强调规划的内容。引导决策的行动与做出选择的方式、选择背后的逻辑推理，命题的推论和命题内在的不确定性相关（参见法吕迪1987）。

机构导向的行动并非仅限于谁应当参与决策过程和如何组织规划过程和参与各方这类问题，它还考虑“其他决策主体［……］能够干预规划主体的行为模式”（马斯托普 1987；235）。[17] 总之，这是一个相互作用的问题。

在这个假定下，目标导向的行动是整个规划过程的指导（背景的）原则。也就是说，目标导向行动是这个三角的第三边，没有目标导向行动，其他两个角度就是多余的。这个命题假定，引导的决策行

---

⑮规划过程并不一定总是依循固定的公式，形成问题、记录、实施和反馈。例如，库斯坦（Korsten）提出，向前导向的政策发展和向后导向的政策发展之间的区别。这包括了借助“前馈”或“反馈”的行动规则［参见努德佳（Noordzij）1977；42］。在未来导向的行动中，首先提出或确定政策愿望或政策目标，然后考察实施的可能性。而“向后”的方式是从实施的可能性和可能出现的困难开始的（德克尔 1989；4），然后再形成政策。当规划与“正在进行的”过程相联系时，常常不可能确定一个规划结构。

⑯奈梅亨规划机构特别强调了政策执行。他们认为在做规划决定上需要什么的问题最重要。强调目标、手段和效果之间的关系（德克尔 1989；10 和林格林斯 1987）。

⑰这里，马斯托普提出了协调和交流的角度。

动、机构导向行动和目标导向行动（指导前两者）结合起来形成规划过程的多元的和综合的决策背景（见图4.3）。

到此，规划导向的行动基本构造起来了。我们已经讨论过作为行为角度的目标取向，行为取向确定了规划过程的背景。当然，如果我们寻求理论基础的话，我们能够期待规划受到引导决策的方式（即规划决策的推论、合理化和做出规划决策）来指导。这样，引导决策的选择是目标导向行动和机构导向行动的基础，（见图4.8～4.9）。

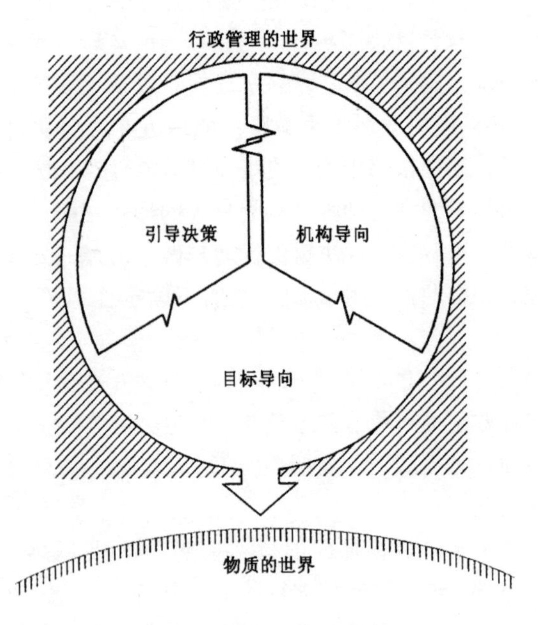

图4.3　规划导向行动的模式

在背景和内容之间的区别让我们提出这样一个问题，决策理论争议中的命题怎样能够影响三个行为角度。马斯托普（1987）回答了这个问题。与规划理论的愿景和概念相关，他找出了与决策相关的四个与规划相关的方式：

- 决策的系统控制方式；
- 决策的推理方式；
- 决策的协调/交流方式；

■ 决策的行政管理方式。

人们常常在规划理论中讨论前三种方式。[18] 马斯托普把第四种方式，行政管理方式，与“作为政府干预的一种形式”联系起来（1987；149）。在规划学科中，政府干预基本上不言而喻的。政策“交流化”的趋向（参见第1章）也会进一步抢了政府干预的风头。当然，我们的研究假定，政府在决策中的角色变化不需要看作一个独立的类别，政府在决策中的角色变化是一个政策选择（即引导的决策），是就主体间的相互作用（即机构导向）而言的。

按照马斯托普的观点，决策的系统-控制方式“基本上是与主体和它的背景之间持续相互作用相联系的”（1987；149）。在更大范围上讲，系统控制和系统理论能够成为发展目标-导向方式的起点（§4.5）。由规划主体计划的系统行动[19]会就它对功能-空间目标的可见影响反复地做出评估。决策的合理方式以“一个特殊的规划主体实现目标和资源间的协调”为基础（马斯托普 1987；149）。因为决策的合理方式基本上是以所要做出的决策和内在原因为基础的，所以，决策的合理方式是与引导的决策行动一致的。决策的合理方式涉及强调功能合理决策的一些命题。在规划理论中，交流合理和交流行动的理论不断对功能合理决策的命题做补充（§4.6）。按照马斯托普的观点，决策的协调/交流行动都与“若干主体的相互作用相联系”

---

⑱范·德·克纳普（Van der Knaap）从完全不同的角度，把重点放到学习政府对立面所采取的行动的学习型政府上，提出了一个有意义的和可以与其他模式相比较的“三重理论方式：（A）通过系统-控制方式去学习，（B）认识性的学习和（C）社会集体学习。从能够看到什么现实出发，这个分类也反映了4.3节涉及的基本概念（图4.2）。系统-控制论交接基本上包括了政策目标和结果之间不一致的信息反馈。认识性的学习基本上是通过理解外部刺激对现存的知识和采用的知识的反应来改善理解和获得知识的问题［皮亚热（Piaget）1980；103］。”“认识的发展是由外部刺激和内部认识模式之间的反复磨合而推动的（范·德·克纳普 1997；59）。简而言之，学习包括了理论框架持续的吸收和调整，这个理论框架是基于主体的、一致的和合理的。学习的社会方面包括向其他人的学习和通过相互作用和交流与他人一道学习。范·德·克纳普的“学习型”政府理论是建立在社会构建论的理论概念基础上的。这种社会构建论认为，并不存在一个客观的现实，现实都是主体感觉到的现实。

⑲尽管规划日益变得可以协商，但是，规划首先还是政府，有必要与其他参与者进行社会对话。

(1987；149)。马斯托普与克雷科勒斯具有相同的结论，规划几乎不能由单一的“行动者”（个人、团体或组织）来承担或决定，“决策是以相对独立的子系统之间的相互作用为基础的，这些子系统达成一致，形成联合的行动”（克雷科勒斯 1980；26)。马斯托普所谈到的是规划的多元主体问题（1987；157)。这与机构导向的行动一致，换句话说，谁将参与政策编制过程，怎样组织他们，他们怎样交流（§4.7）都意味着规划存在多元主体。以下三节将分别讨论规划的目标导向行动，引导的决策行动和机构导向行动。我们将从规划导向行动的三个方面出发，分别讨论规划理论相关发展。表4.1是对这些解释做出的总结，说明规划导向行动三个方面之间的关系。

4.5 从系统理论角度看目标导向的行动

目标导向的行动是规划的本质。它指导着系统地制定政策。目标导向的行动不是空中楼阁，而是建立在对引导的决策行动和机构导向行动产生结构性影响的过程之上。目标导向的行动还在决策过程和对现实的自然界和社会的最终干预结果之间建立起联系。事实上，目标导向的行动是有关规划效果的。在讨论规划是否发生效果时，“效果”总是被认为具有直接因果关系属性。然而，事实证明，现实要比我们的预计复杂得多，因此，我们需要继续修正直接因果关系这种信念。我们在这一节中集中研究有关目标导向规划思考的发展。

我们能够从系统论的角度最好地说明目标导向行动的结构化方面。系统论非常恰当地指出了结构、结构的组成部分和设定的结构的功能。当然，这些并非就是我们应用系统论的全部命题[20]，或我们下面要讨论的“这个”系统论。系统论是讨论规划理论的一个有价值的

---

[20]按照克雷默和德·斯米特的观点，“系统论产生了一种由‘目的’指导的世界观”（1991；5)，可能性、选择和特殊背景的影响都是理解现象的关键。从方法论的角度看，从根本上讲，系统论是一种方式：系统方式。按照冯·拜尔陶隆菲（Von Bertalanffy）的观点，系统方式是“努力做出科学解释的理论，原先没有这样的理论，高于其他的专门科学”（1968；14)。按照努德佳的说法，系统论“识别了多种系统之间的相似性和差异性，这就意味着用来分析和解决问题的模式或战略的类型处于不同层次上”（1977；20~21)。按照冯·拜尔陶隆菲试图信息很一个“一般系统论”，成为所有关注实体的科学的统帅。

基础，也是讨论规划理论的必要背景。规划接受网络方式很好地说明了系统论对规划的价值。（§4.7，参见乌格德，1995b）。由于系统论寻求通过形式的、方法论的方式，把结构和内容联系起来，所以，把系统论作为讨论规划理论的基础是没有疑问的。系统论处理抽象概念的方式，如"部分、整体和结构"，确定性、不确定性和可能性、开放和预设、复杂性等，为规划导向的行动提供了一个一致性的框架。我们会在研究中多次使用这些概念。它们用来表达考虑问题的方式和问题复杂程度之间关系，以及用来处理这类问题的决策方法。

规划的系统论方式

我们可以从控制和控制论[21]的发展开始，即从众所周知的"系统科学"开始，探索决策过程和这个决策过程所涉及的物质性对象之间的结构性关系。与我们使用的传统分析方法相比，"系统科学"强调了控制和组织［努德佳（Noordzij）1977；20］，强调（由主体确定的）期待的情形和（客体的）实际情形之间的系统的相互作用，强调"整体"而非构成整体的部分。[22] 一个整体的环境被看成是决定因素之一［克雷默（Kramer）和德·斯米特1991；9］。

这些理论在很多方面与克雷科勒斯（1980；25）称之为"规划的系统功能概念"一致。规划的系统功能概念是建立在控制过程基础上的，而这个控制过程体现在指导政策编制和执行的合理设计方面。规划的系统功能方式假定，规划过程以及规划过程之中的决策过程都能表达为一个系统设计。就这个过程的相关部分而言，作为整体的过程

---

[21]控制论（源于希腊字"舵手"）是一种关于利用控制机制和交流进行控制和"引导"的科学，它强调信息的转换和解释，以及相关的反馈，简单讲：系统的"行为"独立于它们的环境［见阿什比（Ashby）1956，查德威克1971，克雷默和德·斯米特1991，威纳1948］信息和控制是控制论的核心。然而，"到了20世纪60年代，控制论失去了它的光彩"［霍根（Horgan）1996；207］，因为人们相信通过信息的完全控制是没有事实根据的。现在，只有信息技术和运输学科完全成功地运用了控制论。

[22]系统方式不仅从客体的成分上去考虑客体，还要从整体上去考虑客体。系统方式还寻求解释开放系统，开放系统的组成部分和整个系统怎样与环境相互作用。实证主义认为，可以通过把实体还原到它的组成部分或元素的属性来认识实体。系统论背离了实证主义的这种基本观点。

能够得到解释。在这个意义上讲，我们能够把规划看成以设计基础的和有计划的，它具有决定规定的设计阶段（政策形成）和执行阶段（政策行动）（克雷科勒斯（1980；25）。只要希望的目标和观察到的结果处在一个包括通常处于反馈校正行动的受控过程中，这个希望的目标和观察到的结果可以表达出来。这个描述提出了一个基本依赖直接因果关系的机制，当然，直接因果关系并非是必要条件。我们将在以下论述中看到，这个强调因果关系的机械性阶段方法怎样向着一个比较动态的、相互作用的和与选择相关的方式转变。这种方式解释了我们研究的行政管理的和物质的对象，而没有背离系统理论。

战后那些年里，工业和政府组织应用了基本上产生于军事行动的系统理论。这些“第一代”的系统-控制论模式基本上依赖于“可以制造的”社会和“线性的、机械性的过程、相对封闭的系统及其固定的目标”这类概念（克雷科勒斯 1980；26）。关键原理包括系统结构和行为的优化、系统规则和维护。

到了 20 世纪五六十年代，这个系统论的假定得到了进一步的推广，认为人类的所有行为都是目标导向的［西蒙（Simon）1960］。目标导向被看成人类或社会系统有别于自然系统的基本要素［切克兰德（Checkland）1991；67］，成为硬系统思考的一个主导范式。㉓ 当然，系统论现在已经承认，“在现实生活中，目标会随时间而改变”（切克兰德 1991；63）。“有形的”的直接因果关系不再是系统论的唯一的或主导的范式。

这里，我们对规划，特别是空间规划，做一个比较。空间规划已经摆脱了线性发展和固定目标的模式。“战略规划”是一种规划，它以预先确定的目标为基础，这些目标表达了一种希望的和可行的现实，而这种规划在处理空间规划问题时具有刚性特征，在多数情况下没有给社会发展留有余地。战略规划对固定的目标提出了所期待的政策。因为社会需求的变化、日益丰富起来的知识和研究，战略规划的目标常常被证明是没有实际意义的。当然，现在“这种资源配置规划

㉓与“软系统思考”相对应的“硬系统思考”可以描述为一种具有清晰地构造起来的组成部分和关系的系统。这种系统能够用来相称解决办法和控制方法，做出预测。重点在于优化系统。［也见韦林（Waring）1996］

的战略方式已经被放弃了，它的位置已经被比较广泛的社会指南所替代”（弗里德曼 1973；xix）。

正是渐进规划论［§4.6 以及林德布卢姆（Lindblom）1959，布雷布鲁克（Braybrooke）和林德布卢姆 1963］提出了这样的观点，现实在属性上并非是线性的，而是由一组多方面参与者参与进来的子过程组成的。这种有关复杂的相互交织地现实的概念使得目标导向的规划向过程导向的或程序导向的规划变化。随着社会发展，目标必须持续地得到调整，所以，人们日益把关注点集中到了规划过程。重点从结果转移到了方式，即从目标本身转移到了持续发展的指向目标的规划过程。在20世纪70年代，人们把“反复规划”和“过程规划”看成一种方法，这种方法与对目标进行系统的和通常具有节奏的调整的系统论方法是一致的。

在厄茨贝克汉（Ozbekhan）的规划过程中（图4.4），持续变化得到了清晰地说明。对于厄茨贝克汉来讲，政府规划的起点是一个政治问题：“我们应当做什么？”。然后，政治目标被转换为战略目标：“我们能够做什么？”战略目标最终会导致操作性目标：“我们将做什么？”这个最终阶段将会产生现实的变化将会实现的期待，现在的情形将会发展到接近期待的情形。按照范·豪滕(1974)的说法,厄茨贝克汉正在借渐进规划论者的东风,把政治决策阶段建到政策机构中。通过建立起政治目标(在§4.3 中称之为期待的情形或概念)“导向”,规划过程从期待的未来情形返回到现在(图4.4)。在这种情况下,规划是“人类愿望的活动,它既在人们选择的有关未来的概念中,也在把我们引向未来的执行阶段中”(厄茨贝克汉 1969,范·豪滕 1974;72)。

在一定意义上讲，“第二代”系统论是在对渐进规划论的批判中得以发展的。这个新的理论保留了控制和调整的功能机制，同时界定了它的基本假定。系统描述不是完全固定的，更为强调时间因素，强调系统的自我控制效果（克雷科勒斯 1980；26）。

这里，我们可以对规划理论的讨论做一个比较。在20世纪70年代，“战略选择方式”得到发展，以便把重点放到规划过程的反馈机制上，放到规划过程的动态机制上［弗兰德（Friend）和杰索普（Jessop）1969］。“这种方式是建立在这样的原理之上，不到万不得

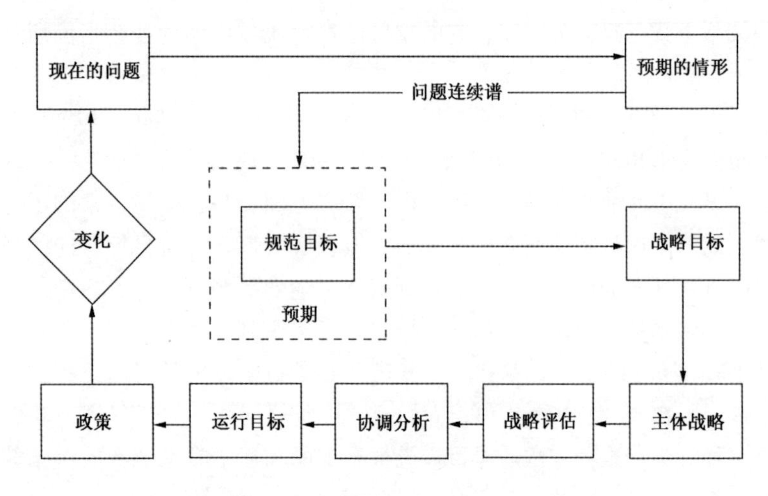

图 4.4 厄茨贝克汉的规划过程
资料来源：范·豪滕 1974；72。

已，不会做出决策。这个表达意味着承认了不确定因素和具有弹性的方式的重要性……”（乌格德 1995b；69，见法吕迪 1986）。在很大程度上讲，决策依赖于参与者的行为，他们的行为是建立在他们的经验、认识、兴趣和权利的基础之上。在大多数情况下，目标和事件都是从主观地得到评估的。主体和客体之间的相互作用产生一个理解的环境，在这样一个环境下，政策被采纳：“参与者并不对环境做出反应，参与者营造环境”［韦克（Weick）1969，克雷默和德·斯米特 1991；48］。这也同样导致了政策重点从客观环境的特征“转移到决策过程的特征，在这个过程中，政策系统选择和使用信息”（克雷默和德·斯米特 1991；49）。[24]

规划的效果

德克尔和尼达姆（1989）指出了实现与政策愿望和行动相关的目

㉔这种发展的结果之一是，规划的物质的目标常常被忽略了。当然，我们强调目标导向的行动，而不是其他形式的行动，将帮助我们确认，在每一个基于规划的行动中都考虑到了物质性目标。

标完成的重要性。有计划的目标导向行动的系统链使愿望和实际措施得以实现，使得计划中的手段得以应用。这样，完全或部分地实现目标。产生直接或间接的效果，期待的或没有预计到的连锁效果，短期的或长期的效果，没有发生的效果或相反的效果。

期待的效果是把期待的状态与决策时的现实状态联系起来的基础。我们能够使用实际效果实现期望目标的程度来衡量规划过程的效果。

除开从物质性对象的角度决定规划效果外，认识一个效果（期待的或不期待的）或没有效果产生的原因（预见到的或没有预见到的）。这种认识的重要性有两方面：一方面可能立即调整行动，另一方面，收集能够在决策中用于评估干预的长期效果的信息。因为我们的行动并不意味着只产生期待的结果，所以，评估就是十分重要的。可能出现一系列效果，例如，属于环境因果链上的行动效果（参见第2章），这些效果可能经过一段时间而显现出来，或仅仅在一个较长时期里产生效果。

执行某项政策而指望发生的效果可能部分发生或根本就没有发生，调整目标同样得不到满意的结果，这些现象的发生可能是因为所涉及的问题的复杂性。在这种情况下，问题变成一项政策是否应该仅仅设计只有在期待结果的稳定结构中才能使用的措施，或者采用其他方式是否更有希望或采用其他方式是必须的。对于最后一种情况，问题变成：什么方式？

单一和多项目标

到目前为止，我们的研究还没有提出，我们是否正在处理一个问题还是若干问题，与此相关，需要确定单一目标或多项目标。当我们认为传统规划结构是识别和确定问题，决策和记录，执行和评估，那么，传统规划通常与单一问题相关，必须形成一个目标或一个确定下来的目标导向的过程。甚至在今天把重点放到综合和“综合决策”的决策文化中（§4.7），很大程度上依然强调的是从单一问题中引导出来的单一目标，实现可以度量的结果。

当然，重点正在变化。人们越来越注意决策过程中多种利益攸关者的参与和相互作用（见§4.7），而不是只关注实现一个固定的目标或集中实现期待的状态。另外，人们十分强调这样一种观念，我们还必须把决策过程看成为学习过程。

当然，如果目标不能实现，我们没有充分的理由使用“学习过程”作为一个减少对目标导向方式关注的命题。所以，在规划中，一定不能把目标导向的方式看成基于规划的一个因素，否则，目标导向的方式就会被忽略掉。科恩（Cohen）、马奇（March）和奥尔森（Olsen）的理论（1972）对复杂情形具有特别的兴趣。他们提出，只要在正确的时刻里把问题、提出解决方案和目标来，它们是能够结合在一起的。如果时机正确，便会有综合或联系的空间。在这类决策中，我们并不孤立地看待一个问题，而是把它置于包括一系列问题和议题的过程中。科恩、马奇和奥尔森把这个过程看成一个“储存箱”，决策者把他们的问题、解决方案和目标存在其中。在恰当的时机，通过协调、综合和链接而把这些论题结合起来，以便能够优化决策过程。

按照德·布汝金（De Bruijn）和坦恩·霍伊费尔霍夫（Ten Heuvelhof）的观点（1995），在把问题联系起来以服务于一个特殊目的之前，必须满足三个条件：

- 问题和解决方案不应当大相径庭。“如果问题和解决方案的差距太大,就不会产生确定的决策。就管理而言,这就意味着问题和解决方案的方式和范围必须是非常精确的”(1995; 26)。
- 参与一个主题的参与者所处的位置和参与的程度。“只有当参与者集中到同一个问题又同时处于相同网络时，才会出现一种连接”（1995；26）。
- 这种联系必须为所有参与者满意。

德·布汝金和坦恩·霍伊费尔霍夫的结论假定了一个或多或少水平状态的参与者网络（参见§4.7有关机构导向行动的讨论）。在这样一个水平状态的网络中，每一个参与者研究专门的问题，每一个参与者把他的研究带到决策过程中去。即使把结合和联系起来的问题置于比较垂直的，有层次的结构中，以上条件还是成立的，例如，中央政府，不是采用部门方式，而是采用更为综合的、区域的和功能的方式，让较低层次的政府去执行。无论在水平状态下还是垂直状态下，都需要一个完整的战略基础作为联系问题的前提。

除开其他一些特点外，综合战略应该强调不同的问题，反映政策的框架和前提条件。应当识别参与其中的利益攸关者，最后也是最重要的一点，必须确定共同的目标。把问题联系起来，“建立”解决战略，通过把不同的问题与一个单一解决方案结合起来实现多重目标，把这些都包括其中的方式即是多项目标的方式。在以规划为基础行动的目标导向方面，这种方式的对立面是单一的、固定的目标（见图4.8~4.10）。当然，这并非说在规划过程中，针对每一个案例，多项目标的方式都可以简单替代单一和固定目标的方式。

指望固定目标反映一个最大化的期待结果。在这种情况下，成功的希望很大。这种情况并不适应于多项目标的方式。多项目标的方式是许多相互分离目标的公分母，在这个公分母基础上，建立起一个综合的过程或一般解决问题的战略。这种方式的重点不再是一个问题的各个部分，而是多个问题共同的和把它们联系起来的背景。多目标的目标公式和多目标的方式不再关注目标的最大化，而是关注使用机会。在这个意义上讲，多目标的目标最优化是第二层次的目标。在这个较大的整体中，如何处理个别目标，将进入另一个阶段，到目前为止，我们还没有讨论它。我们在随后的章节中，特别是第7章中，再做讨论，并在实际案例中加以评估。

越深入地认识规划系统的复杂性，就越能清晰地认识到背景的重要性，更多地使用多目标术语表达规划结果，而决策的时机会变得越来越重要。在复杂情况下，决策的时机不再单独由预定的步骤或程序决定。需要弹性，不确定的出现，参与者的角色、日益强调目标导向行动的复杂性，引起了从强调规划设计机制到强调在规划过程中最优化决策时机的变化。做出选择的时机日益受到规划过程内外因素的影响。综合的规划系统由“反馈网络”组成，通过这个反馈网络，规划系统以自我控制和自我调整的方式应对外部的刺激㉕（马斯托普 1987；156）。“从定义上讲”，这种反馈机制涉及政策网络和系统的开

㉕政策网络的概念起源于20世纪六七十年代的互组织社会学和政治邪恶，这个概念在20世纪70年代被管理科学“发现”（见科尔金1996）。

放性质。网络和系统的背景是决定因素。一个政策系统不会纯粹为它自己的利益而存在。从这样一个事实出发，我们可以合乎逻辑地说，网络和系统背景是决定因素。科尔金（Klijn）（1996）指出，“一段时间以来，政策学有一个倾向，那就是把政策背景置于更为中心的地位”（1996；24）。这就让我们要问，“背景”指什么，背景怎样与政策系统相关。

背景

埃默里（Emery）和特里斯特（Trist）（1965）提出过“环境的因果结构”，特别涉及组织。克雷默和德·斯米特（1991）把“因果关系”看作系统的背景环境。它不仅包括行政管理的环境，也包括规划的物质目标，这个物质目标的背景（参见图4.1）。克雷默和德·斯米特在因果关系的“四种理想类型”之间做了划分，我们可以认为这些理想类型的因果关系同时在“现实世界”中存在，当然，它们的存在因情况不同而有很大的不同埃默里和特里斯特1965；28。四种背景性环境在复杂性和动态机制方面存在差异：（1）静态随机的环境是不太复杂的环境。它是稳定的，对系统产生有限的和随机的影响；（2）静态簇团的环境表示了这样一种环境，在这种环境中，影响以簇团和积累的方式发生，从这个环境中，可以做出选择，可能或不可能引导到系统的最佳起点上；（3）受到扰动的反应性环境，它类似于（2），但是，它包括若干可能发生相互竞争的平等系统；（4）紊流场是最复杂的背景性环境。它类似于（3），但是，它在性质上具有强大的动态特征和明显可预测的特征。有关此种背景性环境的明显例子是，第3章中讨论的那种看不见的发展背景，这种背景环境一方面强化了紧凑城市的概念，也能直接与紧凑城市概念的承诺发生矛盾。

埃默里和特里斯特提出，“紊流场需要某种综合的组织形式，这种组织形式在本质上不同于我们通常习惯的层次结构形式[……]。为了实现一定程度的稳定[……]，战略目标[……]不再能够简单地以最优区位（如第2类）或最优能力（如第3类）的方式提出来。现在，战略目标一定要以机构化的方式提出来。[……]这里，社会价值被看成是应对机制，使得有可能处理不确定的区域”（1965；33-34）。

决策的“公社化”（第5章）使得政策环境更为复杂化，也没有因此可以容易地把政策系统与构成的背景剥离开来。目标导向系统的复杂性不仅取决于它的系统背景，也取决于政策系统对系统背景的位置或“行为”，取决于这个系统如何把参与者结合起来。

凯泽（Kaiser）等提出，“世界正在发生着巨大的变化。动荡已经成为全球状况，并具有强大的地方效果”（1995；25）。凯泽等（1995）和罗西瑙（Rosenau）（1990）认为若干因素导致了这种状况的发生：从工业时代向后工业时代的转变，大规模通讯和微电子设备的应用，跨国问题的重要性日益增长如温室效应，臭氧层的消耗等，社会团体在地方政府管理权利较弱地区对地方事务的影响日益增加，特别是，市民在分析和动员方面的能力日益增加。按照这种看法，日益增加的复杂性和日益增强的动态变化性质与参与者日益增加的重要性相联系（参见§4.7）。这种关系越来越被人们看成是开放系统和与此相关的或产生导向作用的背景环境之间相互作用的决定因素。如果我们遵循这个命题的逻辑而得出结论的话，我们仅有一小步之遥就可以得出这样的假定，复杂环境，无论这个环境是行政管理的、社会的还是空间的环境，复杂环境都要求一个综合的和动态的政策体系。当然，如果我们观察对现行政策的反应，我们会发现这种看法并非完全正确。减少政府干预，增加自我控制的信念，专门化和次序化显示出，一个复杂的动态环境需要不同的政策方式，而不是一种复杂的政策方式。

4.6　引导决策行动的理性理论

按照乌格德的观点，引导决策的行动不是建立在“具体目标上的，而是建立在必须做出的选择的基础之上的”（1995a；24）。目标导向的行动主要是建立在规划系统和它寻求改变的现实之间的相互作用基础上，相反，引导决策的行动与这种相互作用分离开来，更大程度上是关于决策本身。这样，引导决策的行动与法吕迪（1987）提出的“决策中心观”十分相似，法吕迪最初特别强调功能合理性。除开功能合理性外，在目前的研究中，人们还把交流的理性看作引导决策的行动的理论基础，从第一印象看，交流的理性直接与功能合理性相对立。

作为规划基础的理性

这里，我们通过对引导决策的行动的描述，揭示长期以来一个清晰的发展路径。克雷科勒斯（1980；31）不久以前总结到，战略性解决方案的重心已经从确定问题转向选择问题。因为在目标导向规划时期，人们认识到，我们没有充分的知识去解决问题，况且规划所面临的问题也越来越复杂。所以，在强调目标导向规划时期之后，20世纪70年代和80年代，人们日益关注问题构想。从目标导向的规划，即强调信息和知识的规划，向更为注重决策质量的规划体制转变法吕迪1987。或者说，从物质性目标和规划目标向规划的行政管理目标和规划过程转变。另外，讨论有关共同认定的问题并达成一致意见本身就成为一个目标，因为人们越来越认识到主体间行为的影响。在20世纪90年代，人们日益重视问题的协调和综合、重视"一揽子"解决战略、交流、参与和相互作用，这样，进一步推进了从物质性目标和规划目标向规划的行政管理目标和规划过程的转变。

许多人认为，决策是规划过程中最基本的因素，所以，相关于决策的理论甚多。这实属正常。决策的理性基础和决策阶段成为决策理论发展的特征。弗里德曼总结到，"如果说在有关规划的讨论和争议中有一个贯彻始终的论题的话，那么，它就是理性"（1987；97）。这里，理性指一种观念，存在一种思想上的和始终一贯的理论框架㉖，主体使用这个理论框架去解释他对现实世界的认识㉗。最深入人心的

㉖埃尔斯特（Elster）提出，"事实上，一致性在很窄的意义上是关于合理性：信念系统内的一致性，希望系统内的一致性，信念和希望与以此为理由的行动之间的一致性"（1983；1）。

㉗经验论哲学家洛克（Locke）提出，"在感觉之前是不会有任何观念的"［施特里希（Störig）1985；53］。这并不意味着知识是对一个事实"本身"的观察。"思想"把提供给它的东西与一致的理论和原则联系起来-理性化或把事实组合成为经验，研究、理解，最终成为知识。康德（Kant）提到过衔接事实和现象的思维过程；自从亚里士多德的时代以来，逻辑已经以一种基本形式表达了这些过程。按照康德的观点，所有的经验都是通过思维形式而建立起来的，借助于思维形式，由感觉提供的原材料得到加工；所以，我们在所有类型的经验中都会遇到这些形式（施特里希1985；66）。所以，理性即是功能——一致性理论，这种理论在事实和感觉、概念、关系及其解决办法之间架起了若干座桥梁。

理性形式就是因果性：一个事件必然源于另一个事件。

早在1955年，迈耶森（Meyerson）和班菲尔德（Banfield）就提出了理性规划模式或理性行动者模式："一个理性选择的和经过计划的行动过程，最有可能获得预期的结果。[……]理性的决策是指一项决策按以下方式得到：（1）决策者考虑到了他所面对的所有可能选择（行动过程），即他考虑到了，在实际存在的条件下，为了获得他寻求实现的成果，什么样的行动是可能的；（2）他认识到了和评估了每种选择方案可能产生的后果；即他预见到了他采取的每一种行动可能产生的整体后果；（3）他选择他认为可以产生最大价值的方案"（1955；314）。[28] 简而言之，这种理性方式"需要按照他们寻求最好结果的思路，系统地考虑和评估各种手段"［亚历山大（Alexander）1984；63］。

如果把重点放到"手段"和"结果"，理性就变成了一个技术性标准，理性的重要意义就在于，它是方法和方式，"预先设定了成功的标准"［塞格夫（Sagoff）1988］。为了一个确定的目标选择"最好的行动过程"，这是一种理性的功能形式。德雷泽克（Dryzek）（1990）称之为"手段的理性"，希利（1983）称之为"技术的理性"。法吕迪称之为"程序的理性论"和弗里德曼（1987）和维尔马（Verma）（1996）则使用了曼海姆（1940）和韦伯（Webber）（1963）的术语："功能的合理性"。尽管以上这些作者使用了不同术语来定义他们对理性的看法，但是，根本概念却是一致的［参见贝尔亭（Berting）1996］。长期以来，有关决策制定、决策和选择的各种理论已经对理性方式做出了反应。从批判中提出的其他解释理性的理论同样如此。

功能合理模式的局限性

早在20世纪60年代，人们对作为规划主要原则的功能合理性展

[28]如果关注对此提出批判意见，参看波珀（Popper）1961，法吕迪1987，埃齐沃尼1968。

开了讨论㉙，因为这种类型的思考假定，我们能够认识和理解每一件事。做出“理性的”选择意味着，人们已经对相关问题很了解了。西蒙（1967）和其他一些人对此提出了异议。在大部分情况下，我们不可能获得完整的信息，同时，我们也不可能对各式各样的方案都做出恰当地比较。西蒙把这种看法描述为“约束的理性”。马奇和西蒙（1958）指出了规划师立刻就会面临的许多约束：

1. 对问题含糊的和不确切的定义；
2. 有关各类选择的信息不完整；
3. 对“问题”的来龙去脉和背景的信息不完整；
4. 对价值、偏好和利益的范围和内容的信息不完整；
5. 时间、素质和资源均受到限制［马奇和西蒙 1958；福雷斯特（Forester）1989；50］。

人们日益承认这样一个事实，决策者并不一定有明确的取向，同样，也没有先例，他们最容易受到没有想到的力量的操纵（弗里德曼 1993；50）。里特尔（Rittel）和韦伯（1973；161）提出，“用来理解一个问题的信息依赖于解决问题的人的观念”。主体的思考和评估能力同样发生着作用：“这样，人们‘满意’他们在一个时刻的发现和选择，以此作为他们采用或拒绝一个可行愿望的评估标准，而不是固定的目标”（亚历山大 1984；63）。决策不能仅仅建立在信息的基础上。埃齐沃尼（Etzioni）（1968）提出，规划师——人类，下意识地使用了“多样性减少技术”来组织一个复杂的现实，他们“以不太详细的方式浏览一个特殊问题领域，而对那些表现出具有特殊利益的选

㉙功能合理性基本依赖于因果关系的观念。因果关系观念的基础是牛顿动力学，这种物理学基础上的观念深刻地影响了社会科学的发展［见德·弗里斯（De Vries）1985］。当然，20 世纪以来，随着新的发展和研究，作为物理学根本原理的直接因果关系的信念已经动摇了。热力学第二定律并不完全符合牛顿动力学，在宇宙层次上，相对论物理学已经证明了经典动力学的局限性。海森贝格（Heisenberg）的不确定性原理清楚地提出，除开必然性外，还存在可能性，热力学第二定律说明，经典动力学适用于平衡态。除开平衡态，世界常常是不稳定的，很少处于平衡态，所以，世界是复杂的，它并不完全遵循经典动力学原则。除开“机械论”的方式，物理学还需要“统计的”方式。在大多数情况下，我们只能预测可能的状态（统计因果关系）（也见普里果金和施滕格斯 1990）。这种方法已经在社会科学中使用很长时间了，当然，他们并非是在合理的——理论基础上使用这种方法，而是在实践的基础上使用这种方法，“以便能够提出论断”。

择区域，做详细的研究，把二者结合起来说明现实"[30]（查德威克，1971；337）。在这些概念中，规划的综合实际上是一种"有选择的综合"。

渐进规划论者林德布卢姆（1959）和他的追随者们认为，大部分决策改善现状的程度都是最小的，这样，大部分决策都在政策制定中与机构的行为建立起有效的联系[31]（见§4.7）。这些渐进规划论者提出，规划过程并不处理根本问题，只有以亦步亦趋的方式实施变革才能避免出现大错误。他们认为，政策制定过程是一个复杂的相互作用过程，在这个过程中，参与者力促他们自己的目标，试图保留这些目标。这种战略参与者模式已经在一定程度上颠覆了理性参与者模式[32]（科尔金 1996）。

林德布卢姆和他的追随者们的这个描述性概念关注的基本上是，参与者在规划决策中的主体间性方面的作用。这个概念依然基本上忽略了背景环境的作用。贝里（Berry）（1974；358-359）揭示出，尽管功能合理模式有着"技术上的先进性"，但是，它要求一个"相当稳定的"环境。弗里德曼也看出了一个悖论："在相对平静和稳定的情况下，规划需求不旺，所以，规划可以实现'合理'。但是，当极端需要理性的时候，在极端危机的压力下，规划可以施展它功能的范围却相当有限"（1973；15）。班纳特（Bennett）也对功能合理方法所提出的确定性程度表示怀疑："理性论给我们的不过是在实践中不能

---

[30]埃齐沃尼已经把这种概念发展成为一种有步骤的战略，称之为"混合——扫描方式"（埃齐沃尼 1968）。混合的扫描是"一种决策层次模式，它把较高层次的战略性决策与较低层次的战术性决策结合起来"（埃齐沃尼 1986；8，也见戈德堡 Goldberg 1975；934）。

[31]在查尔斯林德布洛姆（Charles Lindblom）的著作《陷入泥泞的科学》中讨论了政策的战术性质：政策决定是受到持续性评估的，而政策制定方式和政策执行只是在一定程度上具有联系。科恩、马奇和奥尔森（1972）称这种把问题、解决办法和决策者相互分离开来的选择模式为"废罐式决策"（见§4.5）：决策通常靠机会，很难找到谁期待这样的决策。

[32]霍夫斯提（Hofstee）（1996）指出，市民们正在接管政策制定者的工作，产生这种状况的原因是，一般公众的意识水平正在迅速提高，劳动力大规模化创造了更多的闲暇时间。然而，形成一般观点和集体决策使公众整体的自信心日趋增加，这样，个人的影响力正在减少（1996；50）。按照霍夫斯提的观点，个人的魅力依旧在决策过程中具有不可忽视的隐蔽的影响，所以，个人的和心理的因素仍然在发挥着作用。"较之于其他人，有些人充满了智慧、更具进取精神，掌握更多的信息，更为自信，简言之，更具影响力"（1996；50）。

使用的理论。必须更深入地研究这种情形，认识到不能忽略的不确定性和危险”［1956；古德阿皮儿（Goudappel）1996；66］。贝里、弗里德曼和班纳特正确地指出了问题类型、问题产生的背景情形之间的关系、指出了功能合理决策方法的作用。在埃默里和特里斯特（§4.5）所使用的系统术语中，功能合理方式基本上适合于“稳定的、随机的环境”，即一个稳定的不复杂的环境。

功能合理的、因果关系的、或假说-演绎性的模式都假定，科技进步是建立在一般都接受的知识背景上的，这种知识背景以孤立的方式观察一个整体的一定因素，而假定所有其他因素和关系保持不变。这种方法仅仅适用于那些我们完全了解其因素的情况，实际上，这种情况非常少。这种观念仅仅在空间规划中流行了一个不太长的时间，影响相当有限。

从决策过程开始的时刻，到最终决策出现的时刻，许多因素并入这个过程之中，包括社会的、政治的、技术的和经济的因素。存在约束因素（空间、时间、资金、权利、信息等），持续变化的因素（在我们的社会中，改革已经“制度化了”），问题发生的背景同样发挥着作用。因为一个问题通常不能脱离它的背景，所以，背景也会影响到最终结果。当一个问题必须在变化的背景中观察的话，从背景上讲，这个问题很难服从功能合理模式的原则。在这种情况下，理性行动意味着“接受社会过程的不确定性，所以，仅仅需要部分的，有时还是暂时的知识和研究（贝尔亭 1996；17）。这种对背景的认识日益使人们了解到问题的复杂性，一些因素并非可靠，并非可以计算和可以权重［加尔布雷思（Galbraith）1973 和卡斯特莱（Kastelein）1996］。进一步讲，不规则的和情绪化的行为日益成为决定性的因素。[33] 这种类型的问题包括大量不确定性。[34]

---

[33]哈珀和斯坦指出，合理性和非合理性不应当看成是对立的两极。他们认为，“我们能够从连续性上看待这个（合理性和非合理性）概念。而且，合理性（非合理性）的多种判断的根据并非固定的，将会发生一些重叠” （1995；237）。古德阿皮儿（1996）也提出，非合理性和不确定都是“自然”现象，具有它自己的特征和法则。这就是为什么我们不应当满足于“声称决策的逻辑能够失败”（1996；62）。

[34]不确定性会随着从概念到结论，再到执行的决策过程减少（卡斯特莱 1996）。

尽管存在这类批判，使用合理性、逻辑的和评价等特征的功能合理方式为基础的方式做决策并非完全没有意义。合理性、逻辑和评价都是主体的、直觉的和情绪的（接受不确定性）对立面。当然，规划仍然是一个系统的和目标导向的行动，这个行动部分由目标理性来指导㉟（克雷科勒斯 1980；58）。作为规划基本部分的引导决策的行动是一个思维过程，它部分以功能合理原则为基础。功能合理原则的价值在很大程度上取决于问题的性质。

客观知识和主体间的相互作用

我们在前一节介绍了对功能合理性的若干批判。人们把功能合理性看作规划导向行动的思维过程的“可靠指导原则”。大部分批判认为，主体为了做出选择而收集完整和客观信息的能力有限。人们都是在主体间性的、社会的和被人建设起来的现实中做出选择的。所以，这种主体间性在决策中的影响也受到了越来越多的关注。人们日益认识到主体间的协调和交流同样是社会进步和发展的推动力量。这种观念认为，人们只有通过交流和社会相互作用基础上的推理，才能理解这些过程和发展。因此，这就要求不同种类的理性模式。

用哈珀（Harper）和斯坦（Stein）的话讲（1995；237）：“理性是一个空泛的概念，类似于公正、真实和善良这类概念［……］。说一件事是合理的等于说，我们能够为它拿出好的理由；这件事以公正的方式发生；这件事与其他信念不相违背，并且可以与它们同在；在一个特定的背景中，这件事存在相关证据，与我们的利益相关”。有关理性的确切含义和范围，理性所使用的角度和原则应该是什么样，一直以来是人们讨论的问题。然而，理性依然被人们看成思维过程的“方法论的程序”，思维过程认识事实，试图把认识到的事实相互联系起来以便理解它们。当然，“功能的”解释不再是科学探讨基础上产生出来的唯一解释。

德国社会学家曼海姆（1940，1949）在20世纪30年代和40年代所完成的工作奠定了以后思考这个主题的基础（弗里德曼 1973；

㉟目标合理是一个观念，即选择能够/应该以逻辑为基础，选择对实现一个逻辑上确定的目标具有积极的作用。

xvii)，曼海姆找到了两种形式的理性。他称第一种形式的理性为“功能的理性”，功能的理性成为规划理论论战的核心，相关于规划过程的发生和资源的分配怎样以逻辑的和按照因果关系的方式把我们引导到所期待的目标。功能合理性常常与我们已经获得的实证知识和相关的逻辑演绎方式相关联。[36] 曼海姆称第二种形式的理性是本质的理性。这里，他要求人们考虑选择目标的逻辑，考虑引导到目标的过程。这种理性形式应该解释为什么规划导向的行动是必要的和有希望的，为什么干预社会的和自然的现实是必要的和有希望的（见贝尔亭 1996）。“曼海姆提出，本质的理性通过对整体情形的认识来做出决定，例如，是否轰炸整个城市，是否应该制造这种威力巨大的炸弹”[37]（弗里德曼 1973；30）。按照法吕迪的意见，“这类问题特别与规划中的理论（具体的理论）和规划的理论（程序性规划理论）之间的区别有关”（1986；3）。

当我们把功能合理性看成一种尽可能收集有关对象研究的知识的“正式技术”时，我们越来越把本质的理性看成是“社会知识的理性”（维尔马 1996；6）。韦弗（Weaver）等（1985）提出过一种建立在“社会选择基本属性”（韦弗等 1985；148）基础上的理性。除开物质性的理性之外，人们还使用了“社会的”（范·德·卡曼；1979），“集体的”［埃尔斯特（Elster）1983］，“交流的”（希利 1992）和“合作的”理性（希利 1997）等术语。这种“交流的”理性涉及行为的“逻辑”，主体间的选择，协商和社会行动。

在功能-方法论术语中，人们日益看重交流的理性的重要意义；必须理解交流是主体间性的，而非客观的。因为人们越来越把重点放到了“规划的理论”上，所以，作为解释主体间行动的理论，不能再把交流的理性看成物质的合理性是适当的。这样，交流的理性集中关

[36]在这个理性形式下，人们认为规划师是专家和技术人员（根据弗里德曼 1973），他以精英的方式建立、管理和控制规划过程的诸因素。而在这个过程背后是供功能的渐进，因果机制。

[37]本质的理性不仅要求注意细节，还要注意整体和这个整体所处的背景。按照这种思维方式，曼海姆呼吁“用整体的观点去看待规划，规划将会产生更大的合理性和秩序”（弗里德曼 1973；30）。

注主体间的因果关系。因为交流的理性关切人类行为的因果关系，所以，这种主体间的关系包括大量不确定性是有道理的。在这个意义上讲，交流的理性是理性形式的一个变种。是建立在更为间接的因果关系基础上的。

按照曼海姆的划分，我们这里涉及的是交流的理性，它不像功能合理的理性那样具有物质性。同时，这种形式的理性面临大量的不确定性。这里，交流的理性从正面意义上不同于功能合理性，功能合理性在很大程度上是建立在直接因果关系基础上的。在有关功能合理性和交流的理性的探讨中，就有关对象的知识和主体间的知识而言，它们形成理论和形成理论的路线一般是相反的。[38] 这种对立很大程度上是对第二次世界大战前后一个时期片面使用和绝对相信功能合理性的一个反应。

交流的理性

按照古德阿皮儿的观点，我们应当认识到，与“硬的”和/或精确的“事实”相比，复杂性和不确定性需要不同的方式和方法论。[……] 在这种情况下，非此即彼的，或“客观的”方式是不可行的。人们似乎越来越认为，在评估中，“主观的”是一个合情合理的因素，甚至承认“主观的”是政策准备、决策和政策评估的须臾不可缺少的因素（1996；62）。弗里德曼（1973）提出，“问题不再是如何使决策更为‘合理’，而是如何改善行动的质量”（1973；19）。卡斯特莱同意：“任务中所包含的‘确定性’或‘不确定性’的性质和范围对于事物的结构和管理都是有意义。在‘确定’的情况下，引导决策的手段、结构和战略都是适当的，而在‘不确定的情况下’，开放的方式则是适当的”（1996；103）。

在制定针对复杂社会问题的决策中，引导决策的行动从“封闭”向更为“开放”的方向转变，从针对目标的规划向更为强调以主体间关系为导向的规划和以机构为导向的规划方向转变。为了理解和解释这些转变条件下的决策形成过程，我们还应当合乎逻辑地观察到从功

---

[38]对于这些讨论，可以阅读范·德·卡曼（1979），法吕迪（1987），弗里德曼（1987）和维尔马（1996）等人的文献。

能合理性向交流理性方向的转变（例如，德雷泽克 1990；希利 1992；英尼斯 1995）。无论这种转变是否完成，人们的关注点的确不再是仅仅放在问题本身，而且也关注问题的确定和在确定问题时达成一致意见的程度。这里，起点"不是逻辑推演出来的认识，而是参与进来的群体已经同意的认识"（沃尔特杰 1997；50）。所以，交流的理性与从功能合理性中推演出来的逻辑实证主义理论几乎没有关系。

规划中的引导决策的行动不仅包括对象或目标，还包括决定谁应当参与到决策过程中来。即使在主体间相互作用情况下，坚持合理性，做出预测，同样有效，与相关事实相联系的选择，解释什么会发生，都是有可能的。这也意味着存在一种希望，尽管确定性与不确定性具有不同的性质，通过交流的理性方式能够获得确定性。所以，我们必须把交流的理性看作规划中引导决策的行动的基本部分。

规划理论和系统理论（见弗勒德和杰克逊 1991）的变化曾经受到德国哲学家哈贝马斯（Habermas）及其他的主体间性方向的理论的影响。按照哈贝马斯的观点（1987），"我们绝不是要放弃为当代社会提供事实或信息的逻辑，我们应当改变的是角度，从个人化的和主体-客体的逻辑转变成为在主体间在交流中形成的逻辑（在希利的著作中引用的，1992；150）。[39] 从主体间交流的角度所看到的理性，不再是定义、建议、计划和战略全景这类起点问题，而是作为决策结果的问

---

[39]对交流理性的一个重要批判是，接受一个共同确定的问题。按照库欧曼（1996；41）的观点，接受一个共同确定的问题存在短处，"潜在的多种选择"被忽略了或被排除在外。德·纳维尔（De Neufville）和巴顿（Barton）（1987）也同意这个看法。他们提出，与决策和确定问题相关，存在一个"基本认识"水平，它起源于有关"公共问题"、"共同的道德评价和可能的解决办法"的神话和观点（1987；181）。每一个主体、每一群主体和每一种组织都有它"自己的"合理性（见贝尔亭 1996）和不合理性，合理与不合理都是建立在历史的、美学的和伦理的（如文化的）已建基础上。这种个体的合理性并不总是与社会的合理性一致（Barry and Hardin 1982），或与受到政治合理性约束的结果一致（弗里德曼 1971）。法吕迪（1987；52）也提到对决策的政治影响和规划的政治角色。按照福雷斯特（1989）的话讲，"如果规划师忽视了那些有权利的人，他们自己一定是无权利的"（1989；27），"要是合理的，一定是政治上合理的"（1989；25）。这些都是有关规划中政治和行政管理因素的最明确的观点。但是，相反的方面也是真的："规划师常常发现他们对于那些选举上来的官员像个教师一样，那些官员并不了解他们规划决策的潜在的影响"[凯泽等 1995；16，也见露西（Lucy）1988]。

题。因此，规划师的角色也随之而变，关注重点从客体导向的目标转变成为优化主体间的相互作用和参与，规划导向行动中引导决策的侧面与规划导向行动中机构导向的侧面在这里重叠起来。（见§4.7）当然，阿姆丹（Amdam）正确地指出，“手段的和交流的理性不过类似于乌托邦，但是，这并不妨碍我们努力去实现它”（1994；14）。

我们需要理性提供给我们一个思维结构，以便反映现实和简化现实，这样，我们才能选择经验事实，认识事实间的关系和了解这些事实。功能合理性（必然性的理性）存在着局限性。不确定性和偶然性的理性［托夫勒（Toffler）1990］及其相互关系与确定性和必然性的理性相对立。在引导决策的行动中，重点已经发生了转移。从以控制为基础的层次系统公布所要达到的目标，转变为关注主体间相互作用的质量，转变为关注决策者的学习过程，他们身处社会的、复杂的和动态发展的背景中。我们已经认识到，规划面临大量的不确定性，规划面对着持续变化的世界，规划必须在政策发展中重新确定自己的位置。

所以，与引导决策的行动相关的思维模式，也同样改变着目标导向的行动和机构导向的行动的思维模式。交流的理性不仅仅帮助解释如何评估决策和规划的目标，还帮助解释谁将进入决策，他们进入决策的结果是什么。有关交流的理性及其规划的讨论不仅仅把规划导向的行动看成一个思维的和引导到目标的方式，也把规划导向的行动看成一个社会导向的和机构导向的过程。

4.7　机构导向的行动：相互作用和人际关系网

从传统上讲，人们把参与者之间的相互作用看作是一个社会问题。[40] 然而，参与者之间的相互作用同样会对决策和规划的效率产生

---

[40]社会学把“制度”和“制度化”现象作为社会学学科的一个核心要素。法国社会学家迪尔凯姆（Durkheim）把社会学描述为一门关于制度、制度的发展和制度的功能的科学。社会学关注“由集体构成的”行为的所有理论和模式（迪尔凯姆1927）。按照史密斯（Smith）（1963）的看法，制度是“相互作用和社会关系的模式，这种相互作用和社会关系的模式形成了社会群体和社会制度的特征”（别克斯1981；266，也见胡芬和林格林斯1990）。

影响。针对实现确定目标而对有效资源所做的分配可以用来解释规划的效率。规划的效率依赖于良好的组织和交流，依赖于努力实现共同目标中所做的协调工作，换句话说，效率贯穿于主体间的相互作用中。

了解主体间的关系

几乎所有的人类活动都是制度化行为的一个表达。个人（即主体）只有在一个制度化了（即社会化）的环境中才能作为一个参与者表达他们自己，按照交流和相互作用的主导模式参与到这个制度化了的环境中去。所以，在机构导向的行动中，重点不在个人而在集体。吉登斯（Giddens）（1984）提出，个人的行为以个人的愿望为基础，这种愿望绝对不会脱离产生这类愿望的社会背景。他把这种行为与背景间持续相互作用的过程描述为“结构化”。用别克斯（Buiks）的话讲，“人的社区思维和行为之间的相互作用构成了他们思维和行动的特定模式，这类模式一旦形成，它便独立于这个社区的个别成员”。(1981；262)。换句话说，他们的思维和行动制度化了。韦尔斯(Wells)（1970）以人类行为规范的规则描述了制度。按照别克斯的观点，“在一些情况下，这种规范以惩罚的形式表达它自己，这些类型的惩罚用于非制度允许的行为，用于一定形式的试图改变或忽视制度的叛逆行为”（1981；262)。这种观点从一定方面解释了为什么决策仅仅能够在一定范围内脱离流行的思维和原则（§4.6)。这样，把一个社会的文化和规范特征制度化是社会发展的主要原则之一，它能够解释参与者之间的行为。

我们把机构导向的行动看成规划的一个方面，所以，我们需要对它进行研究［参见弗兰德、鲍尔（Power）和耶利特（Yewlett）1974］。特别是最近几年以来，有关规划理论的探讨日益集中到了交流的规划（见§4.6)，而机构导向的行动在交流的规划中发挥着核心作用。比起事先确定的目标、遵循已经同意的程序和过程，参与规划的各方之间对所要讨论的问题相当了解（希利 1996；塞杰 1994)。在这种情况下，影响决策过程的主要因素是，参与者如何在制度约束范围内达成一致意见。使用“参与”，“支持和承诺”［阿恩斯坦（Arnstein) 1969]，“协商中的利益”和“达成共识”(英尼斯 1996) 这类概念都表明了规划向着交流的方向转变。

交流的规划假定，决策过程中的交流和相互作用并不局限于一个单独的决策者 (如政府)。弗兰德、鲍尔和耶利特 (1974) 早就指出过，在制度背景中的相互作用关系的重要意义。克雷科勒斯 (1980) 也指出，“实现哪些产生于这个制度背景中的发展是重要的，各种机构如何在这个复杂制度中相互作用，最后，究竟有哪些控制和监督机制存在”(1980；97)。克雷科勒斯正确地看到，我们应当在这些复杂机构的背景上去理解规划 (1980；93)。例如，公司、社会团体和市民个人都应该参与决策过程，而且是真正意义上的参与。按照吉尔 (Gill) 和卢凯西 (Lucchesi) 的意见，“当市民们主动地参与到决策过程中来的时候，他们更能了解到可能的问题，比起那些来自外部强加给他们的未来相比，他们更希望延续他们现在的生活。这样，通过主动的参与，市民们了解到政治现实，更了解存在的问题，找到那些不会引起剧烈冲突的解决办法”(1979；555)。按照沃尔特杰 (1997) 的看法，“所有‘有力量’的利益攸关者一起工作，确切地界定问题，协调各方利益，分享知识和信息，在规划过程的开始阶段多花些时间和精力可以防止较长时间的延迟等，都是十分重要的”(1997；47)。在20世纪90年代期间，这种包含广泛利益的主动参与决策过程逐步发展起来。

这种对主体间性、制度性和制度背景的理解是系统理论发展中的一个明确的主线，也与系统理论联系最为紧密。在制度的背景中，参与政策制定的利益攸关者的作用越来越重要，已经实质性地削弱了系统理论的机械论观。对于动态的、离散的和人类行为支配的那些问题，使用目标导向的系统论是不太成功的。人们正在逐步认识到“追求目标的范式不适合于用来描述人类活动，机构的或个人”[维克斯 (Vickers) 1968；66]。因为主体的、有限的和选择出来的参与者的影响太大了。一旦“正确的”思维替代了机械的思维，必然导致向“相互作用的”、参与者导向的和感觉导向的思维模式的转变。这些理论强调了参与者的作用，这些参与者在制度背景内外活动，以便形成、构造和执行政策。这就是我们所知道的“关系维持”。“关系维持”这个概念以“决策和制定政策作为它的例子，当然，关系维持基本上关心的是人类理解和人类价值判断的性质”（维克斯 1968；66）。

系统理论集中关注人们之间关系的结果是，更难以监督和控制系统。人们之间的和机构之间的关系在一定程度上是由不可预测的人类行为和社会组织的章程所决定的，个人的价值判断、态度和认识都对政策关系产生复杂的影响。现在，重点正在从能够提出解决方案和做出预测向“理解人类事务的社会过程的方向变化”（切克兰德 1991；67）。这不是简单有关“减少不确定性，或管理不确定性”的问题［泰斯曼（Teisman）1992；42］。这也不是一个有关系统本身的问题，而是有关那些建立系统，发展系统和希望使用系统并在其中发挥作用的那些人们接受系统的问题。那些发展或希望使用这个系统以及在其中发挥作用的人们的个人特征、他们的认识，参与者和参与机构的利益，都是这个系统的组成部分，或受到系统影响的部分。关键不要仅仅思考“它是什么?”，“它将是什么?”或“它应当如何?”这类问题，还要思考“它如何才能是?”和“它怎样才能被接受?”这类问题。相互作用的网络是一个系统理论的概念，在行政管理的背景中使用它以回答这些问题。

在有组织的关系中的参与者和他们的作用

就信息、交流和协调网络而言，人们越来越多地关注组织和机构间的关系。规划师是在有组织的关系中工作的，在这种有组织的关系中，多种参与者在知识、性质和资源方面相互依赖。福雷斯特采用了一种“解决社会问题的观点，在这种观点中，‘社会的’在有限意义上意味着‘组织的’”（1989；30）。他所说的组织涉及“非正式的网络，稳定的联系人和有规律的交流，它们使规划师获得相关信息”（1989；30）。采用政治组织关系的网络不仅决定非正式的网络，也在很大程度上决定规划过程的效率。当然，问题是在多大程度上，一个机构和它相关的相互作用的信息和交流网络应当向非正式的关系方向发展，向政治组织之外的关系发展，获得决策者所面临问题的性质。

对于具有非常正式组织结构的交流和协调而言，弗罗姆（Vroom）（1981）发现了 6 个重要的和紧密交叉的方面：层次、集中化、正式化、标准化、专业化和例行公事。尽管“层次”和“集中化”这些术语已经在许多研究中都使用过，实际上，它们是两个不同的事情。例如，集中化可能发生在一个没有层次的结构中。层次意味着在参与者之间的关系上存在“垂直的”差别，而这种差别在集中化发生的时候不一定显示出来。层次的范围对于一个机构关系的决策和执行结构来讲是十分重要的，所以，对于一个制度背景中的决策结构垂直轴的独立程度而言，层次的范围也是十分重要的。集中化可以表达为，在垂直和水平结构中的“向心方位”，参与者之间不一定有层次。正式化（即决策的记录）保证政策过程在一定量上的延续性，它也意味着对期待的结果和实际的结果之间差异的制度化的控制形式。正如我们在环境政策中所看到的那样，一般规范、法规和程序的标准化通常是严格管理制度的一个指标，不留弹性。弗罗姆（1981；302）指出，“我们必须得出这样的结论，标准化是一个组织的核心指导机制之一”。机构内部的参与者的专业化意味着把他们的关注点约束在一定范围内，让这些参与者增加他们对专门问题及其解决办法的知识。例行公事的概念与专业化紧密联系［龙迪内利（Rondinelli），米德尔顿（Middleton）和韦斯布尔（Verspoor）1989］。吉登斯（1984a）指出，很大比例的活动都是在例行公事的基础上进行的。机构本身的结构就会导致不由自主的和常规基础上的活动，机构致力于秩序的稳定性，而这类秩序是制度本身的一个部分［帕森斯（Parsons）1951］。例行公事基础上的活动内容是重要的，换句话说：“是否有充分的知识［……］来有效率地完成任务，或是否需要创造性去面对每一个案例，为其找到解决方案?”（弗罗姆 1981；303）。按照1.2节的批判线索，建立在普遍原则基础上的常规活动是否可以满意地面对特殊性，是否可以按照问题的性质，创造性地找到特定情形下解决特定问题的方案，这就是例行公事所涉及的问题。

另外，还有一个绩效的概念（§4.3），我们能够使用绩效概念来表达正式或不太正式机构背景下做出的规划和决策的适当性。在规划中，目标的隐含性质仍然是对机械性思维的一种反应，与此相反，决策的“绩效”是一种规划现象，它产生于人们对多种机构参与者的作用和地位的认识。我们已经在前一节谈到过参与者的主体的、自的、有约束的和选择性的行为。我们也知道，参与者的预期并没有反应决策者所期待的或希望的那些措施。在决策过程中，决策者必须考虑到其他参与者如何对他们的措施做出反应，考虑到“存在其他参与者对期待的措施采取不同行动的可能性”（德克尔和尼达姆 1989；5）。高层次决策的绩效和结果可能因为如下因素而受到阻碍：较高层次行政当局的决策遭到部分或完全的拒绝，对简要的或战略陈述的多种解释，执行内容不充分，由个人实践活动产生的一般战略陈述，或在执行过程中有意无意发生的，都有可能导致反制措施。这些因素能够最终限制整个规划的效果。

当然，在较低层次，对决策的重新解释也会改善或优化解决地方问题所要求的干预。在较高的决策层次，很少有充分的有效信息保证决策会产生出所期待的结果。我们也承认，较高层次的决策总是带有普遍意义的（如环境政策中的标准），而没有考虑到实践中的多样性。这意味着，对于特殊问题，一般措施或决策不一定恰当（§1.2 和§1.3）。我们也不可能精确预测每一个结果。所以，执行过程中，特别是政策在自然或社会中成为“现实”的阶段，“预警”功能是必不可少的。当然，一项决策的最终成功依赖于其他行政或政府层次的一系列行动和决策。

这里强调的制度背景无疑会对规划导向行动，对决策，对规划导向行动和决策希望解决的问题产生影响。问题，问题的描述和定义，都是“被构造出来的”。按照库欧曼的看法，这意味着“应当把问题所有者所提出的问题看成所要处理的问题的一个基本成分（1996；34）。因此，正如我们在第 4.6 节中所看到的那样，规划探讨中出现了从解决问题的战略向形成问题的重点转移。

机构的网络

“绩效”这个术语涉及参与者和机构之间的联系。这种机构间的联系是政策变为现实的那些层次采用决策的渠道，因此，它包括建立起各种联系，把社会上的，有组织的参与者们聚集在一起。我们把这些联系看成是多种机构网络形式，它们是社会的和相互作用的。胡芬（Hufen）和林格林斯（Ringeling）（1990；6）把这种网络看成参与者之间进行相互作用的社会系统。

我们能够把机构的网络作为一种机构行动的系统功能模式来看待，在这个网络中，参与者和机构由一定程度的相互依赖关系约束在一起。当参与者和机构需要相互支持以实现他们的目标时，他们之间存在着相互依赖关系［沙尔普夫（Scharpf）1978，泰斯曼 1992］，他们之间的这种关系基本上是建立在知识、资源和位置基础上的。[41] 在我们这个复杂的制度化了的社会里，参与者、组织和机构持续性地建立起他们的目标，他们不可能独立实现他们的目标，所以，相互依赖是一种规律而非例外。这种看法特别适合于影响许多人和包括许多方面的复杂问题，这些复杂问题与它们产生的背景交织在一起。

相互依赖是实现特定目标的基本方面。认识这一点是网络基础上机构关系的一个指标。按照泰斯曼的观点，"每一个新的决策都将由独特的相关参与者共同做出，所以，每一个决策都会有一个独特的利益攸关者的结构，所以，依循一个独特的过程"（1992；50）。这种看法还认为，在这种网络中，与问题的模式都将采取一个不可预测的形式。当然，这个构造决策过程的假定是否对所有案例有效还需要观察。

以上的讨论假定，交流和信息网络会在一定程度上向正式的组织关系发展。存在垂直的网络（荷兰的政府机构就是一个好的例子），它包括许多固定的决策结构和程序。如果使用负面语言讲，垂直网络就是我们常说的官僚机构。网络不一定建立在最好时间和最好参与者的基础上，它允许每一个参与者从水平的角度和或多或少平等的角度看待其他参与者。每一个机构关系都有它自己的选择标准和共同特性（库欧曼 1996；35）。而且，一个机构网络的构成部分由历史的和正式的网络决定。机构的决策方式中还包括那些不易完全摆脱的现存结构和过去的经验，它们可能成为更有效率和取得更大效益的机构，也可能成为实施组织改革的障碍。网络也会萌生出一些参与者和机构的例行公事的行为，在这种网络中的参与者和他们所发挥的作用在很大程度上是以有限的、不全面的、不精确的或不正确的解释的信息为基

---

[41]这里，"位置"可以从"任务"（功能性的任务）和影响（功能性的绩效）等方面来解释。

础的。

一个机构网络在多大程度上能够适应于一个问题的性质取决于许多因素。有些因素不与问题相关，例如，机构结构的正规化。一个机构在承担功能时曾经有过的历史联系也是一个决定因素，多种形式规划的经验和知识同样会发挥作用。与问题相关的因素，包括认识、知识和对问题的看法，问题的性质、内容和后果，确定一个问题和有效处理这个问题的参与者和机构间的相互依赖关系。在现存机构中，如政府机构，一旦问题出现，人们就会讨论与问题相关的因素，以及尽可能满意地处理这个问题的目标。如果现存制度不可能适当地反应这些问题，那么，人们会毫无疑问地讨论机构网络。

政府正在寻求影响通过决策和规划实现目标的方式（基克特 1986）。特别是在过去的 10 年期间，这种变化反映在，强调背离垂直的，层次性的决策机构，向水平形式的决策机构变化。这种水平形式决策机构是建立在共同管理以实现政府确定的目标的基础上的（§1.2 和 §1.3）。这种变化意味着在政府这一方面的机构行动有了变化。所以，也要求许多政府参与者改变他们的方式。这种改革是复杂的，不会自动发生。我们将在第 5 章看到环境政策方面的同样的变化。分散化的决策和公共管理将改变决策重点。非政府参与者及其非政府机构日益增加了在决策过程中的主动参与（机构导向）。另外，在追求共同社会目标方面的变革也出现了（目标导向）。

非政府参与者及其非政府机构在决策和政策制定方面的介入本身也是一个决策。在决策和政策制定方面让非政府参与者及其非政府机构介入的目标不仅仅是为了控制专横的管理方式，也是为了共同负责和做出承诺。这种发展部分反映了普遍盛行的长期的政府管理倾向（参见第 1 章），影响了政府政策的特殊领域。这种改革有力地影响了环境政策和环境政策与空间规划政策之间的交叉界面。当然，正如我们将在第 5 章中将要看到的那样，这种改革并非没有正负两方面的后果。

因为非政府方面参与决策，机构网络之间以及机构网络内部都存在着联系。机构网络内部（如不同政府组织间，更为常见的是政府和非政府机构间明显存在组织不够完善的管理，所以，较之于通常的分离机构所产生的结果，这类机构网络产生的后果难以预测，但是，在确定问题、讨论责任和战略、分配资源方面，存在着更大的自由（弗罗姆 1981）。

在这样的机构网络中，相互依赖、相互交流和分享信息等发挥了重要作用。日益增加的参与者们主动参与到政策制定和决策中来，以表达他们自己的利益，贡献他们所拥有的专门经验和可能性。较之于以前，政策开发和决策已经演变为一种协商过程（基克特 1993；26），在政府部门之间，以及政府和非政府参与者之间，这种协商更多地发生了。它们不仅用于环境规划，也用于空间规划（参见第3章和科塔尔斯·阿尔特斯 1995）。从机构和引导决策方式的角度来看，这种状况意味着决策变得越来越复杂了。正是在这种水平决策结构中，作用的网络出现了。这种情形要求不同于传统层次结构方式的其他的决策和规划形式（基克特 1993；26）。

管理的三种理论角度

泰斯曼（1991）提出了三种“管理的角度”，他使用这个观点来定义机构的角色，垂直的管理、水平的管理和他发现的多中心管理。泰斯曼把垂直管理结构中的机构的角色总结为“单中心的”。单中心的方式从一个管理中心点出发，集中解决社会问题。从水平角度来看机构的角色，泰斯曼认为那是多中心的。多中心的方式并不特别关注管理，而是关注通过参与者的交流机制推进社会发展，而这些参与者的角色基本上是市场参与者的角色。“多元中心”是管理的第三种方式。在这种方式下，中央政府和地方参与者和机构“交织在一起”，与社会发展和独立实体发展相关的政策都是在相互依赖的关系下决定的。在泰斯曼所说的单中心和多中心之间的关系也涉及经典的/传统的模式与市场模式之间的关系（德·布汝金等 1991）。而单中心和多中心之间的关系涉及“从上全下和自下而上”的关系［汉夫（Hanf）和夏普弗（Sharpf）1978］，以及“干预的和计算的政府”之间的关系［范·塔特霍夫（Van Tatenhove）1993］。

从单中心的角度出发，国家政府是一个控制体，它指明社会应当如何发展和指导社会发展进入要求的方向。顶端层次的政府以整体利益的名义工作，制定专门的政策内容以及实现这些政策内容的执行程序。地方政府必须遵循和执行国家层次制定的这些政策。顶端层次的政府把重点放在一般政策上，而没有放在特定的地方问题上。规划是在逐步推进的过程中制定政策的一种重要工具，它设定发展步骤和目标。当然，“统一的决策者”是这样一个假定：“政策形成和政策执行必然是多种有着自己利益、目标和战略的参与者之间相互作用的结果”（沙尔普夫 1978；346）。然而，一个由相信它自己完全有能力控制的社会，会表现出采用从上至下的支配性“单一中心”方式的特征。

采用多中心方式实施管理的社会，会十分相信市场机制。在这样的社会里，自我利益，而非集体利益，是至高无上的。国家层次的政府不熟悉地方参与者和机构的需要。然而，多中心论者假定存在于一个不确定的和不能控制的背景，在这种背景中的参与者，群体性的或有组织的或其他，持续面对变化的环境。多中心论者的信念是适应，而不是控制。当然，存在一种强烈的信念，社会具有自己管理自己的能力。所以，大规模参与者和机构能够自主地决定他们自己的事务。管理是通过市场机制而发挥作用的，社会的进步以竞争作为基础，竞争则是自主的参与者在他们参与管理的层次上通过供应和需求关系而产生的结果。

泰斯曼的多元中心方式是对极端的单中心和多中心方式的一个反应。单中心和多中心都是有关管理的极端的理论观点，它们之间可以构成一个连续的理论角度（图 4.6）。按照泰斯曼的观点，政策系统由中央和地方实体组成，它们既不是以层次结构为基础，也不是以地方自主性为基础。参与其中的人或机构相互依赖，通过相互作用推进政策的发展。这是西方社会高水平的功能差异所致，意味着这种社会存在多种多样的专业人士和高层专业人士（德·布汝金和坦恩·霍伊费尔霍夫 1995）。按照泰斯曼的观点，在这种情况下，“真正的”决策结构是由正式组织内外的参与者之间的相互作用而决定的。“目标的协调和发展不能作为一个中央层次的思维过程来研究，或作为地方选择的积累，而是作为地方和中央之间政策丢帧的结果。这些实体必须在政策方面具有共同利益。这些共同利益来自相互作用，在相互作用之后这些共同利益彰显出来”（泰斯曼 1992；32）。现在，人们日益增加了对政策过程的组织产生了兴趣，他们并非从控制或适应这类角度来研究政策过程的组织，而是对参与者的相互作用协调参与者的角度研究政策过程的组织。

相互作用的机构行动随着参与者的数目明显增加：“不仅仅是行动的规模增加，而且没有预期的可能的行动后果也增加了。比较大的群体间的社会相互作用总是具有较高水平的不确定性和动态特征”（科尔金 1996；52）。人们“通过集中关注参与者之间关系来试图解决问题。换句话说，人们把问题的本质定位于关系本身而不是参与实体”（库欧曼 1996；41-42）。几乎难以考虑问题的原因（库欧曼 1996），这主要是因为社会现实的动态特征和正在持续中的发展。动态的和正在持续中的发展都不能有助于提前收集信息：“原则上讲，复杂的相互作用过程［……］包括了不确定性和探索”（科尔金 1996；52）。在那些相互作用和参与受到重视的地方，目标是“产生新的认识，从而刺激自我学习过程的发展，在这个学习过程中，增进对现状的相互了解，形成良好社会的共同愿景。更为贴近现实战略，以便实现这些愿景，开展更为综合的实践活动”（阿姆丹 1994；5）。按照泰斯曼的观点，关注相互作用关系的机构网络理论是事实多元中心管理的适当模式，因为这种多元中心的方式假定了相互依赖的关系。

从“中心的”角度出发，泰斯曼描述了许多管理理论方式，找到了两种极端方式之间的第三种方式，按照他的观点，第三种方式包括了相互依赖。一端是一种中央政府最大程度控制社会的制度，这个制度要求所有参与者接受这个管理方式，而这种基本上不对称的相互依赖关系源自于这个管理方式和赋予参与者的相关角色。另一端则是排除了所有形式的管理，社会在最大程度上按照供求机制发展。参与者以商业意义上的关系联系起来，行为则是自主的。相对比，网络方式的基础是这样一个假定，所有参与者在实现共同目标方面都是相互依赖的，它们中没有任何一方凌驾于其他各方之上。但是，更为可能的是，多种角度和相关的依赖性是一起出现。德国社会科学家沙尔普夫，相互依赖关系的主要倡导者，在定义网络时，涉及这个观点。他把网络定义为，“由依赖的相互关系确定下来的直接和间接联系的整体”（沙尔普夫 1978；362）。网络是依赖关系的“整体”，这些依赖关系同样发生在空间规划中：“土地使用规划和决策可能对于一个地区未来土地使用模式带来很大的风险竞争。所有的参与者都被约束在一个相互依赖的框架内，他们必须与框架内的其他参与者达成协议以实现他们的目标。这样，发展过程的竞争也转变成为合作（凯泽等 1995；6）。

多元中心论的不仅以相互依赖作为基础，也同时以知识、资源和角色方面的高度平等作为基础。参与进来的所有各方相互需要，单独依靠法规不会实现期待的目标。这是一种理论状态，在这个状态下，个人和社会的福利成为决策和政策的中心，不一定要公布一个一般的需求，也不会仅仅关注个人和机构的利益。多元中心论强调有多种参与者共同分享的利益，当然，人们会从不同角度看待共同利益。

在这种情况下，建立起来的共识必须实现“双赢”，即每一个参与者追求最好的结果，而不是最大的结果（德·布汝金和坦恩·霍伊费尔霍夫 1995）。这里，我们正在谈论“问题及其解决办法的复杂性、动态性和多样性。这些问题及其解决办法是在相互作用中，特别是在确定问题的过程中，确定下来的，我们也在谈论这种过程和过程的参与者必须遵循主体间过程的重要性。在这种背景下，信息和知识的交流是一个基本概念”（库欧曼 1996；47）。这种交流包括“与参与者的相互作用结果和战略相关的动态过程。如果让每一个参与者遵循不同的战略来实现一个目标，那么，最终成果战略和参与者相互作用的产物。这种结果难以预测，变化的目标、战略和结果中反映出来的相互作用过程具有高度动态的特征（科尔金 1996；17）。

决策和政策并非在可以预测到的预设过程中产生出来的，而是在一个类似网络的结构中展开的。这样，我们很难做出决定和预测结果。当然，在有关相互作用行为的作用和决策的复杂性方面，我们还有进一步研究的空间。泰斯曼定义的有关管理的三种理论角度都是可以认可的和可以使用的，但是，它们在实践中都没有出现过。实际上，三种理论角度的元素和特征都是同时存在，而结合方式不同。例如，“开发商受到土地规划和市场需求的约束。为了获得开发成功，他们的项目必须接受政府的和市场的双重测试。他们在买方和卖方市场运行操作，这个市场受到公共计划和服务项目的影响，而非从公共计划和服务项目中产生出来的（凯泽等 1995；9）。在这个意义上，古德阿皮儿（1996）提出了“一方”和“其他方”之间的不同关系：“过程和发展。发展展示了元素间变化的关系（1996；79）。

做出决策的机构背景是相对复杂的。当然，我们应该注意到，复杂性部分依赖于对问题和已经确定下来的相关目标的评估。相互作用的网络适合于那些具有高度复杂性、不确定性和受到多种规则约束的决策过程。注意到这一点十分重要。例如，有关管理的多元中心角度是以参与者或多或少对称的相互作用为基础的。这样，复杂的机构背景不仅仅导致了不确定性，也导致了可以认识到的复杂性。我们在下一节里讨论如何处理这类问题的方法。

4.8　作为规划导向行动判据的复杂性

作为人类，总是倾向于把我们所处的现实抽象化，使其尽可能简单。正如贝尔亭所说：“社会现实总是极端复杂的，有些令人惊讶的是，我们能够发现复杂本身并不是问题，问题倒是我们在这个简化了的社会现实基础上实施我们的行动”（1996；24）。所以，我们应当询问，这些抽象的社会现实怎样能够用来组织我们的行动，以便让我们生活的社会尽可能可以理解和可以管理。

我们还应当询问，我们怎样能够以一致的方式支撑这些抽象概念。现在的学术方式是，使用有序的、系统地和一致的理论、概念、结构和模式组织复杂的、动态的现实，以一种建立起来的方式获得知识。毕竟在“宇宙中没有任何物质的部分如此简单，以致我们可以在没有抽象的情况下去把握它和控制它。抽象通过相似但是却具有比较简单结构的模式去替代宇宙的部分。一方面，形式的和思维的模式，或另一方面，物质的模式，都是科学程序的核心要素”［罗森布鲁茨（Rosenblueth）和威纳（Wiener），克默雷和德·斯米特 1991；16］。所以，这是一个有关三种方式对规划有什么价值的问题，决策和规划方法在这些简化的现实之上形成基本命题。

我们在有关规划导向行动的三种方式的讨论中强调了“复杂性”。

于是，出现的问题是，复杂性是否意味着我们不能够对现实做出一个可以操作和可以接受的认识？或者说，提出复杂性的概念对于我们理解复杂性现象究竟具有多么大的意义？复杂性能不能成为规划导向行动的一个判据？表4.1就是一个说明我们如何做的例子。这张表格总结了原先几节对规划导向行动的讨论，并且把他们联系起来，构成“复杂性”的基础。

复杂性和有关规划理论的探讨

许多人都主张把复杂性作为规划导向行动的一个判据。我们已经提到过一个命题，即复杂性是规划理论探讨的主要部分之一。第二个命题是比较经验的，我们在第6章中讨论它。在观察的基础上，我们得到这样的命题，环境/空间问题的复杂性是不同的，所以，要求我们采用不同的规划战略。（博斯特等 1995）。另一个使用复杂性作为判据的命题是建立在复杂性理论基础上的，复杂性理论是一种比较新的科学哲学理论。[42]

在我们比较详细地讨论这种理论和相关概念之前，我们先讨论关注三个规划导向行动角度之间关系的规划理论。使用复杂性作为规划导向行动选择的一个判据的观点不是无中生有。在有关规划的三个角度的每一个角度中（参见4.5节~4.7节），都存在一个从强调简单的、机械的、目标导向的和功能合理的向强调差别和整体性现实的重点转移，与这种重点转移相伴的是，更为细致的和日益增加的关注人类行为和他们之间的相互作用。在讨论有关规划的目标导向角度中，最值得注意的因素是，通过循环的和目标导向的方式，从固定目标向多目标的形成和实现方向转移，同时还要从建立在系统论基础上的目标导向角度去考虑规划的结构。这种反应揭示了规划导向行动的若干变化。其中的一种变化是，从固定的线性过程转变为非线性过程，这个过程是政策制定和行动过程的一个部分。除开线性的和循环的行动外，网络基础上的多样性也指明什么样的相互作用会导致对形体和社

---

[42]科学哲学超出了科学学科本身，又与科学学科相联系。科学哲学是一种有关发展和进步的普遍的哲学［格尔曼（Gell-Mann）1994，普里果金1996，阿罗（Arrow），沃尔德罗普1992］。

会环境的实际干预。这样，就出现了从一般化（战略目标、标准和原则）向特殊化的转移，每一个问题都要在它自己的特定背景下加以评估。同样，规划导向行动上的机构导向角度也发生了变化，即从传统的、层次管理结构、共同管理向市场力量方向转移，从垂直的自上而下的机构向水平的和相互作用的参与者网络方向转变，这些参与者之间存在着或多或少的相互依赖的关系。

这种变化还表现在背离目标导向的管理方式，把主体间性看作一个决策因素，利益攸关者的参与不可忽略。从领导决策的方式向规划导向的行动显示出一种重点转移，即从直接因果关系向相互作用的关系转移。通过对功能合理性的批判，交流理性已经成为规划导向理论的基础，而从对交流理性日益增加的关注中，我们能够最清晰地看到这种变化。

规划理论的变化在一定程度上反映了现实世界日益增加的复杂性，反映了对我们周边现实世界认识和研究日益深入。这种发展也可能是因为战后社会偏离功能中心而向注重质量方向的转移，这种变化从20世纪60年代延续至今。所有这些变化表现出，对逻辑实证主义和新逻辑实证主义思潮持续不断地修正，对逻辑实证主义和新逻辑实证主义思潮一些观念的扬弃。逻辑实证主义和新逻辑实证主义一直是规划理论和系统理论探讨的基础，深刻地影响了科学规划观。战后这些年中，旧的观念越来越不能适应复杂的规划状况，以致逻辑实证主义和新逻辑实证主义的观念开始衰落和消失。实际上，规划理论的发展就是对我们面临问题与日俱增的复杂性的一个反应，这些问题成为规划理论探讨的主题和规划新的行动方式的主题。

当然，认为那些早期流行的传统理论不再具有任何价值的观点是不正确的。“以主要范式变化而构成的科学革命意味着，过去所有的科学知识都随着新的范式变化而即刻宣告无效。这是对科学革命神话的错误理解”[夏娃（Eve）1997；275]。如果我们假定，我们应该以问题的复杂性来评估问题的话，只要我们把这些传统概念应用于适当的问题上，即比较简单的问题上，这些传统概念依然有效。在这个意义上讲，与比较复杂问题相关的看法不应该自动地看成是简单替代传统方式，实际上，我们只是从更为宽广的角度去看待问题罢了。

在表4.1中，我们详细展开了把复杂性看成评估问题和做出选择的一个关键方面的观点。我们把规划理论的发展分为目标导向的、引导决策的和机构导向的规划三组。表4.1试图说明，对于复杂问题来讲，相互作用日趋重要。当然，表4.1还揭示出，目标导向的行动依然与复杂问题紧密相关。这里提出的研究成果也与规划问题的复杂性相联系，这种复杂性包括规划问题的各个方面之间的关系，规划的理论基础和处理规划问题的战略。复杂程度决定规划三个角度不同特征之间的联系（参见图4.8～4.9）。表4.1把复杂性看作发展有效率和有效果规划战略的判据，特别是看成引导决策的规划的判据，或者说，影响目标导向和机构导向规划的“元”判据（§4.9）。对于建立起冲突、复杂性和决策之间的关系来讲，表4.1可以认为是一个“引导决策”的工具。

基于三类复杂性的规划导向行动分类（§4.5、4.6和4.7）

表4.1

规划问题复杂性的程度↓	指向目标 规划的效果	指向合理性 做出与规划效率和效果相关的选择	指向主体间性 规划效率
	A. 必须实现什么？	B. 如何能够实现？	C. 谁参与？
	目标范围和行动结构 重点放在结果和决策阶段	决策公正 强调选择	参与者和机构联系 强调相互作用
	目标导向的行动 ←	决策导向的行动	→ 机构导向的行动
相对简单	◎ 强调整体的组成部分(封闭系统) ◎ 固定目标(战略规划) ◎ 线性机制管理过程 ◎ 固定决策阶段 ◎ 决策过程有清晰的开端和结尾	◎ 完整的或广泛的知识 ◎ 几乎没有或完全没有不确定性 ◎ 无所不包 ◎ 控制整体 ◎ 功能合理 ◎ 直接因果关系支配 ◎ 还原论 ◎ 清晰划定的问题 ◎ 主要目的是预定的和有解决办法的	◎ 中央政府 ◎ 垂直网络 ◎ 高度正规化、标准化和规范化 ◎ 政策制定者也是决策者 ◎ 层次上的相互依赖 ◎ 集体的但并非主动参与的 ◎ 严密控制的机构与清晰规定的任务和责任相联系

续表

相对复杂	● 强调处于开放系统中的整体和构成部分 ● 改变目标（反复规划） ● 反馈、校正和自我控制型线性循环规划过程 ● 决策阶段依赖于过程 ● 决策过程的起点和重点不断变化	● 信息不充分；有限的和有选择的信息有效 ● 由于持续的评估和间歇性的反馈而产生不确定性 ● 有选择的范围 ● 整体协调 ● 规定的合理性 ● 做行为的解释 ● 整体论 ● 模糊划分的问题 ● 特别强调问题确定和问题选择	● 分散化的共同管理 ● 地方网络 ● 高度正规化、标准化和特殊化混合 ● 政策制定者仅是集体决策的一部分 ● 在关系框架内的对称相互依赖 ● 同等考虑集体的、地方的和个别的利益 ● 没有层次性的地方自治性，但是分享责任和义务
相对非常复杂	＊ 强调整体、强调构成部分和环境背景 ＊ 相互联系的或综合起来的问题、解决办法和目标（多元目标方式） ＊ 信息循环 ＊ 决策阶段是整个进行过程中的一个动态的和相互作用的部分 ＊ 决策过程的性质是持续性的	＊ 在整个动态的和相互作用的进行过程中获得信息 ＊ 不确定性是恒定的，同时存在自主变化的因素 ＊ 依靠背景 ＊ 适应背景 ＊ 交流的理性 ＊ 解释性分析居主导地位 ＊ 扩张论 ＊ 问题只是更大整体的一个部分 ＊ 问题协调/综合和成体系的多项战略	＊ 相互影响的管理 ＊ 水平网络 ＊ 高度特殊化和灵活性 ＊ 政策制定者的角色是“社会化的” ＊ 对称相互依赖，变化的利益 ＊ 地方和个别利益是发展的基础 ＊ 高度可变的和基于问题的机构联系及其难以认出的责任

对复杂性的客观的和主体间性的评估

可以根据一个问题或对象所包含的因素和特征的数目、它们的各个方面（不一致性）及其他的关系和凝聚程度、它们受到变化（稳定性）影响的程度，以及研究一个问题或对象的限制条件等，来衡量一个问题或对象的复杂性。按照贝尔亨（1996；27）的观点，对于大部分复杂问题，我们很难综合地研究这些方面。复杂问题通常由大量相关信息表现出来。这些信息常常是不完整的、不精确的或不一致的，因此，我们难以实际地对它们做出评估，“我们只能得到具有认识局限性的和简化了的是或否的结论，或者得到正确或错误的解决办法”［霍兰（Holland）和霍尔德特（Holdert）1997；9］。

复杂性超出了与对象相关的概念，复杂性还是一个主观的、相对的和常规的概念。一个事件究竟在什么程度上就可以感觉到它是复杂的，这依赖于参与到这一事件中的人。这样，主体（观察者）如何评估研究对象决定了这个研究对象的复杂性：“简单-复杂判据具有依赖观察者的性质”［杰克逊和基斯（Keys）1991；142］。复杂性是一个常规概念意味着，无论什么时候，我们在一个社会背景下去使用这个概念，它都有主体间性的意义。找到对一个问题的性质、范围和目标和一个复杂问题的共同认可的定义并非易事，实际上，复杂性本身就是一个问题。如果我们在一个社会背景下去考察客体的组成部分及其特征，并以主体间性的方式评估它们，那么，几乎没有给目标导向的方式留下什么空间。菲梅尔（Fuenmayor）把这种状况描述为“解释的复杂性”（1991；234）。

我们能够在这个决定问题复杂性的（并不指望已经穷尽）因素集合中增加一些与背景相关的因素。对象的组成部分及其特征对作为背景的环境是开放的、与对象发生相互作用的和受对象影响的因素，都是不可或缺的。埃默里和特里斯特（1965）已经定义了若干背景环境，这些背景环境包括从稳定的、或多或少不变的环境，到那些可能观察到的“受到干扰的和做出反应的环境”（见§4.5）。在构成整体的成分中，在对象的背景环境中，总会或多或少地存在着能够增加不可预测的、具有不确定性的，混乱的内在因素。在对象和它所处的环境间发生连续的相互作用下，会出现内在的发展因素，从而导致对象或系统在一定时期内的发展：“因为问题本身也在变化，所以，我们‘解决了的’许多问题并非永远留在被解决了的状态中”［阿克夫（Ackoff）1981］。这样，针对复杂问题和复杂决策的政策，通常就是一组深思熟虑的措施，我们使用这些措施去应对迅速发展的环境中的变化［尼加卡普（Nijkamp）1996，阿尔贝斯（Albers）1994］。

复杂性的系统理论认识

尽管存在这样一个事实，一个对象或问题的复杂性在很大程度上依赖于观察者，我们还是有可能对复杂性做出具体的说明，例如，从系统理论的角度看待客体或问题。我们已经这样做了。在这一章中，我们从系统－功能角度引入两种方法，把它们结合起来，对现实做一个简化的和系统的研究。第一种方法是以整体的组成成分为基础的，这些组成成分构成了整体，了解这些组成成分对认识整体是必不可少的。第二种方法是与一个对象或问题的背景环境相关的，同时与背景环境对这个对象或问题的影响相关的。

有人认为，尽管整体的组成部分是重要的，研究整体的组成部分不能保证对整体研究的正确性。因为整体不仅仅有其组成部分，还有这些组成部分之间的关系。在许多情况下，把对象的个别组成部分组合起来是复杂的，它受到对象内在的复杂性的约束。

对于一个持续变化的结果而言，对组成部分细节进行研究的需求将会减少。当然，由于存在不稳定的背景因素，所以，持续变化不一定总是显而易见的。这样，一个问题所处环境是不变的，仅仅是一个理论起点，以这个理论起点为基础的看法不过是了解、探索和认识的第一阶段。演绎主义认为，对客体的研究越详细，我们的认识与现实的距离就越接近。这种观点不一定完全正确，它依赖于问题复杂性的程度（参见尼加卡普 1996；134～135）。

当然，详细解释一个问题或研究对象是标准的做法。在这种标准研究中，我们有意无意地做出了选择，把所研究的问题与其他问题分开，与社会发展分开，或者把分离出来的东西与其他问题相比较（库欧曼 1996；45）。如果我们把所研究的问题与背景环境相联系，环境对所研究问题的影响是必然的，在一定程度上讲，还将影响对问题（外部复杂性）的评估。在这种情况下，源自背景环境的校正性反馈会影响到决策和规划过程。

如果客体受到它所处环境的影响，整体受到变化的约束，但整体组成部分之间的凝聚力的规模和多样性增加，研究的细节层次（或解决方案）会减少，而需要增加有关主要组成部分之间关系变化的信息和对外部影响的认识（见图4.5）。

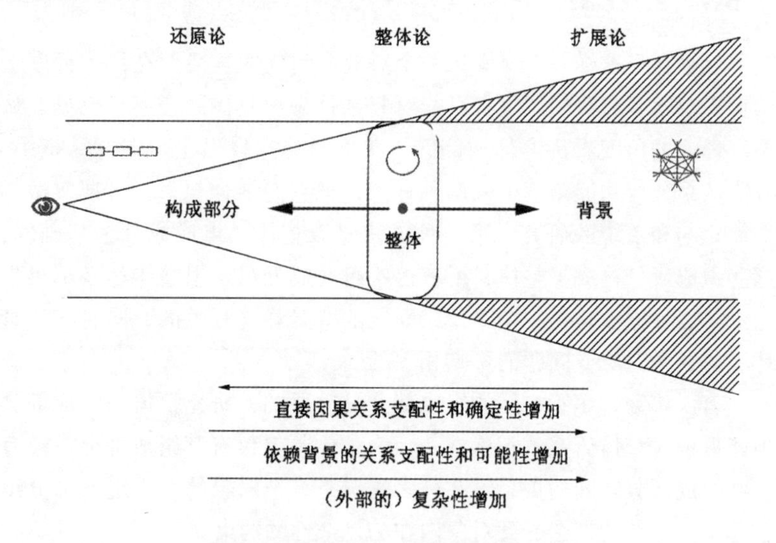

图4.5　组成部分、整体和背景一览

注：参见本章注释12。

同样重要的是，在这种联系中的普遍的和自我组织的系统，这种系统是按照稳定和不稳定原理产生出来。按照普里果金（Prigogine）（1996）的观点，稳定系统是那些“初始条件发生微小变化时产生微小后果”的系统（1996；27）。对于不稳定系统而言，初始条件的很小变化“都会不可避免地导致持续地指数性发散型变化”（1996；27）。应用到一个不稳定系统的方法不可能在别的不稳定系统中再次产生出相同的结果。所以，我们必须考虑的只是可能性而不是确定性。

从这些命题中，我们可以推论出，在没有实际执行先例的情况下，采用一种方法而产生的结果是难以预测的［韦姆雷（Vemuvi）1978］。对现实世界的干预不会像完全受到控制的系统那样产生预定的结果。事实上，经过多阶段的干预可能会出现我们完全没有预料到的结果，甚至产生我们不希望出现的结果。

“使用定量方式去解决一个问题的任何努力都只能够提供有关可能结果的信息，而不能够提供一个建议的解决方案的精确结果”（杰克逊和基斯1991；143）。对于一个正在扩大的范围来讲，复杂问题是概率性的和偶然性的（参见古德阿皮儿 1996；71）[43]。

按照这种系统-功能的描述，一个对象或问题的复杂程度取决于主体在制定解决问题的战略时是否选择涉及这个问题某些方面作为重点，取决于主体在设计一个战略时是否选择考虑来自周边环境的影响。如果我们制定的战略仅仅集中到问题的部分上，那么围绕这个问题的不确定性依赖于这个问题的内在的复杂性。如果我们考虑了周边环境的影响，那么影响这个问题的因素数目会有实质性地增加，而问题本身的复杂性也会增加。外部复杂性衡量客体对环境的依赖程度，这样，外部复杂性便成为一个决定因素（见图4.5）。一个对象或问题的组成成分内部，组成成分之间和组成成分与背景之间的因果关系越直接，那么，这种战略被“给予”程度比选择的程度要大，对结果的可预测性就越大。如果这个问题的特征是比较明确的关系，那么不确定性的水平就会上升，对结果的可能预测性就会减少。这样的案例涉及本书所讨论的较大的复杂性程度。

解释发展和“进步”的复杂理论

在规划理论的探讨中，问题的复杂性已经不再是一个完全没有疑问的因素。在20世纪90年代，一种管理科学思维方式曾经风靡荷兰和其他欧盟国家。这种倾向涉及“复杂决策”（德·布汝金和坦恩·霍伊费尔霍夫 1995，科尔金 1996；泰斯曼 1992），“复杂决策”这个术语表示了一种决策战略，这种决策战略的基础是，在一个网络关系中，不同利益攸关者之间的相互作用。泰斯曼（1992）把“复杂决策”看成一种多元中心的思维方式（§4.7），利益攸关者们在知识、资源或权利方面相互依赖。这里“复杂决策”所涉及的是一种基于特殊网络关系的管理战略。在管理战略的意义上，人们对“复杂”现象的认识有了进一步的发展，但是，他们忽略了复杂性在层次上的变化。

所以，我们在这里提出一个复杂性的层次概念。我们假定复杂性

---

[43]复杂系统不一定比相对简单的系统更不稳定，复杂系统也能是稳定的系统。这种理论的基础是，由不规则的模式以及一定程度的地方稳定构成的“全球”稳定（格雷克 1987；50～51）。

在一个给定范围内是一个变量。这个概念或多或少可以看成是“复杂理论”的一个核心概念。比较规划理论讨论所涉及的层次更为抽象一些和正式一些。同时，现在流行的复杂性理论不仅仅超越于其他科学学科，也与它们联系在一起。

20世纪80年代的混沌理论［格雷克（Gleick），1987］是试图反映现实的有关复杂性的理论探讨的起源之一。混沌理论对欧基米德几何学不能解释的系统属性做了数学解释。除此之外，混沌理论寻求解释明显不稳定的系统，这种系统能够对关系产生极端的影响。曼德拉罗特（Mandelbrot）（1982）的分形理论和费根鲍姆（Feigen baum）的非线性转换（1978）都是认识“无序中的有序”观念发展的重要阶段。物理学、化学和生物学都有过关于复杂性的理论讨论，另一方面，在构建数量经济学的模型和经济学本身的发展中也同样做过这类讨论。这种情形反映出人们日益接受了这样一个事实，在人类社会、物理的和生物的世界中，平衡不过是一个例外，而非一个普遍规则［卡斯蒂（Casti）1995，科恩和斯图尔特（Stewart）1994，科文内（Coveney）和海菲尔德（Highfield）1995，考夫曼（Kauffman）1995，卢因（Lewin）1997，迈因策尔（Mainzer）1996，普里果金和施滕格斯（Stengers）1990，沃尔德罗普（Waldrop）1992］。

复杂性理论假定，在周而复始永无止境循环的牛顿动力学世界中，我们不能期待发展和“进步”。发展只有在不平衡状态下才能发生，不平衡的状态是复杂的，不确定性和可能性替代了确定性和可预测性。在不平衡的初始条件下，不再存在一种确定无疑的发展及其确定无疑的发展结果，而我们所面对的一系列可能的路径，都将会导致不同的结果。在同样初始条件基础上重复的过程不会每次都产生相同的结果。如果相反的情况发生，那也仅仅是偶然。这个世界是多样的而非同一的。多样性不一定会使世界衰竭，在物理学中，多样性导致熵的增加，熵的增加意味着多样性的增加，甚至因此而出现“无序”状态。

沃尔德罗普（1992）在他的论文中讨论了计算机模拟研究的成果，从这项研究中我们可以看到，从简单到复杂再到无序的持续发展过程。沃尔德罗普的信息带给我们还不止这些。[44] 动态的现实，包括生命本身，都出现在“有序和无序相交的边缘上”，“系统的组成部分从未绝对地静止在一个位置上，也没有完全消散在无序之中”（1992；12），正是在这种状态下，我们能够发现复杂的现实，这种现实反映了“稳定和流动的恰当平衡”(1992;308)。皮尔西格(Pirsig)(1991)在一个形而上学的命题中提出，“稳定和流动的恰当平衡”是静态和动态属性之间存在一个恒定张力的结果，[45] 他认为这种静态和动态属性之间存在的恒定张力推动着发展。[46] 沃尔德罗普和皮尔西格给我们的信息是，这个世界不是平衡的，[47] 除开出现不可避免的和连续的无序状态外，在稳定和平衡方向上还发展起来一定数量的有序状态，因此，这个不平衡的世界也是一个可知的世界。无序也能够持续地上升

---

[44]沃尔德罗普（M·Mitchell Waldrop）在他的著作“复杂性：在有序和无序边缘上出现的科学”（1992）中描述了由经济学家、信息专家、生物学家和物理学家组成的多学科队伍的创造、看法和进步。以“圣菲复杂性科学研究所”命名的这个研究队伍集中研究“复杂性科学”。沃尔德罗普把有关复杂性的观点和原理综合到他的著作中。当然，这本书缺少社会学的角度。在这本书中描述的研究，揭示出一个同时具有有序又具有无序、相互变换、相互作用的宇宙。发展和进步恰恰都是在无序的边缘上发现的，即无序和静止之间的那个点上：“它证明最适当的发生在转换阶段”（1992；313）。

[45]皮尔西格在他的著作《利拉》中讨论了作为发展和进步状态的静态和动态之间的相互作用。与其说皮尔西格是复杂理论的先驱，还不如说他是一个哲学家。他提出，在固定的生活方式中可以找到静态属性，它代表着稳定性和经验（吉登斯和弗罗姆使用“常规的”，参见§4.7）。然而，在缺少动态属性的地方，静态属性最终导致固定。动态属性-使用达尔文的术语，“不确定的最佳适应”是这样一种现象，所有新事物的源泉-代表了一种创造能力，变化和精华。动态的属性和静态的属性是相互依赖的，因为“除非能够找到阻止进步回到原先状态的静态的模式，否则，向前一步是没有意义的”(1991；160)。

[46]按照沃尔德罗普的观点，静态的和动态属性的复杂性现实（皮尔西格 1991）是“从最底层展开的简单规则的结果”（沃尔德罗普 1992；329）。通过研究区别无序的许多简单规则就能够理解静态的和动态属性的复杂性现实。

[47]哲学家们已经沉思平衡和变化几个世纪了。赫拉克利特（Heraclitus）写道，我们世界的统一产生于多样性；与对立面的统一导致了我们期待的循环往复永无止境的变化的世界（罗素 1995；71）。另一方面，柏拉图声称，我们对世界的感觉是以一个不变现实：观念或形式的感觉为基础的（阿芬安根 1995；31-32）。

发展成为有序，最终导致发展和进步。[48] 正如古德阿皮儿总结的那样(1996，76)，简单性，复杂性和无序表现出对立的状态，但是，“我们还应当从相互补充的角度考虑它们”。剩下的问题是，我们应当如何面对这种角度下的现实。

从抽象的角度看，复杂性是一个可以理解的现实和发展的内在动力。表现为向无序方向发展且复杂性的增加，不一定最终达到无序状态，复杂性能够在较高层次发展出新的结构和关系，较高层次上存在着其他的价值和规范。[49] 反之也成立。把一个整体分解为它的构成部分看似简单，实际上，每一个成分在较低层次上都有它自身复杂性的不同次序。

到此为止，我们对复杂性的讨论基本上还是围绕“硬”科学学科展开的。物理学、气象学、化学、生物学、生态学和经济学（考夫曼 1995，普里果金和施滕格斯 1990，沃尔德罗普 1992）。研究了外部影响如何进入“稳定”系统，如何影响一个系统的动态发展，增加系统发展过程的不确定性。现在，那些使用定性方式做研究的社会科学家也在研究复杂的外部影响、动态发展和不确定性，外部影响日益被认为是不可忽略的因素[夏娃、霍斯福尔(Horsfall)和李(Lee) 1997]。看到“社会复杂性的事实是一个问题。许多社会过程,全球市场的波动,似乎是潜在的和不可控制的”[博曼(Bohman) 1996;152]。在社会学理论和规划理论争议的论题中,复杂性几乎完全没有出现,当然,复杂性理论的许多方面都能与社会学和规划理论有联系。

首先，存在这种联系是由于复杂性现象能够引导我们更好地理解

---

[48]经济学家博尔丁（1956）说明了这些在系统层次中较高层次的发展，他利用这些较高层次的发展提出，机械的和线性的理论无法解释细胞、人类和社会的存在。他找到了复杂性日趋增加的九个层次。这个层次系统中的最低层次是静态框架。在第二层次上，通过运动获得了动力。剩下的层次都是控制系统，自我维持和有机的系统。最高一个层次就是社会系统。这个系统理论观在有关复杂性的讨论中，没有得到多少支持者，有关复杂性的讨论认为，每个层次都有它自己的秩序、动力和复杂性［也见巴尔曼(Bahlmann) 1996，查德威克 1971，杰克逊和基斯 1991，克雷默和德·斯米特 1992］。

[49]在这种观点基础上，巴尔曼（1996）提出，不稳定-所以复杂-状态并不一定给决策和组织带来灾难性的后果，也可以是能够导致发展。“高水平的不平衡表现为对立与冲突，而不是协调和一致。所以，不平衡能够产生新的角度和新的行为形式”（巴尔曼 1996；92，另见），能够成为革新之源，这一点是静态系统所没有的。

我们周边的世界："现在，我们至少能够理解一个无序系统正在发生什么，如何运行，我们什么时间可以看到它"（夏娃 1997；278）。第二，简单性、复杂性和无序之间存在一种关系，它们不仅存在于物理的和生物的世界中，也存在于人类的世界中。表 4.1 是说明了基于复杂性的规划究竟是什么的问题。第三，我们应当记住，无序并非一定就是不可预测的，所以，无序是一个需要研究的问题。第四，我们能够指出这样一个事实,社会学的问题具有一种无限可能性的特征,这种特征与它的复杂性紧密相连。这一点没有疑问,因为处理问题就是用新增的可能性去替代丧失的确定性。"这里,可能性和必然性并非水火不相容的对立面,而是独立的统一[……]"[托夫勒(Toffler)1990;21]。关键是最好地使用问题所展示的机会。形成一种技术或框架来发现可能性,开发这类可能性和评估它们的可行性才是问题之所在。

甚至在复杂的现实中，我们同样可以提出简单的问题，处理那些不需要或没有必要使用复杂性方式的问题。当然，应该按照问题的复杂程度处理复杂问题。复杂问题的内部复杂性、外部复杂性和解释在某种程度上还是不清楚的，特别是在难以决定一个问题的复杂性或一个研究对象的复杂性时，在复杂性或研究对象受到变化的约束时，会出现这种情况。当复杂性增加时，"复杂性"和"变化"都成为确定的而非不确定的因素。

在这一章和前一章中，我们已经走完了构筑处理规划复杂问题模型的第一步。第 2 章和第 3 章讨论了这样一个事实，我们能够从不同的角度观察形体环境和空间环境的界面。一方面，形体环境和空间环境的界面表现得非常简单，如同环境受到损害时表现出来的因果关系那样。另一方面，形体环境和空间环境的界面的复杂性很难指导适当的政策概念。紧凑城市的概念就是一个很好的例证。这一章基本上是在处理规划理论的命题，这些命题可以按照目标导向、引导决策和机构导向的行动方式做归纳分类。在表 4.1 中，我们可以看到这种分类的实践结果。在表 4.1 中，我们区别了"相对简单的"规划问题，"相对复杂的"规划问题和"相对非常复杂的"[50] 规划问题。这种对

[50]"无序"这个术语的涵义比复杂理论所使用的涵义要广泛一些。所以，我们使用"非常复杂"，而不是"无序"这个术语。

现实的描绘用来作为规划导向行动的理论框架。

4.9 形成一个清晰的规划导向行动理论结构

在4.3节我们提到为了形成一个有关我们周围世界的有充分根据的看法，没有必要只用一个角度。事实上，我们应当考虑同时采用若干角度，也就是说，建立以复杂的和动态的自然现实、社会学过程、自然和人类相互作用的和干预政策为基础的多元角度。我们在前一章中讨论了有关规划的三个角度，把它们用复杂性联系起来，提出一个问题的复杂程度决定采用什么样的决策方法以及解决方案的内容。在这一节中，我们进一步把这个观点发展成为有关规划的清晰框架。具体来讲，我们通过这些规划问题独特的复杂性，来解释产生于形体环境和空间环境界面上的问题的规划战略选择。对于产生于形体环境和空间环境界面上的问题，我们可以从三个角度上加以考虑：决策导向、目标导向和机构导向（参见第5章）。这三个角度是模拟规划导向行动的基础。我们这项研究的目标就是模拟规划导向行动。

在规划理论的探讨中，存在若干针对规划的多元方式。在应变理论中，多元方式甚至被看作是规划导向行动的基本部分。但是，在一个意义上讲，多元方式也是在传统方式中发展起来的。多元方式特别强调了引导决策行动的目标范围。我们先讨论这一问题。然后，我们再讨论决策和管理过程的利益攸关者所发挥的“多元方式”的作用，特别是在引导决策行动中，机构所发挥的的作用。为了构造一个建立在多元方式结合基础上的规划导向行动功能模式，我们还必须考虑这些规划愿景的关系。我们将使用弗里德曼（1973）的“配置性规划方式的分类”作为一个例子和基础。与这种因地制宜的方式和机构角度一起，弗里德曼的分类提供了许多抽象概念，可以用来构造规划导向行动的理论框架。

因地制宜的方式：针对决策的目标-引导方式

在规划理论探讨中，规划的多元方式并非全新论题。例如，布赖森（Bryson）和德尔贝克（Delbecq）（1979）认为，规划存在多种方式和战略，它们每一个都对规划过程和目标的实现发挥着特定的作用。尽管布赖森认为，我们不能拒绝它们对“现在的规划学派都有效，或者说它们是一种‘最佳的’方式”（1979；177），但是，我们还是需要研究链接不同方式的关系，特别是在规划问题存在高水平的不确定性和规划问题出现在不稳定背景条件下时，链接不同方式的关系有所差异。“‘最佳的’方式不会孤立存在，它们存在于因地制宜的规划框架之中”（布赖森和德尔贝克 1979；177）。

因地制宜的方式（沙尔普夫 1978）起源于20世纪60年代开始有关“规划应变”的讨论，规划应变涉及多种规划概念和理论之间的关系（龙迪内利，米德尔顿和韦斯布尔 1989）。这种因地制宜的方式可以看成对流行于管理和规划中的常规的“一种最佳的组织方式”的反应（基克特 1993；26）。应变理论以这样的观念为基础，在多样性问题同时出现的情况下，能够在一组特征、因素和标准（因地制宜的方式）之间建立起若干联系。换句话说：“这种因地制宜的方式假定，有关组织结构和过程的适当选择视相关因素而定”（布赖森和德尔贝克 1979;167）。这种因地制宜的方式还假定，“有关规划阶段和途径的选择依赖于规划目标和背景的变化”（布赖森和德尔贝克 1979;167）。规划过程的目标被认为或多或少是固定的和含义简单的（参见表4.2）。这些假定被描述为功能合理的。我们在4.6节讨论过功能合理问题。

在因地制宜的方式中，规划问题的背景至关重要，是规划过程的决定性因素［参见布赖森、布罗米里（Bromiley）和容（Jung）1990］。天下没有“包医百病”的规划方法，因为任何成功的规划都在一定程度上依赖于规划的背景（参见科尔金 1996；28）。正是特殊情况而非一般理论决定着规划战略和规划过程。所以，存在一个“结构和过程在特定情形下的相互作用”（龙迪内利，米德尔顿和韦斯布尔 1989；45）。在特定情形下结构和过程的相互作用决定规划战略或规划战略中的变化。这些观念完全与多元方式一致，涉及背景和变化，符合复杂性原理。究竟以什么作为因地制宜的基础还是一个没有解决的问题。内利桑（Nelissen）正确地提出：“谁将对因地制宜情有独钟？或者说，什么将考虑因地制宜呢？”（1992；40）。

如果我们把规划的三个角度合在一起形成一个应变角度来回答这个问题的话，因地制宜的方式本身还是不够的。当我们把规划师看作是专家和规划过程主要建筑师的时候，因地制宜的方式会展开。所以，主体间的思考，规划的机构角度，规划中的交流互动都不是因地制宜的方式的基本要素。规划师组织利益攸关者，但是规划师并非参与者中的一员，也不与参与者相互作用。泰斯曼批判了最后一个观点(1992；113-114)，引进有选择的“相互作用论”的理由为了谁。考虑到我们这里讨论的多元方式，泰斯曼称之为相互作用的东西不是一个选择，而是一个补充，“应变-加上其他”。

相互作用：决策行动的组织

利益攸关者在决策过程中的作用在很大程度上是由规划问题和流行的管理战略组合之间的关系决定的。

图4.6A轴表示了规划战略之间的运动。沿A轴向下表示了从中央政府向市场中心方式的变化，参与决策过程（图4.6上的B轴）的人数和多样性随之而增加。向下的运动也表示了从集体利益向个人利益的运动。沿A轴的运动不一定意味着从一种理论角度向另一种理论角度的转变，而是在规划角度的多元形式中所强调的重点的变化。隶属于一个角度的特征和因素不一定成为多余的，而只是与其他理论的特征和采用的角度相比不那么重要罢了。

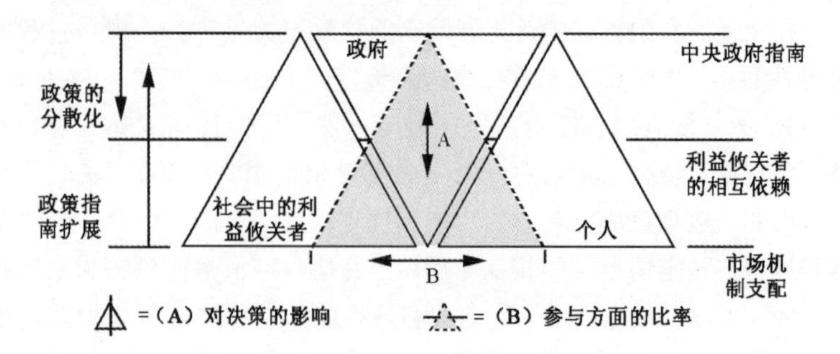

图4.6 政府和非政府参与者/参与机构之间关系的性质和影响图示

注：对于A和B，请参照正文。

规划角度之间的重点转移意味着，一种角度比起另一种角度影响较小。现在，公共部门和私人部门之间的边界越来越模糊，（按照德·布汝金和坦恩·霍伊费尔霍夫的观点，1995）规划战略正处在“发展过程”之中，已经成为“可变的和变化的”（1995；17），表现为不规则，缺少清晰的起点和终点，这种变化将以多种形式表现它们自己。

从层次的网络结构到水平的网络结构，内利桑（1992）认定了四种类型的变化。当私人公司支配网络时，他称之为“市场变化模式”，当非盈利组织开始建立它们自己的形象时，他称之为“合作性变化模式”，当市民个人变得更有发言权时，他称之为“市民变化模式”，当政府在网络中逐步占据了主导地位时，他称之为“国家权力变化模式”。在环境规划中，多种非政府参与者之间的区别依然不稳定，取决于问题的类型，政府鼓励这些非政府组织参与到决策过程中来（参见§5.4和§5.5）。

规划角度的重点转移会影响到已经确定下来的规划角度之间的关系。这种观点并不排除对个别理论、理想情况或方面的研究。同样，规划的多元形式将意味着，必须从正在思考的战略和其他战略之间关系的背景上，去看待规划战略一定因素的变更。因地制宜的结果是，必须与其他事物相联系地看待每一事物。

对于泰斯曼来讲（1992），主要问题是那一种组织的建议能够改善他称之为无中心的、多中心的和多元中心组织的功能（§4.7）。不能在理论的规划角度中去寻找决策问题的解决方案，而应当在适应一种特殊情形的规划战略里表现出来的规划角度和因素之间的关系中。去寻找决策问题的解决方案。如果这个假定成立，问题就不再是如何把一个待处理的问题与适当的规划理论角度配合起来了。这样，寻找决策问题的解决方案包括，把三个理论规划角度的不同特征和因素结合到一起，以便形成一个有效率和有效果的多元的战略。这也同时会影响到参与各方的组合和参与，影响到利益攸关者在决策和规划过程中有可能发生相互作用。

弗里德曼的配置性规划方式分类

这种有关战略和战略之间关系的观点与弗里德曼（1973）提出的“配置性规划方式分类”是一致的。他发现了四种基本规划方式：指令性规划，政策性规划，合作性规划和参与性规划，我们不应当在我们的讨论中遗漏了它们（与龙迪内利，米德尔顿和韦斯布尔（1989）

的管理战略相比）。指令性规划“与强有力的集中的政府权力机构相联系”（1973；71）。指令性规划涉及表4.2中的合理的、功能－合理的或集中化的规划。规划提出了精确的目标，服从规划是第一位的。“指令性机构最为接近配置性规划的正式决策模式。它极端需要信息，必须获得被规划系统的完整、精确和即时的信息，控制必须覆盖与实现特定运行水平相联系的所有变量”（1973；72）。“政策性规划”假定了一个比较具有弹性的组织，在这种组织内，获得完整的信息和实施控制不再是一个现实的选择。“政策性规划与集中程度较弱的政府机构相关，政策性规划的方法是，通过一般指南和供选择的标准，提供物质奖励，传播分散规划的信息等方式，推进适当的行动”（1973；72～73）。目标的形成依然重要。我们可以把它与表4.2中的“综合性规划”加以比较。政策性规划是一种间接性的控制。“例如，政策意味着不可能做出一些配置选择，而增加选择另一些配置的可能性（1973；73）。合作性规划强调的是规划过程而不是目标的实现。“更具体地讲，合作规划得以延续的协商结果并非事前决定好的，这些结果依赖于在所有在交易过程中的有效权利和他们使用这些权利中的相对经验”（1973；74）。第四种规划方式是参与式规划，“这种规划方式发生的条件是，做出决策的权利在社会组织的社区形式之中，并且分散开来”（1973；76）。参与式规划的核心也是规划过程，当然，与合作性规划相比，参与程度更大，参与方式更为多样。参与比规划结果更为重要。

弗里德曼提出，“四种配置性规划方式的每一种都必须与其他形式相配合，成为指导系统的一个成分，这样，使整个指导系统运行起来”（1973；79）。简言之，这种分类是理论的，在实践中，各种规划方式都不能孤立的使用。在图4.7中，弗里德曼描述了这些方式之间的关系。在这些规划方式之间的最为明显的关系和贯穿“阴阳”结构的曲线箭头，揭示出从集中规划到分散规划的重点转移。弗里德曼使用的语言适合于解释规划理论探讨中发现的变化。如果采用弗里德曼的观点，这些变化可以转换成为不同规划看法和方式之间的关系。以下我们将集中讨论不同规划方式之间的关系和联系。这种关系以我们前面讨论过的针对规划三种方式为基础。

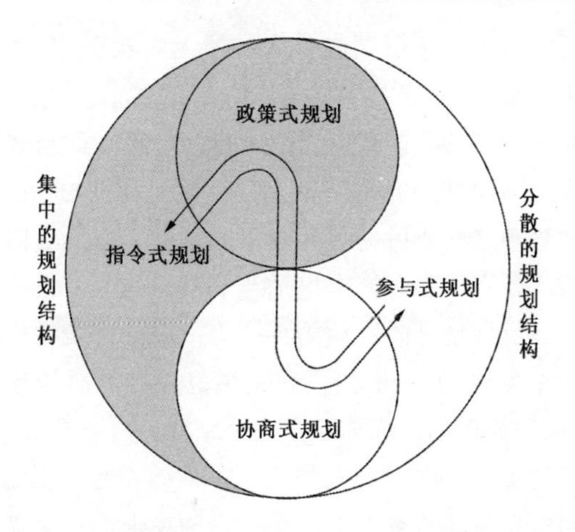

图4.7　弗里德曼划分的规划方式和这些方式间的可能关系

资料来源：弗里德曼 1973；80。

规划导向行动的功能结构

模型“必须是封闭的和综合的，具有最大普遍性的。模型也应当是简单的，可以构造起来的，以致它们能够实际使用”（利姆 1986；76）。弗里德曼（弗里德曼和韦弗 1979）使用“综合”、“一致”和“凝聚”作为结合成为观念的指标（范·德·贝赫 1981）。米奇利（Midgley）（1995）提到过“方法论的多元论”，“方法论的多元论”是一种“用来识别不同方法的优势和劣势的元理论，所以，这些不同方法被认为是可以相互补充的”（1995；62）。这就意味着，不同规划观念之间的融合增加了，对现实的多元化的认识比原先要更一致了。这种认识在基础、综合性和相关性方面也应当是一致的。这种对现实的认识不一定导致一个点或两个点，不一定导致对规划导向行动具有决定意义的可能性或标准。更有可能出现的是许多观点（理论上讲，观点数目是无限的）、许多可能性和标准。所以，从逻辑上讲，存在多种适合于处理同一问题的战略。在这种情况下，我们谈论“方案”。从实践的角度看，多元方式在管理能力上（战略的数目）和认识能力上（战略的多样性）存在一定的限制。所有，存在一个层次，在那里，现实的多元形式或一种多元形式的方法失去了它的凝聚性：“多

元形式发散了，形成不相协调成分构成的无序状态”[51]（德·布汝金和坦恩·霍伊费尔霍夫 1991；170）

规划导向行动的功能模式应当加入目标导向（即与效果相关）和机构导向（即与效率相关）的特征，目标导向和机构导向依赖于在集中管理和分散管理之间所做的引导决策的选择，目标导向和机构导向还应当允许给问题定位和允许提出适当的解决方案。图4.8描绘了一种结构，轴线表示规划导向行动的特征。一根轴代表目标范围（与目标导向的行动相关），另一根轴代表关系范围（与机构导向的规划相关）。图4.8以最简单的形式描绘了这个结构。

一个问题的关系范围（即参与规划过程的相互作用的参与者的可能数目）和目标范围垂直相交。两个变量轴在理论上覆盖了从零到无限的连续的参与者和目标数目。图4.8a上，A表示了完全控制区。[52] B表示那些缺失市场机制的完全控制区。灰色地区代表了机构化（参见泰斯曼 1992;51），是规划基础上的行动能够发生的区域。这个结构可以容纳那些证明具有价值的常规理论、分类和规划战略。这些理论可能具有新实证主义（强调构成部分）的基础和相互作用论（强调背景）的基础，这依赖于它们在这个结构中的位置（图4.8b）。按照多元形式的思维，理论不是相互排斥的，而是有重叠的，或相互补充的。

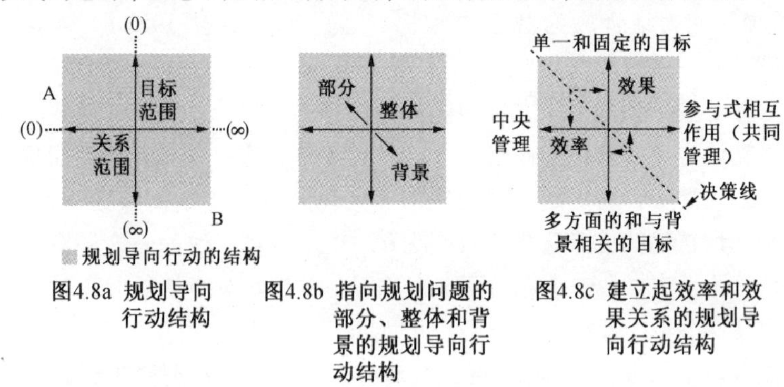

图4.8a 规划导向行动结构

图4.8b 指向规划问题的部分、整体和背景的规划导向行动结构

图4.8c 建立起效率和效果关系的规划导向行动结构

---

[51]这里，德·布汝金假定了一个多元的社会，而我们引述这段话是用来支撑复杂社会多元简化的前景。

[52]这是一个端点，并非完全是乌托邦的。最明显的例子在美国，汽车和汽车的使用者主导了城市，但是，奥兰多的迪斯尼乐园可能是世界上最集中规划和管理的城市，“异想天开的首都”（孔斯特勒，1993）。

表4.2展示了一种分类[53]，在这种分类中，复杂性与参与者或机构的数目相对应，也与一个问题相关的目标范围相对应。在规划问题的特征化中和发现适当的规划战略中，目标导向的行动、引导决策的行动和机构导向的行动都是决定因素。不排除选择其他模式的规划导向行动。因为这个结构如此简单，所以，选择其他模式是不可能的。这个模式的意义在于，我们能够使用这个模式来决定有关规划三个角度的特性和功能怎样能够用来确定规划的理论、概念和看法，怎样能够用来发展规划战略。

规划导向行动的分类　　**表4.2**

<table>
<tr><td rowspan="2">引导决策↓</td><td colspan="7">利益攸关者/目标范围</td></tr>
<tr><td colspan="3">单一的</td><td colspan="3">多项的</td><td>∞</td></tr>
<tr><td rowspan="3">简单的</td><td>目标</td><td>部分数量不大</td><td rowspan="3">(功能的)合理的和中心规划</td><td>目标</td><td>若干构成部分</td><td rowspan="3">如综合的和远景规划</td><td rowspan="3"></td></tr>
<tr><td>合理的</td><td>直接因果关系</td><td>合理的</td><td>反馈</td></tr>
<tr><td>主体间的</td><td>层次性的</td><td>主体间的</td><td>协商的</td></tr>
<tr><td rowspan="3">复杂的</td><td>目标</td><td>部分和背景</td><td rowspan="3">如对未来可能但不确定的发展做出的规划</td><td>目标</td><td>部分和背景</td><td rowspan="3">综合的相互影响和参与式的规划</td><td rowspan="3"></td></tr>
<tr><td>合理的</td><td>反馈</td><td>合理的</td><td>相互影响</td></tr>
<tr><td>主体间的</td><td>协调</td><td>主体间的</td><td>共识</td></tr>
<tr><td>混沌的</td><td colspan="7"></td></tr>
</table>

注：使用表4.1结构。

这个模式强调了这样一个事实，合理规划、功能合理规划和集中管理都不是已经逝去的事情，取决于问题的性质，合理规划、功能合

[53]弗里德曼倡导的规划方式和规划导向行动选择方案中的规划战略之间具有相似性。这种相似背后存在着不同的目的。弗里德曼设计的结构是用来作为社会权力分配的基本指标（1973；83）。我们这里讨论规划行动的三个侧面则是另外一个论点：复杂程度。在规划行动的个人角度集合内，“权利”是一个论题，能够划归到机构导向中去，权利影响着目标导向方面和引导决策方面。

理规划和集中管理可能依然有效，必要时可能由其他战略加以补充。在现在的规划讨论中，变化的迹象还不是十分明显。现在的规划讨论依然十分强调规划过程，认为参与和支持基础比起实现目标的机制更有价值。在这种背景下，沃尔特杰（1997）指出，人们通常认为，制定规划到规划完成，必须保守规划的秘密，这个观念不再是恰当的了。集中管理是“排斥性”的，参与规划则是“吸收性”的。用斯内伦（Snellen）的话讲，有可能找到参与原则的产品。他提出，我们“必须放弃这样的观点，政府是指导社会的唯一的中心机构。政府和社会之间的关系不同于管理主体与管理客体的关系，社会不是受到管理的对象和受到管理的系统。在政府和社会之间不是主体-客体的关系，而是主体-主体的关系”（1987；18）。当然，按照以上讨论的线索，这种一边倒的方式是有问题的。所以，我们主张把不同的管理战略结合起来，并把它应用到决策过程中去，这样做依赖于问题的属性和规模。当我们讨论一条新道路建设时，从不会去讨论交通灯的颜色。

图4.9是目标导向的行动、引导决策的行动和机构导向的行动之间关系的一种抽象描述(参见德罗1995,德罗1996,米勒和德罗1997)。这种抽象的描述以复杂性作为引导的决策行动的判据，所以，复杂性成为了决策引导行动的多种角度的衔接因素。依赖于相互作用的程度和指向的目标，规划问题能够用简单、复杂和非常复杂来表示，在规划过程中，应该处理问题的组成部分还是应该同时考虑问题的背景？这样，决定复杂程度本身就是一个引导决策的选择。所以，引导决策的选择构成了一条对角线，从第一象限到第三象限（参见图4.8b）。

对角轴线表示了复杂程度，所以，它也将决定相互作用和目标范围之间的关系。这个结构回答了内利桑的问题，“谁将对因地制宜情有独钟？或者说，什么将考虑因地制宜呢？”（1992；40）。它也是对布赖森和德尔贝克的观点的一个回应，发展战略不是一个有关不同规划方式本身的问题，而是有关不同规划方式之间关系的问题。

当我们应用规划导向行动结构时，强调了四个方面：（1）确定所要处理的问题的性质和范围，决定它的复杂性（见图4.9），以便找到适当的规划导向措施（详细表述，见表4.1）；（2）这个问题可能受

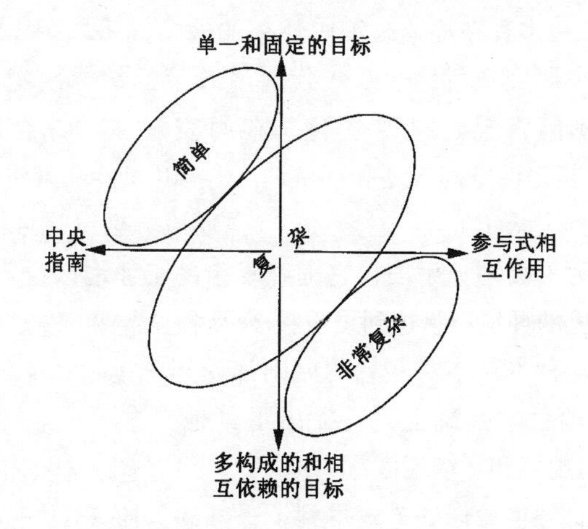

图4.9 规划导向行动结构，基于复杂性的规划目标和相互作用之间的关系

到哪些变化约束（见图4.10）；（3）选择适当的规划战略，在必要时，使用选择模式（表4.2）；（4）选择适当的手段。

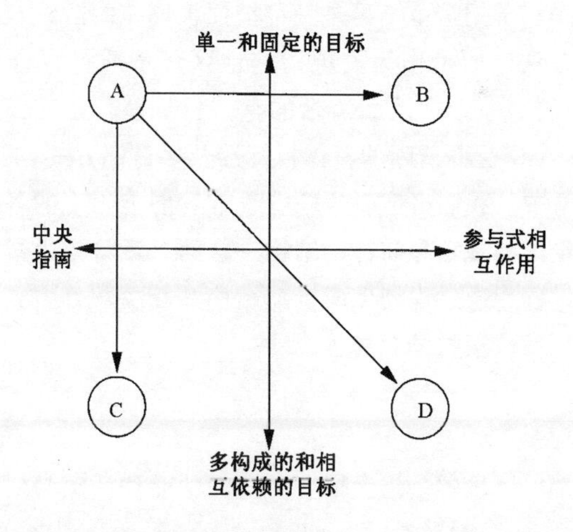

图4.10 在规划导向行动结构中手段A与其他手段之间的关系
注：对于A、B、C和D，参见正文。

这个建立在理论结论上的结构应当形成一个“纲”，在这个

“纲”之下，有多种在环境政策中使用的战略和手段。我们也希望使用这个结构来研究20世纪90年代环境政策的结构性变化过程。在6.1节中，我们将描述这些变化，它们表现在“综合环境分区”（IMZ）和“指定的空间规划和环境地区”（ROM）政策中，这些政策作为手段得到发展并已经被接受。综合环境分区（图4.10中的A）曾经用来作为等级划分手段，它围绕复杂的工业地区设定一个标准，强行要求那里的环境质量达到可以接受水平。当然，在这种措施推进几年之后，这种方法本身和它的原则都受到了批判（§5.4）。当时，在不同的管理哲学基础上，还提出了其他一些手段。蜜月结束后，“指定的空间规划和环境地区”（ROM）政策（图4.10中的B和D之间）比起综合环境分区的方式得到了更好的贯彻（§5.4）。“指定的空间规划和环境地区”（ROM）政策是针对地方和区域层次的政策，其基础是参与决策。它还包括了地方确定的目标，这些目标不仅仅与形体环境相关，还涉及与形体环境相关的其他事务。另外一个有趣的措施是阿姆斯特丹的“污染泡概念”（图4.10中的C）。这种方式有许多内在的前提条件，这意味着它与环境分区是对立的，“污染泡概念”的本质是，部门规范不再是一种把损害环境的活动与环境敏感区分割开来的方法，而是作为实现指定地区环境质量综合水平的方法（§5.5）。这样，一个广泛而清晰的整体目标替代了部门的目标。在4.5节中，一个广泛而清晰的整体目标涉及多目标方式。

在第5章中，我们将把荷兰环境政策发展上出现的各类政策放到我们以上讨论过的规划导向行动结构中。第5章将集中讨论荷兰环境政策的发展过程，通过规划导向行动结构和相关规划方式的背景，展开说明荷兰环境政策的发展过程。

4.10　结论

任何人都可以理解，把会损坏环境的功能和活动与对环境破坏敏感的功能和活动“可持续地”分开和“可承受地”混杂这类问题。工业和交通带来风险和干扰，从而影响到地方居民的生活环境。这就是为什么需要在这两类活动之间维持一定的距离。当然，能不能找到一种满意的解决方案来处理这类问题是另外一回事。使用会损坏环境的功能和活动与对环境破坏敏感的功能和活动之间的因果关系来解释环境/空间冲突并不困难，但是，直接因果关系不能完全表达环境/空间冲突。在消除有害物质排放及其有此类排放引起后果的过程中卷入了大量社会的和经济的利益。环境/空间冲突的空间-功能背景（如紧凑城市）在一定程度上引起了这样一种现象，在会损坏环境的功能与环境敏感的功能之间维持一个足够的距离不一定就是环境损害式排放的逻辑结果。事实上，由于许多其他的因素，至少政策变化、政治立场、对原则的重新评估和与此相关的变化等，都会影响和决定着环境/空间冲突的性质和规模，所以，执行"在会损坏环境的功能与环境敏感的功能之间维持一个足够的距离"这样一个明显简单的解决方案中，也会遇到重重阻力。

长期以来，人们把环境/空间冲突看作一个相对简单的问题，可以通过环境标准加以解决。环境标准是建立在功能合理政策观基础上的一种手段。在实践中，我们已经看到，对环境标准局限性的评价支持了参与式的方式，即一种交流理性的方式。这种认识上的进步能够有助于形成参与者在规划过程中相互作用的局面，在规划过程中参与者的相互作用比为保护环境而设定目标的传统方式更为重要。

为了能够从环境规划的角度评估这种进展，分析它对决策方法的意义，我们提出了三种规划方式：

- 目标导向的方式；
- 引导决策的方式；
- 机构导向的方式。

这些方式所蕴含的意义揭示出规划理论上的一个令人瞩目的变化，从关注细部、缓解和限制逻辑实证主义的规划传统向建立在参与和交流基础上的规划理论发展。至少从原则上讲，这种发展能够与有关环境/空间冲突的政策基础上产生的方式相比较。我们已经看到这种比较促使我们在评估新的政策发展时使用规划理论探讨来帮助我们形成论题。规划理论探讨的变化有：

- 从确定的目标转向接近综合目标的过程及其综合目标本身；
- 从功能合理性转向交流理性；
- 从层次结构转向比较水平的和相互作用的网络。

规划理论的变化已经导致人们更为强调问题的确定，规划过程和规划过程中利益攸关者的参与。规划中的相互作用已经日益成为规划本身的一个目标，而相对弱化了对形体环境和社会环境最终规划结果的追逐。对比而言，人们越来越认识到，我们仅仅能在有限程度上预测通过相互作用而产生的规划战略的结果，一个问题确定性程度也是有限的，规划的最终结果依赖于参与规划过程的方方面面和他们的相关利益。简言之，我们需要更多的考虑“复杂性”或冲突。

当然，人们也放弃了强调技术性的、集中的和功能合理的规划观念，使用其他观念去替代它们。这些新的观念可以用来解释复杂性问题，用来发展成功的规划战略。我们一定不要夸大规划主体间性和相互作用因素的作用。当决策过程变得越来越具有参与性时，尽管目标导向的行动采用了不同的形式，但是，它依然是适当的。目标导向的和机构导向的规划措施既不是相互排斥的，也不是对立的，而是互为补充的。

研究已经把区分目标导向方式、引导决策方式和机构导向方式特征的方法按照其复杂性特点用于规划。表 4.1 就是这种分类的结果，我们可以把它们用来作为决定问题复杂性的指南，用来选择适当的规划导向措施。在图 4.8 中，我们把这个分类简化到它的最基本要素。按照埃齐沃尼（1986；8）的看法，我们已经建立起一种结构，它具有较高的秩序和最基本的抽象概念，同时又能够结合较低的秩序和相对的抽象概念，这些有着较低秩序和相对的抽象概念来自或导致较高层次上的抽象概念。这就是以规划导向行动的结构，借助这个结构，通过作为引导决策指标的复杂性把目标导向方式、机构导向方式的特征连接起来。

我们基本上是使用系统理论的术语来讨论复杂性的，而复杂性是以规划导向行动的指标。依赖于一个问题的复杂性，或者把重点放在构成部分上，或者把重点放到问题整体上，或者把重点放到整个问题的背景上。当重点趋向于放到一个问题构成部分间的直接因果关系上，在初始条件一定的情况下，功能合理方式，即指令和控制性规划，已经有待运行时，规划的最终结果是可以推论出来的。当我们对一个问题多个相关方面的关系认识还不很清晰，我们再把这个问题的背景因素也考虑进来时，这个问题的复杂性就会增加，于是，最终结果具有了不确定性。当然，随之而来的是，处理这个问题的可能性也会增加。这是一个很重要的论题，它支持形成一个全新的解决方案，这种解决方案不仅是分地区的，同时还考虑到更为广泛的行政管理结构，涉及地方的特殊情况、形成的是针对共同管理的地区导向的规划。所以，这样的解决方案的基础将是更加交流-理性的方式。如果我们把这个论题进步展开，把复杂性看成规划的指标，我们就能够把功能合理和交流理性之间的二元关系建立起来。

我们建立起来的这个规划结构可以把环境规划中的两个明显对立的方式联系起来，亦即把“综合规划分区”方式和“指定的空间规划和环境地区”方式联系起来。如何说如何把规划的理论结论用于实践和荷兰环境政策发展中去还是存在一个未决问题的话。这个问题就是我们以下几个章节所要回答的中心问题。在以下章节中，我们将对这一章所谈到的规划理论从经验上加以评估，结合具体实践和案例，讨论与规划理论相关的论题和抽象概念。第5章将集中讨论分地区环境政策的发展和这些发展所产生的后果。

第三部分

相互影响和正在变化中分地区环境政策目标

第5章　环境政策的标准化和制度化

从技术上可行的政策到以共同管理为基础的政策

> 所以，这个挑战是，获得对环境复杂性和稳定性的合理评估，设计项目管理过程和组织化的结构，以便更适合于环境条件。虽然评估不过是一种判断，但是，评估能够解释不确定性、稳定性和复杂性的程度。——（龙迪内利，米德尔顿和韦斯布尔 1989;49）。

5.1　引言

30年以来，荷兰制度化了的环境政策已经发展成为一个完整的政策领域。这个环境政策体系具有它自己的特征和相互关系。正如我们在第1章中所看到的那样，这些相互联系使得环境政策具有了目标导向的特征。所以，环境政策具有支配性的影响，环境政策特别对空间规划也具有支配性的影响。因为追求多种利益攸关者之间的平衡几乎成为制定空间政策的目标。这是司空见惯的现象。这样，环境政策总是受到空间政策制定者的抵制，环境政策的目标导向方式已经受到冲击——"标准体系总是成为制定环境政策的手段"（库杰佩，巴克 1997；5）。环境标准型政策的简单性特征必须"全力"应对不能拒绝的环境-空间冲突的复杂性。

环境管理和空间规划之间的相互影响表现在，对已有的环境政策目标和空间政策目标开展公开的讨论。归根结底，环境政策目标和空间政策目标都是保证尽可能维持高质量的形体环境。所以，有理由让这些政策形成"合力"。政府和行政主管部门把空间规划和环境政策的协调和综合看成是合理的和有实际意义的发展，在这样一种协调的机制下，辅助性原则成为一个主导思潮（辅助性原则是欧盟国家政府决策管理的核心原则之一，这个原则的含义是，必须尽可能地在最低的行政管理层次上和最接近市民的地方去做政治决策。译者注）。除此之外，人们日益认识到需要更大程度鼓励利益攸关者参与决策和政策的执行，日益认识到需要更多地关注地方特殊情况。在空间规划政策领域，这些原则早已存在，但是，在环境政策领域，这些原则的确缺失了。所以，环境政策需要在协调和综合方面实施最大的调整。

20 世纪 90 年代的环境规划方式应当是地方化的（§1.2），中央政府和管理部门已经共同决定采用这种环境规划方式。同时，逐步在政策方面采用分散化和宽松化的步骤（§1.3）。发生在地方和区域层次上的实际的环境-空间冲突也影响着环境政策（参见第 2 章、第 3 章和第 6 章）。这样，我们看到荷兰的环境政策在一个相对短的时间里表现出从一端向另一端的变化，即从“技术上完善的政策向建立在社会共识基础上的政策变化……”。

协调和综合的过程，地方化和分散化的过程，都是希望更为有效地执行政策。当然，麦克唐纳指出，综合环境政策和空间规划将最有利于解决这样的问题：“强调经济发展、基础设施建设、土地使用和发展控制的主流规划难以与新兴的规划建立协调关系。环境规划师负责环境影响评估、污染控制和环境质量标准的个案应用。综合受到阻碍，把经济、社会和环境协调起来的机会已经减少了［麦克唐纳 1996；232，参见斯洛科姆（Slocombe）1993；290］。美国的空间规划和行政管理与荷兰不一样。美国缺少对这类综合的热情，我们应该加以注意。环境规划和空间规划（即保护和开发）不能够按照同一类别简单地捆绑在一起。

正如我们已经在荷兰看到的那样，因为对空间多样性的需求，直接在环境受到损害的区域和对环境质量敏感的区域之间保持一个形体上距离的措施受到了阻碍。在这种情况下，改善环境规划师和空间规划师之间的合作和协调关系并非易事。在一些案例中，对城市地区允许开发的项目实施环境影响限制并非现实。不足为怪，空间规划的迅速发展在一定程度上引起了有关环境政策和空间政策形成“合力”的讨论，这场讨论还会在 21 世纪延续下去（参见第 3 章）。为了保证空间发展和经济发展，曾经出现过在环境目标方面给以更大弹性，在目标设定上考虑到细微差异的要求。在这些相关利益之间取得适当的平衡不仅仅是一个实现什么样的协调和综合的问题，也是谁将获益的问题。

我们这一章里集中讨论环境政策的发展和决策问题，环境政策是一种正处在转变过程之中的政策，这个转变过程并非一帆风顺。所以，无论过去还是现在，环境政策的变革都难以预料。当然，我们能够在这些章节中看到这些一定的变革模式。我们也要在这一章中考虑这些变革，找到这些变革对解决环境/空间冲突战略的作用。面对环境/空间冲突的方式在很大程度上取决于环境规划和空间规划组织和协调的政策领域改革途径。

我们在5.2节将讨论创造环境政策的第一阶段，时间可以追溯到20世纪70年代。在荷兰执行这种分离的环境政策以来，环境政策集中关注了环境保护和“灰色环境”（参见第2章）。这一章不仅仅讨论环境政策的一般原则，也要讨论环境标准的作用。荷兰环境政策的基础是标准。环境标准很大程度上决定了环境政策目标导向的性质，为其他形式的政策建立了一种结构。20世纪80年代开始的一个短时间内，人们越来越清楚地发现，第一阶段的环境政策需要修正（§5.3）。从此，政策综合成为一个重要的论题。当然，这个发展并没有对环境标准产生实质性的影响。在环境标准被转化成为综合的分区甚至成为政策综合过程的一个部分之后，标准系统和分区的空间意义才开始显现出来（§5.4）。“指定的空间规划和环境地区”（ROM）的方式比较强调了参与——包括非政府机构。人们认为，“指定的空间规划和环境地区”（ROM）可能替代环境标准，而环境标准表现为刚性的和限制性的特征。于是，出现了对环境政策的标准化和制度化的讨论，这个讨论尤其关注了环境政策的“分地区”观点（§5.4）。20世纪90年代，有关环境政策的讨论集中到了环境政策和空间规划的关系上。对空间的发展形成约束的刚性和层次性的环境法规引起人们对环境政策变革的思考。这种新思考主要反映在改变噪声滋扰和土壤治理政策方面（§5.5）。在考虑这些发展时，我们会提出这样的问题：以什么样的代价，让环境政策适应变化中的世界？

我们基本上按时间顺序展开对荷兰环境政策的分析，而对这个分析结果的解释则是按照第4章所描述的三种规划行动方式来安排的，即引导决策方式、目标导向方式和机构导向方式。我们使用基于规划的行动框架来分析有关分地区环境政策发展和新思考之间的关系。与

第4章形成的看法一致，我们把我们的研究建立在这样一种观念基础上，我们对复杂性问题（即环境/空间冲突）的认识前所未有，所以，环境政策的改革和调整是必然的。

5.2　20世纪70年代和“增长的极限”

在《增长的极限》（梅多斯等 1972）这个争议极大的报告中，罗马俱乐部的执行委员会提出，“只是到了现在，我们才开始认识到人口增长和经济增长之间的相互影响，认识到人口和经济已经增长到一个前所未有的水平，人类被迫思考地球的有限规模，考虑人类存在和人类在地球上活动的最高限度。这是人类第一次具体地探寻无限制的物质增长所要付出的代价，思考维持增长的其他方式”。荷兰人口在战后迅速增长，人们努力工作以消除第二次世界大战遗留下来的破坏。在做出巨大努力之后，战时经济制度已经转化成为发达的社会制度，解放人的能力已经成为经济和社会进步最重要的目标。

比起过去任何一个时期，发展都更成为社会的主要目标。当然，正如1972年罗马俱乐部得出的结论，这种发展几乎已经达到它的极限。迅速增加的人口正在产生出越来越大的需求，而社会所需要的空间却增长缓慢，甚至根本就没有。用来生产的自然资源是有限的，消费和生产永远在增长和变化，产生出了堆积如山的垃圾，对环境的破坏不仅影响到地方，也影响到全球范围。① 罗马俱乐部要求我们重新思考和控制我们的社会制度，这些制度一味追求发展和进步，而没有

---

①在一定意义上讲，罗马俱乐部的这份报告是长期以来有关自然环境有限能力和人类生活的形体环境的讨论的一个顶点。1962年，雷切尔·卡森的《寂静的春天》引起了类似的激动，这本书描述了过分使用杀虫剂对人类和生态系统的后果。1968年，阿尔丹（Garrett Hardin）发表了他的文章“共有财产的悲剧”，作者警告，世界的资源是有限的，不可能支撑无限的增长，而这种增长源于永不满足的个人需要。如果人们继续不顾生态系统的背景和有限的性质而满足自己的需要，灾难不可避免。按照阿尔丹的观点，污染应当受到法规的约束，这些法规对我们的生产和消费的自由加以限制。1970年，B. 康门尔（Barry Commoner）发表了他的探讨性质的著作，《科学和生存》，在这本书中，他在有关生态系统的物理学、化学和生物学方面和社会的、政治的、经济的和哲学的因素之间建立起一种联系。他的结论是，环境问题的结果是用物理学、化学、生物学的术语表达的，原因则是社会制度。他提出，这就是为什么政治选择最终不可避免（参见第2章和德·科宁 1994；24）。

考虑发展和进步带来的负面后果："我们最终确认，任何通过规划的方式而非通过机会或灾难而实现的合理和可以承受的平衡状态都必须最终建立在个人、国家和世界层次上的根本价值观和目标的改变之上"（梅多斯等 1972；187）。[②] 随着《污染控制优先政策》的发布，荷兰政府表现出它对罗马俱乐部观点的认同。

《控制污染的优先政策性文件》：作为政策基础的标准

一封公共卫生和环境部部长斯图伊特(Stuyt)1972年7月4日致荷兰议会二院(下议院或众议院)议长的信[③]提出了《控制污染的优先政策性文件》(VM 1972)。[④] 在这个政策公布之前已经公布过有关环境的两个分门类法规:《地表水污染法》(WVO,1970年12月1日)(斯米特 1989;119)和《空气污染法》[1970年12月29日,1972年9月18日,米希尔斯(Michiels) 1989;157]。这些是用来保护环境的整个分门类法规系列的第一部分,以期克服人类活动给环境带来的负面后果。

《控制污染的优先政策性文件》为原先仅仅关注环境的保护部分和以权宜之计设定的政策建立起了一个框架。过去，在环境问题不完全显现出来之前是无人问津的，而且，人们通常是从公共卫生的角度看待环境问题。[⑤] 如果对一个问题的衡量依赖于数量指标，那么，在处理它时几乎不考虑这个问题发生的因果关系。所以，人们把针对这

②虽然"平衡"这个概念在20世纪70年代之初得到了广泛的使用，但是，直到20世纪80年代末，"可持续发展"的重要性才开始被人们认识到，逐步流行起来。

③环境保护被转移到公共卫生部,原因之一是比肖维尔(Biesheuvel)内阁(1971～1973)对部门岗位的分配。施图伊特被任命管理这个部门,成为荷兰的第一任环境部长[也见德·科宁和埃尔格(Elgersma)1990]。

④《控制污染的优先政策性文件》的第二部分和最后部分提出了"优先项目"。这个"政策文件"描述了许多在今后5～10年间治理现存污染的措施。这个文件对于发展环境政策具有意义的内容在第一部分,讨论了环境保护对社会进步的作用,对整个环境问题的作用。《控制污染的优先政策性文件》是环境政策发展的过程中的关键文件,对随后几年的工作产生了影响。

⑤"政府部门将关心如何让我们的国家适合于居住，关心保护和改善环境"。这就是在荷兰宪法第21款对政府环境责任的描述。许多年以来，环境责任根据社会需要的变化而确定下来。从传统上讲，环境责任由中央政府使用公共卫生术语加以解释。对公共健康日益增加的威胁导致了医疗和环境保护的分化，环境保护成为一个固定的政策领域。

类问题的政策描述为“照料土地、空气和水”[格龙德斯马(Grondsma)1984]。随着20世纪60年代财富的明显增长,生产和消费也明显增长起来。那时的空间规划是开发导向的,不能控制开发对形体环境造成的环境影响压力。⑥ 在人们发现了越来越多的环境灾难,环境问题的数目与日俱增后(参见第2章),认为有必要建立环境政策。尽管在20世纪60年代之初已经出现了环境不堪重负的信号,但是,德·科宁(De Koning)认为,1968~1972年期间才是真正思考环境保护和环境污染对人类影响的时期,这个时期,在环境思想方面出现了突破性进展。这种突破性进展导致了《控制污染的优先政策性文件》的出台,而《控制污染的优先政策性文件》成为荷兰环境规划的先驱。⑦

《控制污染的优先政策性文件》指出了若干环境政策发展阶段。首先是环境政策的调整阶段。这个阶段当时已经开始。随之而来的是过渡阶段。这个阶段的特征是,让环境政策更为主动,集中关注环境治理政策。环境治理政策必须尽可能与“造成污染者支付污染治理费用的原则”一致。⑧ 同时,环境治理政策也用来阻止未来环境问题重新发生。因此,期待“静止原则”(静止原则是荷兰环境政策的一个

---

⑥这是空间规划原则的一个变化。修正的《住宅法》和新的《空间规划法》都在1965年的8月1日生效,从此,空间规划不再以功能为基础,而以质量作为基础。这个变化的主要目标是,“把空间分配给社会的所有相关功能”,同时强调“环境质量和在短期内发生冲突的利益的平衡”[温斯米厄斯(Winsemius)1986;35~36]。这个有关空间规划的新的法律和规定旨在引导分散化的决策,这是人们非常乐于接受的发展(法吕迪和范·德·瓦尔克1994;123)。

⑦从一定意义上讲,《控制污染的优先政策性文件》的公布强制性地把环境规划送上了历史的舞台。虽然这个框架的目标是为了制定分离的环境政策,但是,如果我们有选择地去寻找它们,的确存在一些可以看作环境规划发展里程碑的观点。荷兰的环境政策首先是由“职业病和安全监查”机构制定的:“劳动者的健康问题和环境问题有着相同的基本原因”(德·科宁1994;26)。1962年,为了监控环境问题,荷兰建立了“公共卫生监查”机构。范·塔特霍夫认为这是“制度化过程的开始[……],1968年,荷兰社会事务和公共卫生部,公共卫生总督导,食品和环境健康督导下的环境保护部成立”(1993;13)。

⑧荷兰政府采纳了“经济合作与发展组织”(OECD)的“污染者偿付”原则(1975)。这个原则的基础是,引起环境污染的那些机构应当给解决污染问题措施提供资金。然而,并非总是容易发现污染者,它们可以破产、衰落或搬迁。而且,正如我们在第2章描述的那样,环境因果链显示出,损坏环境的活动是社会和个人发展和需要复杂混合物。

基本原则，这个原则的涵义是，一个特定地区的环境质量不再继续恶化。有人认为这个原则不是一个独立原则，而是与预防原则相联系的原则。——译者注)，以后这个原则成为荷兰环境政策的一个原则。

尽管《控制污染的优先政策性文件》是建立在治理与预防原则的基础之上，然而生态背景已经清晰可见。相对于过去的认识，这是一个意义重大的进步。它把生态系统划分成为空气、水、土壤和它们所包含的有机物等门类。在某种程度上讲，选择这种结构是因为人们已经出现了处理环境问题的紧迫感，而这种紧迫感也成为以后采用综合方式的原因［莫尔（Mol）1989；28］。这种划分方式不仅出现在《控制污染的优先政策性文件》中，也反映到了环境政策的法律框架中。《地表水污染法》和《空气污染法》已经在执行中，《降低噪声法》和《土壤污染法》业已公布。

《控制污染的优先政策性文件》的基础有两点，一是把环境划分成为门类，如空气、水、土壤、噪声、气味等；二是设定标准的方式。在此基础形成的《控制污染的优先政策性文件》为未来政策编制建立起了一个框架。设定标准的方式与公共卫生政策一致，也与正要开展的第一个环境行动项目⑨分类一致。环境标准的基础之一就是关注人的健康。"关注健康是一个基本原则，它一方面由社会经济费用和效益之间的平衡所支撑，另一方面，从全球意义上讲，它由科学的建议和社会的优先发展领域所支撑。这种标准系统的更多功能将成为未来发展的一个重要任务"(VM 1972;2)。1971年，荷兰总理比斯赫费尔（Biesheuvel）在给荷兰议会二院的一封信中表达了这样一种观点，环境不应当只是环境和公共卫生部独家负责的事情，当然，在把污染和噪声控制到可以接受的水平方面，环境和公共卫生部负责协调相关标准的设定［塔恩（Tan）和沃勒（Waller）1989；21］。从为荷兰全国范围创造一个基本环境质量水平的目标出发，环境部制定出了一套一般的环境标准。这里，环境政策不同于水资源管理政策、空间规划政策和自然保护政策，这些分地区的政策是以即时的行政指令方式表达的［参见比耶菲尔德（Biezeveld）1992］。这种方式意味着环

---

⑨这个项目出现在1973年秋（EG1973），提供了在共同背景下制定环境标准的基础（VM1976；4）。

境部代表中央政府，而区域和地方管理部门代表地方政府。区域和地方管理部门负责执行这些政策，以实现中央政府制定的一般环境标准。然而，《控制污染的优先政策性文件》把环境政策的重点从临时的干预转变成为建立在一般标准基础上的分门类的政策。

围绕环境标准的1976年政策文件

制定荷兰环境政策引发了较低层次政府、工业和环境组织对环境标准的日益增长的需求。人们期待有关标准的政策，特别是数量指标基础上的标准，来保证法律上的确定性和公平（VM 1976）。《围绕环境标准的1976年政策文件》（PDAES；VM 1976）详细说明了环境标准的作用。这是一个重要的文件，特别是在20世纪90年代，围绕这个文件展开过热烈的讨论。从那场讨论中，我们发现了可以追溯到1976年的反对以标准为基础的政策的呼声。

选择环境质量标准，特别是以定量方式表达的环境质量标准，形成以标准为基础的政策时，必然会涉及许多不同利益之间的协调问题。《围绕环境标准的1976年政策文件》（VM 1976）指出，“特定的价值、风险程度都是由污染所引起的可能危害效果的评估决定的。另一方面，社会必须承担责任以减少这种风险。这是一个政治选择”。进一步说，因为这是一种政治选择，所以，标准的重点和落脚点（即什么样的限制是可以接受的）总在随时间而变化。锁定目标的速度和必须实现的目标同样也是多种利益之间实现平衡的过程。环境部把标准定义为，“具有一定程度约束性的，以定量术语或其他方式表达的一般规则”（VM 1976）。所以，国家数量标准可以看成是，用定量术语表达的一般规则。除开数量标准外，《围绕环境标准的1976年政策文件》提出了以下政策原则：

- 污染必须尽可能地阻止或处理在源头上；
- 一般来讲，必须采用最好的和可以利用的技术；
- 必须应用静止原则。

在这些原则基础上，环境保护政策旨在“通过统筹使用多种手段，包括物质性的规则，减少由人类活动引起的环境污染，物质性的规则包括环境标准”（VM1976；6）。

《围绕环境标准的1976年政策文件》规定了5种类型的标准，以应对因为污染而引起的污染源（释放污染物一方）和被污染方（被保护对象）之间的多方面问题：

- 程序和生产标准：安装/生产标准；
- 排放或释放标准：与源头排放相关的标准；
- 吸收标准：在污染物纳入地区、吸收功能或影响对象的标准；
- 质量标准：与一个地区、功能或对象的条件相关的环境标准；
- 受害标准：与受到危害的个人或人群受到污染的水平相关的标准（VM 1976；6）。

程序和生产标准来自处理有关生产和资源开发引起环境问题的环境政策（见§5.3）。排放标准同样来源于资源开采引起环境问题的环境政策。这一组环境标准并无意于对空间规划产生影响。当然，这并不意味着排放对空间环境的影响不重要。人们越来越多地使用把排放数字转换成为吸纳污染物数字的模型，并对其做出空间的和特殊地区的解释。

正是控制接受污染物的标准和环境质量标准对空间规划产生影响。接受污染物的标准旨在控制在一个确定时期里影响一个地区、功能或对象的污染物的数量。接受污染物的标准是针对特定污染物的，而环境质量标准反映的是一个地区，功能或对象，个人或人群所处的理想状态。接受污染物的标准和环境质量标准支撑着而且专门化了环境政策的目标（见§5.3）。

环境政策中受害标准的作用有许多方面。因为受害标准本身与环境质量没有联系，所以，集中关注排放污染物、接受污染物和环境质量是不适当的。受害与不受害主要与人类相联系，如对饮用水和食品的污染。辐射引起的污染也是很重要的方面。

接受污染物的标准和环境质量标准，间接的污染物排放标准，都是用来监控那些地区、功能、对象、人口和个人受到污染的水平。在那些必要的地区，这种监控形式将产生源头导向的和分地区的相关措施。在接受污染物的标准和质量标准的基础上，或者在排放标准的基础上，我们能够看出制定空间规划的不同后果，这些标准被用来确定目标性的和需要维持的环境质量。

选择作为环境政策手段的标准和人类活动的指标，都是人们日益认识到，对损坏环境活动应当加以约束的合理结论。对于社会大众关切的问题需要有解决办法，但是，对于这些大众关切的问题，当时还没有政策基础。在这种情况下，以标准形式出现的措施易于为人们理解和执行，也能够在短期内发生显著效果。所以，《控制污染的优先政策性文件》和《围绕环境标准的1976年政策文件》集中在政策的目标导向方面。在《围绕环境标准的1976年政策文件》的说明中，环境部提出，“环境质量标准和接受污染物的标准不仅仅是环境政策的工具，本身也能看成是一种目标”（VM1976；10）。我们可以在《降低噪声法》中找到这种观点最为实际和具体的应用。

《降低噪声法》：确定标准的集中化的政策框架

环境主义掀起的第一次浪潮在1972年达到了顶峰。在此之后，出现了1973年的石油危机和随之而来的经济萧条。然而，环境政策的法律背景继续迅速发展。20世纪70年代以前，《干扰法》[10] 基本上决定了环境政策的法律框架。在那个时期执行的与环境问题相关的法律还有《核能法》。当时，《地表水污染法》和《空气污染法》还在听证中。随后出现的与环境问题相关的法律有1976年的《化学废弃物法》、1977年的《废弃物法》[11] 和1979年的《降低噪声法》。这股洪水般出现的立法潮流一直延续到20世纪80年代。立法过程是集中的，并按照土壤、水和空气来划分，有时也按照对环境的特殊威胁来划分，如垃圾、放射物质和噪声。《土壤保护法》是在20世纪80年代（1986）开始执行的，当然，它早已出现在《控制污染的优先政策

---

[10]反对干扰的法律可以追溯到1875年的《工厂法》。在开始实施《安全法》（1895）之后很短时间里，从1896年便开始执行《干扰法》。布鲁萨德等（1989；95）指出，担心工业化对社会的影响是制定这项法律的基本原因。第二次世界大战前，荷兰的上流社会就已经越来越关注自然环境，并推进制定保护“绿色”环境的法律。20世纪60年代，《核能法》出台，旨在保护工人和环境免遭放射性污染。20世纪70年代以前出台的其他相关法律在一定程度上针对环境保护，例如《商品法》，但是，基本上是关于其他论题的，特别是劳动保护和公共卫生（见布鲁萨德等，1989，诺伊尔堡和韦夫勒1991，德·科宁，1994；40，范·塔特霍夫，1993）。

[11]1993年3月，《化学废弃物法》和《废弃物法》被并入《环境管理法》中。

性文件》的推荐之中。这里涉及的环境法律都是框架性法律，它们都是用来指导制定专门法规和标准的，通常通过政府法令（AMVB）的形式来执行。《降低噪声法》是一个例外。

有些奇怪的是，“噪声干扰问题第一次得到承认是因为接近希普霍尔机场的居民区的问题”（塔恩和沃勒 1989；13）。更奇怪的是，《降低噪声法》并没有涉及航空噪声的条款，20 世纪 90 年代颁布的《国家环境政策计划》（NMPs）完全没有涉及航空噪声问题。围绕有关航空活动对环境所产生影响的政治争论明显表现出爱与恨的特征，环境政策回避了 20 世纪 90 年代建设希普霍尔机场所引起的问题（见§5.4）。1961 年 12 月 28 日，交通、公共工程和水资源管理部要求对航空噪声提供咨询。1967 年，有关航空噪声干扰的咨询委员会提供了一个研究报告，说明了航空噪声干扰对公众健康的影响。社会事务和公共卫生的国务秘书要求荷兰健康协会对此提出意见，如何克服所有形式的噪声［古德斯曼（Grondsma）1984］。减少噪声干扰日益被认定为一个国家政策问题。⑫

建立在环境标准基础上的国家环境分区工具⑬不是对《降低噪声法》的反应，而是在 1978 年对《航空法》进行修正之后出现的⑭［范・卡斯特（Van Kasteren）1985］。《航空法》修正案从形式上显示出环境标准和空间规划的直接关系。1978 年 11 月《航空法》修正案，

---

⑫尽管噪声被认为是一个国家问题，但是，在 1973 年，中央政府的环境保护机构仅仅有一个技术专家和一位政策官员涉猎噪声问题（塔恩和沃勒 1989）。

⑬《航空法》第 6 部分建立了防止和控制航空噪声干扰的主要措施，包括三个方面：(1) 源头措施，包括对飞机的技术要求，(2) 机场使用的法规和 (3) 建立在机场周边环境分区基础上的空间规划政策。这些分区的基础是“克斯滕单位”（KEs），“克斯滕单位”是以荷兰克斯滕委员会命名的用来测量航空噪声的一个单位，这个委员会在 20 世纪 60 年代末解散。它提出，可以接受的最高噪声干扰值为 40Ke。然而，荷兰卫生委员会提出，严重干扰大约开始在 15～20Ke 水平（1971，1994）。立法的“中央环境保护委员会”也有同样的看法（1994）。最后，《大型机场噪声法令》规定 35Ke 为可以接受的最高噪声干扰值，这个限制值比起《降低噪声法》规定的 50 分贝（A）有更大的弹性。《降低噪声法》规定的 50 分贝（A）最高噪声值是推荐给交通和企业控制噪声的限制值。25% 的居民在 35Ke 时感觉到干扰，而只有 10% 的居民感觉到 50 分贝（A）对他们产生噪声干扰（CRMH1994；27）。

⑭德国先于荷兰就把环境标准转换成为空间轮廓线，以此来分隔环境敏感功能和损害环境的功能。

特别是第25、26和27款提出，应当做机场分区。1972年，德·克龙(De kroon)还在期待“对噪声影响范围的短期确定会对地方居民提供充分的保护，以致把噪声干扰保持在可以接受的限度内”［威廉斯(Willems)1988；102，也见威廉斯1987］。在荷兰议会二院的坚持下，主管交通、公共工程和水资源管理的国务秘书在1978年签署了执行《航空法》修正案的法令，要求在短期内建立起一个分区规划制度（塔恩和沃勒1989；22)，这一点证明了这个修正案无论如何都是能够接受的。主管交通、公共工程和水资源管理的国务秘书如此紧急地要求制定分区规划意味着他不要再等待《降低噪声法》的执行了，而是按照《航空法》修正案来执行。当然，直到20世纪90年代，除开交通、公共工程和水资源管理部提出的有关分区规划的政策意向外，并没有什么进展。这就意味着在没有分区规划的情况下，KE标准就能够用来作为指南，但是，有关分区中的限制值的条款没有得到执行［奥滕(Otten)1993；283］。结果是有关航空噪声的分区政策在许多年里一直保留着巨大的弹性（参见§5.4)。

1979年2月13日，荷兰议会一院（上议院或参议院）批准了《降低噪声法》。[15] 有许多理由讲，这是一个独具特色的法律。它包含了确定的标准，也说明了如何把这些标准转换到空间分区上去，什么样的措施能够用来实现目标。《降低噪声法》是一种环境分区法律，所以，除开《航空法》之外，与其他环境法律相比，它极具特点。《降低噪声法》包括了以项目为基础的方式，这一点反映在指令性长期规划上和20世纪80年代的治理项目上。

一般意义上的环境分区和特殊意义上的噪声分区导致了损害环境的活动和对环境健康甚为敏感的功能之间的空间冲突。从理论上讲，我们有两种可能的前景。一是我们确定的污染限制地区不与现存的和/或潜在的环境敏感地区相重叠。二是这些地区发生重叠。在第二种

---

[15]《降低噪声法》没有对所有噪声干扰做出规定。与航空相关的噪声受《航空法》的约束，管理则由“交通、公共工程和水资源部”负责。工作场所的噪声受《工作条件法》约束，由“社会事务部”负责。其他噪声干扰源则由《干扰法》约束，这项法律于1993年并入《环境管理法》。街区噪声是一个主要问题。实际上，没有涉及这个问题的法律，也许《建筑法令》和许多规则可能约束街区噪声。

情况下，自然会出现环境/空间冲突，要求采用环境保护措施，以避免空间后果（博斯特等，1995）。

许多人认为，《降低噪声法》是一个“法律怪兽”，它对交通和企业噪声干扰水平做出了限制［巴纳克（Braak）1984，范·东恩（Van Dongen）1983］。这个法律受到了严厉的批判。[16] 尽管《降低噪声法》刚刚得到执行，除开一两个条款外，议会决定对它做出审议（奥滕 1980；234）。20世纪80年代，《降低噪声法》在很大程度上影响了结果导向的环境政策。1989年，交通、公共工程和水资源管理部的部长奈佩尔斯（Nijpels）（1987～1990）提出，《降低噪声法》“预测了空间规划和住宅关系的其他环境方面。与标准、分区规划和规划约束相关的法规对于这个政策领域是非常重要的，需要合作和协调”（1989；3）。的确存在若干理由说明为什么在20世纪80年代《降低噪声法》推进了以标准为基础的环境政策：

- 《降低噪声法》的标准是定量的；
- 《降低噪声法》的标准是由中央政府制定的（即在政治的或行政的背景下形成）；
- 《降低噪声法》的标准适用于不同的情况；
- 《降低噪声法》的标准反映了环境政策部门的单方面利益；
- 《降低噪声法》的标准为其他形式的政策提供了一种结构模式。

《降低噪声法》提出了不执行标准和与噪声分区相关要求的可能后果。所以，这个法律把环境要求和噪声-污染排放的空间后果结合了起来［布鲁萨德（Bru ssaard）等1993，诺伊尔堡（Neuerburg）和

[16]对《降低噪声法》存在许多反对意见。对现存位置做环境分区遭到了反对，这种反对意见基于这样的考虑，与没有做环境分区的位置相比，做环境分区可能导致降低土地和房地产价值。而且，一定的土地使用方式被排除在分区地区，或者必须满足一定的条件。人们还担心，会给做了分区的地方带上了一顶不光彩的帽子。在住宅、空间规划和环境部提出执行综合环境分区（§5.4）之后，这种批判意见重新回头。当然，这种批判意见并非无懈可击。在环境问题（超出噪声干扰水平），规划的后果（治理污染或受污染的地区）和执行分区措施的资金来源之间的确存在直接的关系。因为对有效资源分配失去弹性，所以很难给资金来源定向。进一步讲，所有地区都反对噪声屏障。在一些情况下，人们认为噪声屏障产生视觉干扰。例如，这些法规没有规定建立噪声屏障设施的基金来源。

韦夫勒（Verfaille）1991］。虽然这并非制定《降低噪声法》的主要目的，但是，《降低噪声法》这些特征推动了空间政策和环境政策以协调和综合的方式结合起来。所以，这项法律可以看成对环境政策内外综合协调的一个典范（奈佩尔斯 1989）。

把环境保护和空间规划综合起来的过程并非一帆风顺。用国家空间规划局（RPD）前副局长克勒泽（Kroese）的话讲，"它是一个基本点。空间规划的传统思维是建立在这样一种理论上，只要能够协调好各方利益，就能够产生最好的结果。当然，环境部的决策者相信，对噪声的最大允许值是不可协商的，这就意味着噪声的最大允许值构成土地使用的一种边界条件。"（塔恩和沃勒 1989；36）。按照《围绕环境标准的 1976 年政策文件》（PDAES；VM 1976）所设立的程序，在确定一般标准之前的考虑实际上是一个政治选择。

从定义上讲，指令性标准并不适合于特殊情况，噪声的因果关系是由地方特殊情况决定的，所以，《降低噪声法》在目标限制值和最大允许值之间规定了一个允许值范围，以适应地方情况。省政府有权在这个范围内给个别案例选择"较高的"值。这就是通常所说的"就高不就低"（见第 7 章），允许地方管理部门有一定程度的政策弹性。《降低噪声法》包括了适应大量特殊情况的规则。当然，遗留下来的问题是，特定的一般规则怎样能够或必须强制或管理地方的解决方案和目标。这个问题与决策的效率和效果相关，同时，在标准制度继续发展中，这个问题依然存在。

土壤、气味和风险标准

尽管在 1972 年的《控制污染的优先政策性文件》已经提出了土壤保护法律，但是，分门类的环境法规主要涉及的还是空气、水、垃圾和噪声等。[17] 空气和水的确对污染十分"敏感"。因为长期的污染，莱茵河已经几乎没有任何鱼类可以生存。自从工业革命以来，烟尘已经成为司空见惯的事。与此相反，人们长期以来低估了"土壤"对污染的敏感性。例如，荷兰高等法院宣布，从 1975 年 1 月 1 日起，开始

---

⑰缺少专门的土壤法规并非简单因为不重视土壤污染的后果。现存法规在很大程度上已经规定了土壤保护（兰贝尔斯 1989；169）。

受理和审理与土壤污染有关的案子［参见比尔姆斯（Bierbooms）1997］。1980年春，在莱克凯尔克（Lekker kerk）开发新住宅时发现土壤已经被PCBs污染，污染物有二甲苯和甲苯。莱克凯尔克的发现给整个荷兰带来一阵恐慌。环境部长欣亚尔（Ginjaar）认为，这个地区不再可能用于居住了。在莱克凯尔克市长奥瓦柯克（Ouwer kerk）的带领下，这个市掀起了公众活动，希望把这个问题传达到议会，引起议会的注意。从这个意义上讲，莱克凯尔克事件是环境主义在荷兰掀起的第二个浪潮。在莱克凯尔克（估计损失高达8000万欧元）之后，许多黑色时刻随之而来［布沃尔（Bouwer），克拉韦尔（Klaver）和德·泽特（De Soet）1983］，在伏尔根米尔、格里夫帕克（Griftpark）、蒂莫泽迪克、泽林维加（Zellingwijk）、斯塔茨卡纳尔（Stadskannaal）和德肯彭等地相继因为土壤污染发生了社会冲突。仅在1981年，就出现了4300个土壤污染报告［布林克（Brink）等1985］。由荷兰工业和业主联盟（VNO-NCW）在1987年进行的盘查确定了10万个工业场地为“疑似”污染场地［弗斯克任（Verschuren）1990］，估计污染造成的损失达到270亿欧元。在一个10年土壤治理项目中（1989年建立的10年土壤治理项目听证小组），这个数目增加到450亿欧元。这个数字甚至还不包括河床和湖底土壤的污染。1996年，由环境部组织进行的一份评估研究提出了35万个河床和湖底污染的案例，其中绝大部分案例标注了“紧急”字样（§5.5）（VROM 1996c）。这个报告的结论是，随着汽车引起的污染的扩散，土壤治理的费用会逐年上升，每年约增加1.72亿欧元。这个数字超出了国家每年在WBB下可以提供用来治理土壤的支出［勒特斯（Roeters）1997］。⑱ 无论如何，用于土壤治理项目的费用必然要延续到21世纪。

土壤污染“已知”案例的指数增长，包括那些发生在自然保护区和住宅开发中的案例，导致了1983年的《土壤清理法》（暂行），这个法律采用了紧急法律的形式，用来覆盖《土壤清理污染法》尚未出台之前的真空期。这个暂行法律集中规定了对土壤污染场地应当采用的行动。荷兰公众对土壤污染的怒吼导致了这项法律的出台，从一定

⑱WBB是《土壤保护法》的缩写。

意义上讲，这项法律可以与《降低噪声法》相比。严格的一般标准被制定出来，尽管这些一般标准没有包括在这个法律之中，然而，这些一般标准正是目标导向土壤保护政策的另一种表达。这些标准以环境部公布的《土壤清理指南》（VROM 1983b）为基础。这个指南规定了三种价值：A、B、C。这个土壤治理政策的基础一直延续到20世纪90年代。"A"值是推荐值，即污染的土壤治理到可以验收的水平之上；"B"值是需要进一步检验的值；如果专门的验证显示，污染物在土壤中的含量超出"B"值，那么，这个指南指出一种对人或对环境可能产生的风险，所以，还需要进一步的验证。如果超出"C"值（土壤治理的控制值），需要准备清理土壤的措施。[19] 为了决定污染的范围和污染物的集中程度，调查是一个重要阶段。这个标准专门设定了决策阶段，包括与污染场地未来潜在使用相关的空间规划过程。

就环境标准而言，环境政策和空间规划之间的关系超出了噪声和土壤。还有气味。必须制定处理气味干扰问题的政策。这个问题是由"环境卫生监察机构"在20世纪70年代末提到政策议程上来（巴克1987）。《干扰法》是处理这类问题的第一个适当的措施，地方政府按照《干扰法》及其相关的国家指南处理高强度农业周边地区的"气味区"［科米斯·赖（Comissie Rey）1976］。"1984～1985多年度空气项目"提出了衡量气味水平的建议（下议院1984）。按照这个建议，气味浓度与地方社区对气味的看法相关。尽管并非每一个社区居民都认为气味是一个问题（巴克1987），气味浓度的阈值还是被提出来了，在一个地区98%～99.5%的地方的每立方米空气中有一个气味单位，[20]

---

[19]在《土壤清理法》并入《土壤保护法》（1994年5月15日开始执行第一阶段）的时候，对评估土壤污染的方法做了调整。干预值替换了"C"值，作为决定污染水平的工具。干预值说明"对人、植物和动物的功能属性被严重减少或受到威胁的土壤之下的污染物集中水平"。所以，这个值与严重污染相关，紧急需要决定是否规定一个治理期限。紧急水平取决于对人和生态系统的实际威胁和扩散的危险。按照这个新的法律，不再发布所有严重土壤污染的清理命令（§5.5）。

[20]每立方米的气味单位用来说明气味的浓度，评估小组50%的成员可以根据这个有气味的空气样本，区别出"清洁"空气。百分位数表示，地方居民没有感觉到气味的时间（气味干扰督查工作组，1983）。空气样板取自气味源，由嗅觉计对此加以稀释，稀释到50%的评估小组成员不再感觉到有气味为止。

即认为出现气味污染。按照《空气污染法》，气味浓度值通过政府法令来实施。省有关部门负责执行。被任命的“气味评估”小组对气味的感觉做出具体说明。这个结果能够用来把气味规范转换成为空间分区。当然，具体说明并不意味着能够在接收到的有害气味和发出有害气味的源头之间建立起清晰的联系。一个地方可能存在多个污染排放源。这样的污染源越多，就越难以建立这种清晰的联系。雷杰蒙德（Rijnmond）地区（围绕鹿特丹港口周边的城区和工业区）就是一个很好的案例，在那里每年收到的10000个抱怨中，有80%的抱怨与气味有关（巴克1987）。“1986～1990多年度计划”提出，制定气味标准十分不易，这就是为什么“至今没有可能建立一个让大多数人满意的气味标准”（下议院1985；72）。直到1992年为止，再也没有关于气味干扰的建议出台。而正是在1992年，《关于有害气味的政策》才出台（下议院1992）。然而，正式在这个时期，反对没有弹性的标准的呼声甚嚣尘上（§5.5）。

随着20世纪70年代核电厂的出现，风险评估变得越来越重要（范·卡斯特1987）。意大利米兰外15公里塞维索地区的二恶英事故（见第2章）产生了应对化学工业安全风险的“塞维索指令”。按照这个指令，荷兰出台了《防止重大事故法令》（BRZO）。同时，逐渐出现了对高风险活动对周边地区安全影响进行研究的需求。“风险”成为一个政策原则，它在国家分区规划指南中得到了表达，这些指南限制了围绕多种风险源周边地区的风险水平，如汽车加气站和天然气管道周边地区。这些政策所面对的不仅是实际的污染，而且还面对可能出现的污染。一个称之为《面对风险》的政策文件（下议院1985；附录2，下议院1989）介绍了一种风险评估方式[21]，作为制定标准的一般原则：“风险评估方式［……］是结果导向政策的基础，也是衡量和预测负面环境影响的工具，这种衡量和预测是通过相对风险限度的定量风险估计做出的”（下议院1989；1）。考虑到危险物质和放射性引起的重大事故导致的死亡，但是把全部风险的可以接受的最高风险水平确定为每年十万分之一的死亡率（限制值）。这个指标涉及

---

[21]《处理风险》的政策文件把风险描述为，“不期望发生的事件发生的可能性，以及对周边地区可能带来影响的范围”（TK1985；173）。

"个人风险"。可忽略风险（目标值）是，"在理论上可能的地方"，把可以接受的最高风险水平确定为1%。为了"防止社会混乱"（下议院 1989；13），决定群体风险：导致10人死亡的事故设定为10万年一次，而导致100人死亡的事故设定为1000万年一次．这种以群体为基础的标准形式直接起源于城市里和城市周围常规环境事故（参见第2章）。个人和群体风险可以转换为围绕工业场地、铁路编组站、航线、道路和河流这类场地周边的风险轮廓线。㉒

除开气味和风险标准的发展外，还有若干其他的进展。引入了"有理由实现的低水平"（ALARA）原则。㉓ 有关放射性的政策可以看成此项原则的第一个例子（下议院 1985；16）。制定了生态指南以限制养殖农场产生的氨气扩散对"酸化敏感区"地方居民的影响。㉔ 随着引入法定噪声水平图，地方管理部门正在紧急要求以空间形式指出一个地区的整体噪声状况［韦斯特霍夫（Westerhof）1989］。

现在，重点不仅是一个单一的源头及其周边地区，也关注环境质量的整体状况。荷兰市政府协会出版的《工业和环境分区规划》。这本"小绿书"介绍了一种"系统评估工业地区和环境敏感地区应该维持的距离"的方法（VNG 1986；17）。这个指标新的评估方法按照广泛的污染分类方式对工业做了分类，计算了它们与对环境敏感的居住区的距离。当时，人们不再从个别环境问题方面考虑一种设施或工业场地和它的环境之间的关系，而是从几乎所有相关类型的污染方面考虑一种设施或工业场地和它的环境之间的关系。［胡滕·曼斯菲尔德（Hutten Mansfeld）和泽德韦德（Zijderveld）1982］。这是综合的环境

㉒对生态系统的风险标准也提出来了。这个标准的基础是这样一个法定的假定，"如果在一个生态系统中的95%的物种没有经历有害的结果，那么这个生态系统的功能受到了保护"（TK1989；2）。

㉓"有理由实现的低水平"（ALARA）是一个源头导向的政策，旨在防止来自污染源的不必要的污染。按照"有理由实现的低水平"原则，源头排放应当保持在"有理由实现的低水平"上［梅捷登（Meijden）1991］。这个原则来自欧洲放射性法规（范·德·霍夫 1988），它也被并入了《环境保护法》（第8.11款，第3自然段）。

㉔制定生态指南以限制养殖农场产生的氨气扩散所产生的作用是，农民勉强在他们的土地上种树或保护现存的树木，否则那里会被归到"酸化敏感区"类。

分区规划的第一次应用[25]（§5.4）。

荷兰市政府协会（VNG）的综合环境分区规划方法现在已经流行起来，成为决定工业和居住之间环境质量“安全”距离的一般方法。这种方法比较容易使用。所以也比较便宜。因为特定的距离是根据经验决定的，同时也是采取的工业分类的平均值，所以，这些值的范围仅仅是指标性的，而不是以实际污染现场测量为基础的。当工业生产活动变得越来越复杂和规模越来越大时，荷兰市政府协会的这种方法很快变得难以使用了。

赫伦、施泰因和贝克市（Geleen，Stein，Beek）的大规模居住区紧靠大规模化学工业综合体，DSM-赫伦，地方居民因为噪声、有害气味和安全风险而感到宜居程度衰退［范·德恩·纽温霍夫（Van den Nieuwenhof）和巴克 1989；8］。源头方式被证明无效的情况下，1984年，决定采用图示方式实际表达DSM周边地区所受到的环境影响，并采用任何必要的规划措施。林堡（Limburg）省政府的目标是对DSM地区做综合分区规划，这样做并非完全没有希望。与这个目标同时出现的还有1986年出台的法定噪声分区。林堡省政府，国家环境部，环境保护监察机构和DSM本身都参与了IZ-DSM项目。这个项目所划定的风险、噪声和气味轮廓线图都是以法定的规范为基础的。他们假定，借助于综合环境分区方法这些轮廓线图可以转换成为一张综合轮廓线图，综合环境分区方法是以累计的干扰水平为基础。接下来，可以按照这张综合轮廓线图做出规划。当然，赫伦的许多居住街区都坐落在一百万分之一风险区和一亿分之一风险区之间的地区［范·科斯特恩（Van kasteren）1987；15］。有害气味分区也同样覆盖了大量居住区。与远远达不到的一揽子建议和地方社区和政治家的呼声相关的保留态度，使这个项目遇到了阻碍。在环境部长1987年11月21日的声明中，仅仅给予噪声轮廓线图官方的和正式的“皇家命令”。安全轮廓线图仅具有指导性，而有害气味轮廓线图暂时搁置。

---

[25]与以后由住宅、空间规划和环境部提出的综合环境分区方法对比，这个评估方法没有累计计算多部门的污染水平。部门的因素和最大承载量一起作为计算相对污染源的可接受距离。

1988 年，除开林堡省开展的 IZ – DSM 项目外，荷兰东南部城市马斯特里赫特（Maastricht）也完成了“环境政策综合项目”（PIM）。这个项目的目的是为了了解这个市政府辖区内负面环境影响的全景画面，项目基础涉及环境问题的许多方面［寇斯缇（Colstee - Wieringa）1988］。在马斯特里赫特一个叫做博施珀特街区居民申请扩张这个街区没有成功之后，全面了解这个市政府辖区内存在的负面环境影响就十分必要了（VROM 1989d）。这个项目收集到的大量资料随后被转换成为彩色图，以展示马斯特里赫特范围内多种形式污染的分布情况。这些分项的彩图最后被合并成为一张综合图，其中红色表示“环境不宜居住的地区”。金黄和黄色表示“需要关注地区”。这样做的目标是深入研究马斯特里赫特地区的环境质量，使用这些信息去调整空间开发的选址。IZ – DSM 和 PIM 项目引起了荷兰公众的广泛关注，若干组织开始对这种综合方式发生了兴趣。随后，环境部采纳了综合标准和综合分区规划的概念。1988 年 3 月，环境部邀请省政府有关部门在“减少噪声的多年执行项目”的名义下，提交综合环境分区规划实验项目，这个项目把制定环境标准与 20 世纪 80 年代趋向综合性的思潮结合在一起（§5.4）。

“源头累计和综合环境分区”项目的领导人，塔恩认为综合分区规划是发展综合环境政策的一个逻辑阶段（见 §5.4）。当然，并非只有他一个人这样看（范·德恩·纽温霍夫和巴克 1989；11）。在 20 世纪 80 年代期间，综合是环境政策方面最重要的论题，但是，综合几乎没有对那个时期制定分门类标准产生什么影响。从框架性环境政策出现以来，环境标准已经成为一种工具，一种框架和一个目标。标准成为一种一般的凝聚起来的环境目标和对其他与形体环境相关领域的政策产生约束性的框架。更一般地讲，环境分区是“灰色”环境（即环境健康和卫生）质量在空间上转换，所以，它们也是环境政策和空间规划之间关系的一种片面的表达。因为消除污染是环境政策的永恒主题，政策所要应对不仅有减少噪声，还有许多其他方面，与空间规划的关系越来越重要，所以，环境标准系统将会继续发展成为规划导向行动针对目标的一个结果。

就其他形式的政策而言，环境标准的强制性特征是与那个时代环境政策中表达的治理概念相联系的。荷兰被污染了，所以必须治理。同时，新的环境问题产生了。公众关切的环境问题不仅有土壤污染问题，还有酸雨、洗涤物品中的磷酸物、城市地区或靠近城市的地区所发生的重大化学事件、温室效应和臭氧层空洞等（见第2章）。这些公众关心问题出现的结果是，政府承担起总指挥、设计者和指导者的角色。虽然荷兰需要一个"大扫除"来清理现存污染所产生的负面影响，防止未来问题的出现，然而，荷兰的环境政策依然还有待发展，还有待在整个政策领域中获得相应的地位。就这个背景而言，环境法规的强制性和层次特征似乎没有什么不合理的。

5.3　综合：20世纪80年代的流行词

正如我们在第2章中做出的结论那样，通过对那些引起环境问题机制的日益深入的了解，促使我们去研究环境问题的复杂性，研究环境问题对社会许多不同部门的影响。人们越来越清晰地看到，20世纪70年代的法规没有回答环境问题的复杂性和环境问题所涉及的范围。由于分门类法规大部分限制在它们所针对的某些环境门类上，所以，就显著增加了对环境问题某些方面的倾斜[26]（德罗1989），以致期待的环境治理结果反而减少。例如污水处理所产生的污泥和垃圾填埋问题，垃圾焚烧引起的空气污染问题［德·科宁和埃尔格玛（Elgersma）1990］。这里，"倾斜"是一个有关社会因素和自然因果关系的集合性术语（在第2章中提及），它们或大或小地导致环境政策失去效率。所以，倾斜的问题不是唯一的问题。一个污染源能够同时影响若干个环境门类［特尼斯（Teunisse）1995；10］。这样，在土壤污染的结果还不明显的情况下，精确地评估一种污染源对每一个环境门类的影响是困难的。

20世纪80年代初，人们认为，环境政策应当变得更为有效和透明，分环境门类提出的限制和凌驾于所有部门之上的框架应当消除。

---

[26]虽然有若干种方式转移环境问题，但是，在不同环境空间之间的转移产生了研究新环境政策的需要。污染不仅被转移到了其他的环境空间中，也被转移到了其他形体空间中（空间转移；"对污染的解决办法是稀释"），转移给了下一代人（见德罗1998），和资金的转移。

实际上，直到那个时期，分环境门类化的政策已经是结果取向的，已经集中到了分环境门类的治理上。已经存在的环境问题被首先得到关注，然而，那些已经存在的环境问题反而更为严重了，因为没有采取足够的预防性措施。那个时期，没有发展预防性政策，在结果取向的政策背景下，预防政策被证明是无效率和无效果的。

各种环境问题应该一起考虑，应当联系它们的背景而做考虑。这种信念与日俱增。这将包括形成一个技术-功能政策，改变行政管理。在与其他政策领域相互依赖日趋明显的时候（林格林斯 1990），决策者和政策执行者实际上依然把他们限定在他们自己的部门里。这样，人们依然忽视了政策综合和整体性的生态方式［范阿斯特（Van Ast）和格林斯（Geer lings）1993；164］。重建环境政策的其他理由还有，执行和控制不力，政府其他部缺乏对环境政策发展的承诺。政策对其他层次的政府的影响不大。斯库夫（Schoof）（1989）把倾斜问题归结为这样一个事实，省行政管理部门没有执行环境政策。那些主张让环境政策更为有效的人们应当更近地关注地方环境状态。

为了维护环境政策需要实施一个 360 度的掉头。1979 年 6 月开始实施的《环境保护法》（综合条款）（WABM）标志了这样一个事实，立法者已经承认，需要限制分门类环境法规和政策的发展。[27] 环境政策将置于中央掌控之下，并对此做出调整。1982 年，环境政策第一次置于一个部长的直接管理之下，由新设立的住宅、空间规划和环境部（VROM）控制。那个时期，政府部门也采用了新的方式。放宽管制是针对所有层次政府和所有法规的一剂新的万能药（基克斯，1986），综合变成了环境政策的流行术语。

在随后的两年中，住宅、空间规划和环境部（VROM）制订了重新修订环境政策的计划。1983 年，它公布了“环境政策综合计划”（VROM 1983）和“放宽空间规划和环境管理”的政策性文件。这些

---

[27]在讨论环境、改变政治上优先考虑的事务、一系列部门法规中，出现了极端对立的观点，于是产生了《环境保护法》（综合条款），这项法律的基础是在 1973 ~ 1977 年建立的。在 20 世纪 80 年代中期，出现了一系列与特殊许可程序、申诉程序和公众协商程序相关的法律。《环境保护法》（综合条款）和其他法律出台的目的是协调、综合和统筹管理过程。1993 年，《环境保护法》（综合条款）合并到《环境管理法》中。

文件概括了重新调整环境政策的思路。1984年，住宅、空间规划和环境部公布了政策文件“整体大于部分之和”（VROM 1984a）和“环境管理1985～1989”（IMP-M，VROM 1984b）。这些文件对以上提出的问题阐述了自己的看法，提出更新环境政策内容。这些文件提出了一个支持建立在内部综合（即对环境政策的因素进行综合）和外部综合（即综合其他政府政策）基础上的政策。

内部综合的进程基本上是成功的。其成功反映在1989年公布的“第一个国家环境政策计划”（NMP-1）和1993年公布的《环境管理法》。在20世纪80年代，推进了多种形式的外部综合，这些形式的外部综合集中在空间规划上，它们包括（1）分门类性的环境分区，特别是噪声分区；（2）对地下水保护、土壤保护和安静分区所做的分门类的地区界定；（3）环境影响报告制度。当然，这些形式的综合仍然具有单方面的性质，是以环境政策为基础的。直到20世纪80年代末，荷兰开始执行综合的地区专门环境政策。在此之前，住宅、空间规划和环境部的那个追求平衡和野心勃勃的外部综合设想并没有成为现实（§5.4）。

环境政策综合计划

1983年6月，住宅、空间规划和环境部（VROM）部长向荷兰议会二院提交了“环境政策综合计划”（PIM）。这个计划的目的是，“在准备、制定、执行和评估方面实现环境政策的全面性和综合性”（VROM 1983）。在“环境政策综合计划”中，环境政策不再被看成纯粹分门类性的和仅仅用来保护和改善环境的政策。环境政策成为一个方面的政策，目标是为所有与环境相关的政府活动制定一个综合的和一致的政策。环境政策和空间规划之间的直接关系建立起来了。不仅是在同一个部里综合了两个政策领域，而且两类政策指向同一个物质的对象：形体环境。“环境政策综合计划”把这两类政策领域描绘为“在确保形体环境质量尽可能高的目标下，相互支持和补充”（VROM 1983；5）。“环境政策综合计划”把环境政策和空间规划看成是同等的，互为补充的和部分交叉的政策领域。这样，“环境政策综合计划”把综合看成“环境政策有效率和有效果的前提条件，环境政策考虑到整个政府政策的效率和效果”（VROM1983；6）。在这个计划中，环境标准系统被看成控制综合过程的一个重要工具，[28] 看成环境规划政策管理链的一种基本要素[29]。这个管理链有5个环节：（1）法律和规定，（2）标准，（3）许可证，（4）执行和（5）强制。在这些环节之间应当“没有障碍，顺利地一环扣一环，形成一个封闭的循环”［温斯米厄斯（Winsemius）1986；79］。按照时任住宅、空间规划和环境部部长温斯米厄斯的意见，过去这个链中的弱项是执行和强制。所以，他提议为所有环境领域建立环境标准系统，以便把标准在整体上衔接在一起，当然，这样做可能导致“一定程度的刚性”（VROM 1983；25）。

“环境政策综合计划”找出了未来标准系统的两个可供选择的原则，一个是执行严格的且现实的标准，留下可紧可松的机会，一个是执行能够收紧的比较具有弹性的标准。直到20世纪90年代后半期，第二个选择才找到立足的基础。在那段时间里，事实证明“严格的且现实的标准”对地方和环境/空间冲突产生的特殊背景太没有弹性了（见§5.5）。按照计划，一开始还是沿着第一个选择的方向发展标准系统，其基础是1979年《降低噪声法》所确定下来的原则。

尽管决策者选择了“严格的且现实的”的第一方案，然而，当时已经有了如何让标准系统具有弹性的讨论。“环境政策综合计划”推荐的是有区别的标准，承认不公正的划分可能产生负面的效果。当时，还讨论了“幅度”方法（即规定一个上下幅度）。以后，标准系

---

[28]“环境政策综合计划”（PIM）提出了把标准包括到空间发展规划中去的目的和可能性。在20世纪80年代出台的许多命令中，特别是在土地使用规划中加入环境标准，都可以看出这种思维线索。最明显的例子是，“关于鹿特丹港工业区的皇家命令”（1979年3月10日，66号），这个命令声称，《空间规划法》（WRO）没有“在土地使用规划中包括那些不是直接针对土地使用和建筑的标准或那些不是直接针对实现工作和活动的标准”的基础。许多人指出，这个声明可以从不同方面加以解释。一般的解释是，土地规划中没有包括排放、吸纳和其他环境方面的标准。

[29]温斯米厄斯（1986；78）指出了环境政策中的三种形式的管理：（1）自我管理（在20世纪90年代甚为流行），目标群体对他们的活动承担责任；（2）间接管理，目标群体的行为方式受到影响，如奖励；（3）直接管理，包括强制性的法律和规定。管理链涉及最后一种形式的管理。

统按照渐进式标准的原则来制定。[30] 读者也可能从“环境政策综合计划”中得出这样的结论，允许对标准的正当赦免这个论题一直没有认真得到考虑，只是到了20世纪90年代后期，才重新对此做严肃的思考。推荐作为一种“自我管理”手段的“污染泡概念”[31]（阿姆斯特丹市政府的做法[32]）也是十分有趣的。

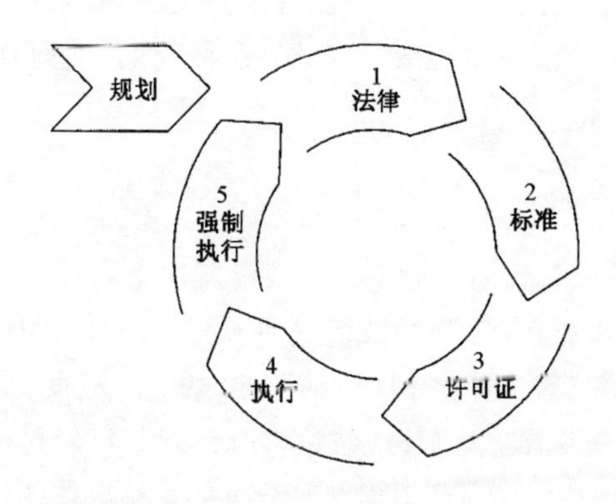

图5.1 管理链

资料来源：住宅、空间规划和环境部（VROM）1983。

“环境政策综合计划”强调把重点从协调向综合转变的需要，但

---

[30]渐进性标准的基础是这样一种观念，为了允许经济和社会适应越来越严格的标准，标准应当随着时间的推移逐步收紧。标准将有规则地按照限制值或目标值的指南间断性发展。限制值指定了最大的污染许可水平，而目标值指定了没有物质性污染的污染水平。目标值通常等于限制值的1/100。实践证明目标值很难做到这一点。所以，《降低噪声法》仅仅使用了一个指南和限制值。渐进性标准主要用于排放。对于结果导向的政策而言，渐进性标准从来就没有实际上得到实施，原因之一是，它们涉及了产生长期后果的空间状态（德罗 1996；113）。

[31]在美国，“污染泡”概念允许公司通过排放交易回收环境相关的投资，即向其他公司出售排放许可。

[32]直到20世纪90年代初，“污染泡”概念才开始受到重视，当时，政策制定者正在寻找标准系统的替代物，因为标准缺乏弹性（罗斯道尔夫等 1993）。阿姆斯特丹市政府，而不是中央政府，首先采纳了这个概念（阿姆斯特丹市政府 1994，德罗 1996）。

是，它并没有说明如何实现这种转变。“放宽空间规划和环境管理”（DROM）（VROM和EZ 1983）的项目开始了一种追求合理化、简化和减少法规的综合过程。这个项目以许可证制度和当时正在编制中的法规为基础，保留空间规划和环境管理的原则和目标。“环境政策综合计划”和“放宽空间规划和环境管理”反映了综合多门类环境政策的需要。协调演变成综合，综合在一定意义上包括理顺日常工作流程，从内部和外部指向其他政策领域。这种变化奠定了一种发展中的环境政策的基础。

整体大于它的组成部分之和

“环境政策综合计划”假定，在政府层次上，有“建立在分门类以及分组行动基础上的双重方式的强烈需要”（VROM 1983；21）。这就是“成组政策”。“国家环境政策”中包括了这种“成组政策”以及相关战略和政策措施。“环境政策综合计划”已经讨论过是否有可能制定政策以改变按照对环境损害而分类的多种群体的行为。有关环境政策计划的第一个政策性文件采用了“整体大于它的组成部分之和”的标题（VROM 1984a），提出进一步制定直接指向工业、农业、消费者、交通和运输等分门类的政策。这种政策的目的是在源头上处理环境问题，通过减少有害排放防止环境问题的发生。这个文件主张防患于未然。在这个意义上讲，在政策上采用成组的方式比起以结果为导向的方式更好。与此相关的是，在处理环境问题上的重点从治理转向预防。在20世纪80年代后半期和90年代前半期，因为对成组方式的期望值如此之高，从而导致了忽视结果导向的政策。放弃对环境问题的分门类的方式。

“整体大于它的组成部分之和”的政策文件承认，不可能在不涉及环境整体的情况下划分出环境的成分（空气、土壤、水和噪声）。所以，综合成为这个文件的核心论题。这个文件还提出了使环境政策更为有效率和更为有效果的环境政策方面的两大进展（VROM 1984a；14）。一是从反应性的治理导向政策向旨在防止环境问题发生的预测性政策的转变。一是重新确定中央政府、省政府和地方政府之间在环境问题上的关系，强调在环境政策规划过程中较低层次政府应当更多地参与进来。

由“整体大于它的组成部分之和”的政策文件所描述的进展成为环境政策综合规划的第一阶段。这个一般规划系统向第三方提供明确的信息，但是，一定不是层次性的。层次结构“与环境法规指定任务和责任的方式不会相容，也不与作为这个文件基础的规划方式（即主要趋向规划师自己的决策）相容”（VROM1984a；15～18）。在这样一种背景中，我们还谈论补充的行政管理。作为这个文件的延伸，这个政策文件详细讨论了环境政策规划中的相关标准。它再一次确认作为一般规则的命令性特征的标准的作用，大部分标准都是定量的。这些标准应当完整地提供给第三方，应当通过法规性措施来执行（政府法令，法律，等）。“整体大于它的组成部分之和”的政策文件显示出向比较多的定性标准作为政策基础和作为目标的方向转变。从环境政策在空间规划上的影响而言，可以认为环境质量目标是重要的。在省一级，环境政策计划包括以生态标准确定下来的环境质量为基础的地区分类。当参与进来的利益攸关者之间的平衡受到冲击时，这个区域应当在区域规划中加以设计。[33] 水资源管理政策和环境政策方面的迅速发展要求有一种使用的方式协调政策计划和目标。“以上提到项目的发展[……] 可能导致两种形式的规划并行的过程，这样，水资源管理和环境政策的计划变成了一个相互竞争的游戏”（VROM1984a；45）。

其他一些建议提出了形成未来环境政策的战略框架和发展过程。第三方应当尽可能早地参与到环境政策计划中来。所以，公开的政策制定过程有利于建立起一种共识。另外，涉及环境政策的所有因素应

---

[33]在1984年，规划综合还没有被认为是必要的，只是“认为需要协调。的确出现了联合准备和记录环境政策计划和区域规划”（VROM 1984a；48）。当然，需要承认的是，机构因素使这种规划综合十分困难。1984年，有人提出这样的意见，“在相关的法律中规定，指出现在正在制定中的环境政策计划和区域规划将如何会与现在的环境或区域的规划相联系”。这个意见直到10年以后才被接受，最终写入《环境管理法》第4.9款第5自然段，《空间规划法》4a款的第一自然段。人们称之为“蛙跳”修正。即使这样，也并非每一个人都满意。1994年4月，格罗宁根省政府在荷兰第一个同时建立了它的区域规划、环境政策规划和水资源管理规划。在20世纪90年代期间，其他省政府也开始改善与形体环境相关的规划的协调。德伦特省在1999年3月1日开始执行它的第一部综合的“省环境规划”。

当集中到一起，在一个统一的框架中把它们联系起来，这一点对中央层次的政府尤为重要。按照“整体大于它的组成部分之和”，应当借助于把多种环境政策因素联系起来的框架使环境问题的复杂性处于可以管理的状态。

这些要求决定了一个零碎的、分门类的环境政策怎样能够发展成为一个综合的政策。如果这些要求得到满足，政策就不会再建立在分割的分门类方式的基础上了。当然，我们不可能完全放弃分门类的方式，因为以治理为基础的，结果导向的政策对于减少污染、噪声、垃圾、资源消耗、土壤和空气污染，还是非常重要的。况且现存的分门类法规规模有限，不能简单地放弃它们。所以，分门类方式一定是制定和执行环境政策的多种方式之一（参见 温斯米厄斯，1986）。当时，成组方式日益盛行起来。另外，实物导向的方式也被用过一个时期。这种方式是针对处理潜在的有害物质的。产品和规模导向的方式旨在减少排放。综合的链式管理是产品导向方式的最有影响的论题。它把以上诸多环境问题与来自产品生产过程的环境影响结合起来。规模导向的方式是用来减少排放的。这些方式处理了环境政策中可以让人了解的方面。它们本身都是有价值的方式，但是，我们还要看到它们与其他方式的关系。

尽管“整体大于它的组成部分之和”的政策文件推荐了成组方式和保留有关结果导向的政策，但是，它没有完全认识到分地区的方式的潜在意义。分地区的方式集中在“在一般意义上，一个地区的环境功能（居住区、自然保护区、湖泊等）和/或有空间规划师确定采取特殊措施的地区（国家公园、工业区等)。这种方式与行政管理机构（省、区域管理机构等）相联系”（VROM 1984a；27)。分地区的方式并非一个全新的方式。《降低噪声法》（安静区和寺院）和水资源管理政策（水源地）已经采用这种方式。当然，“整体大于它的组成部分之和”的政策文件低估了分地区的方式在协调空间规划和水资源管理部门的政策方面的重要作用。直到20世纪90年代，分地区政策脱离了它按照结果导向方式支配的分门类化的过去，采用了成组政策方式。自此以后，分地区的方式在与空间规划综合和协调方面发挥了重要作用（§5.4)。

“整体大于它的组成部分之和”的政策文件期待以上描述的方式将会使“子地区之间的主要关系处于明显的和可以管理的状态”

(VROM 1984a；27)。它还指出，不可能找到一种"整体的"方式去囊括复杂环境问题的所有方面。当然，在一定情况下，当一种专题性方式与其他方式结合起来的话，这种专题性方式是能够产生效果的。

指导性长期环境项目（1985～1989）采用的正式步骤

1984年，"整体大于它的组成部分之和"的文件描述了未来的综合的环境政策，同时，"指导性长期环境项目，1985～1989"(IMP-M)(VROM 1984b) 在这个方向上确定了步骤，它的基础就是"整体大于它的组成部分之和"所提出的方式。当然，在"指导性长期环境项目，1985～1989"中，论题方式成为中心，而不是对环境政策的战略性方式做补充[34]（见图5.2）。

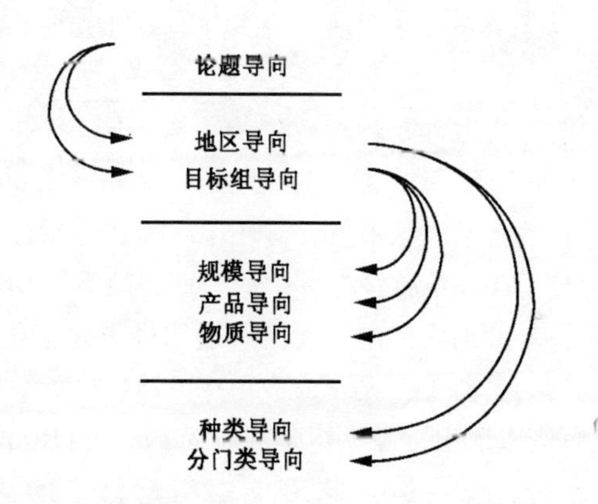

图5.2　针对环境政策的方式和这些方式的相互关系

环境政策的双轨制方式（即源头取向和结果取向）也是关键（见图5.3)。这是环境政策规划系统上的一个分水岭（莫尔 1989；29)。

[34]最开始的论题有：(1) 酸化，(2) 富营养化，(3) 有毒/危险物质，(4) 垃圾填埋，(5) 干扰，(6) 改善环境管理工具。国家公共卫生和环境研究所的报告《关照明天》按照它们通常发生的地理规模对它们做了分类。在"第一个国家环境政策计划"(1989～1993)(VROM1989) 最终确定了8个论点。这些论点通过与战略和集体行动计划相联系而在环境政策中得到发展。这些论题是，气候变化、酸化、富营养化、地理上的扩散、运输、干扰、干燥和垃圾。

尽管环境战略是建立在若干中心环境论题基础之上的，随之而来的处理环境问题的详细措施还必须使用双重方式来制定，即源头取向和结果取向的方式。

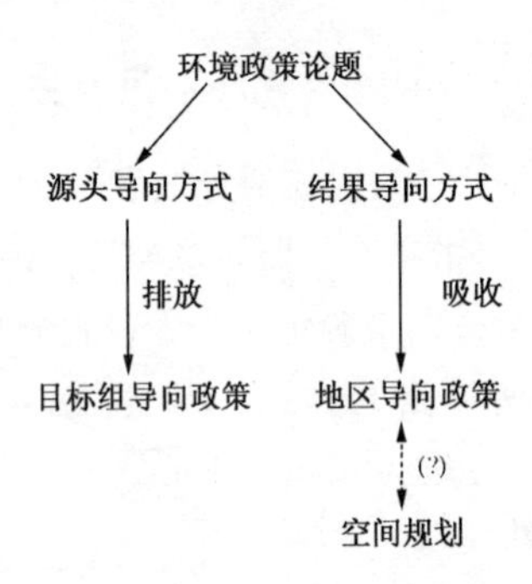

图 5.3　综合环境政策的结构，表现了与空间规划的清晰关系

源头取向的方式通常是环境政策的主流方式。“指导性长期环境项目，1985～1989”强调了这一点。但是，这并不意味着，过去的政策总是集中到环境污染的结果上。对环境政策的一致性和透明性日益增长的要求突显了在环境政策综合中源头取向政策（即成组政策）的确切角色。环境政策也只有在一致性和透明性下才会更为有效。“这样一种制定政策的‘综合’方式（VROM 1984b；76）应当主要用于“源头组，在政策术语中，源头组是同种类的”（VROM 1984b；76）。从环境的角度看，源头组意味着能够引起污染的“同种类”组（VROM 1984b；77）。工业的分支或分门类就是一例。国家层次的政府把这些目标组的分类看成是源头取向政策的重要基础。当然，中央政府“通常并不直接参与颁发一个个源头的许可证”（VROM 1984b；76），所以，中央政府制定针对每一个目标组的指南，以便让地方管理部门和水资源管理委员会更好地工作。在制定指南的过程中，应当紧密地咨询地方和区域管理部门，而“较低层次的政府应当在执行这些政策时把其看成具有一定程度弹性的规则”（VROM 1984b；78）。这种目标组方式的一个优势是，它可以用到其他政策领域，如经济政策领域，以此凝聚其他领域的政策。这种方式的目的还在于通过对个人、群体、组织和商业的教育和给他们提供信息来影响他们，鼓励向

"国际化"看齐（温斯米厄斯，1986）。内利森（1988；207）提出，跟随这个路径，加上中央政府所担当起来的"促进者"的角色，成功的潜力极大。除开现行的法规性措施外，优惠措施也将会发展起来。政府还要求目标组承担起责任："所有的组都要担负起相应的环境责任"（下议院 1989；13）。20世纪90年代，参与和共同管理日益成为关键论题，目标组和政府之间的正式协议越来越流行起来。

结果取向的方式是希望"通过确定污染水平的方式防止和/或限制对形体环境的负面影响，这种确定下来的污染水平是以现有知识为基础的，有理由期待这种对形体环境的负面影响将不发生"（VROM 1984b；56）。这里，定量的环境标准的重要性是不言而喻的。分门类化方式的劣势表现为部门间对环境问题的推诿。在这种方式下，很难用生态和空间意义上的整体观去看待环境。所以，关键是应该把政策建立在"把期待的和负面的结果用物质的、自然现象和对自然界的侵蚀等具体指标表达出来"（VROM 1984b；56）。[35] 这种方式的核心是负面结果发生的几率（参见第2章和§5.2），风险成为一个参数。这样，政策将会用"特定的物理的或化学的物质（物质、噪声、放射性等）来表达，这些物理的或化学的物质影响着一定的地理区域"（VROM 1984b；57）。"指导性长期环境项目，1985～1989"（IMP-M）依然十分强调物质导向的政策。以分门类为基础的政策必须在部门的"指导性长期环境项目"上得以发展。当然，"指导性长期环境项目"提出，"以分地区为基础建立起来的政策存在信息不充分的情况，政府对此负责"（VROM 1984b；57）。"指导性长期环境项目"把"分地区"的政策解释为，"从保护特殊环境质量和/或那个地区的特殊意义的角度，一个地区结果取向的政策集中把各种措施综合成为一体"（VROM 1984b；57）。

在"指导性长期环境项目，1985～1989"（IMP-M）之后，结果取向的和分地区的政策迅速建立起来。在"指导性长期环境项目，1986～1990"中，"地方环境"的意义第一次得到了清晰的表达："自

[35] 这些不希望的"负面效果"或"外部因素"（参见第2章）是，"人类、动物和植物生存和健康条件的退化，物质性对象的条件在退化"（VROM 1984b；56）。

然环境应当理解为一个由四个紧密相关的部分组成的系统：空气、土壤、水和有机物，而从自然和景观保护的角度看，自然环境是自然和文化之间相互作用的结果。最近这些年在荷兰和其他国家已经进行的研究和已经获得的经验清楚地表明，为了保护我们的自然界，我们应当在不同尺度上，从地方/区域到全球，把自然界看成一个完整的生态系统”（下议院 1985；10）。所以，需要认识到每个尺度下自然环境的特殊性质，包括地方尺度下自然环境的特殊性质。

环境保护区和环境质量要求是结果取向的环境政策两种特殊手段(下议院 1985；116)。环境质量要求包括两类，一般的和专门的。一般质量涉及《控制污染的优先政策性文件》（1972）引入的环境质量的基本水平，它适用于荷兰全境。《降低噪声法》中提出的限制值就是一例。由“围绕环境标准的 1976 年政策文件”提出的一般环境要求应该用来表达荷兰的一般环境质量。地区专门政策是用来保护荷兰许多地区的特殊环境质量，“地方”层次的环境质量明显高于一般层次的环境质量（下议院 1985）。最清楚的例子有，安静分区，教堂、径流和土壤保护区等。结果取向的和分地区环境政策的特殊形式是用来确定“与荷兰整体或给定地区的环境质量相关的目标，以及这些目标给目标组规定的责任”（下议院 1985；12）。为了保证一个给定地区所预期的环境质量与空间规划师、自然保护组织所认定的功能和使用一致，与水资源管理政策和交通和运输政策一致，应该在决策、计划制定和执行，以及其他与自然环境相关的政策之间，建立起一种对话机制（参见比耶菲尔德，1992；3）。在环境政策中的这种地区专门的取向为综合的地区专门政策提供了基础：ROM“指定地区”政策(§5.4)。

按照“指导性长期环境项目，1985～1989”（IMP-M），住宅、空间规划和环境部（VROM）应当首先开始推动这个综合过程。然后，其他部门应当跟随住宅、空间规划和环境部建立起来的这个综合过程和框架。那个时期，建立起垂直的政策协调机制和长期的国家规划的时机还不成熟。这个新的发展还必须采用“国家环境政策规划”(NMP) 的形式，“国家环境政策规划”提出了在中央层次对环境政策实施内部和外部综合的过程。在“指导性长期环境项目，1985～

1989”（IMP-M）公布5年之后，荷兰有了“第一个国家环境政策规划”（NMP-1）（VROM 1989）。由于“第一个国家环境政策规划”（NMP-1）采用了建立在环境政策内部综合基础上的独特方式，所以，它得到了国际社会的热情关注。

“第一个国家环境政策规划”(NMP-1)：20世纪90年代的一个窗口

“第一个国家环境政策规划”1989~1993（NMP-1）的标题是，“选择或丧失”，它建立了一个中期环境政策战略（下议院1989；7）。在“国家环境政策规划”开始执行时，人们认为它是20世纪90年代环境政策的框架。这个规划保留了原先的一些关键因素，如静止原则，首先解决源头的措施和“谁污染谁偿付”的原则。这个规划的目标是，继续执行现有的政策，同时引入一系列新的原则，其中最有影响的原则是可持续性原则（参见§2.6）。这个规划集中在可持续发展上，其目标是针对人类活动的长期后果。按照在一代人时间范围内解决环境问题的愿望或使环境问题得到控制的愿望来制定战略（下议院1989；7）。

这个政策框架以论题、目标组和保留完好的地区为基础，仅仅给地区留下一个边缘的位置。当然，“第一个国家环境政策规划”1989~1993（NMP-1）提出了而且编制了“指定的空间规划和环境地区”的预算，发展综合环境分区规划体制的政策。这些措施（见§5.4）都采用了分地区环境政策独特的“综合”形式。尽管“第一个国家环境政策规划（NMP-1）”几乎没有提到过外部协调和综合过程，但是，20世纪90年代，在外部协调和综合过程中，特别是在与空间规划部门一道，分地区环境政策发挥了重要作用。

“第一个国家环境政策规划（NMP-1）”几乎没有关注促进外部综合的因素，仅仅提到把环境政策与其他自然环境相关的部门政策综合起来［科曼（Koeman）1989；50］。它也没有建立这种外部综合的一般框架。在“国家环境政策规划（NMP-1）”中，综合仅仅与建议以论题为基础的政策和成组政策所要采取的措施的背景相联系。综合对那些没有划归为目标组的部门影响不大。在很大程度上讲，“国家环境政策规划（NMP-1）”不过是内部综合过程的一个回音。因为这个规划期望成为20世纪90年代环境政策的一个指南，所以，这个规划的意义有限：紧随内部综合期，准备与人类生活环境相关的其他领域的政策实施协调和综合的政策。

“第一个国家环境政策规划（NMP-1）”中的大部分战略和具体行动方案可以展开为8个环境论题，而责任分属不同的目标组。[36]通过使多个目标组对自己的具体行动方案承担起责任，这个规划把重点放到源头措施上。通过一个行动计划，部分实现减少碳氢化合物的排放（具体行动方案32）（KWS 2000；VROM 1989b）。这个行动计划要求与其他相关者合作。这个规划提出了农业部门的措施，如粪肥储存（具体行动方案183）和记录矿物质的使用（具体行动方案26）。在具体行动方案193中，提出了“道路定价”，以此作为管理交通的手段。

“第一个国家环境政策规划（NMP-1）”包含了许多目标和方向，但是，它并非总是明确地提出了它们应当如何得以实现。“国家环境政策规划”的方向主要以RIVM报告《关照明天》为基础的，《关照明天》以后成为国家环境政策行动和战略的科学基础。《关照明天》和“国家环境政策规划”对于环境问题的社会原因只是轻描淡写的一掠而过。所以，科曼总结道，“计划的措施仅仅是治表，而几乎没有注意去寻找治本的方案”（1989；51）。虽然政策综合的过程、推进具有凝聚性的政策、有了追求参与的政策，增加了对环境问题复杂性的认识，但是，“国家环境政策规划”的基础仍然是技术-功能方式。在

---

[36]“第一个国家环境政策计划”根据把环境问题置入行政管理和政策背景中去的目的，对5个地理尺度做了区分，地方的、区域的、流域的、大陆的和全球的。这个区分的基础是人类活动的生态结果和这些结果表现出来的尺度之间的关系。指标性多年环境项目（1986～1990）已经提到了环境问题发生的不同地理尺度间的相互影响问题。国家公共卫生和环境研究所的报告《关照明天》使用这些地理尺度对环境问题进行了分类。在“第一个国家环境政策计划”中，这个分类方式被用到了地理区域上（见德罗1996；29～30）。在第2章中，我们提到过，这种关系不能简单地套用到所有情况上。由SO_2和NOx排放所引起的酸化影响是大陆范围的，但是，由于NH_3的排放，酸化还有地方影响。摩尔还指出，“交通同样是产生酸雨的一个源头”，“交通能够看成具有全球影响的全球源头，它也同样是影响较小地理尺度上的一个源头”（1989；32）。

这个意义上讲，与20世纪70年代如出一辙，决策者几乎没有关注环境问题的社会原因。

“第一个国家环境政策规划（NMP-1）”旨在实现定量化和建立具体的目标。尽管它并不希望带有总体规划的品质[37]，但是，它还是表现出了总体规划的属性，按照林格林斯（1990；9）的看法，这个规划过程还是具有鸟瞰的特征。规划不是与目标组一道制定出来的，而是为它们制定的。结果，目标组的身份成为了执行者的身份。“国家环境政策规划”为目标组描述目标，其基础是《关照明天》。[38] 把重点置于承诺性的政策上［见格拉斯柏根（Glasbergen）1998］，把承诺看成一种重要方法，以便让目标组对环境政策做出承诺。依靠政府和工业界之间签署的自愿协议，承诺性政策不能完全脱离开民主的观点来讨论。[39] 虽然莫尔并不认为我们应当把这个规划看成一个蓝图，但是，他指出，一个具有中央集权和发挥监管作用的中央政府倾向于“增加对社会相互作用的完善控制，这必然会影响到环境政策”（1989；35）。中央环境保护委员会在对“国家环境政策规划”的推荐意见（CRMH 1989）中指出，“国家环境政策规划（NMP-1）”对环境目标提出了建设性的建议，而在实现这些目标方面，参与者的贡献还不确定。“国家环境政策规划（NMP-1）”基本上是按照这种方式建立了环境政策，实现的条件在于目标组的承诺。这种向内导向的和层次性的方式在一定程度上是由于环境部采用了目标取向的观点。就环境部自身而言，这种情形可以解释为一种对日益恶化的环境质量的

---

[37]“第一个国家环境政策计划”清晰地提出，“战略性”的方法与现在政府在社会发展方面的角色不相一致（TK 1989；44）。比耶菲尔德（1990；28－29）也提出，不能简单地期待“第一个国家环境政策计划”达到预期的结果。这个计划的主要目的是把环境这个问题放到政治的和部门之间的远景计划上。他认为，第一个目标已经实现了。“第一个国家环境政策计划”本身就是住宅、空间规划和环境部（VROM）、公共工程和水资源管理部（V&W）、农业、自然管理和渔业部（LNV）和经济事务部（EZ）等四个部合作的产物。住宅、空间规划和环境部（VROM）负责准备和协调。

[38]德·容把这个方法描述为：“（1）精确地识别我们感觉到的负面影响和那些我们不能接受的风险；（2）编制环境质量要求；（3）在这些要求的基础上，计算需要减少的排放；（4）在污染源之间分配需要减少的目标”（1989；15）。

[39]在这种情况下，我们提出“协商的管理”。

“自然”反应，这种恶化的环境质量要求实施20年的危机管理。

按照“第一个国家环境政策规划（NMP-1）”，“环境的混乱状态”要求“引人注目的措施”。例如，格拉斯柏根和迪彭英克（Dieperink）（1989；299）提出了这样的问题，环境政策是否应当适应放松管制、私有化和分散化这类流行的政治倾向。他们认为，修订过的法规，中央政府组织的团结一致和在国家尺度上的有力的实质性政策承诺可能是一种比较好的方式。并非仅仅他们俩有这样的观点。他人有关“第一个国家环境政策规划（NMP-1）”的推荐和意见也提出了进一步发展标准作为控制的核心手段的可能性，借助分区政策，加快环境治理的速度，扩大政策覆盖面以便控制更多的污染源（VROM 1989c）。[40] 科学政策咨询委员会（RAWB）在它对“第一个国家环境政策规划（NMP-1）”的推荐意见中提出，政府们能够执行环境政策的最重要的工具就是标准。中央环境保护委员会对此做出的反应是，“第一个国家环境政策规划（NMP-1）没有给结果取向的措施建立起比较严格的标准，如噪声屏障和隔离，或可以调动更多的财力资源，仅就这一点而言，就足以令人失望了”（1989；26）。德吕佩斯提（Drupsteen）（1990）也对“第一个国家环境政策规划（NMP-1）”做出反应，标准能够最好地用来把握政策的方向。社会经济委员会（SER）提出，“相互连贯地使用以价格优惠形式出现的谁污染谁偿付的原则、标准和法令/禁止”（1989；15）对于有效执行环境政策是至关重要的。当时出现了一种社会对话，即政府应当如何把环境当作集体的财产加以处理，而不要低估其价值。莫尔看到了“增加国家在环境问题控制方面作用的广泛的社会共识”（1989；35）。这样，在“第一个国家环境政策规划（NMP-1）”公布之后，就出现了对口大环境标准层次结构的广泛的社会支持基础。

有关环境政策的社会舆论也被转换成为一种政治背景。20世纪80年代末，“环境”是一个主要的政治问题，因为作为整体的社会关

---

[40]考虑到噪声干扰，“第一个国家环境政策计划”集中关注了与航空相关的噪声［“第二个最大的噪声源”（VROM 1989c；45）］以及由军事引起的噪声和街区噪声。

注它。[41] 这是环境部提出议案的最好的氛围。[42] 20世纪90年代之初，在应对相反的发展倾向如放松管制、分散化和私有化方面，继续维持中央建立起来的环境政策大纲已经在社会、政治和行政管理上获得共识。若干年以后，广泛的社会共识明显转向反对进一步发展层次化的以大纲方式设立的环境政策。至少这种转变对环境政策的“可持续下去”的基础发生了怀疑。

5.4 分地区的环境政策：喜忧参半

虽然改变20年建设起来的环境政策的理由可能容易理解，但是，对这些变化形成一个整体的画面还是困难的。从决策导向的角度看（§4.6），许多变化都是为了使制定环境规划更有效率和效果。只要有可能，建立在专题和源头取向方式基础上的综合体系总会取代部门分割的体制，替代结果取向的方式、改变技术－功能新的因果关系战略。环境问题不再被看成是直接的和容易确定的问题。人们更为关注环境问题之间的关系，尽管如此，这种认识方式还没有跳出污染源和受污染地区之间联系的范畴。社会的和结构性因果关系还没有成为问题界定和问题选择的组成部分。然而，环境问题的不同构成部分以分类方式，即环境政策论题，结合在一起了。环境政策论题在目标组和分地区的政策中建立起来。

从机构导向的角度看（§4.7），最明显的环境政策变化方面是环境部没有灵活性的内向式态度。在20年中，这个部门按照行政的和/或政治的权限指导、引导和试图控制其他部门的行为。在地方层次恰恰必须发展一个分层次的、“分散式的”政府政策，这类政策的基础是定义狭窄的纲领。考虑到社会对那个时期环境状态的关注，分层次的和分散式的政府政策甚至得到了鼓励，同时也与社会相关目标组参与环境政策的方式相匹配。环境部不再简单地设定标准，而且要求社

---

[41]第二个吕贝尔斯内阁的下台不是因为“第一个国家环境政策计划”的目标，而是因为这个计划的资金问题。

[42]从以后逐步提高的“国家环境政策计划”的环境目标看，作为政治论题的环境的重要性是十分明显的，在“第一个国家环境政策计划”之后很快就出现了“国家环境政策计划”的修订版（下议院1990）。

会各界主动参与，期待他们至少实现合理的目标。

从目标导向的角度考虑（§4.5），最明显的环境政策变化方面是，继续发展以框架形式建立起来的环境标准。标准系统的发展是环境政策中最为稳定的部分。从《控制污染的优先政策性文件》到“第一个国家环境政策规划（NMP-1）”，环境标准进一步完善和扩大(见§5.2)。这个发展明显与中央政府在环境政策方面的机构导向的角色并驾齐驱。

然而，考虑到表4和图4.8，图4.9和图4.10所建立起来的关系，我们会期待这样一种变化发生，从分门类的标准系统到论题性的标准系统，以致产生一个具有更大弹性的标准系统，更大程度地强调过程，政策的分散化，增加对环境问题发生背景因素的考虑。这种变化依稀可见，至少在“第一个国家环境政策规划（NMP-1）”中是这样。“第一个国家环境政策规划（NMP-1）”的确是一个综合过程的产物，但是，它也同时确定，环境政策的性质是分层的，环境政策的表达模式是大纲性的。然而，“第一个国家环境政策规划（NMP-1）”并非一个分层的强制令，它是中央政府的战略建议，并以广泛的社会共识为基础。期待社会对实施这个计划的大量承诺。当然，“第一个国家环境政策规划（NMP-1）”几乎完全没有涉及环境问题的社会原因和后果。没有注意环境政策的结果导向和分地区的方面，也几乎没有提及外部综合的过程。

在“第一个国家环境政策规划（NMP-1）”公布之时，环境政策的内部综合已经获得了阶段性的成果，至少按照“第一个国家环境政策规划（NMP-1）”，接下来开始的就是环境政策发展的外部综合阶段。在这个阶段，分地区的环境政策将把一般环境政策和空间规划联系起来，实际上，分地区的环境政策本身就有空间的向度（见图5.3）。我们在下几节中将讨论分地区的环境政策。这些发展体现了一种有关环境政策的管理和有关环境政策的标准方面思维模式的转折点。特别是对政府分层式设定框架的作用进行了评论（参见§1.2）。所以，不仅在引导决策的方式上有了变化，在以规划为基础的行动的目标导向和机构导向方式上也有变化。

第三条路线

"第一个国家环境政策规划（NMP-1）"忽略结果导向的政策和分地区的政策的理由众多。20世纪70年代的环境政策主要是结果导向的，而这类政策并不成功。另外，涉及源头的环境政策在保护环境方面比起结果导向的政策要更加有效。我们还必须记住，虽然我们假定，"就中期目标来讲，结果导向的措施还是必须的"（下议院1989；86），但是，针对环境结果的措施是一种没有生机的品种。无论情况怎样，住宅、空间规划和环境部（VROM）还是相信，在极端情况下，如清除污染，结构性源头治理措施短期内不能产生效力，结果导向方式比较便宜，或者在环境灾害发生时，还是需要使用框架导向措施之类的保守方式。例如，当地方或区域层次必须付出额外努力时，这些情况同样适合于自然保护区和森林地区（NMP-1，具体行动方案20）。尽管以谨慎方式使用结果导向的措施，按照"国家环境政策规划（NMP-1）"的具体行动方案157，"分地区环境政策行动计划"（下议院1990）还是在1990年出现了。这个行动计划处理"第一个国家环境政策规划（NMP-1）"遗留下来的问题，即与空间规划和与自然环境相关的其他形式的政策实施外部综合必须以分地区的方式为基础。

我们已经看到，分地区的环境政策不是一个新事物。荷兰的大部分地区都是由某种形式的环境分区所覆盖的，或者受到保护或实现一定水平环境质量的目标的约束。在雷杰蒙德地区和围绕希普霍尔机场的周围地区，都是采用的"灰色"环境政策，而费吕沃（Veluwe）国家公园和瓦登海（Waddenzee）沿岸地区采用的是"绿色"环境政策。针对一定部门的多种零碎形式的分地区政策已经沿用一段时间了。首先，在国家范围内，分门类为基础的环境标准系统已经得到应用，并建立起了环境纲要。这样的系统影响到了空间规划。我们在5.2节中说明了这种系统在20世纪70年代和80年代的发展。其次，"那些受到污染、影响或干扰相对严重的地区，因为它们特殊的功能或生态重要性，获得超出常规环境质量标准的保护，这类保护通常认为是不必要的"（下议院1990；22）。这种方式的核心是"生活环境的质量、环境条件和这些地区为社会承担的功能之间的关系"（下议院1990；6）。

当“灰色”环境是唯一标准时，安静分区、寺院、地表水保护区、土壤保护区和磷酸矿物质敏感区都是分地区政策的产物。这张分区表是可以控制的，但是，当“绿色”环境也成为一个标准时（“分地区环境政策行动计划的执行计划”仅限制用于灰色环境），便出现了更多的保护形式：由“农业和自然保护政策文件”提到的地区（下议院 1975）、国家公园、被保护的地区和场地、区域综合水源管理项目区、湿地、兰斯塔德城市群生态区（VROM 和 LV 1985），有价值的文化景观区（LNV 和 VROM 1992；39），战略性绿色项目（LNV 和 VROM 1992；123）和由生态核心区、自然发展区和缓冲区构成的国家生态基础设施（下议院 1996b；78）。这些地区都是灰色环境和绿色环境重叠的地区。例如，因为十分明显的理由，80% 的土壤保护区都包括在国家生态基础设施之中（巴特尔德 1993）。在这些地区中，每一个地方都受到某种土地使用条件的约束。

在 1993 年 3 月 1 日《环境管理法》开始生效的时候，在灰色环境中的保护区结合成为环境保护区。当然，作为不同的划分因素，这项法律还涉及安静分区和地表水保护区。这项法律忽略了土壤保护政策，这个政策可以在任何情况加以选择，因为土地资源缺乏，它的发展只能是缓慢的（德罗和巴特尔德 1996）。省政府在分地区政策方面具有设计、执行和管理的功能。每一个省都必须按照它自己的方式发挥在分地区政策上的这些作用。中央政府要求省里的管理部门划定具有特殊环境质量的地区，包括在他们规划中的那些地区，编制省里的细则来保护这些指定的地区。除开地表水保护区外，这些部门的分地区政策涉及乡村地区，用来保护生态系统的那些政策常常横跨地方行政边界，当然地表水保护区总是如此。大部分这类地区都提供了很好的娱乐休闲设施，所以，具有双重功能。这两种功能几乎没有什么冲突，在土地使用分配上存在一个共同认定的合理水平。

当环境政策采用分地区的方式而面临若干相互冲突的功能和多个环境方面时，当出现若干行政管理层次的过渡边界冲突时，这种情形会有所不同。在这种情况下，“分地区环境政策的行动计划”提倡使用综合的分地区方式。荷兰市政府协会（VNG）发现，“在涉及若干环境方面和/或不同政策领域的情况下”，这样一种方式会产生积极的成果（1993；18，参见特尼斯 1995）。

“分地区环境政策的行动计划”提出，“除开以论题为基础和以目标组为基础的方式外，对环境问题的分地区方式是对环境政策实行综合的第三条路线”（下议院 1990；1）。这是住宅、空间规划和环境部（VROM）部长阿尔德（Alders）（1990～1994）提出来的一种观点。当时，从他自己的关注点出发，通报荷兰议会二院，政策不应该再由结果导向的方式所支配，而应该由建立在指定地区和目标组基础上的政策所替代。首先，如果环境政策的核心特征和设定框架不改变的话，这个主张是不会产生效果的。如果这些框架继续保留，分地区的政策在本质上与结果导向的政策没有什么区别，这种结果导向的政策是建立在标准和执行多年的分区基础上的。如果这样一种综合的基础是区域或地方管理而不是中央管理，铭记辅助原则，一般设定框架下产生法规允许地方的目标和创造性，那么，这个主张可能会产生不同的结果。同样重要的是，在对环境政策所及利益和地方空间规划所及的利益给予公正和公平的考虑方面留有弹性。在这种情况下，分地区的政策将会成为一个完全新的方式。

对于在地方层次建立地方政策来讲，地方特殊的可能性和约束应当先于一般源头政策和结果导向的政策得到考虑。然后，在分地区的战略框架内，地方平衡将是在源头基础上的政策和结果导向的政策之间获得。这不仅仅借助环境保护区来保护特殊环境质量的地方管理的问题，它也包括把环境-卫生规范和价值与发展协调起来，这些发展所涉及的地区和位置可能具有不同的功能、活动和利益。

许多人认为，“除开目标组的政策，这类发展应该成为综合资信环境政策的基础”［库加佩 1996；59，也见比克尔特（Biekart）1994］。当然，问题是这是否实际上是环境部的愿望。“分地区环境政策的行动计划”为此创造了一个基础，但是，当“分地区环境政策的行动计划”出现时，有关这个发展的讨论还没有开始。当然，对于这个讨论的目的来讲，考虑到地方层次能够进行这样的政策综合还是有益的。如果地方层次能够在政策综合方面的贡献可以得到证明的话，我们必须问我们自己，在“灰色”环境和空间环境之间的界面上，什么样的管理形式，国家的或地方的，能够增加政策在地方层次上的效率和效益。

“第一个国家环境政策规划（NMP-1）”和“分地区环境政策的行动计划”反映出了在分地区环境政策方面的两种发展，它允许我们考察在决策管理层次上的变化的可能性和意义之所在。分地区环境政策的第一个发展是，通过综合环境分区（IMZ）扩大“经典的”标准系统。这种发展紧随现存的目标导向的政策。在住宅、空间规划和环境部内部，人们把综合环境分区看成已经成功和流行的政策的另一个阶段。这就意味着对综合环境分区寄予很高的期望值。作为一种手段，综合环境分区可以看成是对分层的和设定框架的管理形式的认定。对综合环境分区提出的系统基本上是希望支持内部综合的过程（博斯特等 1995）。这可能就是“分地区环境政策的行动计划”没有把“综合环境分区”（IMZ）描述为一个综合的政策，而是把它描述为一个应用于指定分门类的零碎政策的原因。国家空间规划中没有提到综合环境分区（IMZ），在一定程度是因为国家空间规划局（RPD）把综合环境分区（IMZ）看成对建立在利益平衡基础上的空间规划政策的一个严重威胁。相对比，在“关于形体规划的第四号政策文件”（VINO）和“关于形体规划-补遗的第四号政策文件”（VINEX）中都提及了“指定的空间规划和环境地区”（ROM 地区）的政策。分地区环境政策的第二个发展是“指定的空间规划和环境地区（ROM 地区）”的政策。这个政策强调形成地方共识，按照地方特定情况因地制宜设计解决方案。这种方式的基础不是规划的目标导向方面，而是强调规划的机构导向方面［德里森（Driessen）1996，基斯伯茨（Gijsberts）1995，格拉斯柏根 1993，格拉斯柏根和德里森 1994］。这种方式为其他事务，主要是空间利益，网开一面，所以，它也得不到普遍的支持。“指定的空间规划和环境地区的政策”允许考虑地方特殊情况，推动地方非政府组织的参与，鼓励地方和区域管理部门在解决环境/空间冲突方面承担起更大的责任。

综合环境分区（IMZ）能够看成是传统的设定目标的环境政策的一个成分，而指定的空间规划和环境地区政策则是新型的合作政策的成分。在 11 个实验项目中，两种方法都获得经验．在这个过程中，对以标准为基础的政策评价发生了变化，而综合环境分区的经验受到了负面的解释。同时，在证据不足的情况下，假定指定的空间规划和环境地区政策是可行的，尽管它取得的成果类似综合环境分区项目所取得的成果。两种方法各有利弊，但是，问题是这两种创新的政策工具如何影响环境政策的机构特征和建立目标的特征。以下我们将会涉及这个问题，这个问题不仅与环境政策本身有关，还与环境政策和空间规划的协调和综合有关。

综合的环境分区

"国家环境政策规划"（NMP）战略39的目标是"推动综合的环境分区，分地区的政策和结果导向的政策"。这个战略涉及"干扰"这个政策论题。由于这个规划中已经有关于安静区的政策（具体执行方案158），所以，战略39仅仅有一个具体执行方案，即具体执行方案82，它涉及"源头集聚和综合的环境分区"项目的执行。这个项目是在1989年4月3日宣布的（VROM 1989b）。这个项目的目标是实验综合的环境分区，以"改善围绕大型工业区周边地区的环境质量"（下议院1989；152）。期待这个项目能够创造出"综合环境分区暂行制度"（VROM 1988；3），而这个制度将写入《环境保护法》的第6部分中。

当然，这个预设的制度最终没有写入任何法律文件中。环境部把这个有关分区体制的建议看成掌控环境政策目标导向的一个方向，正因为如此，这个分区体制也被看成一个很大的威胁。1996年，环境部把这个综合环境分区（IMZ）项目交给了"联省委员会"（IPO），随后联省委员会给"综合环境分区"制定了一个完全不同的方针。1996年，联省委员会公布了"空间规划和工业环境及其周边环境"（ROMIO）[43]（IPO 1996）。这个报告放弃了综合环境分区项目的目标导向

---

[43]ROMIO是荷兰语"工业及其相邻环境的空间规划和环境"的缩写。事实上，ROMIO是一种项目管理模型，它是或多或少具有普遍利用价值的组织框架，用来处理以参与和过程结构中出现的问题。"综合、弹性、以实践为基础、分地区、所有当事人平等，都是这个管理模型的关键词"（IPO1996；7）。这个模型是时代的产物。ROMIO的一般特征是，在没有对一个项目心存愿望的话，它的特殊目标（即居住和工业活动和谐共存）并非即刻明白显示出来的。

的和规范性的特征。联省委员会对规范性标准政策的厌恶如此之大以致“标准”这个术语没有在这个项目建议书的主题报告中出现。不再期待标准和目标提供解决方案，合作、参与和交流替代了标准和目标。在综合环境分区被搁置若干年之后，再来回忆当时如何看待这个有关综合环境分区的建议，一定令人惊讶。1989 年的项目领导人塔恩认为，这个建议既是对“分门类的环境法规的一个自然的结论，也是向综合的环境法规迈进的一个逻辑阶段”（范·德恩·纽温霍夫和巴克 1989；11）。最后，虽然环境部并没有在标准环境政策中给它提出的综合环境分区[44]一个战略性的位置，但是，综合环境分区还是一个重要的项目，因为它是讨论如何解决荷兰的环境/空间冲突的基础。

当环境被列入政治和行政管理战略蓝图的首位时，综合环境分区的概念才被提出来了。这个意义深远的措施也得到了广泛的公众支持。政府接受了若干城镇街区提出的要求，给那里的环境治理提供资金，还要求进一步发展标准体系（见§5.3）。不只是空间规划委员会（RARO）认为“推进综合的政策是防止城市地区生活和工作环境干扰的根本”（1989；26），所以，“同意在 15 个工业区确定综合环境分区的计划”（1989；26）。最终完成的环境部提出的示范性实验项目为 11 个，而不是 15 个。[45]

在荷兰，当时的感觉是，环境污染的规模已经达到了顶峰，未来只剩下减少环境污染规模这一条路可走了。人们感觉到环境分区不会是太激进的。空间规划委员会（1992；15）反映出了这样的看法，它指出（1）环境技术正在持续发展，它毕竟会改善环境，（2）日益增

---

[44]纽约市政府环境保护部编制的“合计环境承载底线概要”（BAEL）使用荷兰的“综合环境分区暂行制度”作为一个例子。“合计环境承载底线概要”发展成为与荷兰“综合环境分区暂行制度”相似的一种方法，但是，它的基本愿望是，对环境条件提供一个概览。这个概览并非直接产生规划结果，而是用来推动地方居民和致力于改善城市宜居性的社会团体进行“交流”。这个方法在纽约西南部工业区布鲁克林的一个街区得到了使用。而最终要把这个方法在全市范围内推广。

[45]与此相关的 11 个实验项目区分别是，阿姆斯特丹中心、德雷奇特斯特丹、阿纳姆-诺德工业区、DSM-赫伦、特奥多鲁斯哈芬工业区、赫特雷德堡、博格姆/萨马尔工业区、PISA 马斯特里赫特、亨厄洛的特温特卡尔工业区，IJ 蒙德、格罗宁根的东北弗兰克等。

长的财富，它会增加对环境质量的要求，(3) 期待强制执行的环境政策也会改善环境质量。期待环境标准能够随着时间更为有效。环境部针对民众对更为严格的标准的支持，“适时地引入了综合环境分区制度”（VROM 1989d；3），以便帮助解决“工业和居住开发之间长期存在的问题”（VROM 1989d；3）。

选择出来的分区方法和体制[46]和能够与现存法规结合起来的方式很大程度上决定了怎样评估综合分区的观点和标准体系。许多种分区方法已经在使用，包括荷兰市政府协会（VNG）的分区方法，IZ-DSM项目提供的分区方法（见§5.2）以及有许多市政府管理部门发展起来的或正在执行的分区方法，如阿姆斯特丹、阿纳姆（Arnhem）、马斯特里赫特、奥斯（Oss）、斯皮肯舍（Spijkenisse）和赞丹（Zaandam）（德罗和范·德·穆兰 1991）。在环境部提出这个综合环境分区项目之后，综合环境分区的观念围绕“综合环境分区暂行制度”（VS-IMZ）这样一个特殊制度展开（VROM 1990）。有关标准的讨论并非受到作为概念的综合环境分区的很大影响，倒是作为基本原则、限制性条件和暂行制度的可能结果的综合环境分区影响着有关标准的讨论。这些基本原则、限制性条件和暂行制度的可能结果都是由环境部提出来的。

“综合环境分区暂行制度”有一个方法论部分、一个设定标准部分和一个程序部分。方法论部分是用来累计确定整个环境的负担，设定标准部分是希望评估环境负担和相关的规划结果，程序部分用来平衡给定地区希望达到的环境质量和希望建立的空间功能结构（VROM 1990）。所以，“综合环境分区暂行制度”也能够产生行政管理的结果，通过与工业界和其他利益攸关者的咨询、协商和建立协议等方式形成源头控制措施和规划措施，最终以土地使用规划的形式划定综合环境分区。这个体系也具有预防意义：“综合环境分区暂行制度允许对环境破坏和环境敏感场地的位置、扩张和限制等方面的决策做出调和，就这一点而言，在包括环境敏感活动如居住和对环境具有潜

---

[46]住宅、空间规划和环境部要求阿姆斯特丹大学的环境研究所提交一份关于三种累计方法的建议，其中一份应当尽量地反映环境敏感地区累计环境承载的实际效果。与第一种复杂方法相比，第二种方法是以现存的标准为基础的。第三种方法必须沟通前两种方法。第一种方法在技术和统计上都是比较困难的（艾金等 1990）。

在破坏的活动如工业在内的地区，综合环境分区暂行制度在环境影响和受影响的地区间实现一种可持续的平衡”（VROM 1990），结果是一个规范性的系统，把居住区和工业“可以承受地”分割开来，在环境敏感活动和地区和对环境具有破坏性的活动和地区的位置、扩张和限制等决策之间实现一个比较好的平衡。

这种方法是以 DSM 工作小组的建议为基础的（见§5.2，VROM/DSM 工作小组 1987，范·德恩·纽温霍夫和巴克 1989：9）。这个工作小组对 DSM 工业场地的污染水平做出盘点，并提出了建议书，旨在把 DSM 场地可以实现的标准与现行的标准系统合并起来。然后为 DSM 场地创造了一种综合的环境分区方法，其基础是实际测算和不同污染水平的累计（例如，对比在 5.2 节中描述的荷兰市政府协会（VNG）的方法）。“综合环境分区暂行制度”的方法包括工业噪声和气味的标准化水平，外部安全的标准化水平，有毒物质和致癌物质的标准化水平（表 5.1）。它还包括一个分类系统，以平衡多种标准，同时包括一种用于综合分区基础的累计方法（见德罗 1993c：373～374）。尽管对于不同类型的污染标准会有所变化，“综合环境分区暂行制度”提倡一种为所有污染类型通用的类似方式，如同《降低噪声法》一样，对新情况和现存情况做出区分。分门类的分类产生每一种污染的值。对于工业噪声、气味、工业设备的风险、有毒和致癌物质的值从“可忽略的”到“不可接受的”这些值之间能够相互比较。地方政府特别担心这种分类会导致比较严格的标准，特别是气味和一定形式的空气污染（博斯特等 1995）。

这种分类并非以累计的污染结果为基础。那个时期可以使用的知识和资源还不能对所有类型污染的剂量/效应关系做出一个单一的精确评估［艾金（Aiking）等 1990：48］。当然，对于若干种形式的污染共同产生环境负担的场地，他们假定整个环境负担将超出最基本污染形式加载给环境的负担［也见拉默斯（Lammers）等 1993］，允许的整体或累计环境负担的最高水平至今依然取决于个别的（分门类的）环境标准。这种用累计方式计算环境负担的分类方法不适合于健康和卫生标准，因为它缺少科学基础，具有武断的特征。所以，它仅仅能够用来作为行政或政治决策的基础。这种形式的累计反映了 1 + 1

大于1这样一种观点，它不过是分门类方式的结果，所以，就政策而言，是一种现实的方式。

“综合环境分区暂行制度”的分门类环境负担分类　表5.1

部门分类[a]	E	D		C	B		A
分　类	现存	现存	新的	现存和新的	现存	新的	新的
工业噪声（分贝）	>65	65~60	>60	60~55	<55	55~50	<50
工业安装风险，死亡率/年	$>10^{-5}$	$10^{-5}\sim10^{-6}$	$>10^{-6}$	$10^{-6}\sim10^{-7}$	$<10^{-7}$	$10^{-7}\sim10^{-8}$	$<10^{-8}$
气味，第98%分数以下地区的每立方米空气中的气味单位	>10	10~3	>3	3~1	<1	<1	<1[b]
致癌物质，死亡率/年[c]	$>10^{-5}$	$10^{-5}\sim10^{-6}$	$>10^{-6}$	$10^{-6}\sim10^{-7}$	$<10^{-7}$	$10^{-7}\sim10^{-8}$	$<10^{-8}$
有毒物质，“观察到的有害影响水平”（NOAEL）累计数目%	>100	100~10	>10	10~3	<3	3~1	<1

（a）部门分类A不适用于现存状态，部门分类E不适用于新的状态。

（b）作为第99.5%分数以下地区的值。

（c）最大累计致癌物质个人风险是 $x.10^{-6}$（x = 致癌物质数目），最大风险值 10^{-5}。

资料来源 VROM 1990；14-15。

注：“综合环境分区暂行制度”的缩写是VS-IMZ。

这张累计表能够用来决定一个给定位置的综合类，也能用来预测空间规划的结果（见图5.4）。“综合环境分区暂行制度”包括6种综合的环境质量分类。[47] 第Ⅰ类是“白区”，污染可以忽略或不存在。

[47]评估表明，六个综合分类太多了。就信息而言，六个分类的好处不大，与每种分类相关的措施没有太大的不同。

第Ⅱ、Ⅲ、Ⅳ、Ⅴ类是“灰区”，需要增加规划限制。第Ⅵ类是最高一类，是“黑区”，对于居住而言，这种水平的污染是不能接受的。这种分类视住宅开发的最大限制而变化。不允许在第Ⅵ类地区开发新住宅，而现在坐落在第Ⅵ类区中的住宅必须全部拆除（VROM 1990）。

11个“综合环境分区暂行制度”实验项目清晰地概括了这些实验项目地区的环境状况。这些地区被大规模和复杂的环境损害活动所产生的环境负担约束[48]（参见第6章，博斯特等1995和博斯特1996）。从整体上概括了围绕这些工业场地周围地区的综合环境质量水平。当然，这些结果不仅仅产生了详细的整体情况，确认了累计的相关性[49]，也反映了对定量信息汇集之前就已经存在的环境/空间冲突的认识。环境/空间冲突的认识常常忽略了或低估了这种定量表达出来的环境状况，但是，在所有案例中，采用的衡量值是相当不同的（博斯特等1995）。如果对环境轮廓线稍作调整，空间发展结果立即会发生变化，所以，表达环境状况的整体概括必须尽可能从实际出发。

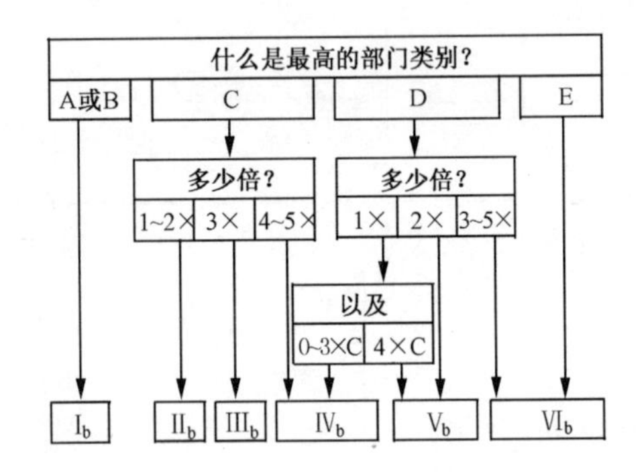

图5.4　综合污染“现状”分类的计算表格

资料来源：环境综合分区项目-德雷奇斯特丹1991；78。

⑱许多污染扩散不能够在源头和影响区基础上绘图，但是，可以根据企业数目和布局加以估计。

⑲与部门方式相关，这种方法产生的规划约束不多（博斯特等，1995）。

使用实际的污染水平值而不是使用污染水平的平均值存在缺点，在实验项目开始的时候，很难预见到这个平均值。许多项目导致实际地拆除住宅。在南荷兰的亨厄洛（Hengelo），人们认为有必要拆除与特文特卡阿尔工业区相邻的住宅［弗洛尔（Flohr）和梅尤斯（Meijvis）1993；99］。在博格姆（Buvgum），拆除了 36 个住宅（博斯特 1995；137）。在许多实验项目中，包括格罗宁根和吉尔特如登堡（Geertruiderberg）的实验项目，没有必要拆除住宅，而在另外一些实验项目中，如阿纳姆等城市，应该拆除住宅却因为拆迁费用而搁置下来。这些实验项目与“紧凑城市”的空间规划概念发生了冲突，最后一点但也是最重要的一点，公众抵制是可以预计到的。“综合环境分区暂行制度”的实验项目产生了第一个对多种环境/空间冲突的战略性的鸟瞰，这些环境/空间冲突包括多种类型环境负担。数字地图和彩色表达造成了若干冲突，“综合环境分区暂行制度”因此而获得灾难性的后果，这些都是很有说服力的案例。这些案例给利益攸关者带来了令人不快的意外［波音 1993，范·德·冈（Van der Gun）和德罗 1994，德罗 1992 和 1993c，费尔克特（Voerknecht）1994］。

在许多能够考虑累计污染水平的案例中，若干个要求治理的“黑色”场地的图示困扰着那些可能面临实施法定的“综合环境分区暂行制度”的利益攸关者。最突出的案例是阿纳姆“综合环境分区暂行制度”实验项目所描绘的黑色矩形地区（项目组织者，IMZA 1991，波音 1993）。这个矩形地区长宽各 5 公里，地处阿纳姆 - 诺德工业区的中心（项目组织者，IMZA 1991）。与阿纳姆市中心相邻的地区也在其中。德雷赫特（Drecht）河地区城市边界内详细污染水平图同样提供了一个清晰的画面（德雷奇斯特丹，IMZS 1991）。按照“第四个形体规划附加备忘录”（VROM1996），要求在一个高住宅密度和具有经济潜力的地区实施大规模治理和拆迁，要发挥出这个地区的经济潜力还必须容纳一个其起点在贝蒂沃铁路枢纽高速火车线路和大约 13700 套住宅。这个地区同样是一个工业高速发展的区域。如果在荷兰 246 个重工业分布地区执行“综合环境分区暂行制度”，描绘两个以上环境污染形式的话，荷兰会发生什么（荷兰应用科学研究组织环境研究中心，SCMO-TNO 1992）？

由住宅、空间规划和环境部（VROM）组织的“发展中的环境分区”（博斯特等 1995）研究考察了 11 个“综合环境分区暂行制度”建设的实验项目和 25 个可能进行该项实验的项目，研究了它们每一个环境-空间冲突的性质和规模。这项研究发现，可以按照项目的复杂性对环境-空间冲突进行分类（参见第 6 章）。分类的基础是，环境污染的不同方面，环境污染的可能结果，污染的地理规模，污染源的数目，污染源周边地区的空间结构和受到环境-空间冲突影响的地区的空间发展等。

图 5.5 在空间结构和污染规模之间关系的基础上做了 5 个分类。一定的环境-空间冲突包括相对小规模的污染和/或数目相对少的住宅。在两种情况下，由于在环境污染地区和环境敏感居住地区之间很少有叠加部分，所以，问题有限。图 5.5 描述了 A1 和 A2 两种情形之间的区别。在 A1 情况下，虽然直接围绕污染源的住宅数目相对多，但是，低水平的污染意味着，A1 情况不是典型的“复杂”情况。在 A2 情况下，虽然污染水平相对大，但是受影响地区的住宅密度不高，所以，把它划分到“相对简单的”情况类别中。“A”类包括了绝大部分环境-空间冲突，在 B 的情形下，环境-空间冲突所发生的空间结构是，若干种污染对相对大量的环境敏感功能发生影响。这种情况要求更为综合地对环境条件的限制和空间发展潜力进行协调。最后一个分类包括了“非常复杂的”环境-空间冲突。在这个类别中，冲突的数目不大，但是，冲突所涉及的区域的住宅密度高，工业和住宅通常严重混杂。这就意味着，要求使用激进的环境和空间措施才能满意地解决环境-空间冲突。C1 和 C2 类的区别主要是理论性的，C2 用来识别“热点”。为数不多的“热点”不能够在环境政策分层次的以标准为基础的框架内得到解决：“要求使用其他方式来实现最为现实的结果”（博斯特等 1995；219）。“简单的”（A）、“复杂的”（B）和“非常复杂的”（C）之间的划分形成了环境-空间分类（比较图 4.9）。我们在第 6 章中讨论这些分类，形成三个决策战略。环境-空间冲突的复杂程度决定战略的选择。

以“发展中的环境分区”研究作为基础，我们对剩下的 257 个“比较大型的”工业场地做了一个谨慎的推论，这些场地至少受到两

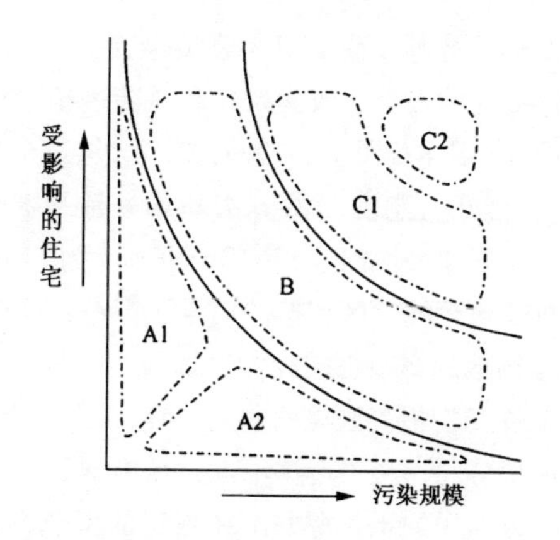

图5.5　环境分区项目的环境-空间冲突分类

资料来源：博斯特等，1995；218。

种以上污染。在257个以若干种污染形式影响了周围地区的场地中，大约有一半可以划分到“简单的”环境-空间冲突类中。这些冲突比较容易在以标准为基础的环境政策框架内得到解决（比较图4.9）。可以划分到B类中的工业场地约有100个，在以标准为基础的环境政策框架内也能够解决它们的环境-空间冲突，当然需要谨慎从事，比较有弹性地、因地制宜地和以功能相关的方式应用环境标准（德罗1996）。在荷兰，的确存在几十个“非常复杂的”环境-空间冲突的案例，使用以标准为基础的政策不能有效率和有效果地改善自然环境和人居环境（见图4.9）。这些“复杂的”和“非常复杂的”环境-空间冲突对“综合环境分区暂行制度”的限制性条件和一般的标准政策形成了压力。

“综合环境分区暂行制度”的方法向给定地区的环境状况提供了一个“合理的”、“好的”总体看法（博斯特等1995，德罗1993b，德罗和范·德·穆兰1991）。所以，这并非“综合环境分区暂行制度”最终作为一种制度而被放弃的原因。这个方法实际上还有更多的作用，因为它还被实验项目用来更新有关损坏环境活动的信息，把这些信息集中起来，在综合的信息库中加以管理，用于允许或不允许某种空间使用的目的。

这种方法受到了批判。荷兰卫生委员会提出，“不可能以经验科学或医学上可以接受的噪声、致病死亡和风险的衡量标准建立起一个单一的衡量标准”（卫生委员会，1995；32）。与这个观点相关的是认为，“综合环境分区暂行制度”的方法基本上是制定政策的工具。然而，住宅、空间规划和环境部（VROM）把荷兰卫生委员会的意见解释为一种削弱对综合环境分区支持的信号。把“综合环境分区暂行制度”仅限于工业场地的实践也同样受到批判，这些工业场地受到大规模和复杂工业设备安装相关法规的约束。在许多情况下，如废料回收站、面包房或油漆公司，尽管规模不大，地方居民同样会受到环境干扰。许多影响地方居民的干扰源并不在划定的工业场地里，它们同样对地方居民产生环境干扰，但是，“综合环境分区暂行制度”对此没有规划约束。阿纳姆-诺德实验项目提供了一个非工业交通噪声的案例（德罗和范·德·穆兰 1991；42）。在格罗宁根东北弗兰克项目中，基本环境影响是由两家制糖厂排放的气味引起的，而这两家工厂与项目区有一定的距离（格罗宁根项目组 1992）。在这种情况下，项目地区的居民和工业界常常不能认可或理解空间规划措施对那些没有直接相邻的位置的意义。

工业界的利益攸关者在经过最初的“观望”之后，指出了“综合环境分区暂行制度”的弱点，包括这个制度固有的不确定性（荷兰工业和业主联合会，VNO-NCW 1991），特别是，不能把噪声和气味干扰的水平叠加起来。有关噪声和气味干扰的叠加是反对“综合环境分区暂行制度”的一种常见意见，而在“综合环境分区暂行制度”中的确没有出现这个方面的问题。

“综合环境分区暂行制度”的目标是，在环境标准系统方面，在处理住宅和工作位置方面，创造一致性，法律面前的公正性和必要的清晰性。这个信念希望传达这样一个信息，“综合环境分区暂行制度”不仅在技术细节上是简单的，而且在环境和空间规划之间的行政管理关系也是简单的。在“综合环境分区暂行制度”的实验项目伊始，诺德（Noord）-荷兰省环境执行委员会的成员之一，德·布尔（De Boer）从环境和空间规划政策部门之间所担负的责任方面看到了这种关系，分区边界的定位由空间规划师负责，分区边界的性质由环境决策者负责（VROM 1989b；9）。这种方式证明，许多环境-空间冲突的行政管理与社会现实是不一致的。

人们不仅对“综合环境分区暂行制度”的方法进行了批判，也对它设定标准的方面提出了批判。这方面的批判更为严厉。与《降低噪声法》同时发展起来的还有关于若干类型环境影响的环境标准（见§5.2）。当然，这并不能阻止标准的不一致，而这种不一致导致了批准机构和工业界之间的争议。除此之外，这种不一致还与理论框架、[50]细节、法律问题、对空间分区的影响、空间规划的后果、功能和空间差异的程度等相关。有关功能和空间差异程度的争论最多。[51] 标准系统的一般特征是：所有人，无论他们在哪里，都了解他们的位置。这应该产生法律面前的平等。这样，每一个人都能合理地期待同样程度的保护。在决定保护程度上，多数人群是荷兰社会的代表。这一点并非与个别居民或居民群体对地方干扰的感觉一致。阿姆斯特丹环境部部长克勒杰（Cleij）提出，依法减少林布兰特广场的噪声水平是否在实践上行得通（巴克，1994；5）。空间规划委员会（RARO）也提出，以更精确的日常政策去处理动态的、与时间和地点相关的环境分区问题是有希望的（1992；10）。

气味标准的水平也同样受到了严厉批判（§5.5，德罗和范·德·穆兰 1991）。可以接受的气味干扰并不与气味标准表达的影响水平一致，也不与气味衡量的内容一致。另外，环境问题不仅有标准涉及的，还有标准没有涉及的，标准的制定总是不完整的，而外国的指南（主要是德国的）用到了其他方面，如悬浮物和振动。综合环境分区表现出它是对标准系统中那些“盲点”问题的解决办法。当然，“综合环境分区暂行制度”仅仅包括 2 个功能（生活和生产）和环境影响的 5 个方面，而悬浮物、振动、交通噪声和土壤污染也是工业活动引起的污染形式，同样会严重影响地方环境质量（博斯特等，1995）。更重要的是，由于部门专业的复杂性和相关的

---

[50] 一个例子是限制值。在《降低噪声法》中，噪声限制值采取较低的限制值，而在风险标准中，噪声限制值采用了较高的限制值。

[51] 在干扰问题上，空间和功能差异基本上是适当的。对于风险标准来讲，一般法规没有提供太多的理由这样划分。

利益和问题，“综合环境分区暂行制度”的目标不可能完全得以实现。每一个环境标准都有它自己的编制和实行的历史，环境标准的编制和实行历史在一定程度上是试图避免空间规划结果和防止费用逐步上升。环境标准系统、环境标准系统变化的法定性、推荐的和临时使用的值、指南和通告上的不一致也会影响到对作为法律工具的“综合环境分区暂行制度”的支持。事实上，大部分指南和推荐都在一定程度上具有法律性质（空间规划委员会，RARO，1992；13），但是，这并不能让它们避免批判给它们打上“不足”的标签。仅仅只有关于工业噪声的标准具有清晰的法律地位，这意味着执行机构在实施综合环境分区时受到法律的约束。工业界并不认为它自己一定会对可能的结果承担责任。另外，标准系统的发展和“综合环境分区暂行制度”的基础日益受到成组政策后果的影响，这些成组政策同时作为结果导向环境政策来得到贯彻。由于这些发展，“综合环境分区暂行制度”有时给制定标准的过程产生负面的影响，尽管有协议允许标准制定过程滞后于综合环境分区的建议。这些与标准系统相关的内部的和外部的发展不仅仅影响着综合方式的一致性，也导致综合方式缺少效率。

然而，一个自上而下分层次的标准系统有它自己的优势。例如，地方行政管理部门不需要界定、考虑或讨论每一个个别环境-空间冲突应当接受的环境质量水平（参见龙迪内利，米德尔顿和韦斯布尔1989）。当地方管理部门要求工业界考虑实现地方环境-空间冲突目标时，国家标准同样给予地方行政管理部门以支持。有关“综合环境分区暂行制度”方法的讨论揭示，一般来讲，以综合的方式对待环境-空间问题总是正面的（博斯特等，1995；79）。当然，这些优势不能改变赞成“综合环境分区暂行制度”的悬而未决的问题。

除开设定标准和方法论的部分外，“综合环境分区暂行制度”还有一个程序性部分。程序连接现存的和允许的污染水平，转化成为空间分区和这些分区的空间规划结果。这种程序结构导致了“综合环境分区暂行制度”作为一种工具的规范性的属性。在了解到环境影响的全貌之后，相对环境敏感地区对环境影响做出衡量，以便确定环境-空间冲突的规模。这个信息并非即刻导致工厂搬迁或拆迁居住住宅。对于一个环境-空间冲突事件而言，首先是针对污染源的治理。住宅、空间规划和环境部（VROM）期待环境分区能够有效地推动对污染源的治理。这里，环境分区是作为结果导向的措施（范·德恩·纽温霍夫和巴克1989），确定和推动必要的环境治理，当然，不一定能够迫使造成污染的源头公司采取令人满意的必要环境整治措施。可能政府给公司颁发的许可证已经过期，公司可能没有遵守许可证上附加的条件，或者根本就没有给许可附加任何条件。“先有鸡还是先有蛋”的问题（即究竟是工厂先建还是住宅先建?）也可能会出现，住宅开发已经使用了一定的空间，剩下的被造成污染的公司使用。

在这个意义上讲，市和省里那些颁发建筑许可证和环境许可证的行政管理部门同样对他们现在面临的问题负有责任。这是以不同的态度看待环境政策的“污染者偿付”的核心原则。虽然区域和地方行政管理部门负责维护地方环境质量，但是，在他们与工业界协商中，空间发展同样重要。需要新的开发，而工业场地与地方居住场地之间的开放空间可以满足新开发的需要。然而，由于公司一般目标是持续扩张，所以，它们寻求比目前生产需要空间还要大的空间。

在要求做环境治理的规模方面，或环境治理费用的分配方面，要达成协议不是一件容易的事情。环境治理的时间也在协商之列。当时，环境部希望环境治理期限最多一年，在此之后，“综合环境分区暂行制度”将会与土地使用规划合并实施（VROM 1990）。在大规模环境影响发生的情况下，公司在短时间内执行治理措施是需要相当多费用来支撑的，否则不可能完成。他们乐于选择逐步更替的投资方式。向工业界宣布的在一个特定场地实施综合环境分区的地方和工业界主动提出实施综合环境分区的地方，毫不奇怪地成为争议的焦点，而在分区项目开展起来的时候，选址变得更为重要。

要求比较大灵活性的不仅仅是工业界。把综合环境分区与土地使用规划合并起来也引起了反对意见，因为这种合并阻碍了灵活性。因为土地使用规划具有法律依据，所以，在法律上具有确定性，而“在空间规划上缺少弹性，不可能把调整后的环境标准立刻并入土地使用规划”（空间规划委员会，RARO，1992；19）。土地使用规划的这些特征不能充分地应对空间的动态发展和吸收环境影响研究所获得新的认识。[52] 除此之外，如果把新的和现存情况的综合分类转换成为不同的综合环境分区，结果是一个复杂的轮廓线图和对空间规划后果的列表。总而言之，这样做没有产生一个透明的和可行的状况。

实验项目揭示出，严格的实施“综合环境分区暂行制度”有时不可能。使用“综合环境分区暂行制度”去处理的环境-空间冲突一般都比初期发现的冲突要复杂［古德（Twijnstra Gudde）1994；34］。超出地方范围的环境影响能够产生深远的后果（博斯特等 1995）。“在许多案例中，这种复杂性给人造成了这样一种印象，在实现把环境破坏性活动和环境敏感性功能可以承受地分开方面，综合环境分区暂行制度作为一种方法和程序是没有效果的。确定综合环境分区的界限比起相对简单的综合环境分区暂行制度要困难得多，这种印象使人们对综合环境分区暂行制度还存有某种期待”（博斯特等 1995；78～79）。日益增加的标准引起了这些矛盾，所以，不能认为它是现实的。当然，的确有人讨论过一些企业全面应用这些限制的倾向，换句话说，这些企业允许污染排放达到允许的最高排放量，而不是追求尽可能减少污染物排放水平。我们应该注意到，这个问题并非环境分区特有的问题。严格执行的部门标准也会产生类似的问题（德罗 1992）。

由于对环境影响实施累计方法和对环境影响如此透明的表达，以致“综合环境分区暂行制度”受到强大的抵制。这个系统所产生的结果的性质一开始就引起了对它的实践性的怀疑［博斯特和德罗 1993，凯特（Ten Cate）1992，1993，魏尔特曼（Weertman）和瑙塔（Nauta）1992］。环境分区的目的是通过空间分割实现一定水平的环境质量。所以，特别是在复杂情况下，就近空间规划政策而言，环境政策

---

[52]缺少弹性的确是修正空间规划政策的一个适当的理由。为了给基于项目的方式创造出更大的空间，中央政府用“独立项目程序”替代了《空间规划法》第19款所规定的规划许可。按照规划许可规则，与现存土地使用规划不一致的新规划，需要申请规划许可（《住宅法》第46款第8自然段，第50款第8自然段），根据规划决定或分区规划草案，可能给予赦免，这里假定这个申请能够符合未来的规划。这个条件被放弃了，代之而来的是，要求申请必须“符合空间条件”。符合基本上是以市议会批准的现存的空间规划政策为基础。按照这种方式，项目可以不受分区规划的限制（霍夫斯特拉和德罗 1997，TK 1997）。

是规定的。“环境政策支配了空间规划的结果，以致空间规划不再能够看成其他选择”（博斯特等 1995；77）。这个后果不好，因为空间政策的不同方面也能够对改善依据水平起到作用。所以，环境分区能够创造出环境政策和空间政策的联系，但是，环境分区不能掩盖两种政策领域之间的本质差异。

以“综合环境分区暂行制度”作为工具，政府对环境-空间冲突的定义是以技术性命题为基础的，这些定义不一定需要与地方上对环境-空间冲突的认识一致。问题和后果之间的关系以武断的术语来表达。在地方层次上不一定发现一致的看法。中央政府强制实行的标准和空间规划结果限制了地方参与发现那些已经由高层确定下来的问题的解决方案。一旦在地方讨论中人们越来越明确，环境-空间冲突并非工业界一家责任，地方和区域政府便面临行政管理的问题。过去的地方发展和地方管理部门实现一定水平环境质量的需要能够与住宅开发不发生冲突意味着，已经包括了两组利益。人们越来越清晰地看到，如果没有利益攸关者之间的协商和合作，就不可能获得可以接受的环境质量水平。高层政府确定了问题，还确定了解决问题的框架，会限制低层次合作管理的可能性。地方管理部门要求有关什么可能或什么不可能或允许的详细信息。这种需要随着环境受到破坏地区和环境敏感地区的叠加程度成比例增加，也随着涉及的利益攸关者的人数而成比例增加（博斯特等 1995，参见第6章）。同时，中央政府不能够把它的通用规则与地方行政管理部门所要求的详细信息匹配起来。以国家标准为基础的政策不能不顾及到地方上特殊的和非常多样性的情况，围绕政府政策而日益增加的不确定性成为一种障碍。

更进一步说，很难预测其他形式的政府政策会在多大程度上影响环境-空间冲突。地方政府受到来自紧凑城市政策的巨大压力（见第3章）。在“紧凑的城市”里，空间是一种稀缺资源，通常通过平衡地方各方面的需求来进行分配。由于执行环境标准和环境分区，稀缺的空间受到更大的压力。“ABC 位置”政策（见第3章）也导致了左右为难的境地，难以阻止环境-空间冲突，也很难以有效的方式去处理环境-空间冲突。把劳动密集型的工作场所修建在火车站附近的目标在一些地方没有实现，原因是火车站存在大量有害物质，所以不允许在火车站附近开发办公空间。在这类情况下，几乎不可能在多种利益之间获得平衡。环境质量表现为一种不容协商的无条件的质量。[53] 相对比，权衡各方利益的过程产生一个空间质量，而环境质量在其之上。越来越多的人不再认可这种方式，部分原因是荷兰城市发展需要大量空间（见第3章）。

毫不奇怪，有些人担心环境分区对地方空间规划、地方行政管理部门之间的关系、地方利益和利益集团之间的关系，以及地方、区域和中央政府之间关系的影响。1994年的宁斯佩特（Nunspeet）会议对此做过讨论（见第1章）。在这个会议上，许多行政管理部门提出了这样的问题，严格执行标准，而达到环境质量标准的费用超出收益，规定的环境质量应当如何处理。这种情况不乏案例。的确存在这样的案例，严格执行环境质量标准导致了对空间质量不成比例的负面影响。

长期以来，减少环境污染是天经地义的基本原则。人们还假定，简单地通过维持一个“安全”距离就能够管理空间规划和环境政策之间的关系。然而，许多案例证明，环境-空间冲突是极端复杂的。基于这样的理由，人们对环境政策的基本原则进行了讨论，包括“谁污染谁偿付”的原则，静止原则和增量标准。在这些复杂的环境-空间冲突中，人们越来越清楚地认识到，中央政府仅仅对它的规定在地方层次上将产生怎样的结果有些认识。这就意味着对地方特殊情况，常常是举世无双的情况，估计不足。所以，宁斯佩特会议的结论是，从原则上讲，地方环境问题应当在问题产生的层次上寻求解决（§1.2，VROM1995）。同样变得清楚起来的是，这个结论不一定用于所有的环境-空间冲突。绝大多数环境-空间冲突可以依靠统一规定的政策得到有效率和有效果的解决。解决这些冲突不是一件一蹴而就的事。在比较复杂的情况下，解决环境-空间冲突也是地方政府和其他非政府组织共同承担一系列责任

---

[53]荷兰并非唯一遇到执行国家标准而产生没有预计到的政策上的矛盾的国家。凯泽（Kaiser）等以洛杉矶都市区为例说明了这一观点。美国国家环境局（EPA）对洛杉矶都市区新的污水处理设施项目实施了制裁措施，因为它没有满足联邦空气质量标准，特别是臭氧，提出联邦政府不能维持提供财政支持，因为这些设施引起了环境问题。与此同时，“洛杉矶试图通过改善污水处理工厂设施，减少污水中的有害物质，满足‘污水不排放’到圣莫尼卡湾的目标”（1995；11）。对这个矛盾的反应之一是，“这些环境指令（‘清理海湾’和‘清理空气’）之间的冲突清晰地表明目前法规制度难以处理的中间取舍”（洛杉矶2000委员会1988；31）。

的问题，包括确定问题、寻求解决方案，最终的规划结果。

以下章节将考察，在编制和执行日常的和战略的环境政策方面，共同管理和让地方政府承担更大责任的可能性。过去，地方政府希望承担更大的责任，但是，它们缺少资源和经验也见 CEA 1998。不仅如此，分层次的政府法规对推进地方政府在广泛的背景下考虑地方环境-空间冲突方面没有什么帮助。这就意味着地方层次几乎对战略性的、分地区的和参与的政策没有兴趣。

1995年，住宅、空间规划和环境部（VROM）主管环境的部门仍然在认真考虑从257个存在两个以上环境影响的场地中遴选出50个最适当的场地做综合环境分区。它建议通过政府法令的形式来执行。然而，1997年，住宅、空间规划和环境部（VROM）宣布，它认为法定综合环境分区"遥不可及"，它不再支持这个目标（VROM 1997）。它认为，"综合环境分区暂行制度"应当仅仅作为一个工具来看待，这个工具用来支撑涉及工业场地周边地区空间和环境需求的复杂的地方政策［巴埃杰（Baaijen）1997］。

"指定的空间规划和环境地区"（ROM）的分地区政策

在同时考察若干种不同形式的环境影响时，把不同形式的影响结合起来考虑，并把它们转换到一个环境区域中，而不要单独或分部门地考虑若干种形式的影响，这是一种比较现实的方式。当然，从以上讨论中我们还看到，随着环境-空间冲突变得越来越复杂（即随着影响层次的增加，功能更为分散，利益攸关者的数目增加），这种方法的"附加值"和环境分区的综合功能会随之而减少。在这些情况下，综合环境分区，至少住宅、空间规划和环境部（VROM）所提出的综合环境分区，对环境政策和空间规划政策的关系产生负面而非正面的影响，甚至导致空间质量的下降和相邻环境综合质量的下降。荷兰市政府协会看到，"特殊地区环境的治理、保留和保护，复杂环境问题的解决，都需要在项目基础上的结果导向的合作上有一种非常规的形式"（1993；9）。"指定的空间规划和环境地区"[54] 政策也是针对空间

---

[54]指定的空间规划和"灰色"环境地区。

规划和环境的一种综合的分地区方式。“指定的空间规划和环境地区”政策似乎是一种适当的解决办法。“指定的空间规划和环境地区”政策表现出摆脱那种设定限制条件的政策（下议院 1990；14），而向“非常规的”参与式分地区方式转变。

在规定的环境政策越来越不受欢迎而参与决策的热情日益高涨的情况下，开始实验和实施“指定的空间规划和环境地区”（ROM）。人们心存疑惑的问题是，“指定的空间规划和环境地区”（ROM）是否能够更有效率和效果去产生规定的环境政策不能产生的附加值。比起“综合环境分区暂行制度”，“指定的空间规划和环境地区”的政策更清晰地提出，“实验指定的空间规划和环境地区政策的目标也是，把空间规划政策与环境政策综合起来”（空间规划委员会，RARO 1992；10）。当然，“指定的空间规划和环境地区”政策与综合环境分区的共同之处微乎其微。“指定的空间规划和环境地区”方式以外部综合为基础，在一个预先划定的地理区域内，寻求多种重要方面之间的协调，借此实现外部综合。这种方式包括地理划分、行政管理和决策的综合（见巴克 1989）。所以，它不是环境政策单方面对空间规划施加影响的问题，而是创造一个所有政策领域的表演平台，特别是环境政策和空间规划的表演平台。

“指定的空间规划和环境地区”政策推动了一种背离指挥和控制管理面向所有利益攸关者直接参与方向的变革。[55] 指挥和控制管理最明显不过地表现在综合环境分区上。换句话说，“指定的空间规划和环境地区”方式的基础是，除开直接的法规外［范・塔特侯（Van Tatenhove）1993；23］，发展与网路基础的方式一致（见 § 4.7）的“自我管理”。“指定的空间规划和环境地区”政策以这样一种假定为基础，利益攸关者都是同等程度地相互依赖的，同等程度地相互依赖就意味着，在处理共同认定的问题时，必须实现一种协调。这种指定地区的政策也是典型的时代产物。在地方可能性和约束（因地制宜）的框架内，多种利益攸关者（参与）之间的合作将产生附加值。这就是与以标准为基础的政策的基本差别。“指定的空间规划和环境地区”

---

[55]在 1989 年，人们还没有讨论目标群体的概念，主要原因是，中央政府把它的政策首先建立在多个政府组织基础上。

的方法不仅仅反对环境分区，而且不同于现存的自上而下的政策。

这并不意味着“指定的空间规划和环境地区”方式忽略国家环境和空间规划政策的基本原则（参见格拉斯柏根和德里森 1993；135），而是说，它在重心上向机构关系、合作过程和分区方式方面变化。所以，规划的目标导向方面比起综合环境分区缺少具体性和明确性。然而，“指定的空间规划和环境地区”政策形成一个一般的和集中的目标，即实现地区环境质量的一个“一般的”环境质量水平，那里缺少这样指标，和维护或改善那些地区任何“特殊的”环境质量。从环境的观点出发，那些地区具有特殊性（下议院 1989；177～178）。

第四个空间规划文件（VINO；VROM 1988c）的第一部分提出了6个地区，它们受到了污染，同时也具有高度的经济发展潜力。这个文件的观点是，在针对这些地区空间发展做出决策的过程中，空间规划措施将用来支撑环境政策。所以，第四个空间规划文件的原则之一是，给大部分地区创造发展机会。希普霍尔地区和雷杰蒙德地区被指定为国家的“门户”，包括在这6个污染地区之内。

希普霍尔机场被认为是一个测试案例，它必须说明“在多大程度上把环境利益计入‘荷兰经济最强的推动力’之中”［范·佩伯斯特雷特（Van Peperstraten）1989；8］。1989年9月21日，旨在推动“希普霍尔和环境行动计划”发展的协议被签署（执行小组，1990）。许多年以来，希普霍尔和周边空间与自然环境关系的性质一直是讨论中的论题（见§5.2）。希普霍尔必须、能够和将会扩张，这种扩张需要空间。然而，这种扩张与其他的利益发生冲突。例如，由北荷兰省制定的阿姆斯特丹-北海运河地区的区域规划（1987）提出，在阿姆斯特丹-迪门（Diemen）和哈勒默梅尔（Haarlemmermeer）-厄伊特霍伦（Uithoorn）之间地区建设8万户住宅。这个计划与第四个空间规划文件中提出的国家政策是一致的，随后在“第四形体规划-附加政策文件”（VINEX）中得到了确认。

雷杰蒙德地区也是一样，建议扩张这个港口地区。这个扩张对容纳经济增长是必须的，但是，与环境保护利益发生冲突，给那里的自然保护区和那里居民的宜居状态带来风险（工作小组，ROM-雷杰蒙德 1992）。问题似乎难以避免：港口容量不足，日益增加的交通拥堵、环境质量日益衰退等（格拉斯柏根和德里森 1993）。这些问题以及雷杰蒙德地区的行政管理体制，导致那里产生了许多复杂的环境-空间冲突问题。在“指定的空间规划和环境地区”项目宣布的时候，地方行政管理部门之间看法和希望合作的愿望都没有与问题的跨行政边界性质相吻合［伯尔肯斯（Beerkens）1998］。不同的行政管理部门认为，他们能够独立解决那里的问题，所以，他们拒绝几乎所有的建议［阿尔特（Aart）等 1993］。这种态度最终改变了，各方都承认许多不同的利益的确存在，常常还有冲突发生。他们还承认，各方不会公平地分配“费用和效益”（工作小组，ROM-雷杰蒙德 1992；1）。这个事实对他们无疑是一个“相当大的挑战”（工作小组，ROM-雷杰蒙德 1992；1）。

泽乌斯-佛兰德斯（Zeeuws-Vlaanderen）运河分区也是一个指定的空间规划和环境地区。那里至少已经宣布了一个包括在国家的战略之中的项目[56]。在 1987 年的一个称之为“以分地区方式面对运河分区的环境”的备忘录中，泽兰省（Zeeland）已经提出了把行政项目与地方管理部门和私人部门的利益攸关者联合起来的可能性，使用分地区方式，合作解决复杂的区域问题。泽兰省的这个备忘录得到政府多部门及其工业界业主的支持，当然，最初双方对这个初步协议还是心存疑虑的（伯尔肯斯 1998；37）。这个项目的目标是改善区域的环境和经济结构，重点是“公正地向工业界分配费用和收益”（伯尔肯斯 1998；37）。

海尔德斯（Gelderse）山谷地区面临农业生产中大规模使用化肥所引起的环境问题。这个地区的经济结构虚弱，高强度的农业生产威胁了那里的生态系统。海尔德兰省（Gelderland）环境政策计划（1987～1991）把海尔德斯山谷地区规划为规模性畜养殖场改造实验

---

[56]泽乌斯-佛兰德斯运河分区项目最初是由省政府以综合环境分区项目的名义提交的（TK1989）。当围绕一定工业位置的噪声分区确定下来之后，发现斯鲁斯基-奥斯特的大量住宅处在 65 分贝（A）噪声区内（范·德恩·纽温霍夫和巴克 1989；11）。中央政府打算提供 110 万欧元资金来拆除 114 幢住宅，其条件是，对整个斯鲁斯基-奥斯特制定一个分区行动计划，拆除作为综合环境分区实验项目的一个部分。地方政府和企业都怀疑这种解决地方问题的方式，他们最终拒绝了这种方法。

区。在“第四个空间规划文件”（VINO）中，海尔德斯山谷地区改造规模性畜养殖场实验增加了重新安排区域空间结构的任务。整个区域对那里的问题都有所认识［库夏克（Kusiak）1989］，类似“指定的空间规划和环境地区”项目的其他地区。海尔德斯山谷、德·皮尔（De Peel）和中央布拉班特省都属“被污染”类，首当其冲的任务是制定措施改善“灰色”环境。

除开这6个“被污染”地区外，在国家“第四个空间规划文件”（VINO）和“第一个国家环境政策计划”（NMP-1）（具体行动95）中，指定了4个“相对清洁”的地区作为“指定的空间规划和环境地区”。[57] 对于这些“相对清洁”的地区，首要任务是保护“绿色”环境。这4个地区分别是，霍伊（Gooi / IJmeer）湖、兰斯塔德城市群以西的“绿色核心”，林堡山和弗里斯兰（Friesland）泥炭草地。一开始，与弗里斯兰泥炭草地相邻的德伦特（Drenthe）高原地区曾经也是“指定的空间规划和环境地区”项目的“相对清洁”地区。然而，省里的管理部门要求指定其他地区：阿河（Aa）峡谷和埃尔佩斯特鲁（Elperstroom）。这就产生了5个环境质量高于全国可接受水平的地区。据预测，如果生态环境保护措施没有跟上，这些地区独特的生态环境特征将会丧失殆尽。

“指定的空间规划和环境地区”项目有许多共同特征，即包括许多多样性经济的、社会和分区的活动在内的环境-空间冲突。这些项目还卷入了大量代表不同利益的当事人或组织。所以，环境-空间冲突的性质从“相对复杂”到“非常复杂”。正如我们在第4章中指出的那样，这就导致选择方式。环境-空间冲突问题的特殊性一定程度地与区域背景交织在一起，使得一般的和中央指导的政策会失效。

11个“指定的空间规划和环境地区”项目都涉及超越市政管理

[57]斯威尔登斯-诺泽戴尔/芬罗德动议（TK1990c）要求，中央政府实行空间规划和环境不仅仅针对“指定的空间规划和环境地区”实验项目，也要针对全国相关项目的。实际上，这是对住宅、空间规划和环境部提出的要求，推动多个行政管理机构和其他利益攸关人或机构，在超出地方边界的环境-空间问题上实施合作。以下这些项目就是超出“指定的空间规划和环境地区”政策实验项目范围之外的一些例子，东北-特温特，林堡的格伦马斯，诺德-布拉班特和泽兰的库普范舒文（Kop van Schouwen）。

的问题。这类问题的性质是，“环境影响跨越了行政管辖边界，但是，政策受到边界的约束”（布沃尔 1996；49）。这种环境影响跨越行政管辖边界的问题不可能找到一个对此负责的管理机构或不可能找到一个适当的行政管理层来处理。所以，行政管理关系将决定可行的途径。以传统的行政管理层次和明确规定的行政管理结构为基础形成的常规政策不能提供充分的机会去综合地认识这类问题和制定相关的措施（VROM1994c，VROM1998b）。管理部门仍然还是在他们现存的行政管理边界内去工作，在他们自己的认识基础上形成政策和计划［见格拉斯柏根和德里森 1993，海斯贝特（Gijsberts）范·格勒克（Van Gdeuken）1996］。尽管计划不少，但是，它们都不能对跨越行政管辖边界的问题提供解决办法。荷兰市政府协会提出，“各式各样的环境问题需要不同政策领域联合起来的解决办法”（1993；15）。所以，政策“不应该限制到一个政府层次，政策要求多个行政管理层次之间的紧密合作，要求在若干年的期间里，多个行政管理层次共同执行”（1993；15）。参与者应当“准备去观察‘他们自己边界之外的世界’”（库加佩 1996；64），这就需要摆脱他们通常的看法［门宁加（Menninga）1993］。所以，“指定的空间规划和环境地区”政策是作为一种分散的方式提出来的，从“执行环境政策以加速可持续发展”的角度补充常规的政策（下议院 1990；14）。“指定的空间规划和环境地区”政策是用来解决与环境、空间规划和经济发展相关的区域问题的一种加快的和分散的干预。“指定的空间规划和环境地区”方式对政策内容和程序产生更新的效果（德里森 1996）。特别重要的是，“指定的空间规划和环境地区”提出了一种处理以上问题的行政综合管理结构。在这样一种行政综合管理结构中，现存的政策能够更好地得到协调，更多的劳动力和知识可以用来解决跨越行政边界的环境问题，在共同努力下，取得更大的效果：“指定的空间规划和环境地区政策鼓励过去相互对立的或相互观望的各方采取行动”（德里森 1996；79）。

格拉斯柏根和德里森（1993；147）提出，由于“指定的空间规划和环境地区”方式的综合行政管理和参与特征，“现行政策在这类项目中不能用来作为‘硬性的’限制条件”。另一方面，一项完全针对特殊问题的政策的目标是逐步被接受（立法），从而产生比较大的效果。这样，措施更有可能得到实施和落实（海斯贝特和范·格迪肯 1996）。逐步接受一项完全针对特殊问题的政策是重要的，因为“指定的空间规划和环境地区”政策的影响不一定小于“综合环境分区暂行制度”结果的影响。在运河分区中，许多居住区被拆除了，包括波尔恩盖特-胡戈迪加克（Boerengat/Hoogedijk）村，工厂搬迁。现在，随着地方上对有关相邻环境的政策的逐步支持，可以预见到对相关措施的认同和认可会越来越大。

“指定的空间规划和环境地区”政策的目标是“通过参与规划过程的所有利益攸关群体产生一个得到尽可能多公众支持的地方环境政策”（下议院 1990；14）。这个参与原则的基础是假定，不应该由政府一家来处理地方问题和设定地方目标。任何利益攸关者都能够提交意见。这应当成为所有参与者的动力，即合理的和富有感情的立场、观点和需要。同样重要的是这样一个假定，政府不要提出一个单方面的解决方案，政府也不要单方面地决定要求采取什么样的措施。

实际上，“指定的空间规划和环境地区”政策并非与全部参与者有关，但是，它需要得到所有直接卷入处理区域环境-空间冲突的人们的支持。当然，问题是如何发现直接的利益攸关者。在所有情况下，主动的参与者会指出另外一些应该参与进来的个人和团体，特别指出他们将会对解决一个社区认识到的问题做出怎样的贡献。以参与者在决策、规划和执行中可能担当的角色为基础“有目的的选择”参与者。这就意味着说，要求一定的参与者更直接和更主动地参与进来，而要求其他一些参与者提出他们的意见，言外之意，间接地倾听他们的观点，或完全排除他们。“指定的空间规划和环境地区”项目根据组织结构“封闭”或“开放”的程度而变化。在希普霍尔和雷杰蒙德项目中，直接参与者主要限制在相关的行政管理部门和经济界。在运河项目中，除开相关的行政管理部门和经济界外，地方环境协会和居民协会也参与进来。在海尔德斯山谷项目中，参与海尔德斯山谷委员会的有，拉博银行、农业企业界和海尔德兰和乌得勒支妇女组织。在霍伊湖和绿色核心项目中，参与者主要限于多个政府部门，而把环境协会和居民协会排除在工作小组和项目组之外。雷杰蒙德项目也是这样做的（格拉斯柏根和德里森 1993，VROM 1994c）。

对于这类专门政策，一般来讲，最好的抉择结构是不完全开放的。这就产生了一个有关这种方式民主性的问题。这种方式已经认定，在“指定的空间规划和环境地区”政策背景下的决策不再只是政府一家的事务（格拉斯柏根和德里森 1993；137）。一组选来的参与者，包括有着特殊利益的经济部门的参与者，能够帮助形成解决问题的战略。

由于代表多方面利益的各种参与者“相互作为协商对手，在很大程度上相互影响”（格拉斯柏根和德里森 1993；147），所以，现存的政策结构需要调整。进一步讲，参与者的参与程度并非与他们的利益成比例的。虽然“希普霍尔和环境”项目把环境看成“双重目标”的一个部分，但是，直接参与协商的是经济部门的和空间规划部门的。他们的利益在于开发希普霍尔地区。经历了环境干扰的居民和他们的组织，或者能够代表他们的地方政府，并没有受邀参与规划。相反，有时一些人或群体的利益在一定程度上没有成比例地得到表达。利益攸关者并非总是组织精良的，并非总有充分的支撑根基。例如，在海尔德斯山谷地区，个别农民在什么程度上会“自愿地”参与农场搬迁还是一个悬而未决的问题。当一些群体感觉受到排斥，他们可能不太情愿合作。按照库加佩的看法（1996；62），强调在利益攸关者之间形成共识可能意味着，选择出来的解决环境问题的方案不一定对所有各方都是最适当的解决方案。

在一些情况下，当项目实际开始进行时，利益集团会出现或相当晚才形成，利益集团的出现通常是对处理环境-空间冲突措施的一种反应。甚至在很晚的阶段，他们还会表达他们的不满，试图拖延、阻止或改变方向。例如，阿姆斯特丹以东的艾瑟尔堡开发项目（见图 7.1），因为利益集团的阻碍而不得不进行公决。这些行动大部分发生在拟定政策阶段。在项目完成之后，也有可能形成利益团体。他们几乎没有选择，只能接受结果。这类迟到的利益团体包括那些因“指定的空间规划和环境地区”项目而住进新住宅的人们。

“指定的空间规划和环境地区”方式的参与性质意味着，最重要的阶段是决策过程的第一阶段（见图 5.6）。在这个阶段，选择来参与决策的人或机构开始了主动的参与，决定项目结构，[58] 确定问题，签署执行协议。为了尽可能在项目启动的早期阶段让参与者能够参与进来和作出承诺，这样做是必要的。所以，“指定的空间规划和环境地区”政策中最重要的问题是：谁参与，谁来选择他们，他们怎样能够对制定解决战略做出贡献。

“指定的空间规划和环境地区”程序第一阶段的目标是，对问题形成一个联合定义。许多项目都有双重目标：经济发展和改善环境质量。“指定的空间规划和环境地区”综合框架的目标是，“从实现符合区域功能要求的可持续发展的角度上，在经济和生态之间实现充分的平衡”（VROM 1993）。“综合环境分区暂行制度”实验项目的问题中或多或少排除了经济发展之类的问题，与此相比，“指定的空间规划和环境地区”项目，以分区方式为基础，寻求在经济和其他利益之间获得平衡。在一定程度上讲，实现这一点包括在环境和经济之间实现空间平衡，以空间规划为基础。[59]

在随后的规划阶段中，会制定分地区的行动计划。这里，又出现了选择问题，[60] 这一次的选择不是关于项目参与者的选择，而是关于

---

[58]在几乎所有的项目中，包括“综合环境分区暂行制度”实验项目，都建立了指导小组和项目小组这样一种体制。项目小组负责日常的项目管理，给专门的工作单位指派特殊的任务和准备工作，向指导小组报告工作。最终决定由指导小组作出，指导小组还负责形成正式规划和签署协议。指导小组的大部分信息来自“广泛的”群体，主要是利益攸关者，他们在执行项目中虽然不扮演中心角色，但是，他们可以发出声音，仅仅具有咨询的能力。利益攸关者也常常被要求参加咨询小组，目的主要是交换信息和观点，同时，也是为了获得对项目的支持。

[59]布沃尔指出，“只要以‘经济’为基础的空间规划政策不能朝向环境目标，并与环境目标常常发生冲突，环境政策和空间规划的协调和综合不能保证最终究竟能够靠近环境目标多少”（1996;48）。

[60]选择性与每种情况都有关。选择是指，决定哪些方面必须考虑到，而哪些方面不需要考虑。因为“指定的空间规划和环境地区”政策是以参与式方式为基础的，所以，选择对每一个项目都是重要方面。作为一个论题，选择在“指定的空间规划和环境地区”政策中比“综合环境分区”政策更重要。在“指定的空间规划和环境地区”政策中，一个问题的背景（参见第4章）对于确定一个问题的重要性比在分区中确定问题更重要一些。通过选择过程，决定要考虑的环境背景的内容，决定哪些背景方面与此相关。为了使环境-空间冲突在问题确定、问题选择和问题描述方面尽可能清晰和具体，选择还必须采取十分严肃的态度。这样，更准确地把握环境-空间冲突，让利益攸关者对当地情况和通过这个正在进行中的过程所能处理的问题有一个清晰的认识。

确定地区、功能、活动、问题的内容和适当的政策领域的选择。[61] 这些计划提出了处理问题的措施，确定了资源和需要遵循的程序。按照库加佩的看法（1996；64），有必要对一系列措施做出排序，因为有限资源必须根据所要处理问题的紧迫性来做出分配。

"指定的空间规划和环境地区"政策不是以一个程序或一个行政管理层为基础的，而是以问题的规模和问题涉及的利益攸关者的规模为基础。地理划分和差异是决定谁被包括其中的基本条件，同时，地理划分和差异也是决定目标和形成解决问题的战略的基础。所以，"指定的空间规划和环境地区"战略是以实施为导向的，"把解决环境-空间冲突的解决办法置于整个区域发展潜力的大背景中"（格拉斯柏根和德里森 1993；147）。环境质量不应该成为制定"指定的空间规划和环境地区"战略的参考框架，当然，制定这个战略的目标之一是，"环境决策者应当主动参与进来，为相关地区的规划过程设定条件"（下议院 1990；14）。

如上所述，环境-空间冲突需要重新定义："基本问题不是在区域内调动什么资源去有效地处理环境问题，而是如何能够减少环境影响，同时解决其他社会经济问题"（库加佩 1996；62，也见格拉斯柏根和德里森 1993；147）。通过地理划分［坦恩·霍伊费尔霍夫和特梅尔（Termeer）1991］和扩大论题范围，进而通过把复杂的超地方的环境-空间冲突与行政管理的、社会的和自然背景相互联系起来，创造更多的机会，以期取得效果。库加佩也提出，"提供与环境间接相关问题的解决办法也能保证解决环境-空间冲突的措施得到认可"（1992；62）。这里，协调环境保护、空间规划、经济、管理和基础设施建设是十分重要的。其中基础设施是与"指定的空间规划和环境地区"项

---

[61]当地理描述涉及给原因和结果的位置确定一个清晰的边界时，地理描述过程并非十分简单（布沃尔 1996）。选择功能和活动也证明同样困难。布沃尔（1994）指出，当一项特殊政策已经自动执行起来时，确定地理边界意味着排除了一些利益攸关者、质量和问题。基斯伯茨（1996）提出，"当被选择的地区和它的边界变得越来越难以证明其正确性时，在这个地方实施的分地区政策将会被认为是不太适当的"（1996；8）。他们还提到分地区政策补充特征所面对的阻力。计划中的措施还会引起"指定的空间规划和环境地区"之外一些社会活动相关的结果。在这种背景下，布沃尔（1996）提到了在法律面前的不平等的与和空间问题的偏离。

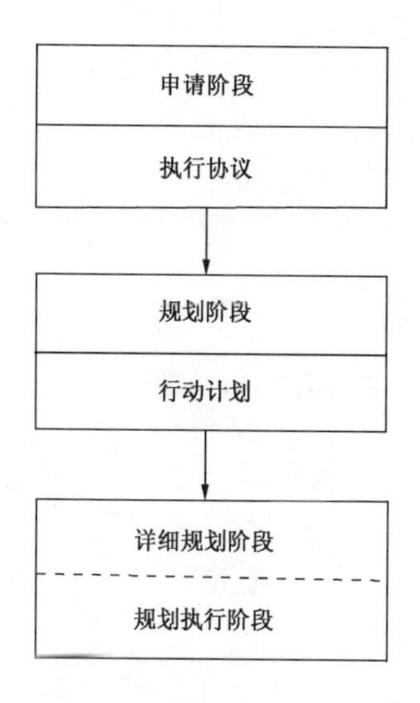

图5.6　“指定的空间规划和环境地区”项目规划过程的不同阶段
资料来源：格拉斯柏根和德里森 1993；144。

目关注的环境-空间冲突问题相关的。所以，不再以因果关系的思维模式去评估环境-空间冲突。自然的、社会的和行政管理的背景也被看成一个环境-空间冲突的组成部分，在制定解决方案时一并加以考虑。

指定的空间规划和环境地区政策本质上是一个结果取向的政策。它基本上趋向于在行政上采取联合决策的方式，关键是取得共识。这就意味着清除掉行政管理上的障碍，使其更为有效率。核心问题是：谁达成共识，在什么问题上达成共识？同样重要的是如何达成共识。也有这种情况发生，即所有人都能在一个层次上达成共识，但是，这个共识并不能有效地解决空间、环境或生态问题。这种情况与决策的效率有关。所以，德里森还提出，问题不应该是“是否已经达成了共识，而是这个共识是否已经产生了有效解决空间、环境或生态问题的方法”（1996；81）。

另外，利益攸关者将执行他们的什么承诺也不一定即刻可以明显表现出来的。在指定的空间规划和环境地区政策下的公私参与常常于

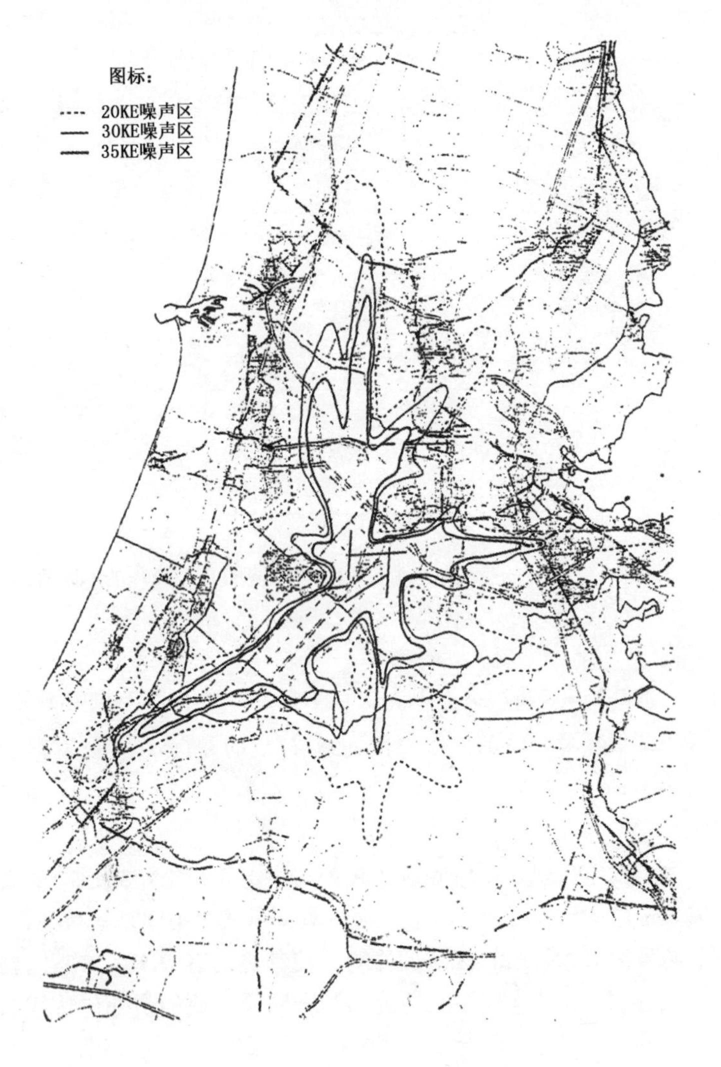

图 5.7　1996 年 11 月 1 日，希普霍尔机场的噪声轮廓图

资料来源：Vw 和 VROM1996；附录，图 E3。

做出巨大努力之后产生这样的愿望，工业界“提供财力和物力来减少环境影响，作为一种‘回报’，政府必须准备向这个区域的经济发展投资”(格拉斯柏根和德里森 1993;136)。格拉斯柏根和德里森(1993)

总结道，这种方式确认了污染者的偿付原则，但是这种偿付是在合作与让步的参与过程中决定的。

措施的效果还必须得到监控，不断地向利益攸关者通报没有预期的后果。环境-空间冲突能够受到强大力量的驱动，这就意味着必须持续地调整政策[62]（德里森 1996；82）。当然，“指定的空间规划和环境地区”方式假设一个临时的项目体制。在项目体制问题没有解决之前，一种行政的/组织的体制先负责项目的展开。这种临时性质是网络体制的一个特征。一旦多方提出的方案完成，便撤销初始的项目体制。随着时间的推移，谁来负责政策的修订，他们怎样把修订的政策转换成为确定的措施，就会变得模糊起来。

所以，指定的空间规划和环境地区方式所提供的可能性是有限的。还是以“希普霍尔和环境”项目为例。这个项目的目标是，“在控制和指导扩张的基础上，实现这个门户地区的可持续发展”（希普霍尔门户和周围环境项目 1991；9）。希普霍尔项目的另一个重要方面是交通便捷性。有必要考虑在35（KE）航空噪声区（见图5.7和本章的附注13）内把住宅从16000减少到10000。希普霍尔对这个区域基础设施、空间规划、环境、就业和对企业发展的影响是显而易见的（希普霍尔门户和周围环境项目 1991；93）。如果把希普霍尔及其航线看成一个噪声源头的话，它是荷兰最大的噪声环境影响源头。这个地区是以35KE航空噪声轮廓划定的地区，它的所在区域是荷兰人口最密集的地区之一。这个清晰的区域背景意味着希普霍尔要实现指定的空间规划和环境地区项目的要求。当然，机场扩张的经济、政治和行政管理的意义远远超出项目区域的边界。在希普霍尔案例中，包括4个部在内国家层次的参与者和国际参与者直接进入项目开展过程中，这个过程仅仅涉及地方和区域的利益。所以，这个区域里的个人被迫站在一边，而让超级区域的利益攸关者进行协商。相邻的居民没有直接出面。包括在这个项目中的市政府哈勒默梅尔和阿姆斯特丹存在经济利益，对希普霍尔的发展有话可说，但是，它们仅仅在有限程度上

---

[62]“综合环境分区”旨在提供一个“稳定的”（即长期的）在项目机构撤销之后依然延续的解决办法。在这个意义上讲，它是不同于“指定的空间规划和环境地区”政策的。

考虑居民的利益。市政府代表了居民组织，不过它们在1993年退出了这个项目，与此同时，环境组织也退出了这个项目，它们都不满意项目开展的状态。没有直接参与进来的其他市政府也对此持保留态度。最引人瞩目的例子是莱顿市，它参加了“雷声森林”项目，这个项目是由“荷兰地球的朋友”组织的以种植树木的方式抵制建设机场第五跑道的项目，这个项目选择的参与者仅限于经济界和控制希普霍尔空间发展的部门。遭受到希普霍尔活动负面环境影响的利益攸关者并没有被选择来参加这个项目，当然，他们能够采取行动来阻止决策过程。直接参与的利益攸关者不动摇地保护它们自己的利益。这一点在信息交换方面表现特别明显。有关希普霍尔的开发和环境后果的信息交流十分不畅，正如当时住宅、空间规划和环境部环境管理方面的总负责人，希普霍尔项目的国家代表，恩托文（Enthoven）所说，“其他”管理部门“通过反复推迟建立法定的噪声分区，绕了20年的弯，裹足不前”（范·科斯特恩1989；8）。同样重要的另一事件是，当时的经济事务部长（1994～1998）维捷尔（Wijers）在1998年2月15日在荷兰电视台的时政访谈节目“布滕霍夫”中说，希普霍尔迟早会显露出它的实质性问题。希普霍尔凌驾于法律之上［范·佩培斯特滕（Van Peperstraten）1989；12］。国家和国家希望通过它的参与而发挥的作用不是含糊的问题，而是根本就发挥不出来。当然，这并非唯一的问题。尽管从因果关系上解释环境问题通常是很困难的，但是，对于希普霍尔来讲，并非如此。

由于缺少最新的信息，或把持信息，或不易解释信息，所以难以确定区域的或相关群体的目标和需要做的工作。对现实的航空增长做出预测同样困难。格拉斯柏根和德里森提出，“缺少有关区域或相关群体应该在什么程度上减少环境影响的清晰信息将会导致项目层次上的随心所欲”（1993；135）。在希普霍尔案例中。已经证明在技术专家和信息之间，在利益攸关者和共识形成过程之间，都存在巨大的空白。所以，基斯伯茨和范·格勒克指出，“由于分地区政策常常难以确定一个地区已经产生的污染和它对环境产生的实际结果之间的关系，因此，分地区政策的合理性削弱了（1996；7）。这里，国家扮演着重要角色。如果我们把中央政府部门看成一个团体的话，中央政府的作用是多方面的和不明确的。虽然环境政策的分散化可能是一个问题，但是，国家经济利益要求政府直接干预，以便保证国家经济利益相对其他利益而得到考虑。除此之外，国家层次的参与者没有提供有关希普霍尔能够控制的变量和地方和区域的利益得到考虑的情况下的变量的清晰信息。荷兰社会经济委员会（SER）有关“第二个国家环境政策计划（NMP-2）”的推荐意见[63]也许最清楚地提出了这一点："在对环境问题做出清晰政治选择的基础上，政府负责确定一个有关标准的框架。因为责任不清，任务不明，没有这样一个有关标准的框架，就不可能有自律（荷兰社会经济委员会，SER，1994；33）。即使责任清，任务明，它们几乎也只是暂时的，因为变量在变化，这些变量对未来的价值常常减少，具有不确定性或可以容忍偏差。按照荷兰国家环境咨询委员会（CRMH）的说法，“问题既没有得到处理，推迟或置于其他方面（国际的、欧洲的）负责的背景中”（1991；35）。假定不可能提供航空增长的具体数字，有些利益攸关者却创造性地展示他们的利益。例如，政府在希普霍尔问题上采用了两个冲突的和相互关联的立场。一方面，它把“希普霍尔”看成一个复杂的环境-空间冲突，需要使用参与式的方式，另一方面，“希普霍尔”被看成一个能够通过相对简单的自上而下的法规来解决的经济问题。当然，经济背景不可避免地与复杂的环境-空间冲突联系在一起。由于经济利益包括其中，干预是必要的，因此，很难对“希普霍尔和环境项目”是否采用网络方式做出结论。从一定意义上讲，这就是为什么荷兰国家环境咨询委员会做出这样的结论，希普霍尔和环境项目不适合于作为一个“指定的空间规划和环境地区”项目。换句话说，即使完全“指定的空间规划和环境地区”的政策，有关希普霍尔和它周边环境的讨论也会大同小异。

“指定的空间规划和环境地区”政策具有参与决策和采用网络战略的特征。所以，使用它去处理包括大量相互关联方面和复杂的超级地方问题。“指定的空间规划和环境地区”政策以项目为基础的特征

---

[63]“社会-经济协会”是荷兰国家经济和社会问题的咨询机构。这个协会由雇主组织、就业者组织和政府的代表组成。

还意味着，“指定的空间规划和环境地区”政策是一个特别工具。然而，这并不意味着我们重蹈20世纪60年代环境政策的覆辙，那时的环境政策的确也有特别的性质。指望“指定的空间规划和环境地区”政策支撑常规的政策。总而言之，“指定的空间规划和环境地区”政策采用综合的方式，强调公共部门和私人部门之间的合作。共同管理必须针对地方特定情况采用联合的方式。“指定的空间规划和环境地区”政策的基础是这样一个原则，在世界上，没有完全相同的两种情况。这就是说，每一种情况都需要专门确定问题，特定的决策过程，因地制宜的解决办法和实施过程。

缺少精确的规则也可以用来解释为什么“指定的空间规划和环境地区”政策受到欢迎。把这个政策用于一个特定情况时意味着假定，这种情况是复杂的和独特的，规定的标准式规则不适合于此。

基于以上讨论，我们能够得到这样的结论，不言而喻，用来处理复杂环境-空间冲突的参与式和网络式战略应当遵从许多规则。这把以上所讨论的问题与相互依赖、共同承担责任和确定问题、选择参与项目的利益攸关者的过程联系起来。如果要让以网络为基础的方式和参与方式都能够发挥效果，必须考虑这些寓于其中的规则。经过慎重考虑，这些规则已经对环境政策及其结果产生效益。“指定的空间规划和环境地区”政策已经不是仅仅对常规政策的一种补充，而是从一种非主流的方式发展成为主流方式（VROM 1998b）。

“从技术上可靠到以共识为基础……”

如果我们从规划的目标导向角度和机构导向角度出发，比较“综合环境分区”（IMZ）和“指定的空间规划和环境地区”（ROM）政策，我们能够发现，两种手段各有优劣。如果从目标导向角度考虑这两种手段的话，最明显的差别是，“综合环境分区”（IMZ）是集中化的项目，具有或多或少带有刚性的规则，而“指定的空间规划和环境地区”（ROM）政策则具有灵活性。由住宅、空间规划和环境部提议的综合环境分区项目具有许多清晰的原则，这些原则是确定问题的决定性因素。这些原则为可能的解决方案建立了一个指导性框架，也预先决定了需要采用的措施，这样，可能采用的解决方案比较少。这种方法在处理规模相对小和相对简单的环境-空间冲突时，不需要在政策方面做出多大的努力，便可以实现目标。这种目标就是把环境敏感功能和活动与损坏环境的功能和活动满意地分割开来。在这种情况下，采用“综合环境分区”方法的结果可以合理推测，集中确定下来的常规方式足够完成这种分区。所以，综合环境分区制度的规则具有确定的优势，当然，这些规则不一定总是能够在环境和空间规划重叠时把它们协调起来。“综合环境分区”的主要劣势是，当环境-空间冲突变得越来越复杂和越来越具有动态性时，“综合环境分区”方法的效果会减小。

尽管缺少针对自我管理和以网络为基础战略的规范和热情，但是，如要使“指定的空间规划和环境地区”（ROM）有效率有效果，还是有许多规则必须遵循。与“综合环境分区”的规则相比，“指定的空间规划和环境地区”方式的规则主要是潜在的和非正式的规则，这些潜在的和非正式的规则与机构的情况和关系有关。它们也潜在地指导着目标的确定和实现。环境质量不再在集中确定的框架中得以实现，而是通过在特定地区内各利益攸关者之间的协调中得以实现。“指定的空间规划和环境地区”方式的目的不再是最大化终极目标，而是优化规划过程，以实现期待的环境质量的综合水平。并非总是可以实现这个期待的结果，这个事实应当看成“事情本该如此”。

如果我们从机构导向规划的角度出发，来比较“综合环境分区”（IMZ）制度和“指定的空间规划和环境地区”(ROM)方式,那么“共识”(见表5.2)需要一些细节。“第一国家环境政策计划”(NMP-1）提出了一个战略性的政策，它的基础是对规定的和有效率政策达成广泛共识，如果需要，规定的和有效率政策允许使用大胆干预的方式。干预并非必然，而是寻求公众给予集中化政策额外支持的问题。“综合环境分区暂行制度”（VS-IMZ）不可怀疑地得到了公众的支持，但是缺少来自地方的和行政管理层次的支持。综合环境分区制度是一种产生可预期结果的技术手段，这就意味着，地方利益攸关者面临的是一个既成事实。参与执行措施的利益攸关者并非总是考虑公众对环境的关注。以标准为基础的环境政策让人感觉到没有充分考虑地方利益攸关者的利益。这种感觉具有相当的影响力，以致在执行分区政策中屡屡受阻，还推迟了环境标准系统的发展。

“综合环境分区”（IMZ）制度和“指定的空间规划和环境地区”（ROM）政策比较 **表 5.2**

	综合环境分区	指定的空间规划和环境地区
问题（怎样） （什么） （谁）*	直接因果关系。 符合通用标准。 由中央政府确定。	参与式方式。 环境以及周边形体事物的其他方面。 地方政府、区域政府和中央政府。
解决办法	由政府提出。 在地方执行。	由选出来直接参与的利益攸关者制定、联合执行。
结果	最终结果在选定的参数范围内可以预测。	最终结果在执行过程中决定，有一定的预见性。
共识	需要对国家规定的环境政策达成广泛的社会共识。	需要在直接参与的利益攸关者之间达成共识。

* 参见 §4.2。

当然，正是在执行标准政策中参与者之间缺少共识刺激了“指定的空间规划和环境地区”方式的出现。在“指定的空间规划和环境地区”的政策中，建立起共识是最为重要的，它通过所有相关的目标群体参与到规划过程中来而得到实现。达成共识并非简单地意味着公众广泛地接受一种环境政策，而是有关直接包括选择能够对决策过程和执行相关措施做出积极贡献的参与者的问题。在“指定的空间规划和环境地区”的政策中，强调不是赢得公众支持，而是社会各界的参与，这些参与者与决策针对的问题相关，而且他们最终会从这个政策中获益。考虑到决策的效率和效果，采用“指定的空间规划和环境地区”方式的目的是，建立起持续的相互作用，指导参与者接受决策，建立起共同执行决策的政治愿望。同时，参与决策的行政管理部门发挥不同的角色作用。一方面，它们继续保护公众利益，另一方面，它们必须有愿望去接受共同管理，实现它们自己的特殊利益与特定问题相关的参与者利益之间的平衡。希利（1997）称之为“机构的共识”。

在这种情况下，政府机构把非政府的参与者归类为“社会的参与者”这种共识成为得到公众支持的政策的基础，公众支持意味着民主的传统。当然，这种意味并非完全准确的。共识的程度与“第一国家环境政策计划”或“综合环境分区”制度所实现的并不相同。

两种手段的差别存在于它们能够在社会的和自然的背景下解释环境-空间冲突的程度上，有关环境-空间冲突的法规的透明程度上，先于决策而对决策执行结果的预测程度上。如果冲突难以确定，如果法规不透明甚至相互矛盾，如果决策的过程和结果都难以预计，那么，我们就把这种环境-空间冲突归纳到“复杂的”或“非常复杂的”冲突类别中。在“复杂的”或“非常复杂的”冲突下，一个中心参与者不再能够对所有的冲突方面以同样的方式作出判断，而多种参与者必须从地方的和环境的特殊性上考虑冲突的复杂性。我们在第6章中详细讨论这个结论。

在第4章中描述过的规划导向行动的框架也能用来说明“综合环境分区”制度和“指定的空间规划和环境地区”政策中目标导向的发展和机构导向的发展（见图4.8、图4.9和图4.10）。在图5.8中，规划导向行动框架目标系列（垂直轴）的两端分别是“标准”（图4.9中的“单一固定目标”）和“多项混合和依赖的多个目标”（§4.5）。综合的多个目标需要在一个过程中来处理和实现，取决于规划过程所处情况、时间和可能性。在规划导向行动的建议框架中（图4.9），水平轴表达关系系列，两端分别为“集中管理”和“共同管理”。当我们把这些术语用于分地区政策的话，不需要再做进一步解释，只要把它们替换成“层次结构的”和“以共识为基础的”即可[64]（见巴特尔德和德罗 1995，博斯特等 1995，德罗 1995 和 1996b，德罗和米勒 1997）。

在规划导向行动框架中，第一象限用“综合环境分区制度”替代“集中角度的政策”，第三象限用“指定的空间规划和环境地区方式”替代“地方政策”（见图5.8和5.9）。就系统和复杂性而言（见第4

[64]在原先的研究中，涉及四种环境政策方式，“基于标准的”、“分层次的”、“多目标的”和“协商的”。

章)，“综合环境分区制度”（IMZ）必须在一个稳定系统中才能发生作用，只要它不受到外部效应的重大影响，它是能够发挥作用的。换句话说，这种手段的基础是这样一种观念，起点已知，原则已经确定，那么结果基本上可以预测的。这种手段是受到普遍模式约束的。相比较，“指定的空间规划和环境地区”方式旨在考虑不可避免的外部影响，考虑采用因地制宜，而非普遍适用的“自组织”行政体制下的结果。这些“自组织”系统“允许根据地方情况做出相应调整”[比恩布雷奇（Biebracher），尼科利斯（Nicolis）和舒斯特（Schuster）1995]。当然，在满足各种条件的情况下（见第4章），使用“指定的空间规划和环境地区”方式能够实现一定程度的稳定，按照埃墨里和特里斯特（§4.5）的看法，应当在“稳定，随机的环境”条件下使用“综合环境分区”，而在“受到干扰的环境”条件下，使用“指定的空间规划和环境地区”政策。所以，“综合环境分区”和“指定的空间规划和环境地区”在政策系列中居于极端的位置。

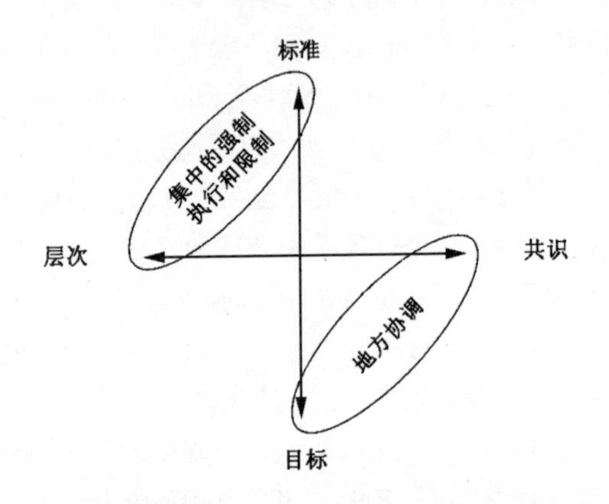

图5.8　用政策特征表达的四种形成环境政策的方式

“综合环境分区”和“指定的空间规划和环境地区”方式的利弊提供了一个清晰的画面。环境-空间冲突越复杂，分区制度越需要在确定问题上具有灵活性，应当允许比较高程度的利益平衡，合作和协商。反之，如果没有遵从潜在的规则，特别是没有遵从参与式决策的规则，“指定的空间规划和环境地区”政策的效果大减。一个问题可

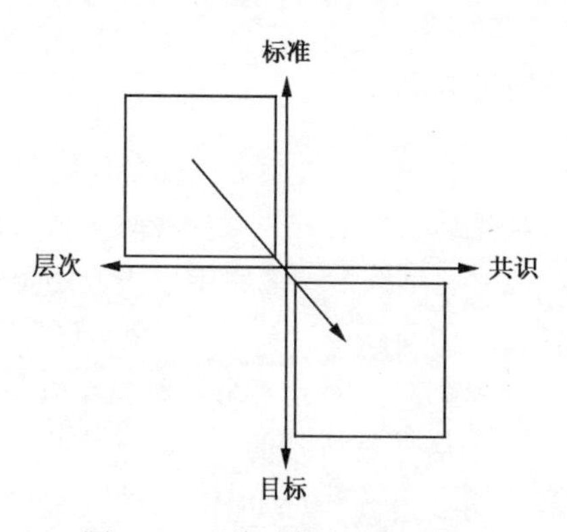

图5.9　环境政策的重心转移

能相对简单，单方面的利益可能成为决定因素，参与者可能并不清楚参与和利益平衡的指标，或者问题可能很复杂以致需要形成联合的和各方同意的指标。

对“综合环境分区”制度和“指定的空间规划和环境地区”方式的考察让我们得出这样的观点，“以社会共识为基础的政策比技术上可靠的政策更有效率”。这是在宁斯佩特举行的跨部门会议得出的结论，这个结论常常用来解释环境政策的发展（参见§1.3，VROM 1995）。“技术可靠”涉及一般能够用于一种清晰确定的问题的政策，它以可以导致预期结果的固定过程为基础。这种政策对于复杂的冲突难以奏效，但是，对于相对简单的问题还是成功的，因为不需要每次都去附加约束条件。在这种情况下，国家的取值和标准能够在简化环境-空间冲突中发挥作用。比较而言，以“社会共识”为基础政策目的是，尽可能扫清决策的重重障碍，通过直接参与决策各方的共同努力为基础而达到目标。在地方层次上，这常常涉及“行政改革”。[65]这种形式的政策对于“复杂的”和“非常复杂的”环境-空间冲突特别有效。

[65]“行政改革”指“不仅仅在选举期间，而且在政策制定和决策过程中，都应当直接参与到地方政府中。

5.5 分层管理和地方能动性

在20世纪90年代期间，荷兰围绕“综合环境分区”制度和“指定的空间规划和环境地区”实验项目就环境政策的方向问题展开了争论。这场争论的核心是，继续沿着老路走下去，还是走出一条具有灵活性的和采用合作方式的新路来。“综合环境分区”和“指定的空间规划和环境地区”项目都对住宅、空间规划和环境部（VROM）发出了早期预警信号。一个信号是清楚的：“必须实现从‘指挥和控制’方式向‘政策授权’方式过渡”（VROM 1995）。必须在环境-空间冲突产生的层次上，按照辅助性原则，去解决环境-空间冲突。这样，必须用地方层次和区域层次的政策发展替代中央的管理。

放弃以标准为基础的政策，转而选择具有“指定的空间规划和环境地区”政策中那些被认可因素的路径？这种看好参与式决策的选择是对以标准为基础传统政策的“错误”的下意识的反应？在5.4节的结论中，我们提出过与复杂性因素相关的命题。或者继续沿用具有传统政策特征的决策，根据问题，增加一些革新因素？这一节考察在“综合环境分区”和“指定的空间规划和环境地区”项目之后，分地区环境政策的发展，以期回答上述问题。

走向结构性的、分散化的和具有灵活性环境政策的第一阶段

对住宅、空间规划和环境部有关继续发展以标准为基础政策的建议，做出反应的并不局限于那些直接受到影响的人们。在住宅、空间规划和环境部内部，以标准为基础的政策和分区也同样受到质疑。产生这种状况的部分原因是，中央政府提出的多项发展并非总是适当的。最清楚的一个例子是扩大希普霍尔机场及其由此产生的噪声干扰问题（§5.4）。在其他一些大型政府项目中，也存在政策冲突，如贝蒂沃货运铁路和高速铁路连接项目。[66] 它们导致住宅、空间规划和环境部的内部“传统派”和“现代派”之间的冲突。即那些主导传统环

---

[66]在这些项目中，荷兰环境咨询委员会（CRMH）提出，对可以使用的环境空间提出要求的活动主要有，“大型基础设施工程，大型工业活动和垃圾处理。这些活动集中在荷兰某一个部分意味着那里没有多少可以用于其他活动的空间”（CRMH1992；15）。

境政策的“传统派”和那些超出环境利益边界看问题的“现代派”之间的冲突（VROM 1998b；124）。他们争论的中心是政策的一致性。大部分“传统派”人物都具有技术和分析背景，或者是法律专家，他们要求确认，住宅、空间规划和环境部的措施和相关法规具有一致性。包括经济学家和空间规划师在内的“现代派”追求一个比较宽泛的框架，允许考虑到经济的和空间的因素。这种冲突最终弱化了，并使两种意识形态“阵营”得到了理解：部里的国家空间规划局（RPD）和环境部门之间做了人员交换，两个部门甚至使用了同一个办公楼。随着对“第一个国家环境政策计划”的激烈批判，1993年底，进一步发展以定量标准为基础的目标导向政策已经成为希望不大的目标。重点从确定新的目标转移到执行上来。“在有效的财力和人力资源与公众和工业界达成的共识之间”存在多种矛盾（下议院1993；33）。1994年和1995年间，许多因素一起减弱了这个部进一步发展环境标准的热情：批判了以标准为基础的政策，特别是批判了“综合环境分区”制度，那些因为非常严格的环境政策而产生的后果，淡化了对气味政策的建议。相比较而言，人们对其他方式，特别是补偿，产生了更大的兴趣。[67]

住宅、空间规划和环境部的环境部门看到了修正目标导向政策的需要，日益强调政策的执行。同时也要求与其他部门共同承担环境责任。不再希望对没有实现自己的目标而负全责。这样，“从自上而下

[67]要求对环境影响实施补偿的观念并不是一个新观念。长期以来就在实施对那些自然环境有其他功能替代的地区进行补偿的政策。中央政府的观点是，具有生态价值的地区只有在例外情况已被其他功能替代。这种情况必须是“在不能找到其他办法去满足集体的实质性利益时”（LNV1992；126）。如果出现这种例外，必须对此做出物质性的和资金性的补偿。这种补偿与规划活动和这项活动所在位置上的环境相关（LNV 1995）。农业、自然管理和渔业部（LNV）使用环境影响分析指出，“除开找到最环境友好的方式外，有时要提出补偿措施”（LNV 1992；126）。现在，《环境管理法》中包括了这个规定（《环境管理法》第7款，环境影响），可能由管理部门决定，是否不可能对所有负面的环境影响加以限制，[……] 计划的选择方案应该包括对不能解决的负面影响所采用的设施或补偿措施（《环境管理法》第7款，7。10.4）。靠近阿姆斯特丹的IJ米尔中的人工岛的居住开发就是一个为人所知的例子。艾瑟尔堡将容纳大约18000家，它们都处在“国家生态网”中。这项开发必将影响到地方生态系统。艾瑟尔堡“指定的空间规划和环境地区”行动规划提出，对生态特征丧失作出补偿的措施。

的管理转向规范范围内的自我管理”成为“第二个国家环境政策计划”[68]的一个原则（下议院 1993；42）。自 20 世纪 80 年代以来。“从自上而下的管理转向规范范围内的自我管理”已经成为政府范围内的目标，但是，在以标准为基础的环境政策中，这一点基本上被忽视了。这个发展重新开始，同时，还包括了一定程度的分散化。

地方和区域政府通过针对空间规划和环境交叉领域的奖励，努力推进“从自上而下的管理转向规范范围内的自我管理”。“指定的空间规划和环境地区”政策不仅显示出放松管制和分散化能够产生相互促进的效果，同时还显示出放松管制和分散化能够加速外部综合的进程。好处远不止如此（奥斯特哈弗等 2001）。许多省推出了地方环境综合规划 [巴斯曼（Buysman）1997，德罗和施瓦茨（Schwartz）2001，德罗和施瓦茨 2001b，施瓦茨 1998，威斯克 2000，威斯克和林贝克（Lingbeek）1995]。这些规划的目的是，改善与区域规划、水资源管理规划和环境政策规划的一致性。在推进自然环境政策一致性方面，省一级战略性的和中间层的作用是重要的。荷兰《环境保护法（总论）》（WABM）[69]第四款规定，省一级的环境政策规划是形体环境规划的第三个战略平台。至此，这种保持一致性的需要更加突出。进一步讲，各省紧急需要制定交通和运输规划（EK 1998；2，下议院 1997b）。20 世纪 90 年代的情况显示出，各省还必须制定自然管理计划，当时，这项工作还没有做（下议院 1996b）。当时所有有关形体环境的法定战略规划都有专门的目标和主题，它们的内容在一定程度

---

[68]“第二个国家环境政策计划”（NMP-2）与“第一个国家环境政策计划”相比，“第二个国家环境政策计划”在协调环境和空间规划政策方面没有提出新的目标和行动。空间规划协会和其他部门也有同感：“许多空间问题被忽略了，空间规划协会没有看到环境政策第三部分的证据，这个计划实际上没有确定的措施与空间规划和环境之间的界面相联系”（1994；5）。以“自我管理和因地制宜的管理”为口号的“第三个国家环境政策计划”（NMP-3）（VROM 等 1998）提出，协调环境和空间规划政策基本上是地方政府的问题。法律和法规将以此做出相应调整。

[69]1989 年 5 月 25 日，在“第一个国家环境政策计划”公布的同时，一份有关环境政策规划和环境质量补充说明的草案提交到了下议院，以此作为对《环境保护法（总论）》（WABM）的补充。在《环境保护法（总论）》（WABM）中增加了两个部分：第 4 部分（环境政策规划）和第 5 部分（环境质量要求）。《环境保护法》替代了《环境保护法（总论）》（WABM），并在 1993 年 3 月 1 日开始执行。

上重复。对于省一级的行政管理部门和其他机构来讲，十分迷惑如何同时协调和执行若干种规划（巴斯曼 1997；20，奥斯特哈弗等，2001）。省一级的行政管理部门把制定综合规划看成解决内部组织问题的一个具有积极性的基础［帕沃（Paauw）和德罗 1996；207］。同样重要的是，省一级越来越卷入了要求采取综合的和分地区方式的问题之中，包括基础设施项目，为居民居住和工作找到新的位置等（巴斯曼 1997；21，德罗和施瓦茨 2001）。[70]

分地区的方式甚至变得比形体环境综合规划更加受到欢迎。自那时起，在国家范围内，大约执行了150个项目，这些项目把一个地方的环境、水、自然和空间规划政策综合到一起[71]，以便解决乡村问题。乡村问题十分特别和复杂。现在不仅中央政府，省行政管理部门使用这种方式，市政府同样也越来越了解到这种方式的好处（奥斯特哈弗等，2001）。

省政府目标主要是综合涉及形体环境的法定规划，以及管理跨越行政边界的复杂问题，而市政府的目标主要是主动地执行政策，处理通常出现在城市地区的环境-空间冲突。尽管存在实质性的差异，市政府和市政府的代理机构都能从中央政府对地方环境政策的财政奖励中受益（林格林斯，1993）。“市政府政策执行补贴”（BUGM），“国家环境政策计划执行预算”（FUN）和“市政府环境政策编制基金”（VOGM）[72] 等都是当时为此目的执行的财政资金赠与办法。当这些办法终止后，市政府必须依靠自己的资金来执行它们的环境政策。那个

---

[70]中央政府在20世纪90年代下半期密切关注这个进展，而住宅、空间规划和环境部考察了把“第四个国家环境政策计划”和“关于形体规划的第五个政策文件”合并成为一个关于人居环境政策文件的可能性。这个建议很快受到其他中央部门和一些方面的反对。所以，一部有关形体环境的综合政策文件不太可能很快出现。

[71]令人惊讶的是，在形体环境规划的编制和分地区的方式中几乎完全忽略了交通和运输问题（奥斯特哈弗等 2001）。

[72]“对市政府政策执行实施补贴的命令”（BUGM）在1989年开始执行。这个命令的目的是提供财政支持以鼓励市政府在强制执行和颁发许可证积压的工作，加强这些领域。希望“对市政府政策执行实施补贴的命令”模式能够跟进 HUP 模式，HUP 模式的目标是推动执行《干扰法》的相关项目。中央政府也在“国家环境政策计划执行预算”（FUN）模式之下推进市政府承担由“国家环境政策计划”框架提出的责任。1993年，“市政府环境政策编制基金”（VOGM）替代了 HUP 和 FUN 模式，为市政府制定市政府辖区内的环境政策提供资金。

时期，市政府的环境部门继续雇佣了大量工作人员，执行常规的责任，如颁发许可证，执行有关噪声、土壤和垃圾的规定，而承担的其他事务，如制定战略性政策等，相当有限。市政府的机构表现出作为中央政府规定性政策的一个载体。

由于“城市更新投资预算”（ISV），强调执行的状况会在未来有所改变。“城市更新投资预算”是荷兰住宅、空间规划和环境部（VROM）、经济事务部（EZ）和农业部（LNV）的一个方案。这个预算根据《城市更新法》得以通过，在2000年开始执行，其目的是减少中央政府对市政府财政支持的分割程度，替代“与生活、工作、环境、经济活动的自然条件、绿色城市空间相关的大量补偿办法”（VROM 2000；7）。这样，市政府在花费中央政府对解决城市形体环境问题的财政补贴上承担起更大的责任。这种财政补贴用到许多环境政策的执行上，包括土壤治理、减少噪声等。市政府自己决定如何把资金分配到多个政策领域。“量体裁衣”，“综合”和“合作”这些术语再次成为关键词。当然，环境政策也变得更具有可协商性，必须考虑到多方面的利益。过去，与空间规划、城镇规划和经济事务部门相比，市政府在地方层次上执行环境政策很少考虑政治影响。所以，这是一个令人激动的发展。由于环境政策在地方层次变得更具有灵活性，所以，地方环境政策现在必须与市政府其他形式的战略性政策相协调。过去，在考虑市政府环境政策的战略问题时很少超出“市政府环境政策计划”的内容。大部分这类计划都是以执行标准责任的方式形成的，如垃圾和噪声。无论如何，针对环境的“城市更新投资预算”政策的结果都得不到承认，虽然这些结果本身现在还没有彰显出来。

市行政管理部门接受环境政策这一额外的责任并非一帆风顺（范·登·贝尔赫 1993，荷兰市政府协会 1993）。主要问题之一是与空间规划的相互关系。在20世纪90年代，负责“灰色”环境日益成为地方机构的工作。然而，“环境政策的制度化还没有完成，还在继续发展的过程中（特尼斯 1995；37）。帮助建设扩大和强化地方环境政策发展的另两个重要因素是，“国家环境政策计划”中的地方政府“行动框架计划”和荷兰市政府协会在1991年和1995年推广的有关市政府环境政策的“框架规划”（荷兰市政府协会，VNG 1995）。

许多地方政府都证明它们是处理地方环境-空间问题的精神和创新之源（VNG1993，VNG 和 VROM 1990，VROM 1996b）。市政府夜以继日地执行他们的环境政策，越主动的市政府越具有创造性。许多环境评估方法都是用来确定环境质量和空间发展关系的［见安布莱（Humblet）德罗，1995］，环境评估方法的数目还在增加。这些新方法反映了环境政策的变化：从定量、规定的和指导性的方式[73]转变成为比较的和参与式的方式，[74] 较之于过去，这类方法更大程度上是以地方特殊情况为基础的。大量的地方政府也对“地方21世纪战略构想”[75] 做出承诺，并把它们转化成为具体的措施（VNG 1996）。这些工作已经超出了原先的法定性规划和项目的范围。

以阿姆斯特丹和鹿特丹环境部为首，荷兰许多大城市的政府都提出了因为采用集中化的规定件政策而引起的问题，提出了解决这些问题的发展战略（有关阿姆斯特丹，参见第7章）。最值得一提的战略是“污染泡概念”。“污染泡概念”最初由阿姆斯特丹环境部提出，随后由阿姆斯特丹自由（Vrije）大学环境研究所完善［鲁道夫（Rosdorff）等 1993］[76]。“阿姆斯特丹空间规划和环境政策文件”（BROM）认为这种方法可能用于“综合的分地区政策”［阿姆斯特丹市政府 1994，马杰堡（Meijburg）1997］。按照这个政策文件，“污染泡概念”“使决策中的环境因素和空间因素实现协调成为可能，其基本目标是寻求环境和经济的最好发展方略”（阿姆斯特丹市政府 1994；9）。这些话也在“指定的空间规划和环境地区”方式中得到反响。

[73]例如，由格罗宁根环境部编制的格罗宁根环境评估方法（格罗宁根 1993），由茨沃勒市政府和荷兰市政府协会共同编制的手册（斯特雷克科 1992）和荷兰市政府协会编制的方法（VNG 1986，库加佩斯 1992）。

[74]参见由乌得勒支市政府制定的“行政管理误差”方法（乌得勒支市政府 1997），由蒂尔堡市政府编制的“城市环境政策方法”（蒂尔堡市政府 1994，VNG1993）。

[75]参见§2.6。里约热内卢“世界环境和发展大会”产生了关于21世纪可持续发展计划的21世纪宣言。21世纪宣言基本上是针对地方活动的。鼓励地方政府编制他们自己的21世纪发展计划。在荷兰，中央政府为了评估地方政府是否具有接受政府财政支持的条件，地方政府可以选择编制一个“地方21世纪计划”。1996年，接近140个地方政府编制了这样的21世纪计划（VNG 1996）。

[76]参见网站：http：//www. vu. nl/english/o_ o/imstitute/ivm/research/bubble. htm.

污染泡并非一个全新的观念。在“环境政策综合项目”（PIM）中涉及一种可能性（见§5.3）。在美国，“污染泡概念”用来对工业场地划定“环境效能空间”的边界。[77] 阿姆斯特丹市试图把这个概念用到荷兰的城市里，在环境规划中，采用目标导向选择的立场。这种方法没有直接的使用价值，它也从未实际实施过，但是，它对于讨论国家环境政策的可能改变还是重要的。阿姆斯特丹市的建议表达了那些在讨论环境标准政策上获得共识的观念。

“污染泡概念”不是一种参与式的方式，或多或少是一种定量的目标导向的方法，使用不同规模上的多种指标和数据以决定一个地区如阿姆斯特丹市的环境质量。与分区方法相反，“污染泡概念”的原则不是使用与活动相关的环境质量作为经济和空间发展的标准。“污染泡概念”强调的不是源头和源头周边之间的关系（外在化的方式），而是一个预先确定下来地区的环境质量（内在化方式）。目标是，在一个预定的时期内，把这个地区的整体环境影响减至一个可以接受的和现实的综合目标水平。不同于标准系统，污染泡方法不是追求单一目标，而是一个多方面的结果。

阿姆斯特丹地方政府提出，“建立一个城市泡不会要求城市所有部分均衡分摊总污染”（阿姆斯特丹市政府 1994；10）。分摊办法的基础是污染泡的多部门范围内的可能性和约束性。这意味着“有可能交换多种形式的污染影响”（阿姆斯特丹市政府 1994；11）。在这个污染泡概念的报告中（鲁道夫等 1993），按照环境标准系统而固定下来的最高水平被看成是找到有效解决“紧凑城市矛盾”的一大障碍。让多种形式的环境污染可以进行交换会使这个系统更具灵活性。这种替换选择反映了这样一个事实，在一些情况下，做了很大的努力，花费了巨额开支，效果却只能达到法律上要求减少的特定形式污染的最

---

[77]“污染泡”概念与允许排放交易的概念相联系。对工业场地的全部排放进行计算。根据需要，一家公司可以获得在一个时期内的排放许可。它可以与另一家公司对其允许的排放做一笔交易。当然，这个制度仅仅能够用到排放交易并不影响工业场地周边住宅的前提下。这种情况在荷兰是很平常的。如果一个靠近居民区的公司从另一个稍微远离居民区的公司那里获得了排放许可的话，这个场地的整体排放水平依然如故，但是，对周边地区的影响会有所不同。

低水平，而对于其他形式的污染，同样程度的努力却可以减少更多的污染影响。“如果一种空间的或环境的措施在一个地区（从经济的和环境的角度看）是无效的，我们必须找到其他的解决方法以改善这个地区，或者我们必须使用额外的措施从（在整个污染泡中）其他地方对此做出补偿”（阿姆斯特丹市政府 1994；10）。所以，目标不是实现中央政府对每一个环境-空间冲突确定的最大目标，而是采用分地区的方式获得最优的结果，分地区的方式通过补偿保障实现地方环境质量。这种方法提出，在规划过程中找到更加因地制宜方案的分地区标准、交换和补偿［马杰堡和德·克格特（De Knegt）1994］。

许多利益攸关者赞成这种“污染泡概念”，期望值非常高，也许太高。这种“污染泡概念”假定，“不再必须为每一个环境问题设计一种解决办法”（马杰堡和德·克格特 1994；10）。“随着分地区的环境分区，也有可能给每一种情况找到空间和环境措施的最佳配合”。另外，“最大化环境投入的收益，在整个城市范围内减少污染水平和改善空间环境质量”（马杰堡和德·克格特 1994；10）。作为对分区手段批判的回应，“污染泡概念”引入了灵活性，以实现政策综合，把环境政策的责任交割地方政府。这些目标不过是许多荷兰人耳边的天籁之音，让他们为此而自我陶醉。地方政府也反复宣称，“我们也将使用污染泡方法”。然而，就阿姆斯特丹本身而言，这个政策迄今为止还没有执行过，也不可能在可以预计到的未来去执行它。

实践证明，把“污染泡概念”的原则转化成为以指标、联合指标[78]和划定地区和地区水平为基础的实际应用十分不易。“污染泡概念”的目标是，或多或少地独立于敏感地区的性质和规模，尽可能有效地减少整体的环境影响。污染泡模式并不集中在污染源头和周边环境质量之间的关系上。这就意味着，污染源头导向方式的目标不再是对地方居民的个人保护，与此相反，以标准为基础的政策保证整个荷

[78]这个有关“污染泡概念”的报告集中到了三种类型的环境影响上：空气污染、噪声污染和外部安全，而这个概念的目标是实现一种不限制环境健康和卫生方面的整体环境质量。除此之外，公共场所的垃圾水平将作为一个环境质量的变量。人们怀疑这个是否是一个有用的指标，因为随地乱扔的垃圾水平也能用来衡量市政府公共卫生部门工作。

兰的每一个人都获得同等水平的保护。虽然通过分地区的方式使标准系统有了比较大的灵活性，污染交换能够让资金和政策取得更大的收益，但是，它也会限制对个人保护的水平。正如“污染泡概念”所建议的那样，微观层次（对市民个人）的环境影响正在成为宏观层次（即城市）环境影响的部分。

1996年，阿姆斯特丹自由大学环境研究所⑲对“污染泡概念”重新做了探讨，并从福利理论的角度对此加以研究以便充实它[波尔(Boer)等1996]。结果,这个概念甚至更加远离日常工作。特别是补偿问题使“污染泡概念”清晰地表现出不易用于实际工作中。在乌托邦式的“污染泡”破灭之后,补偿依然是一个国家政策主题。把补偿转换成为确定的措施用于城市环境仍然是一个复杂和敏感的问题[德罗1996c，维尔辛（Wiersinga），龙克（Ronken）和塔恩·霍尔克（Ten Holk）1996]，始终没有给“污染泡概念”找到一个可行的公式。

“污染泡概念”给环境规划的目标导向行动提供了一个全新的行政管理角度。一方面，“污染泡概念”是操作上的和目标指向分区措施上的另一端，另一方面，“污染泡概念”是一种分地区的战略，是对分区措施的一种有效的补充。我们能够把污染泡模式放到规划导向行动框架目标轴相对设定标准方式的另一端（图4.8、图5.8和图5.9）。最重要的是，“污染泡概念”旨在建立一个综合目标，在一个特定时期内，确定一个环境质量水平，在有关地方环境的综合政策基础上实现一个多方面的结果（参见§4.5）。

“污染泡概念”也对协调环境健康和卫生政策、空间规划、经济上可行和经济发展的讨论提供了有价值的贡献。尽管“污染泡概念”不能证明它自己具有具体政策措施的价值，但是，它推动了有关补偿的讨论，是有关环境标准讨论中的一个新的因素，传递了一个“逃生之路”，即“城市和环境政策”中所说的“第三阶段”。我们在下一节中讨论这个问题。

城市和环境：标准、补偿和地方创新

“第二个国家环境政策计划”（下议院1993）在考虑住宅、空间

---

⑲阿姆斯特丹大学的环境研究所（VU）。

规划和环境部将会同其他部共同制定城市地区（具体行动90）环境政策的项目时，提到“紧凑城市的矛盾”（见第3章），“这个项目将探索生态城市概念的可能性、城市污染泡模式（阿姆斯特丹）、城市交通和环境，有区别地执行环境标准等”（下议院1993；203）。住宅、空间规划和环境部（VROM）、跨省平台（IPO）荷兰市政府协会（VNG）和许多较大的地方政府在1993年秋以“城市和环境”为项目实施了“第二个国家环境政策计划”的“具体行动90”城市与环境项目（Stad Milieu）。这是一个从体制上解决特殊城市问题的阶段，这些特殊的城市问题基本上是因为空间规划和环境交叉界面上的政策障碍所致。这个项目的核心是，“城市地区在实现环境目标和空间规划目标上的问题”（城市与环境项目1994；1）。“城市和环境”项目的进一步的目标是，研究综合政策如何能够优化空间的使用同时又能改善宜居条件（库加佩斯和阿夸里斯1998）。

“城市和环境”项目的基础是这样的问题，城市环境标准常常被逾越，城市环境质量不高，短期内实现目标将使城市生活不能正常进行（城市与环境项目1994b；1）。这个率直的说法反映了对标准制度的厌恶，当然，在发现“地方行政官员非常出色地与这个‘紧凑城市的矛盾’一唱一和”（城市与环境项目1995；6城市与环境项目1995b）之后，这个说法得到了修正。在许多案例中，地方行政官员面临“颇有瑕疵的措施，它们把‘双赢’变成了‘或者-或者’”（城市与环境项目1995；6）。这种说法以特殊的方式指出，政策的目标并非总是相互增强的，有时相互对抗，产生不希望看到的结果。城市与环境项目的暂定目标是，产生一部政策文件，包括解决这些城市问题的方法、组织、行政管理和法律等。这个文件解释道，由于问题是地方的，所以解决办法也应当考虑到“指定的空间规划和环境地区”政策，以地方管理原则为基础。分地区的、综合的政策方式呼之欲出。另外，与“污染泡概念”一致，环境质量的下降将必须得到补偿，以在宜居性方面做出可以衡量的和可以接受的改善（城市与环境项目1994b；2）。

参与这个项目的各方足足争论了一年多才对《充满希望的地方总有路》（城市与环境项目1995）这一报告达成一致。1995年12月22日，这个报告被提交到了下议院。这个报告包括了一个提议，消除导致紧凑城市处于两难境地的政策障碍。1997年春，一共开始了25个实验项目，以期考验这个建议的实践性："这些内城地区几乎总是要求集中到重建、改变使用功能，治理和做填充式开发。它们同时还面临诸多环境问题，如噪声干扰、空气质量、公共安全和土壤污染"（库加佩斯和阿夸里斯 1998；31，参见§3.4）。

城市与环境项目过去和现在都是以一个三阶段方式为基础的，这个方式假定，地方政府在环境-空间冲突事件中，遵循这个三阶段方式。前两个阶段强调现行政策。第一阶段包括执行尽可能多的污染源导向的措施，在空间规划的尽可能早的阶段考虑到环境方面的问题。因为环境资料常常只有在需要它的时候才去收集，如颁发许可证时，所以，后一个因素特别重要。对于25个城市和环境实验项目[80]的大多数而言，这个建议和工作方法并没有展示出有多么大的推动作用或做出创新。大多数项目没有编制环境健康和卫生现状图，或者没有编制环境健康和卫生情况与环境敏感区及其期待的空间开发之间冲突的分析图。如果住宅、空间发展和环境提议的综合环境分区系统已经告诉了我们什么的话，那么，在早期阶段就编制出这类图是至关重要的，以便获得环境状况信息（§5.4和第6章）。我们已经发现，在未经证实的地方环境质量估计基础上形成的政策一定是不切实际的。[81] 当然，这个发现与推进改变土壤和噪声政策的推论是不一致的，改变土壤和噪声政策的推论假定，地方政府已经充分地接受了制定这类政策的责任（VROM，IPO 和 VNG 1995，MIG 1998；8）。

如果城市与环境项目没有产生所期待的结果，那么，我们需要在

---

[80]现在有24个项目。因为国防部不愿意把原来的军营交给地方政府，所有乌得勒支-克罗姆特项目没有进行。

[81]尽可能在决策早期就考虑到环境健康和卫生因素的推荐意见与弗雷德和杰索普（1969）提出的"战略选择"方式相矛盾，这种"战略选择"方式的基础是"不到万不得已不做决定"的原则。这种"战略选择"方式旨在，存在多种不确定性，而这些不确定性能够在规划过程中得到解决的时候，给规划过程留下灵活的空间（乌格德 1995）。在大多数情况下，在决策过程开始之前，能够确定一般的环境状况。环境状况并不受大规模变动的约束，所以，在规划过程中包括一种不确定因素是没有必要的。而且，依靠现存的法规，环境状况能够确定下来，尽管这项法律并不要求在早期阶段这样做（德罗 1998；281～290）。

现有法规的界限内寻找创新的解决方案。对空间的最大化地使用必须满足现存标准系统提出的要求。在城市与环境项目第一阶段强调这一点意味着放弃这样一种信念，由于具体的政策性努力，与工业界达成一致，技术发展，现行的标准在未来一定会削减。20世纪70年代初趋向定量的标准政策时，这个信念风行一时。城市与环境方式的第二阶段对“原地踏步”原则形成压力。在这个阶段，环境的现状水平不再被看成是应该保留的目标水平。相反，目标水平应当是环境法规允许的最高水平。在20世纪70年代，这个倾向被看成是一种风险，而现在这个倾向被看成是阻止超出限制值过程的一个部分。

除此之外，综合分区实验项目显示出，还有城市与环境战略的第一和第二阶段没有满意地解决的环境-空间冲突。这些冲突是，通过最大限度地使用环境标准实现多方面目标时，非常难以协调空间、环境和经济可能性和限制。还有一些冲突是因为法规不适用于一种特殊情况的特殊可能性而引起的，这些特殊情况可能不在法规涉及的范围之列，从而导致程序上的障碍（库加佩斯和阿夸里斯 1998）。对于这种情况，城市与环境战略还有第三阶段，允许违反法规。[82] 这个阶段意味着承认，集中产生的法规并非总能够充分地考虑到地方的情况。这个阶段认识到，地方政府有责任在它们的地区实现最优的结果。如果有充分的理由，第三阶段使地方政府能够违反现行的标准。“就宜居而言”[83]（城市与环境项目 1995；11），环境质量的下降必须得到补偿。一开始，按照专门的《城市与环境实验法》，这个选择仅对25个城市与环境实验项目有效（下议院 1998）。

---

[82]《城市与环境实验法》使市议会可以“违反：(a) 对土壤、噪声、空气和公共安全的环境质量要求；(b) 由《减低噪声法》、《环境保护法》、《土壤保护法》、《空间规划法》、《住宅法》和《城市和乡村更新法》规定的程序性条款和权力条款”（TK 1998；2)。这些‘阶段-3的决定’必须由地方政府提交给住宅、空间规划和环境部，并得到它的批准。

[83]城市补偿方法还很不清晰。许多人都提出了各自的补偿措施的标准。由巴特尔德提出的指南是在这个方向上走出第一步的一个例子：(1) 保证对个人的保护；(2) 应该优先考虑源头导向的措施和基于规划的治理措施；(3) 补偿一定不会引起负面的健康效果，风险水平一定不能提升；(4) 补偿一定不能引起对城市其他部分居民的环境影响；(5) 补偿必须按照要求的行动措施得以实施；(6) 针对污染补偿的措施必须由地方居民感受到。

经过深思熟虑，住宅、空间规划和环境部决定不制定补偿法规，因为制定补偿法规可能给地方政府打开了选择之门。住宅、空间规划和环境部希望，通过城市与环境方式的第一和第二阶段就能够解决大量的环境-空间冲突，使补偿的需要减至最少。

简而言之，标准依然是城市与环境项目的出发点。当然，在因地制宜显示出对补偿措施所依赖的条件产生积极效果时，因地制宜是有可能的。尽管以共同管理为基础，政策继续维持目标导向。当现行标准系统成为“指定的空间规划和环境地区”政策的框架时，便进入了一个新的阶段，这个阶段允许在特殊情况下地方在制定环境保护和相关地区的政策方面承担更大的责任。现在，由地方政府而不是中央政府决定是否进入这个阶段。

应荷兰议会上院和下院的要求，《城市与环境实验法》包括了一个评估条款：“在执行这个法律的2~6年期间，住宅、空间规划和环境部将向荷兰议会上院和下院提交一份有关实际效果和执行该项法律的成果的报告”（城市与环境实验法，14）。2000年8月1日，为此目的专门建立了一个“城市与环境评估委员会”。这个委员会的任务不仅仅是向部里提交有关实际效果和执行该项法律的成果的评估报告，而且向部里提供有关这种做法必要性的建议（VROM和BZ 2000）。这个委员会指出，它并不希望把它的评估约束在第三阶段的决策上：“我们向部里提供的有关政策更新的意见将和城市与唤醒方式的所有阶段有关”（城市与环境评估委员会2000；8）。这个评估还包括相关方面的进展，如有关噪声和土壤保护的政策更新，“城市更新投资预算”的结果和城市政策的影响。这个委员会还指出，城市与环境方式的原则必须与“城市环境和城市政策的大规模发展相联系”（城市与环境评估委员会2000；9）。人们认识到，“城市与环境政策”并非是孤立的，它的原则在2004年评估完成时可能已经过时，它的内容同样可能过期，然而，我们能够从有关地方创新，综合、战略制定和城市环境政策力量之中吸取教训。所以，城市与环境项目能够研究与整个城市环境政策框架内环境利益相关的未来关系和发展。

城市与环境评估委员会的位置十分有意义，而且可能也是必要的，因为城市与环境项目的最初目标，第二阶段和第三阶段，在一定程度上讲是制定环境政策，而环境政策是针对环境影响的个别形式的。作为这些发展的结果，参与这个项目的地方政府对继续参与城市与环境项目的价值产生了怀疑。最近的发展已经表明，如果地方政府希望，它们能够在最近的将来，或多或少形成它们自己的战略和环境法规。下面，我们将讨论这些最近的发展。所以，许多市政府怀疑，它们是否需要继续策划那些要求证实的“艰难工程”，它们已经越来越清楚，它们很快就能够“对所有的事务做出自己的决定”。这些地方政府的看法反映在这样的格言上，“把它留给我们!”。这个特别适用于有关气味、土壤污染和噪声的部门规则。

气味政策：随复杂性而变

在城市与环境三阶段方式执行之前，气味政策方面的相关发展已经出现了。但是，有关气味政策的发展与城市与环境实验项目之后在土壤保护政策和噪声政策的变化相似，所以，我们还要讨论。同时，复杂性对于制定气味政策是一个特殊指标，因此，气味政策的发展也是不可忽视的。“气味干扰政策文件”（下议院 1992）提出，对于荷兰的气味干扰问题能够通过相似行动的比较和采用相关复杂性的方式来处理。有关气味干扰问题的细节在“国家环境政策计划”具体行动75中有详细阐述。下议院的这个政策文件选择了一种方式，即按复杂性划分［见东斯泽尔曼（Dönszelmann）1993］。三种气味污染源公司有所区别：(1) 属于同类型的工业部门，在这个部门中，公司都释放同样的气味，通常没有必要测量这类污染排放，使用标准的方式可以处理气味；(2) 大型公司，荷兰仅有为数不多的这类公司。这类大型公司的气味污染问题通过《减少气味计划》来处理；(3) 非常复杂的公司，它有大量的气味污染源存在。对于这类公司，需要有一个行动计划，这个计划必须与地方居民宜居调查联系起来制定（下议院 1992）。

“气味干扰政策文件”第一个版本还是以定量标准为基础的。这个政策文件和标准都具有指导性质。这种性质加上参与式方式，使得东斯泽尔曼认为，“气味浓度标准越来越被人接受”（1993；25）。当然，事实证明并非如此［特让（Te Raa）1995］。多种类型的气味、气味扩散规模、对气味的主观感觉等使我们不易使用定量术语来表达气味问题。格罗宁根省市执委会提出的反对意见对此做了最清晰的说明。在一封致住宅、空间规划和环境部的联合署名信提出，“就这个地区在如何以最好方式分割和分散其功能而言，这个建议的气味标准正在西格罗宁根引起问题”（GS & BW 格罗宁根 1995）。这封信是对当地两家糖厂执行气味标准问题的一个反应，这两家工厂必须按照气味标准允许的最高排放水平减少自己的气味排放，这个气味标准同样是格罗宁根地区住宅发展计划的一个障碍。1993 年对官方气味政策所作出的第一次调整表明了设定标准形式的气味政策开始转变（下议院 1993b）。1995 年对官方气味政策所作的第二次调整显露出结束气味政策设定标准方式的端倪（VROM1995b）。气味单位不再保留上限。《环境保护法》第 8. 11 款第 3 段所提出的 ALARA 原则成为新的减少气味排放的政策。当然，“国家环境政策计划”所要求实现的目标成为国家环境政策的基础：到 2000 年，受到气味干扰的荷兰人口不能超过 12%，到 2010 年，严重气味干扰将减至零。

土壤：从多功能到功能导向

如果我们从业务范围来计算市政府工作人员数目的话，我们会发现，一般市政府环境-卫生部的业务集中在土壤保护、噪声和垃圾处理方面。地方政府的确承担着这些方面的管理职责，问题的确也常常发生在这些方面，但是，集中在这些论题上的比例太大了。造成这种状况的原因是法规，特别是有关噪声和土壤的法规。这就导致了地方政府把土壤保护、噪声干扰和垃圾处理看成他们面临的主要环境问题。处理这些问题的方式或多或少是法规性质的，所以，削弱了地方政府在处理这些问题方面的作用。当然，地方政府在这方面的作用正在迅速地发生着变化，特别是在土壤治理方面。

荷兰的土壤治理政策几乎是迫不得已而为之，是对 20 世纪 80 年代初直线上升的土壤污染案例的一个反应（参见 §5. 2）。长期以来，《土壤清理法（暂行）》是土壤治理政策的基本依据。这个暂行法以后成为《土壤保护法》中有关土壤治理的一段文字。1994 年和 1995 年对此所进行的讨论明确了已经出现的问题，“如何把战略性的政策原则变成针对操作性问题的实际的和创新的解决方案”（VNG 1992）。

对土壤治理政策有两种反对意见：过于昂贵，使空间发展寸步难行。实际上，经过治理的土壤不再具有污染物，应当在使用上具有多功能的使用前景，[84] 即可以支撑许多种功能。[85] 按照《住宅法》第8章第2款和第3款，土壤不达标，不会颁发规划许可证[86]，空间开发无从谈起。这种类型的治理措施在城市地区产生出清洁和多功能的“地块”，这些地块多年以来处于非自然的使用状态，所以受到污染。

1992年任命的“土壤治理工作组”标志着土壤治理政策更新的开始，以解决以上提到的问题。更早一点，1989年，“十年土壤治理前景”的指导小组提出，污染者和污染场地的再使用者需要分摊土壤治理费用。这个推荐意见是由“土壤治理工作组”做出的，并被收入到“对土壤污染采用分散化方式”的框架中，“土壤治理的责任交给多种目标群体”从这一点出发，这个工作组提出了进一步发展“主动的土壤管理”方式的优越性，[87]“主动的土壤管理”要求，在空间开发决策过程开始之前，提供充分的最新的土壤状况信息（IPO，PG-BO，VNG和VROM 1996）。由于缺少有关土壤质量的最新信息，土壤治理措施常常令人失望，进而阻碍了建筑和其他活动的开展。

旨在让土壤治理到多功能状态的土壤治理标准系统（参见§5.2）在这个阶段依然维持现状。当然，土壤治理标准系统的条款随着“第二治理选择”的出现[88]有所增加，第二治理选择是指，通过一定的方式把污染的土壤包裹起来和控制起来，而不是搬走（在荷兰称之为

---

[84]多功能性原理应当“在理论上，为短期和长期可能出现的不同功能储备土壤使用潜力”。土壤有多种用途，包括生态功能，支撑功能、开采和种植。土壤还有自然的和文化-历史价值。多功能性的概念起源于土壤保护。当然，对于实际的土壤治理而言，“选择一般有搬运走、隔离或控制污染物。决定重新启用何种土壤功能意味着，每一种特殊情况，都会有它本身的复杂问题”（TCB1996；26）。

[85]参见TCB 1996和有关土壤问题的期刊“Bodem”，4号（1995）。

[86]这个条款也应该包括在市政建筑法规的相关条款。

[87]主动的土壤管理可以定义为，旨在满意地和有效地处理结构性土壤净化及其相关结果的所有活动。

[88]只有在使用在多功能性不适当，如因为技术问题或因为费用难以承担等情况下，才使用通过一定的方式把污染的土壤包裹起来和控制起来，而不是搬走的“IBC”方法。

“IBC”方法）。它的目标是，“使用IBC方式，以消除有关土地使用的多种限制”（土壤治理工作组，1993；36）。

1994~1995年期间，在《土壤保护法》有关土壤治理的条款分三个阶段引出时。废止了旧的“ABC”标准系统（参见§5.2）。同时，把权力和任务下放给省政府和4个主要城市的过程被提上了议事日程。还提出了进一步私有化土壤治理工作的建议。这些提议的原则不再是“政府买单，除非……”，而是“政府不再负责清理措施，除非……”[莫埃（Moet）1995；13]。所以。造成土壤污染者和拥有或使用土壤严重污染场地者承担土壤治理责任。一个用来评估治理紧急状态的系统被制定出来。以实际威胁为基础，这个系统使责任方评估土壤污染的水平，决定什么情况的严重污染需要紧急治理而哪些不需要。“严重土壤污染”和“紧急”都是这个条款的关键术语。决定治理必要性的并非实际污染性质，而是污染的严重性⑧⑨（VROM 1994）。紧急程度决定何时应该采取治理措施⑨⓪（VROM 1994b）。在每一个紧急情况下，即任何威胁到人类健康的情况，都要求在4年之内进行治理。对于其他紧急情况，可以分为生态威胁（要求在10年之内进行治理）和污染扩散的威胁，要求在决定公布之日起，25年内开始治理工作。在这个新原则下（“政府不买单，除非……”），紧急是一个唯一的指标，使用这个指标去对负责清理污染土壤的责任方施加压力。⑨①如果责任方不履行他们的义务，《土壤保护法》中有关土壤治理的条款包括了强制执行的规定。这个进展是朝着土壤治理政策的“公社化”方向迈出的第一步（VROM，IPO和VNG 1995）。

尽管有了这些进展和推荐意见，从“现场”发回的信号却是，

---

⑧⑨土壤严重污染是指，在25m^3（土壤或沉积物）中，或100m^3（地表水）中，污染物的平均含量超出了I值。

⑨⓪需要区分严重和非严重土壤污染。而在严重土壤污染中，再区分出紧急的或非紧急的污染。使用污染物对人体的实际健康风险、生态（土壤动植物）和扩散（超过每年100m^{3}的速度），特别是对地表水的影响，来决定紧急不紧急。

⑨①这个最后的建议提出，在一个给定时期内，“严重，不紧急”类污染土壤不再一定必须清理。这种情况在以后的土地登记中也提出来了。购买存在问题的土地的购买者甚至被认为是“有罪的雇主”。当然，比起立法者，购买者和一般市民将是最受影响的群体，这些立法者希望他们的土地挂上“严重污染的”标签。

"土壤治理和其他因素正阻碍着城市网络中心的战略性项目"［维尔施琴（Welschen）1996；1］。为此，有关土壤治理的第二个工作小组（称之为"维尔施琴2"）组成，以回答这个问题。这个小组的得出的结论是，法律框架"提供充分的空间让土壤治理政策与实际情况协调起来"（土壤治理工作组 1996；5）。那些具有空间开发潜力却还没有划分到紧急案例中去的污染场地不应该再阻止地方政府制定开发政策。在这方面，紧急与非紧急之间不再存在差别。所以，地方政府在必要时能够形成一个分地区的综合政策，特别是形成一个清理污染场地的先后次序。

然而，土壤治理工作组（1996）发现，虽然"土壤治理案例越来越不是作为独立的清理项目，但是，土壤治理政策还是没有充分地实现其综合性。实践中，'土壤'日益成为广泛社会发展过程中，如空间规划，需要考虑的一个因素"［VROM，IPO 和 VNG 1995；3，也见霍夫斯特拉（Hofstra 1996）］。"土壤治理政策的前景"（VROM，IPO 和 VNG 1995）是以跨行政管理部门方式对待土壤治理政策为基础的，它把缺乏综合性归因于"密集法规"和难以接近的治理政策等。

霍夫斯特拉（1996）提出，在内城土壤污染案例中，法规能够导致复杂的冲突。所以，具有使用潜力的场地没有启用，而选择其他地区做开发。霍夫斯特拉使用了10个案例来说明，如果有关土壤污染性质和程度的信息事先已经有准备，从治理到开发的传统过程能够部分地综合到一起。这是改善一个场地开发计划的第一阶段。拥有一个场地的环境状况信息，与非政府的参与者就程序达成协议，都是不可少的。规划过程从"亦步亦趋"到"前后协调"的性质变化能够加速这个综合过程。[92]

这样，"土壤治理政策的前景"提出了权力进一步分散化的建议，把土壤治理包括到一个比较广泛的协调过程中，允许"根据使用功能

---

[92]霍夫斯特拉和德罗对《土壤保护指南》做出了贡献。这个指南提出了加速协调地表治理和地表开发。这里，"协调"指"以综合的功能导向和分地区方式对待地下工程和地表空间开发"（1997；B8-19）。可以把这个协调描述为"过程导向"和"以项目为基础的"。"以项目为基础的"包括土壤治理工程和规划开发的短期具体协调。以过程导向的治理集中在地方政策目标在交流和信息交换方面的长期协调上。

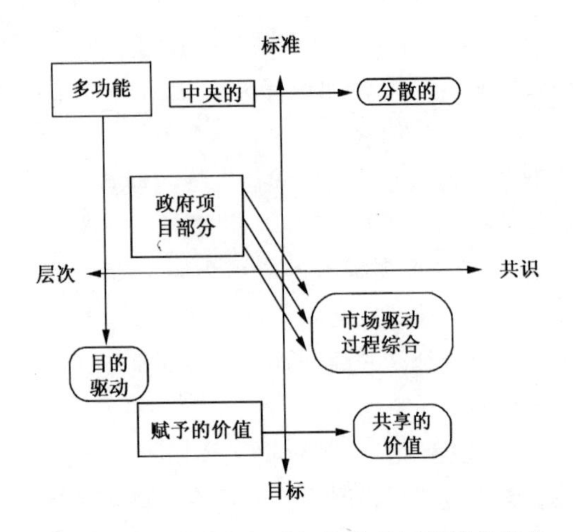

图 5.10 规划导向行动框架中目标前景的趋势

资料来源：VROM，IPO 和 VNG 1997；17。

确定因地制宜的土壤治理方案”[93]（VROM，IPO 和 VNG 1995；6）。“土壤治理政策的前景”使用许多关键术语来描述达成共识的变化：

- 从部门的到综合的；
- 从多功能的治理到功能导向的治理；
- 从以项目为基础的方式到以过程为基础的方式；
- 从集中的到分散的；
- 从政府推动到市场推动；
- 从附加的价值到分享的价值。

使用这个共识作为出发点，建立起土地治理新政策[94]有关土壤政策更新的协商平台。在这个结构下，工作组发展了包括在土壤治理政策交流过程中的若干个“台阶”。第一个台阶旨在引导一个短期的解决方案，例如，寻求缩短执行程序，清晰地建立法律框架。第二个台阶包括发展一个长期的愿景。这里，不是把有权力的行政管理部门结合起来去形成严格的法规，而是把地方土壤政策建立在多方面的目标

[93]这个推荐意见是时代的产物，当时人们都推崇“双赢”、“政策透明”、“社会利益攸关者的责任”、“推进市场机制”、“系列管理”和“风险减少”这类概念。

[94]BEVER 是“土壤治理新政策”的缩写。

上。第三个台阶旨在改变利益攸关者之间的关系，让市场上的利益攸关者更大程度地参与。这个将通过由政府建立起来的绝对限制值和按功能划分来实现。政府还将制定一个一般的环境质量标准——如何做还不清楚——如果地方和区域政府认为理由充分，它们可以违反这个一般的环境质量标准（土地治理新政策工作组 1997）。他们假定这些进展将出现这样的情景，土壤的环境质量不再决定一个地方的空间功能。所希望的空间环境质量将决定对土壤质量的要求⑮［罗特斯（Roeters）1997；29］。"希望的空间环境质量决定对土壤质量的要求"的逻辑推理是，功能导向的和分地区的方式将会减少治理费用，让市场机制有发挥作用的空间（VROM 1997b）。

土地治理新政策工作组总结了这个土壤治理政策的"公社化"以及"土壤治理政策前景"的倾向，在规划导向行动中使用"分类、扩宽和决策支持"的框架（参见第4章和图5.10；VROM，IPO和VNG 1997；17）。它的原则是把责任和权力分散到"大部分地方和相关的政府层次"，这些都是耳熟能详的话语。土壤治理能够看成是一个区域问题，所以要求一种区域的方式来解决它。这个结论支撑着在社会环境中做综合决策的命题（VROM 1997b）。

许多地方和区域政府在紧随土壤政策的发展方面都遇到了问题，当然，也有一些地方和区域政府对这种变化做出了快速反应。罗特斯（1997）指出，许多省已经执行了"预计中"的土壤保护政策。省政府正在减少在执行政策方面的卷入，而是集中到"推动其他利益攸关者的参与，把他们的利益与达成共识结合起来"（罗特斯 1997 xv）。有些市政府还试图建立范例。阿姆斯特丹市政执行委员会第一个提出，"只有在土壤治理措施能够证明它们对指定的城市土地使用产生效益，使用公共资金来治理土壤才是可以接受的"（阿姆斯特丹市政执行委员会 1996；11）。格罗宁根市政府紧随阿姆斯特丹的榜样，也看到了需要细化的土地治理政策，它指出"从市中心向开发区方向呈放射状地存在着污染物，城市中心区域有大量地区的土壤已经多年没

---

⑮这个观点与阶段和整体状况之间的区别一致。一块被污染的土地不再需要全部处理，而是分成阶段来处理（如果必要，根据功能来决定），使用适当地方法来处理不同阶段的问题。

有‘清理’了”（格罗宁根市政执行委员会 1997；4）。多德雷赫特和鹿特丹市议会也提出了相似的看法（VROM，IPO 和 VNG 1997）。

多功能治理证明，费用昂贵，而环境效益甚微。多功能性现在不再是出发点，而是期待未来能够达到的目标（TCB1996），功能导向的和分地区的治理替代了多功能治理。功能导向治理的基础是这样一个原则，“有关治理目标的决策不是仅仅以一般原则为基础的（原则上讲，土壤应该清理），而且以地方社区所需要的和能够实现的目标为基础，以什么对环境保护是正确的为基础”（VROM，IPO 和 VNG 1997；38）。功能导向的治理意味着，对场地所做的物理性治理不再是最重要的。从新功能一定不能受到土壤污染威胁（就合乎目的而言）的角度讲，首先考虑的是与空间相关的事务。

1997 年 6 月 19 日，荷兰政府宣布了它对新的土壤政策的立场。它要求“由期待的土地使用目的和尽可能防止污染发生和扩散决定每一个土壤治理案例使用什么土地治理方法”功能导向治理的两个变量构成这个立场的基础。就获得效益的变量上讲，决定治理措施是否超出环境保护的最低要求是治理发起者的问题。除此之外，还有一个“环境受益变量”，“从环境的角度讲，治理措施的结果是核心，适当的行政管理部门使用这个结果评估，是否应当把风险减少到低于要求的水平，或者是否应当把风险减少到低于治理发起者希望的或认为必要的水平”。

以选择的变量作为土壤治理法律框架的基础，适当的行政管理部门会对最低要求是否得到满足做出评估。为了获得一个因地制宜的解决方案，土壤治理的行政管理部门和发起者，从大量治理变化因素中做出选择，共同确定土壤治理的要求。期待这个政策变化能够让大量土壤治理项目取得成果，减少污染物滞留对“社会”发展的影响。清理之后还会有很多残留污染物存在，但是，它们被认为是可以接受的，“全面保证人类和生态系统的安全”。

1999 年，土地治理新政策工作组公布了称之为“从漏斗到滤器”的报告［库佩（Kooper）1999］，土壤治理的方式在一定程度上由土壤治理项目的复杂程度和对环境的影响水平为基础。它提出了三个供选择的“路线”：

- 适用于每一个项目或项目组的标准方式。这个方式能够简化决策过程；

- 适用于每一个项目或项目组的因地制宜的方式。这是在标准方式无效情况下的合理选择；
- 适用于每个区域的因地制宜的方式。适用于个案。治理的目标以地区特征为基础（库佩 1999；9）。

换句话说，这个政策以此原则为基础："有可能，就采用标准方式，有必要，就采用因地制宜的方式"（库佩 1999；9）。土地治理新政策工作组的最后报告重申了这一点（最终报告，土地治理新政策工作组 2000）。这种方式旨在解决 1997 年内阁提出的土壤治理工作毫无进展的问题，"把土壤治理与其他社会活动和发展优化组合起来"（土地治理新政策工作组 2000；1）。这个报告所期待的不仅仅是结束土壤治理工作裹足不前的状态，而且期待节约土壤治理费用 35% ~50% 的结果。通过对不能移动污染物[96]所在地的功能导向式治理，实现费用节约，暂时以 4 种功能分类为基础。同时，这个报告对此所作的正式表达是，"通过有计划地与开发活动相结合进一步节约土壤治理费用"（土地治理新政策工作组 2000；1，参见霍夫斯特拉和德罗 1997）。

荷兰政府当时希望通过规定不仅污染者承担土壤治理费用，其他方面也分摊土壤治理费用的方式进一步推进土壤治理进程。政府认为它自己就是需要分摊土壤治理费用的一方面，在"参与制度"下，对土壤治理提供资金支持，以便尽可能加速土壤治理工作。这个"参与制度"将延续到 2023 年（土地治理新政策工作组 2000；21 和 26）。资金来源将并入"城市更新投资预算"（ISV）。"城市更新投资预算"确定了 30 个地方政府有资格直接获得政府资助，资助是以地方政府提交的城市发展前景为基础的。就目前情况看，这个城市发展前景不过相当于一个 5 年发展项目，说明了这个地方政府如何使用这笔来自中央政府的资助资金。长期来看，这个城市发展前景将会形成一种综合的方式去面对治理和发展（土地治理新政策工作组 2000；32）。其

[96]处理那些固定的污染物的方式比较特别。在这种情况下，特别是对于地表水来讲，需要应用费用-有效的方式。目的是尽可能多地迁移这些污染源，防止它的扩散。需要视情况而定。目前还没有标准方式可以采用。目标是创造一个"稳定的最终结局"，换句话说，控制住污染物的扩散。

他地方政府从省政府获得资助。

这个建议的资金制度包括重新确定可以负责管理此项工作的行政当局。过去，12 个省和 4 个最大的市政府。除开 4 个最大的市政府，在这个新制度下，负责管理此项工作的行政部门还有所有希望承担此项工作的“直辖”地方政府。到目前为止，30 个“直辖”政府中仅有 2 个没有接受这项管理工作，也就是说，至少有 40 个可以负责管理此项工作的行政当局正在管理者土壤治理工作。例如，这将导致在政策上做出限制条件和做出地理区分。弗莱福兰省（Flevoland）和泽兰省政府已经指出，他们并不希望把土壤治理作为他们一般政策的一部分，因为他们的目标是尽可能清理土壤。政策已经变得越来越含糊。[97]进一步的结果是，这些负责管理此项工作的行政当局决定他们什么时间去评估一个土壤污染案例的紧急和严重程度，以决定的形式表达评估结果。在这个决定公布前，并不指定土壤治理的最后期限。如果这个决定推迟，土壤治理也推迟。如果人们希望的话，这种形式的“时间游戏”可以看成是一种模糊标准，当然，这个时间游戏过程可以增加安排资金的时间。下议院至今未对此作出表态。

在土壤治理政策方面的这些进展已经把重点从土壤质量转移到土地使用的功能分配上。这些进展也显示出从中央政府管理向共同管理方向变化，共同管理必须与允许一定程度的地方的分地区的政策，把多种政策“平台”综合到一起能够产生更大的价值。从中央管理到共同管理的变化并不意味着现在就比较容易形成处理土壤污染的政策。“不清理不开发”的原则已经被这样一种观念所替代，最低水平的土壤质量应当作为空间规划过程一个组成部分而达成协议。地方政府在土壤政策方面正担负起更大的责任，它考虑到的因素部分以地方共识为基础。推动多方面力量来清理超出最低风险要求的土壤这件事取决于地方政府，当然，如何实现这一点还不清楚。这种政策因素上的“含糊”能够产生以下后果：污染物可能保留在土壤的一定层次（土地治理新政策工作组 1998），存在日益增加的可能性，从最高允许的水平上考虑使用的标准，经济利益可能压倒其他，通过声称没有越过

---

[97]最近，对土壤清理不合格的担心增加了。这些担心基本上是与欺骗行为相联系的。到目前为止，还没有发现对放弃环境质量的情况。

法律的界限，有限度的清理可能被认为是合理的。作为“治理依从功能”原则的结果，在做出土地使用功能变更规划时，遗留的放射性污染物质不适合于新的土地使用功能，所以需要新的土壤治理措施，或者简单地放弃这个计划的土地使用功能。另一方面，分地区的方式是推进积极的土壤保护，土壤保护能够在复杂的利益平衡过程中为相应考虑环境提供必要的信息。到目前为止，这些进展是否能够积极推进那些相对简单的土壤治理还不清楚，而对标准的清理表面土层而言，是个例外。对于空间规划要求和土壤污染之间发生的复杂的环境空间冲突而言，发展分地区的战略还有很大的空间，与环境相关的不确定性能够缩小，鼓励环境-空间协调发展。然而，有关土壤污染的法规并没有像土壤政策分散化那样变得容易理解或透明起来。值得注意的是，与加强城市与环境方式的建议相比，在优先为多方面目标创造自由空间方面，环境目标已经被降低了。

噪声政策：定向的、地方合理的和分地区的

长期以来，国家降低噪声政策和土壤政策的共同特点是，复杂的程序性法规、集中的和详尽的性质。在有关土壤保护政策的讨论之后，人们也对噪声法规进行了讨论。《降低噪声法》的执行者常常认为，《降低噪声法》集中的和繁琐的法条增加了不必要的复杂性。同时，执行《降低噪声法》需要大量的人力投入。在20世纪70年代早期，住宅、空间规划和环境部的环境部门里仅有为数不多的几个人负责噪声减少政策（§5.2）。现在，噪声减少官员是市政环境卫生和健康部里人员最多的部门之一。降低噪声法规的条款不一定适合于在地方层次上的愿望和要求。进一步讲，相对那些具有较高价值[98]的代理工作而言，对于减少噪声工作有所保留，“在地方执行环境政策的经验表明，把噪声减少作为一个分离的政策因素是不切实际的”（MIG 1998；8）。

有关噪声减少政策评论的讨论不仅仅是因为地方不满意所代理的

---

[98]在制定环境敏感开发规划，而噪声水平超出了《降低噪声法》推荐的限制值时，使用这个程序。在这种情况下，省政府必须批准这个规划。这个程序对环境的改善意义不大，却需要耗费大量的时间。

责任，也因为有不能与地方情况和需要相符合的繁琐法规。来自环境政策圈之外因素也是引起有关噪声减少政策评论的重要原因。维姆科克首相第一内阁的联合政府协议提出了“竞争、放松管制和法律质量”（MDW）的建议，“鼓励市场更有效地发挥作用”。1994年12月19日，司法部长和经济事务部长把“竞争、放松管制和法律质量”的行动计划提交到了下议院。这个政策文件提出，荷兰的法规并非总是与荷兰的现实紧密联系在一起。过度复杂和繁琐的法规，缺少透明度都阻碍着地方承担责任和发挥创造性。“竞争、放松管制和法律质量”的目标就是清除不必要的中央的规则，提供比较好的法律，确保法规和竞争相辅相成（TK1994）。按照这个协议，第一阶段的工作是对一般法规所涉及的特殊活动进行分类。例如，在环境领域的法规中，包括了制定减少气味的政策和零售许可证，这些工作要求缜密的准备，已经不堪重负。[99] 按照“竞争、放松管制和法律质量”，“市政府政策执行补贴法令”和“市政府环境政策发展补充资金”等规定和《环境保护法》已经得到了评论。正如《住宅法》，《环境保护法》也分出三类：“要求规划批准开发，要求公告的开发和不要求上述条件的自由开发。最后一类受安全规则约束”［范·盖切（Van Geest）1996；120］。

当然，“对噪声减少政策的评论和在不同层次政府间分配权力”（TK 1996；1）也是“竞争、放松管制和法律质量”协议的主题之一。其目标是决定现行法规是否“依然是维持减少噪声目标的最佳的一揽子工具”（TK 1996；1）。是否“能够给工业减少法规负担又维持对地方居民听觉的保护”（TK1996；1）。有关修改噪声减少手段的推荐意见提出了噪声干扰的地方特征问题，针对这些地方特征，需要采用分散化的方式。只要可能，地方政府具有“防止噪声干扰的地位，或者通过空间规划措施减少噪声干扰，空间规划阻止或鼓励一个位置上功能的特殊结合”（MDW 工作组 1996；12）。国家政府必须决定“对公众健康构成威胁的噪声水平，并把这些噪声水平确定为法定的目标

---

[99] 按照《环境保护法》的第8.40款，对于一个通告要求，能够制定一般规则去替代对许可证的要求。《环境个案交易法令》中建立了这些规则，这些规则应用到大约25000个企业。

值”，从环境保护的角度出发，确定噪声目标值的目的是基于环境保护，不要求进一步减少低于该值的噪声。如果理由合理，地方政府可以违反法定的噪声标准。这些理由必须尽可能地与市政府根据当地条件制定的减少噪声计划和目标相联系。在“竞争、放松管制和法律质量”工作组看来，这种“分地区的标准为‘因地制宜地’解决方案打开了机会之门”，它建议，强制地方政府采用分地区的方式（MDW 工作组 1996；14）。

以“竞争、放松管制和法律质量”工作组的推荐意见为起点，随之而来的是一个称之为“噪声政策手段现代化”（MIG）的项目。这个项目的目标是建立“一个包括鼓励减少噪声干扰在内的体制，它与责任挂钩”（MIG 1998；5）。这个项目还必须制定一个减少噪声提案，期待给予地方政府编制他们自己减少噪声政策的权利，最好把地方减少噪声的政策综合到市政府环境政策计划的框架内。地方政府将有权利通过建立他们自己的分地区限制值，不执行法定的噪声标准。这将是分地区制定适合于地方情况解决方案的一部分。“竞争、放松管制和法律质量”工作组还提出，如果必要，地方政府必须有能力在特殊情况下违反它自己的限制值。工作组对此命题的解释是，“‘专项规划的弹性’防止把限制值确定在最高可以接受的噪声干扰水平上，因为这种最高水平的噪声干扰不过是一种例外”（博曼 1998；1）。简单地讲，限制值一定不要看成是不可超越的最大值。在没有分地区限制值时，中央政府建立的目标就是法定的限制值。中央政府的这个限制值确定了必须达到或尽可能维持的噪声水平。通过建立不同于固定标准的目标值，中央政府选择为建立一个地方框架创造条件的方式，而不是建立规定框架的方式。

下议院同意了这个建议，但是，还是感觉到应该有一个绝对值，即70分贝（A）的最高值。这是一个不适当的选择。实施标准政策的30年历史经验表明，设定限制值只是鼓励了这样一种看法，设定的限制值是允许干扰和污染水平升至的最大值。从最坏的后果看，下议院建立的这个最大值能够非常有效地摧毁掉传统减少噪声政策已经取得的成果。

荷兰的许多地方政府站在期待着新的法规出台和承担相关的职

责。阿姆斯特丹、德雷奇特沿河区域城市、埃德（Ede）、埃门、奈梅亨等5个市政府正在住宅、空间规划和环境部的指导下，以“噪声政策手段现代化”项目为依托，研究如何解决地方噪声问题。有两种方式已经出现，市政府将以这两种方式为基础制定他们的政策。一种方式是以解决方案为导向的，另一种方式则会产生出一个综合的政策战略［艾克纳尔（Eikenaar）等2001］。

阿姆斯特丹和埃门已经选择采用了解决方案为导向的战略来处理噪声干扰和空间发展政策之间的冲突。阿姆斯特丹制定了一个有关东南部比杰尔曼（Bijlmer）地区噪声干扰的政策性文件［范·布雷曼（Van Breemen）1999］，这个政策文件由空间规划框架、噪声干扰综合框架和简化程序的基础组成。这个文件的目标是减少这个地区受到噪声干扰的人数，即在2000～2010年期间，把受到噪声干扰的人数减少15%。这种有关噪声干扰的新型政策文件指出了比杰尔曼街区噪声干扰现状和减少噪声干扰的前景，同时，它包括了发展计划和减少噪声干扰政策的结果。这个文件不仅讨论了道路、铁路和工业引起的噪声，还讨论了航空噪声干扰问题。这个文件包括了分区图，这张图是评估这个地区其他政策方面问题的一个框架。这个文件的结论是，在噪声案例中并入交通噪声和航空噪声干扰等噪声源头，才能实现减少受到噪声干扰的人数。这些都是地方政策包括的内容。

德雷奇特沿河区域城市的“噪声政策手段现代化”项目正在制定“现代”噪声减少政策，构成改善地方环境质量过程的一个组成部分。这个“宜居”项目与多个政策主题相联系，包括制定德雷奇特沿河城市空间发展远景。“噪声政策手段现代化”项目是“宜居性”执行项目之一。每一个参与项目的市政府都配备了具有多学科专业知识的队伍，每个队伍的领导人都是区域“噪声政策手段现代化”项目组的成员。这种组织结构是用来保证，在区域和地方上的多方面利益都有代表，能够发现地方和区域的问题。然后，由中央政府和省政府细化减少噪声政策的要求。这项工作的目的是，在2年时间内，在达成广泛共识的基础上，建立起官方的噪声减少政策。德雷奇特沿河区域城市的“噪声政策手段现代化”项目已经认定了噪声问题地区，但是，重点是放在比较大的整体之上：形成一个综合的噪声减少政策的战略

(艾克纳尔等 2001)。

2000年5月13日一个星期六的下午，恩斯赫德以北发生了荷兰历史上规模最大的环境事故（参见§1.1)。电视报道清楚地说明了，“灰色”环境怎样“需要”空间。在SE烟花工厂几百米以内的所有东西都被化为灰烬。这场灾难一时间干扰了有关环境政策分散化的讨论。仿佛环境政策分散化这个明显不可逆转的过程已经息鼓了，成为这场悲剧性的烟花爆炸的结果。现在，尘埃落定，“恩斯赫德”对分散化过程的影响正在变得明显起来。与烟花相关的法规受到了激进的调整，而且是以临时的方式进行的，这给2001年1月重新开始分散化过程留下了充分的时间，住宅、空间规划和环境部把减少噪声的草案提交了给了其他有关部门。

背离一般法规，转向以规划为基础的参与式方式，将会使环境政策更具有弹性和“比较软”。一方面，具有弹性和“比较软”的环境政策会在地方层次上产生积极的成果，但是，另一方面，它可能给污染和干扰升至最大允许值或在特殊情况下超出标准留下空间。这将改变噪声干扰和受到噪声干扰的人们之间的技术分析关系。强调地方多方面的目标，而不是强调通用的和部门的标准，将会给地方政府对他们工作所承担的责任留下较少的空间。政策将以定性的方式而非定量的方式建立起来。(也见德罗 1997)。

把责任转交给地方政府在评估方面会发生矛盾。这个矛盾与辅助原则相联系：由于地方政府对地方状况的了解，中央政府认为地方政府是解决地方环境空间冲突和制定分地区政策的适当机构。然而，这意味着，中央政府不太能够合理地把握地方政府那些令人不满意的工作。城市与环境实验项目将揭示出这类问题的严重程度。这种变化的基础是相信地方民主的力量：地方选举模式反映了市政府政策的成功。选举人可以惩罚那些没有满意地处理减少噪声政策的被选举出来的环境健康和卫生官员，从而导致对政策的修正，这无疑是一厢情愿。

不仅要求市政府制定分地区的限制值，还要求他们制定地方减少噪声政策框架的战略目标。这些战略目标还必须特别指出，地方政府如何在一个时期减少地方噪声干扰。按照这个建议，省政府和中央政府还要制定战略目标。在这个体制下，国家的目标将为省和市层次的噪声减少政策建立联合协商的行动方针（MIG1998；12-13，18）。除开这些有关战略层次的建议外，在行动目标方面也有一些变化。在目标属性上，“首选可行的现实目标，不再强调严格的要求”，但是，与“环境政策综合项目（PIM）（VROM 1983；也见§5.3）建立的第二个选择一致，“新的”标准系统将是“宽松，但允许紧缩”。这种新的框架所期待的是，强调地方政府把国家目标转变成地方综合政策和环境计划的过程。这里，国家目标是由多个行政管理层联合建立起来的（VROM 1998）。这种新的框架还期待把重点放到地方政策框架的制定上，这是一个关于环境、空间规划和地方宜居性的地方政策框架，同时，把重点放在与功能相关的和分地区的政策的发展上，发展与功能相关的和分地区的政策旨在保证，地方空间开发和经济发展不是以消耗地方资产，包括环境，作为代价而实现的。

5.6　结论

有关噪声干扰和土壤方面的政策变化，以“城市与环境”为背景而产生建议，都在环境政策方面具有值得注意的特征，即分散化，这种分散化是继中央政府决定环境政策几十年之后出现的新倾向。分散化标志着中央政府执行的集中化政策时代的结束，以便把环境问题放到行政管理的议程上来，尽可能快地结束对形体环境的破坏。我们在这一章中讨论了荷兰环境政策的发展，这个结论部分将在第4章讨论的三个规划角度的背景下，考察分地区环境政策的思考，从持续的分散化的过程看，在目标导向的规划、机构导向的规划和引导决策的规划之间的争执还在延续。

20世纪70年代早期，中央政府的环境干预能够看成是引导决策的。中央政府的环境干预决定了荷兰环境政策在最近几十年中的走向（见图5.11中的A）。那种政策的目标是，通过限制人类活动以减少其负面影响，在短期内实现实质性的成果，决定建立一个标准系统，它对诸如“环境存在什么问题?”和“我们要使用环境政策做到什么?”之类的问题做出定量的和通用的回答。这种方式在1979年颁布的《降低噪声法》时达到了一个高度。这个法律集中在环境政策的一个特殊部门（噪声），却对其他政策部门发生作用。这个原则成为形成其他形式环境污染法规的样本。这个时期政策的设定目标的性质特别鲜明。一旦中央政府确定下固定的标准，这个固定标准便在平衡地方利益的过程中得到强制执行。

在20世纪80年代，人们认识到，环境问题不能孤立地处理。根据这个事实，政策内涵发生了变化。环境问题是相互关联的，环境问题与产生它的环境联系在一起。结果，主导决策的方式得到使用，它将引导出综合的政策。在那个时期，部门标准系统逐步完善，因此出现了复杂的提议的标准，如噪声、气味干扰、土壤质量、放射性和风险。以标准为基础的环境政策按照目标导向的方式而得到了执行。目标导向的方式与层次性的和规定的管理战略一致。当环境政策的引导决策重建的第一阶段出现时，目标导向的和机构导向规划的原则丝毫未损地保留了下来（见图5.11 B）。地方政府和多个目标群体依然被约束在中央主管环境的行政部门规定的框架内，中央主管环境的行政部门要继续对环境措施实施控制。

"综合环境分区制度"（IMZ）和"指定的空间规划和环境分区"（ROM）以及同一时期公布的"国家环境政策计划"，威胁打破环境政策的目标导向角度、机构导向角度和主导决策角度之间的结合。尽管在20世纪80年代末，广泛的社会共识已经形成，但是，执行中央部一级机构提出的综合环境分区导致了无法预见的政策结果和空间效果。实践证明，几乎不可能使用综合方式协调部门标准系统。不考虑一致的和透明的以标准为基础政策的好处，在综合方面的努力有着影响深远的空间和经济后果。进一步讲，作为把环境敏感功能和破坏环境功能分开的一种手段，综合分区的"可持续发展"性质不一定总是适合于城市发展的动态特征。严格的环境指标导致了与地方空间规划政策的冲突，以致没有充分利用实现地方项目"因地制宜"的积极结果的机会。许多环境空间冲突都有着深远的空间后果，所以，分区规划几乎是不可能的。与综合环境分区政策一道，有关以标准为基础建立气味干扰政策的建议也被放弃了。围绕这些目标方面所形成的广泛共识不能消除或隐瞒缺乏机构的共识这样一个事实。

相比较而言，在短时间内，人们便迅速地对"指定的空间规划和环境分区”政策青睐起来，从一定意义上讲，这是因为“指定的空间规划和环境分区”政策更强调“谁应该来执行这个政策”这一问题，随着时间的推移，这个问题证明了它与环境-空间冲突问题的联系远比人们一开始想像的要紧密。于是，“指定的空间规划和环境分区”方式的参与性质很快就被认识到在处理跨边界的复杂环境-空间冲突方面的价值和创新，尽管广泛的社会共识还是倾向于标准式政策（见图5.11 C）。人们越来越认识到，以集中视角形成的政策不能满足处理复杂地方问题的需要。“指定的空间规划和环境分区”方式包括了这种认识，期待在参与执行政策的各方形成共识。这种新的分地区的方式清晰地表明，环境-空间冲突也能够在广泛的问题确定和整体目标基础上得到解决。

当分层次的和规定的分区政策在效率和效果上已经达到了它的极限时，当“指定的空间规划和环境分区”方式向共同管理打开了大门时，当综合的分地区政策把重点扩大到环境问题之外时，在20世纪90年代早期，市政府和省政府自告奋勇地提出它们自己的而中央政府不可回避的建议时，有关在区域和地方层次综合协调环境政策和空间规划政策的讨论就成为一种有关环境和空间发展管理体制的讨论。参与各方多种多样的目标导致了有关多种行政管理部门间承担环境责任原则的讨论。地方的特殊的环境-空间冲突的背景受到了重视，这个背景包括地方情况和地方政策之间冲突的特殊性。更为重视经济问题、宜居性和空间发展的需要。不仅仅抽象命题（如有关政策一惯性的复杂性和不确定性）支撑着这些想法，情绪和主观感受（如权力纷争、厌恶和担心）也发挥着作用。一旦治理政策成熟起来，有关环境的防御性政策成为主角，环境政策的效果就完全显露出来。从这个高度看，“指令与控制”的规划就变得希望不大，而其他形式的管理被认为更有效率和更有效果。

到了20世纪90年代中期，传统的目标导向的方式表现出，它已经走到了尽头。有关机构导向的政策的相关论题确定了这一点。当然，现行的政策和法规不能简单地扔掉了事。这就导致了目标导向的方式和机构导向的方式在规划问题上的不协调。引导决策的方式维持标准系统，同时允许在合理的情况下不执行标准的要求。引导决策的

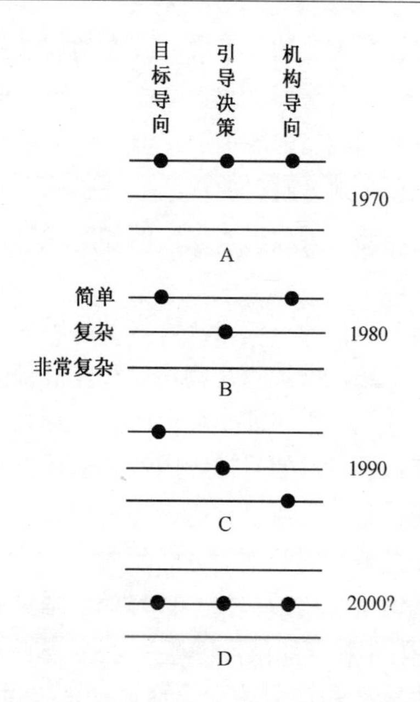

图5.11 以规划为基础的环境政策角度相对环境问题复杂程度的演变

注：有关A、B、C、D的解释见正文。

方式做出一个有趣的妥协，决策的主体转移到了不同的政府层次上。环境政策的目标导向和机构导向的路线必须适应于引导决策的方式（见图5.11 D）。

引导决策的方式并不是简单地放弃标准型的政策，也不是用地区导向的因地制宜的目标和以网络为基础的参与战略去替代它。中央政府继续维持中央的责任，一定程度地分散责任。政策责任的分化还导致了标准作用的改变，标准不再是规定的，而更多的是一种指南，如果地方政府有充分的理由，可以违反指南的规定。

从针对相对简单问题的政策向控制处在简单和非常复杂之间问题的政策转变。这个政策方向为处理复杂程度不同的多样性问题和冲突提供了空间，地方政府决定一个问题或冲突的复杂水平。然后，地方政府能够在以下三种方式中做出选择：（1）由中央政府制定的标准值；（2）在详细评估基础上制定的特殊的地区方式，采用相对其他形式政策而具有弹性的政策；（3）更具战略性的整体方式，与其他形式的政策综合到一起，最重要的是要求非政府的利益攸关者直接参与进来。如果地方政府认为，在环境政策方面承担更大的责任不能够发挥因地制宜的、综合的和战略的政策的优势，它们能够继续沿用中央政府的目标值，以此作为地方政策的框架——一种“默认的”政策。这些建议和发展使目标导向的、机构导向的和引导决策的方式再一次相互一致起来。

人们一直认为，当其他形式的政策涉及环境领域时，环境政策强加给这些政策一个限制性框架。这些建议和发展部分地解决了这个问题。其效果是降低环境政策与涉及环境的其他形式的政策协调和综合的临界点。这些建议和发展使目标导向和机构体制更多地进入到了空间规划的利益平衡过程中。所以，门已经向因地制宜的规划敞开，而因地制宜的规划正向着共同管理的方向发展。

故事还没有结束。土壤政策（功能导向的治理）和减少噪声政策（分地区的方式和因地制宜的解决办法）的发展显示出，空间规划师日益支配了环境措施决策的时间表。环境标准系统的发展也显示出，环境标准在性质上不仅日益变成了指南而不是规定，而且环境标准所表达的环境质量已经降低了。分散化的环境政策旨在形成综合的和因地制宜的解决办法，在不同利益攸关者的利益取得平衡，所以，指望分散化的环境政策不对所期待的环境质量产生消极后果是天真的。在第4章中，我们已经讨论过，从关注问题因素的政策向考虑一个问题产生背景的政策的变化，以及这种变化的后果。在这一章中，有关环境政策的发展确认了这一点。麦克唐纳的批判（§5.1）提醒了我们这种变化所遵循的路径。无论在什么情况下，环境政策的变化都意味着承认这样一个事实，环境政策不可能在荷兰实现“清洁”环境的设想。

现在，由于采用了与实际情况相关的综合解决方案和与利益攸关者合作为基础的方式，人们已经承认，我们能够更有效率和有效果地处理复杂的和非常复杂的环境-空间冲突。这也意味着，环境政策不再意味着集中保护个人，而是保护由市政府代表的“公共”利益。时间将会告诉我们，对地方民主能力的信念是否是合理的。

与实际情况相关的综合解决方案和与利益攸关者合作为基础的方

式并不是建立在“增长的极限”基础上（§5.2），而是建立在“标准的极限”基础上，这种选择并不给社会发展强加上约束条件。这样，环境标准的作用将发生变化。在机构层次上，这意味着重新分配责任。尽管有了“从技术合理的解决方案转向以社会共识为基础的解决方案”的原则，但是，环境标准在功能上的变化不会激进到像参与式政策所描绘的那样。然而，严格的政策指标已经由有选择的政策所替代：地方政府以环境-空间冲突的复杂性为基础，决定他们希望承担什么程度的责任来自制定和执行地方环境政策，决定他们希望与谁共同承担这个责任。“灰色”环境已经成为地方政府政策的一个因素，这个因素必须与其他因素相协调。如果环境政策能够在地方政策中维持重要地位的话，“灰色”环境将是需要研究的问题。长期以来，中央政府制定的标准支配了地方环境政策。地方环境健康和卫生部门将获得足够的权利，或者他们受制于空间规划、发展或经济事务部门？问题是“灰色”环境在多大程度上成为一个战略性政策因素。

从理论的角度讲，环境政策的分散化和环境政策框架的解体（见第4章）对于一个特定的初始情况来讲，意味着不再可能对最后结果有“完全的”确定性。过去，环境政策分散化和环境政策框架解体的愿望曾经使荷兰环境政策成为“海市蜃楼”。政策日益在远因基础上形成（§1.4）。不同于清晰和可以预测的结果，地方政府制定环境政策的方式之间必须做出区别。人们常常忽略了这样一个事实，环境政策的改变的确会有成功，但也会伴随着同样多的失败。这是分散化不可避免的结果。

如果地方政府希望控制“灰色的”和自然的环境政策的发展，他们必须发展战略性的政策（见图5.12）。虽然这个阶段几乎是不可避免的，但是，地方政府并不完全了解这种战略性的政策。战略性的政策要求一种在目标导向，合作和战略意义上根本上不同于地方政府所采用的政策方式。第6章提出了一种地方政府在制定环境－空间冲突政策上做决策的方法。第7章考察阿姆斯特丹地方政府为了执行一个战略环境政策所做的工作。与应用到一般环境政策上的原则一致，有关“灰色的”和形体环境的地方战略政策必须实现引导决策的方式、目标导向的方式和机构导向的方式之间的协调。

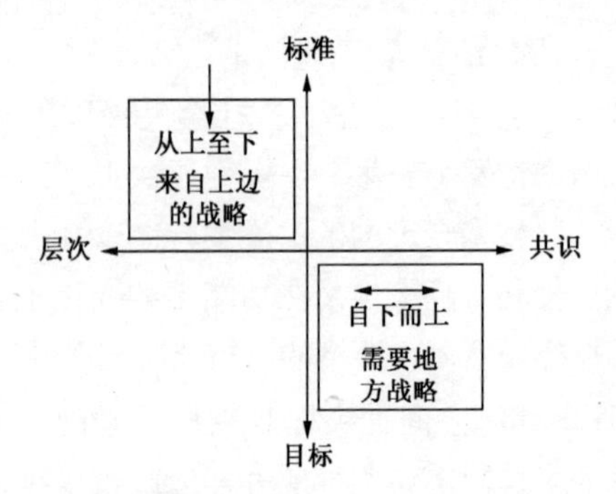

图 5.12 地方层次对战略政策的需要

注：这将取决于引导决策的方式、目标导向的方式和机构导向的方式在多大程度上与一个政策问题相联系。

第6章 基于复杂性的决策模型

作为精神之源的综合环境分区实验项目

现在行动的新鲜之处不是对特殊复杂系统的研究，而是对复杂现象自身的研究。正如这个案例所表现出来的那样，如果复杂性是一个太一般的主题以致没有什么内容的话，那么具有鲜明属性的特殊类型的复杂系统能够成为引人注目的焦点，而这些鲜明属性给理论化和一般化提供了支撑点［赫伯特（Herbert）·A·西蒙（Simon）1996：181］。

6.1 引言

1994年，住宅、空间规划和环境部的噪声和交通分部组织了一个有关综合环境分区对规划的影响研究（VS-IMZ，参见§5.4）。这个研究的成果在1995年底以一本称之为《提议中的环境分区》的书而公布出来（博斯特等 1995）。

除开其他观点，这本书提出了标准系统的局限性。严格一致地使用通用环境标准不一定总可以产生最大的或最优的结果。可以通过复杂性概念去解释这个结论。对实施综合环境分区结果的研究表明，一个环境-空间冲突的复杂程度与应用通用标准系统所获得的结果成反比。换句话说：环境-空间冲突越复杂，利用严格的环境标准解决这个冲突的机会就越小。

如果这个结论成立，问题是如何把冲突的"复杂性水平"转换成为最适当的决策战略。中央规定的方法是可能性之一，但是，实践证明它不太适合于解决比较复杂的环境-空间冲突。接下来的问题出现了，什么样的方式可以使用，为什么这些方式是适当的。《提议中的环境分区》一书对"简单的"、"复杂的"和"非常复杂的"环境-空间冲突做了区别。决策战略必须与此分类相配合。

现在，发展一个有效率的和有效果方式处理环境-空间冲突成为引导决策选择的羁绊问题。这个方式依赖于环境-空间冲突的复杂程度。与复杂性相关的决策概念产生了由三个同心圆组成的模型（见图6.1）。内圈包括了与中央指导的和规定的决策战略相一致的因素。外圈包括了适应于地方情况的分散决策的因素。这样，我们能够在与相关复杂程度相联系的圈中找到冲突的解决方案，例如，简单冲突的解决方案在内圈里，而最复杂冲突的解决方案在外圈里。

6.2 节详细地描述了这个模型。就住宅、空间规划和环境部提出的综合环境分区暂行系统而言，6.3 节描述了这个模型在比较一般层次上的使用（VS-IMZ，参见§5.4）。这里使用“综合环境分区暂行系统”作为一个例子的理由之一是，“综合环境分区暂行系统”在基于规划的行动“框架”内是一种手段（见图4.8 和图5.12）。“综合环境分区暂行系统”是一个特例，这就是为什么它受到了严厉的批判。从这个特例出发，在这个模型中做选择相对简单。这一章（§6.4）提出的与复杂性相关的情况都是以“综合环境分区暂行系统”11 个实验项目的经验为基础的，这些情况提供了对“综合环境分区暂行系统”手段实用性的研究，也提供了应用这个模型的研究。

一般来讲，这个模型是一种旨在帮助引导决策规划的工具，它也用来寻找最有效率和效果地部署政策措施的方式，以解决多种复杂性条件下的问题。这样，这个模型能够用来建立起（a）一个政策措施的原则和（b）这个政策措施涉及的问题的认定复杂性之间的关系。

6.2 引导决策行动模型

这个模型强调了把措施和问题配合起来的过程，目标在于制定政策，即是通常所说的“IBO”模型。IBO 是荷兰语“制定政策的手段分析”的缩写。IBO 模型的目的是使政策选择（和政策措施）清晰起来，当然，政策选择的后果并非可以完全预测到的。这个模型特别用于那些还没有完全展开的选择和对这些选择还有先例。这个模型也应用于措施，这些措施正在制定和讨论中。我们正是从这个基础出发讨论 IBO 模式。

IBO 模型（图6.1）可以用反映变化的复杂程度的三个同心圆来表达。同心圆圈可以像蛋糕一样“切割”，每一扇代表一个政策论题。

圈表示复杂程度（“简单”、“复杂”和“非常复杂”），每一个政策论题都有对应的复杂程度。

通过以下步骤（图6.1），可以使用IBO模型分析、测试和/或评估政策（也见图6.1）：

1. 必须识别出正在讨论的和/或对一个政策的作用产生重大影响的论题。IBO模型不用于那些不在讨论之列的论题。所以，十分重要的是，那些不在讨论之列的论题不会受到正在讨论的论题的影响（或仅仅有微不足道的影响）。

2. 尽可能把识别出来的正在讨论的和/或对一个政策的作用产生重大影响的论题减为它们最基本的要素。

3. 很明显，这些识别出来的正在讨论的和/或对一个政策的作用产生重大影响的论题或者具有目标导向的特征，或者具有机构导向的特征。由于需要做分析的手段还在制定中，所以，需要回答的相关的基本问题是，“必须实现什么？”和“谁来实现它？”

4. 通过对每一个论题做相同数目的分类，就能够识别出引导决策的因素（如“如何实现目标？”）。这就意味着，我们能够从“简单”、“复杂”和“非常复杂”的角度考虑这个论题。这样，通常包括考察一个论题的极端情况，在论题的极端情况下，对论题做分类。

5. 把相关的论题带入IBO模型，给每一个论题保留“一扇”空间。把“简单的”情况置于内圈，而把“复杂的”情况置入外圈。

6. 当IBO模型被填充之后，便可以按照情况的复杂性描绘出前景。这个过程也可以倒过来。在这种情况下，针对特殊情况的方式同样可以在复杂性的基础上制定出来。

7. 对描绘出来的前景进行分析，然后对一种手段的可行性做出结论。利用这些手段产生最适当的解决方案。我们也能发现，一种手段并不适合于原先设想的目的，必须相对“现实”，协调“可能性”。

8. 在每个步骤都完成的时候，必须评估它与前面的步骤的一致性。如果结果不尽如人意，必须重复这个步骤，以便实现期待的一致性。

IBO模型也能用来确定一个新的手段可以应用的范围。包括识别若干相关的论题。使用复杂性来对这些论题做分类，其中中间类最能够反映新手段的特征。考虑到邻近的因素，便可以确定新手段的适用范围，然后估计它们所涉及的行政管理和物质资源。事实上，决定手段的论题都是取的极端情况，允许描绘不同的前景。一旦获得一种手段的经验，便可以实际利用这一手段，或宣布不能使用这一手段。

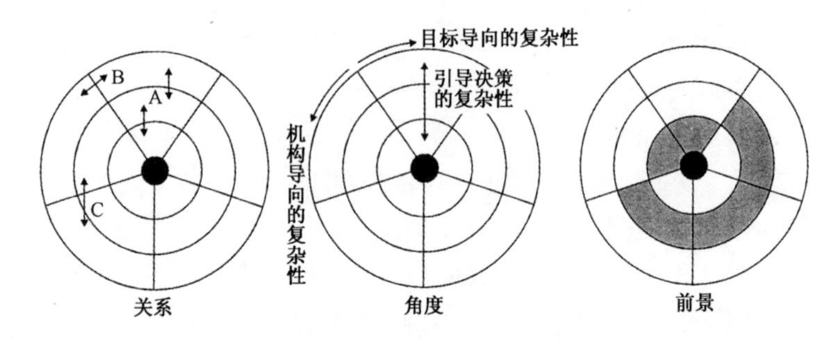

图 6.1 "制定政策的手段分析"模型的基本结构

注：A：基于内容（即相关的政策方面或论题）和结构（减少或增加复杂性）的关系。

B：结构关系（即复杂性的相对层次）。

C：结构和/或内容之间没有关系。

在一个手段实际使用之前的评估不一定能够保证这个新的手段是否是最优的选择。之所以对一个手段做分析是因为已经使用了，并证明它不（对这一点的讨论见阿特斯 Arts 1998）令人满意。正是基于这样的考虑，才推动了 IBO 模型的发展，最初，IBO 模型是用来分析，在变化的复杂性条件下，综合环境分区的可行性（博斯特等 1995）。设计 IBO 模型也是对作为一种处理环境-空间冲突（§6.3）手段的综合环境分区详细讨论的一个反应。

包含不同论题在内的原型模型的观念并非一种创新。这里我们讨论两个例子。尼加卡普等（1994）编制了一个"五边形模型"（图 6.2），这个模型旨在同时的和连续的考虑政策发展过程的"五个关键因素"（尼加卡普 1996；139）。五边形模型强调了政策制定和执行的最重要的方面，其目的类似 IBO 模型。

与五边形模型相比，IBO 模型没有假定，每一种手段都一定有五个关键的成功因素。它是依赖于所希望实现的目标和相关讨论而确定每一种手段的论题。所以，论题是与手段相关的，也是与问题相关的。当然，这并不意味着问题之间没有联系。在寻找IBO模型的论题时，应当针对目标导向和机构导向方面（见表4.1）。在区别了简单、复杂和非常复杂问题之后，才把引导决策方面纳入IBO模型（见图6.1）。

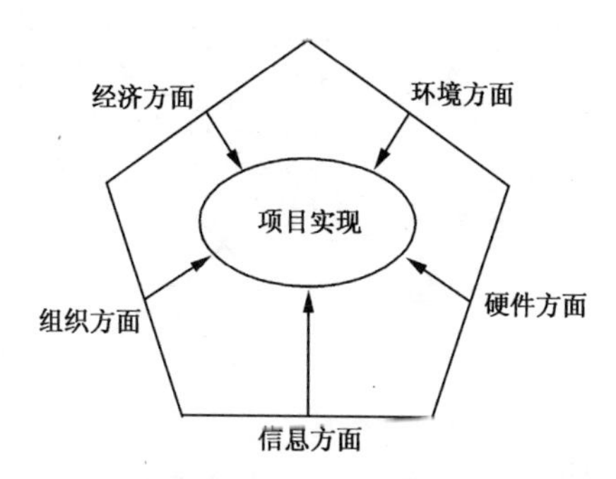

图6.2 尼加卡普等编制的“五边形模型”及其成功的关键因素（1994）

普尔和库普曼（Pool and Koopman）（1990）的战略决策模型（见图6.3）也是很有意义的一种模型。与IBO模型一样，复杂性被看成了决定性因素，尽管这并非这个战略决策模型的基本原则。普尔和库普曼也假定，“当决策的内容和决策产生的背景在一定程度上决定决策过程的话，决策者还是有一定的自由”（普尔 1990；32）。当然，因为内容和背景是决定因素，所以，决策者的自由仅限于想像。

使用IBO模型做分析并非以作为决定因素的政策内容和产生政策的背景为基础，而是以政策内容和产生政策的背景之间的相互依赖性作为基础的。《提议中的环境分区》一书对综合环境分区对规划的意义所做的研究表明，就内容和背景而言，出发点和愿景的确依赖于对一个问题的评估和定义（参见§5.4）。在环境政策中，由于环境健康和卫生从来都被认为是非常重要的，所以，环境问题总是优先于其他问题而得到考虑。环境问题一直是按照定量标准而确定的。当主导性的环境政策的后果在相关政策领域里体现出来后，以环境支配的评估开始向综合评估方向转变。综合评估意味着，问题变得更为复杂了。

简言之，综合评估决定一个问题的复杂性和战略选择。所以，在IBO模型中，内容和背景不再是决定性的，而是依赖性的。

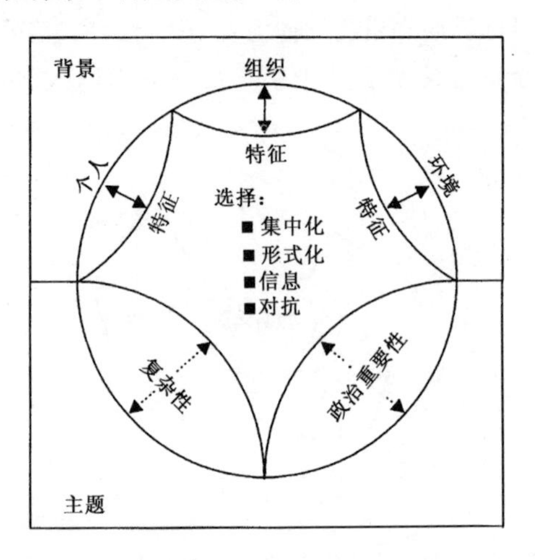

图6.3　决策中战略“选择”的模式表达

资料来源：普尔和库普曼（1990）。

6.3　综合环境分区讨论中所使用的IBO模型

我们在这一节里使用综合环境分区的例子来说明IBO模式（VS-IMZ，见§5.4）。第一步是选择相关的论题或角度（即“蛋糕分块”），论题或角度是讨论综合环境分区的核心，接下来，在按照复杂性，对这些论题做分类。在5.4节中，我们把综合环境分区描述为一个由方法、标准设立和程序等三个部分组成的系统。我们对综合环境分区做出这样的总结，作为一种方法，综合环境分区没有多少弱点，因为它给特定地区的环境健康和卫生提供了一个合理的画面。同时，它也给损害环境的活动和功能与环境敏感功能和地区之间相互冲突的需要提供了一个合理的画面。主要问题则是由对标准的选择和政策产生的体制所引起。综合环境分区的标准设立成分主要是按照1979年的《减少噪声法》（§5.2）的原则发展起来的。这包括设定通用标准，它以污染类型如声音或气味等表达环境的质量。这些标准只是在非常有限的程度上与其他环境质量相协调。这些标准还建立起了一个框架。人们在有关这些标准的一般实用性，特别是在综合环境分区中这些标准的实用性的讨论中，一直把标准系统设定的框架和通用性质作为一个论题。例如，把重点放在环境质量上意味着，空间环境和人居环境的质量有被忽视的危险。人们还讨论了有关综合环境分区产生结果的速度问题。在讨论有关综合环境分区机构导向方面的问题时，我们一定不能遗漏了这两个问题。综合环境分区机构导向方面的问题集中在地方政府和非政府组织等多方之间的权利和责任。IBO模型把这些方面都合并在其中。

质量

在许多综合环境分区实验项目中，高水平的环境健康和卫生质量被限定为一个目标（见§6.4）。在许多情况下，环境质量是以其他质量特别是空间质量为代价的。如果对污染源所采取的环境措施无效，这将导致对污染源周围空间的使用限制，不再可能在这些地区建立环境敏感的功能或开展环境敏感的活动。接下来，人们会要求，在考虑环境健康和卫生（见§5.4）的同时，也要考虑地方空间后果。这样，就要求在决策过程中实现更多方面的协调。当然，这也不一定总是处于优势。环境质量和空间质量怎样能够一并考虑？按照“指定的空间规划和环境分区”政策，项目不仅要求有减少污染的措施，还要同时解决社会经济问题。这就更为困难了（库加佩斯 1996；62）。

另一方面，处理这类问题的发展战略的范围也增加了。在最极端的情况下，期待的协调结果是人居环境的综合质量。

刚性

按照《减少噪声法》，围绕工业地区而建立起来的分区有着固定的状态，噪声分区对于空间规划政策是规定性的。由“综合环境分区暂行制度”（VS-IMZ）而建立起来的综合环境分区，按照《减少噪声法》，对于空间政策同样也是规定的。在许多情况下，这意味着许多政策约束，地方政府发现他们很难在和空间愿望和要求上取得一个积极的协调（见§6.4）。地方政府几乎没有多少空间去考虑地方特殊情况，这意味着最终结果距离本可以实现的“最优”结果甚远。如果在

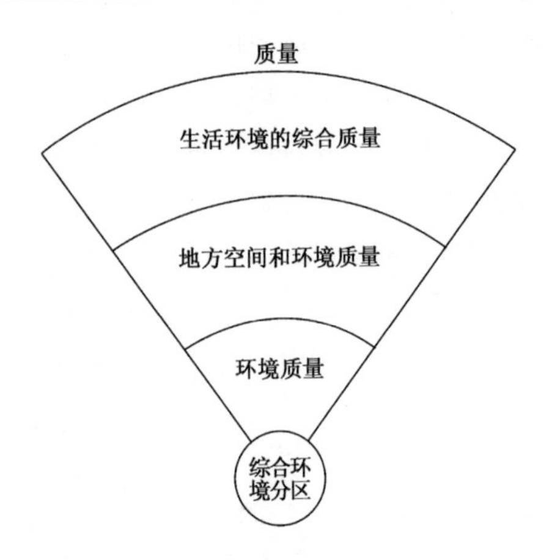

图 6.4　与分区政策相关的论题，质量

行政管理上有些弹性，如果标准能够更好地适应地方条件，机会就不会丢失了。与固定的环境分区相反，在一定范围内，允许某些变通，或“幅度”，情况会大不一样。《减少噪声法》允许地方政府按照省政府的规定，适当调高地方政府采用的噪声值，如从 50 分贝升至 55 分贝。最近提出的有关噪声政策的建议，其重点是：地方政府如何根据自己的地方情况，在允许范围内对规定值做出适当调整（见 §5.5）。“在综合环境分区中增加行政管理的弹性的下一步措施是，建立一个环境评估报告制度，这种报告是情报性的，不是指标性的”（博斯特等，1995；100）。原则上讲，这种报告可以与环境影响评估报告相比。影响评估是对一种情况的研究，但是，这种研究未必一定有后续结果。在充分论证的基础上形成报告，清楚地解释如何考虑环境方面的问题。这种方法允许地方政府最大限度地制定分地区的政策。当然，这种方法只能对长期的环境健康和卫生可以接受的水平做出一定的保证。

空间-功能角度

综合环境分区使用了一个具有通用效果的标准系统。原则上讲，整个荷兰都在使用这个统一的环境标准。这个方法的基础是分层次管理理论，中央政府为全国建立起一个环境质量水平。实际上，相对这

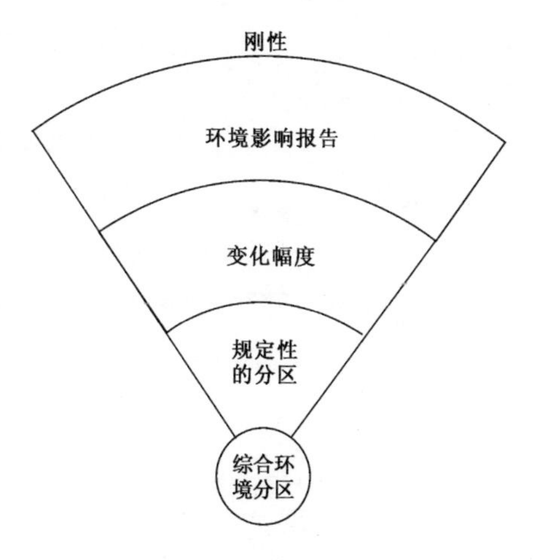

图6.5　与分区政策相关的论题，刚性

个规则，存在许多例外。海港标准就是一例，相对于其他产业性活动而言，港口标准给予港口活动一个相对宽松的环境（见§7.4）。进一步讲，国家标准并非在荷兰的所有地方都容易得到贯彻的，区域差异就是原因之一。在这种情况下，法规的空间-功能区别可能是适当的。这包括确定荷兰一个地区的一般环境质量水平，如区分城市、乡村和“其他”地区。这就是所谓“区域-功能倡议”。按照地区和/或功能，在标准上有所差别对于满足低速地区的需要是一个现实的选择。这可以用于需要对保护环境实施超常保护的地区，其目标是防止这个地区环境特征的丧失，防止这类特殊地区的环境质量“落入”国家的一般水平（§5.3）。瓦登海保护区就是一个很好的例子（德罗 1993）。实际上，还有一些案例，“独特的”环境质量违反了通用标准，虽然没有对公众特别强调这种情况，但是，它们正在走向“方面”。例如，希普霍尔机场周边地区，在航空噪声35KE的范围内，还允许一定范围内的空间用于环境敏感功能。希普霍尔是一个相当矛盾的案例，这个观点本身并不是什么新东西。当然，这种区域划分对于在考虑到地方特殊情况下处理环境-空间冲突还是不充分的，阿姆斯特丹中心莱茨广场的餐馆不能与乡村小镇的后花园相比。想想城市中心和靠近乡村的居住区是否能够应用相同的标准这类问题还是有意义的。繁忙城市中心的环境污染背景值高于其他任何地方，这将影响到对内城地区噪声的感觉。而且，生活在城里的人常常有意识地产生噪声。他们看中城市多功能的价值，接受环境质量下降了的灰色环境，或者把它看成是城市魅力的一部分。①

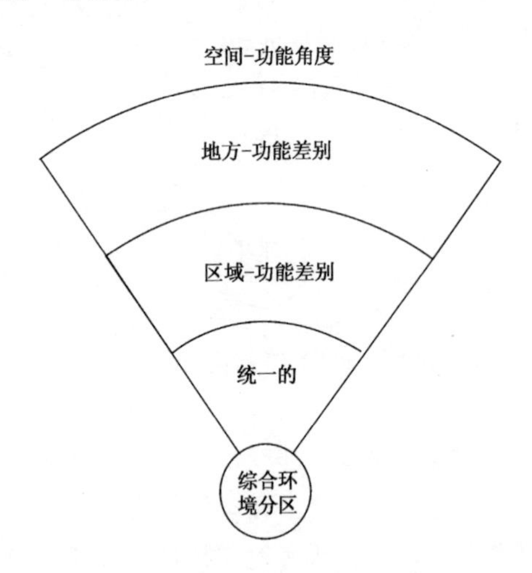

图 6.6　与分区政策相关的论题，空间-功能方面

时间角度

回顾提出执行综合环境分区和实现目标的那个时期，人们表现出乐观的态度。在编制“综合环境分区暂行制度”的政策期间，人们假定，围绕一个工业活动或地区的环境质量一旦查清，就可以确定一个暂行的环境分区，这是有可能的（博斯特 1994）。一个针对这个场地的保护性的政策随之而来，一年以后，它便成为一个永久性综合环境分区，然后，这个分区被纳入空间规划过程中，以便影响空间规划（VROM1990；23）。在一年以内，必须选择和制定出纠正办法。许多综合环境分区实验项目的环境-空间冲突的规模证明。这个一年期是不现实的（博斯特 1996，1997，博斯特等 1995，德罗 1992，古德

①毫无疑问，有必要对干扰和威胁之间差别的提议给予确认。《城市与环境实验法》（TK 1998）至今没有对此做出区别（§5.5）。

1992和1994)。在这种情况下，划分阶段是最明显的选择。特别对于那些大规模项目，需要按照污染水平下降的速度，分阶段和成比例地做空间开发。“预计”是一个比较严格的选择，空间开发预计所期待的环境健康和卫生水平。现行法律法规并没有直接包括预计这个选择。环境质量的期望水平没有达到，或达到得比预期晚，或土地使用发生了变更，都是不希望发生的结果。另一方面，预计可以提供机会通过空间措施去改善灰色环境。

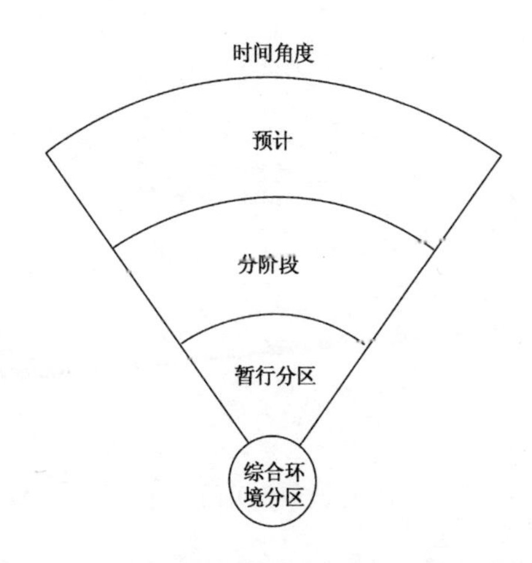

图6.7　与分区政策相关的论题，时间方面

关系角度

“暂行综合环境分区制度”包括相关交流方式，对此人们存在质疑。“暂行综合环境分区制度”是一种项目，可以分步骤分阶段实施，以便实现对环境敏感功能和环境损害功能的分割。这种分割在空间规划过程中得到反映，并影响土地使用开发。“暂行综合环境分区制度”采用的是分层次的方式，弹性有限，其目标是在污染源头导向的措施和受污染影响方导向的措施之间实现一个恰当的平衡，“必须首先对污染源采取措施，然后延续到空间环境的最后一个环节”（VROM 1990；23)。除开管理的层次形式外，按照目前环境政策的发展，相对分散的方式是可以接受的。那些地方背景在决定处理环境-空间冲

突起到非常重要作用的地方，通用规则已经不能有效发挥作用了，所以，需要以相对分散的方式，因地制宜地编制适合地方的环境空间政策。如果情况极端复杂，涉及多方面的利益，政府难以控制其他社会力量和追求充分考虑的目标，那么采用以网络为基础的方式会比中央政府的战略更容易取得成果（见§4.7）。

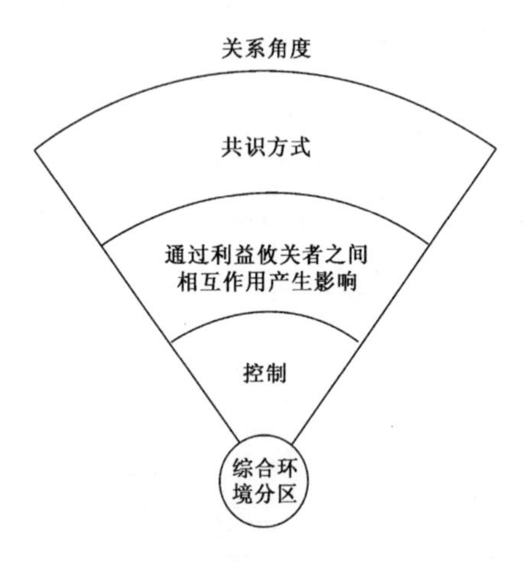

图 6.8 与分区政策相关的论题，关系方面

通过这个对“暂行综合环境分区制度”的讨论，我们已经填满了 IBO 模型。我们也按照复杂性，分出了 5 类论题或角度（图 6.9）。内圈的管理因素最适合于那些不太复杂的问题，而那些不太复杂的问题容易与它们的背景分开，能够通过排除背景影响的方式得到解决。只要获得这些问题的初始条件，期待的目标就可以达到，即确定性水平相对高。制定“暂行综合环境分区制度”具体办法的决策者仅仅集中关注这类问题。很遗憾，并非所有的分区问题都会如此简单。

如果在一个环境空间问题和这个问题的物质的和行政的背景间存在相当程度的相互关系，那么，又能够使用 IBO 模型中外圈中的因素。这些问题相对很复杂，初始条件难以把握。同时，难以预料成功的可能性，相对效率和效果而言，不确定性水平很高。

这个 IBO 模型提出了官方的选择可能，它们覆盖了“暂行综合环境分区制度”的方方面面。不同的选择代表了一定程度的综合，它使我们有可能勾画可能的前景或提出充分论证的建议。《提议中的环境分区》在IBO模型的基础上分析了若干综合环境分区项目的经验。[②] 同时，《提议中的环境分区》还评估了“暂行综合环境分区制度”的可行性。[③] 下一节我们将说明《提议中的环境分区》一书中所描述的发现。

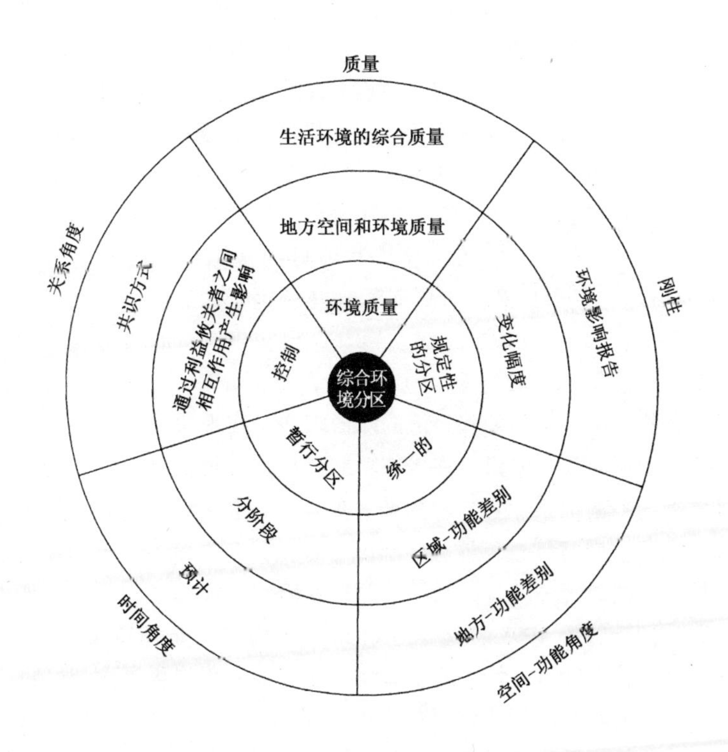

图6.9　用于“暂行综合环境分区制度”的IBO模型

② 对于由省里执行的和基于IBO模式的“预防性土壤治理政策”的分析，参见罗特斯1997。这个分析与省政府已经执行的政策有关，省政府实施这项政策的基础是，中央政府确定的新土壤政策框架（§5. 5）。

③《提议中的环境分区》报告的范围超出了11个综合环境分区实验项目。这个报告对其他25个潜在合乎标准的申请项目进行了同样的研究（博斯特等1995）。

6.4　复杂性和与综合环境分区项目相关的决策

在1989～1997年之间，通过11个实验项目，试行了住宅、空间规划和环境部的综合环境分区体制（“暂行综合环境分区制度”，参见§5.4），包括（1）负面环境影响的实际案例，（2）对人居环境产生负面影响，（3）有若干个环境损害部分产生的负面影响，（4）“可以做分区规划的”。从实际情况考虑，实验项目还包括（5）有大规模固定的设施引起的污染（VROM1989），（6）为了在荷兰全国实现均等地理分布而选择的实验项目。综合环境分区项目的主要目的是，“实现围绕一个或多个大型固定工业设施周边的高度可持续发展的地方和区域环境质量”（VROM 1989；3）。

环境标准和分区两者都是解决环境空间冲突方案的基础。除开满足环境法规所设立的标准外，这些项目的目标是“在环境敏感功能（包括住宅）的开发和损害环境活动（特别是工业）开发之间找到一个管理上协调”（VROM1989；3）。这是在当时行政管理大气候下的一个合理的位置（参见§5.4），但是，现在看来，这个目标过于乐观了，官僚制度、空间的和经济的障碍阻挠了实现这个目标。

对于所有项目来讲，在居住功能和损害环境活动之间找到一个可以接受的平衡都是非常不容易的。仅仅亨厄洛-特文特卡阿尔运河项目完成了“暂行综合环境分区制度”提出的所有阶段。这个项目的结果是，按照综合环境分区和相关的规划限制，修改了相关的土地使用规划［博斯特等1995费洛尔（Flohr）和梅杰维斯（Meijvis）1993］。这个分区为发展特文特卡阿尔运河工业区的发展提供了框架，也为评估空间规划政策和环境许可程序提供了基础（S. A. B. 1994）。这个工业区的北部边界与亨厄洛居民区相邻，这意味着这座城市的南部环境质量不高。这对于工业区的企业位置也有意义。与这个工业区相邻的农业地区具有很高的农业价值，所以，企业界也抱怨为什么他们认为必要的工业区的扩张如此困难。当时，对这个灰色环境缺乏研究和清晰的了解。所以，综合环境分区包括在整个解决方案中（亨厄洛项目工作组，1991）。除开针对工业区的分区规划，经过对这个工业区污染的测算，按照针对现存小规模情况的综合环境分区，这个工业区东部地区被划分为的第四类地区④，“黑色地区”，即“暂行综合环境分区制度”下的“不可接受的”地区。噪声、气味和对居民安全的威胁都是把这个地区归结为“黑色地区”的理由。于是，认为有必要拆除许多住宅（亨厄洛项目工作组，1993）。针对新情况的法规扩张到这个工业区的北部和东部的广大地区。⑤ 这意味着在与居住街区相邻的大量地区都有建筑限制。当然，相对而言，这些部分和综合环境影响的规模还是不大的，也还是地方的，所以，综合环境分区及其相关结果都作为地方土地使用规划的一部分而被接受。

吉尔特如登堡、格罗宁根和马斯特里赫特的项目规模类似于亨厄洛-特文特卡阿尔运河项目。格罗宁根-努尔德奥斯特侧翼主要面临土壤污染、交通噪声和气味干扰等环境问题。气味污染基本起因于距离项目区若干公里之外的两个糖厂，气味污染源处在官方综合环境分区项目之外的地区。如果一种污染的源头在“暂行综合环境分区制度”实施地区之内，使用部门的措施即可以解决问题。然而，这个项目区的污染源头并不在官方综合环境分区项目之内。对污染源的综合治理不是项目区的基本任务，所以，在这里做综合环境分区是不适当的。原先实施规定的综合环境分区的设想成了泡影。于是，格罗宁根的若干市政府选择把综合环境分区作为一种指标性规定，作为预测环境政策和空间规划决策结果的基础（格罗宁根项目工作组，1992）。现在看来，之所以综合环境分区项目对格罗宁根地区若干市政府具有重要意义，原因是项目实施使他们更新了工业场地内和围绕工业场地的环境健康和卫生信息，用于颁发许可证的目的。

在吉尔特如登堡项目中，“暂行综合环境分区制度”最为关注的工业污染和由汽车交通和船运引起的其他类型的污染都存在。这就产生了对第三方采取专门措施的困难，这种专门措施是以“暂行综合环境分区制度”的措施一览为基础的，当然，“暂行综合环境分区制度”的措施一览遗漏了许多类型的污染。于是，项目区扩展到整个吉尔特如登堡市整个行政辖区。围绕吉尔特如登堡中心居住区的三个工业场

---

④在“暂行综合环境分区制度”下，综合环境分区第五类地区划分为“黑色地区”，即“不可接受的”地区。关于每个综合分类，参看§5.4。

⑤关于现状和新状态区别的解释参看§5.4。

地是产生噪声和空气污染的源头。这些工业场地还引起了与外部安全相关的环境污染。在这种情况下，几乎没有扩展环境敏感功能的空间。对环境健康和卫生的研究必须摸清在什么情况下允许在现存居住区的边缘扩大居住区和公共服务设施。通过“暂行综合环境分区制度”收集到的信息表明，对于现存的和新的地区而言，“黑色”地区基本上约束在工业区内部，除开那些已经规划出来的空间开发场地。对这些场地使用源头治理措施就够了。由于吉尔特如登堡的问题有限，又都可以在“暂行综合环境分区制度”范围内得到解决，所以，项目重点放在盘点清查上。吉尔特如登堡的情况是可以管理的，没有认为有必要在地方土地使用规划中包括刚性的框架。

马斯特里赫特针对综合治理的综合环境分区项目（PISA）是“环境政策综合项目”（PIM）的延续。“环境政策综合项目”的目标是收集全市噪声、气味污染和外部安全的资料（图 6.10，参见 §5.2 和马斯特里赫特的工作组 1987）。PISA 马斯特里赫特项目集中在“环境政策综合项目”（PIM）认定的三个地区：博世泡特、林梅尔和赫罗特·怀克（Boschpoort Limmel and Groot Wyck）。整个研究按照国家“暂行综合环境分区制度”项目框架进行，但是，地方政府使用他们自己的方法测算污染水平。这三个地区的环境污染水平足以引起冲突。希望维持和更新就工业场地与居住区的宜居性发生冲突。所以，问题并不是与现存的情况相关，而是在噪声、气味干扰和外部安全方面对新发展加以限制。赫罗特·怀克街区的大部分地区被划为“灰色”地区，因为这个地区处在年度死亡率 1/100 万 ~ 1/1 亿轮廓线内。

博世泡特有接近一半的地区处在接近一个气味单位（98%）的气味轮廓线内。按照“暂行综合环境分区制度”，这意味着新建筑受到限制。以这个信息为基础，项目组为每一个问题制定了一个独立的治理项目，特别强调了空间规划方面，换句话说，他们选择了分地区的方式来处理问题。

在马斯特里赫特，项目重点逐步从一个广大的地理尺度转变到地方尺度，以此作为制定因地制宜的治理措施和空间规划的基础。关注马斯特里赫特如何做出了这个调整是有意义的。这种变化部分出于愿望，部分源自偶然的原因，前后延续了近 10 年。这个变化过程的基

图6.10　在马斯特里赫特“现状图”上展示的综合环境轮廓
资料来源：马斯特里赫特的工作组1993；图23。

础是战略规划和认识与研究水平的提高。在项目发展的多个阶段上，这些发展支持和决定了决策过程中的相关因素。国家“城市与环境”项目鼓励这种方式。当然，对于马斯特里赫特来讲，获得环境-空间冲突的规模和找到认为必要的治理措施，并非最有效率的方式。总之，马斯特里赫特的环境-空间冲突相对有限，可以通过规定的环境标准去解决，在项目开始之前，市政府已经做了战略性的准备，最后在“暂行综合环境分区制度”项目中完成。当然，马斯特里赫特还有严格管理的问题。

图 6.11 说明了以上讨论的这些项目的经验。所有这些项目都有一类环境-空间冲突，可以找到一个或若干个污染源头。所以，容易建立起污染源和被污染者之间的清晰关系。另外，这些项目地区的冲突都没有必要通过空间干预来解决，或者施加一个最小的空间干预就可以解决。重点放在源头的治理措施上。因为污染源头的数目有限，空间结构清晰，几乎没有几个因素可以干扰决策过程，所以，在一般环境标准的基础上，就可以确定一个可以接受的环境分区。综合环境分区也能够使用规定的法规，在环境许可和规划许可之间建立起联系。结果是在现存的工业和未来的住宅之间做出可持续下去的划分。

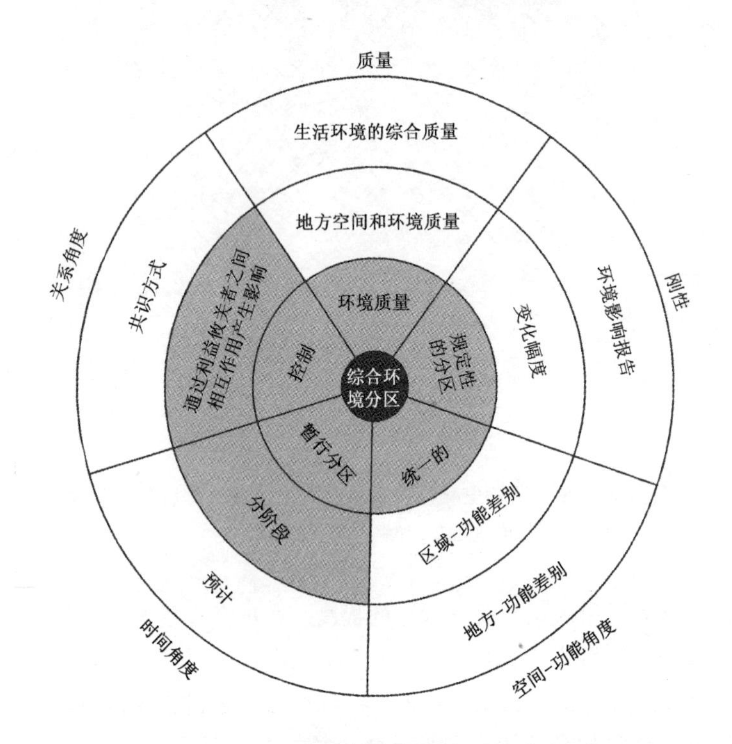

图 6.11 简单综合环境分区项目的应用范围

注：阴影部分是使用范围：作为一种手段的“暂行综合环境分区制度”是从“合理的”到“好的”。

在5.4节中，我们看到，对于环境-空间冲突潜在规模的存有偏见的看法常常是没有意义的。对一种情况作比较客观的研究（例如，遵循马斯特里赫特的方法）会使我们发现，一种情况可能被高估了或者低估了。在吉尔特如登堡和格罗宁根，环境-空间冲突的规模可能就是高估了。我们甚至可以问我们自己，格罗宁根-努尔德奥斯特侧翼是否应当做“暂行综合环境分区制度”的实验项目区。与以下我们将要讨论的阿纳姆和德雷奇特城镇地带项目相比较，对它们的环境健康和卫生所做的评估揭示出，环境-空间冲突的规模被低估了。

这些项目的负面的发现不可避免地引起了对“综合环境分区”的热议，最终导致了“暂行综合环境分区制度”的“破产”。对于这些主要项目，编制一个地方的或区域的战略政策是特别重要的，因为政府提出和反映在“暂行综合环境分区制度”中的战略已经证明是不恰当的。这不仅包括对项目做出清晰地划分，一些环境-空间冲突的规模是可以控制的，一些环境-空间冲突的规模太大，以致使用严格的标准不足以解决它。在许多项目中，简单地应用严格标准并不是最好的办法。协调标准和法规的执行和比较有弹性的行政管理最有可能产生可以接受的结果。有问题的综合环境分区实验项目有，博格姆-萨马尔（Burgum/Sumar）、贝亨奥普佐（Bergen op Zoom）、阿默斯福特和埃乔蒙德（IJmond）。

博格姆-萨马尔工业区的综合环境分区项目坐落在泰茨赫克斯特迪尔市的非兴地区，在博格姆和萨马尔居民区之间。这个地区有着多种损害环境的活动，产生噪声、悬浮颗粒和气味，对外部安全具有潜在的威胁。由一家地方喷漆厂产生的气味干扰最为严重，这家工厂还在寻求扩大它的加工能力。因此，紧急需要采取整治措施，解决那些坐落在工业区里的居民的困难。

按照现状，处在综合分类第4类地区的居民有30家，处在第5类地区的居民有14家，按照新情况，第5类地区覆盖了博格姆和萨马尔的很大面积（见图6.12）。这个地区的范围几乎完全是根据喷漆厂产生的气味干扰决定的，它导致了对博格姆和萨马尔居民区扩张的限制。萨马尔居民区失去了发展的希望，那里的居民感到有必要保证那里的宜居性。在博格姆居民区，若干个填充式开发场地的新住宅开发计划受到威胁。由于博格姆和萨马尔居民区的环境－空间冲突集中在一个公司的污染排放上，所以，可以认为它具有“相对简单”的特征，但是，从冲突发生的规模看，它可以归纳到“复杂”类中。社会价值和环境健康和卫生的价值均在其中。解决这个冲突依靠地方和区域政府、国家政府和工业界的联合努力。以地方的特殊情况为基础，通过相互妥协让步而形成解决方案。这个解决方案以社会共识为基础，而不是采用通用方式。这家喷漆厂在减少气味排放的条件下可以扩张。扩张会增加相邻地区的气味干扰，但是，随着距离扩大，气味干扰会减少。市政府同意搬迁工业场地内的36家人，同时，允许萨马尔居民区扩大。

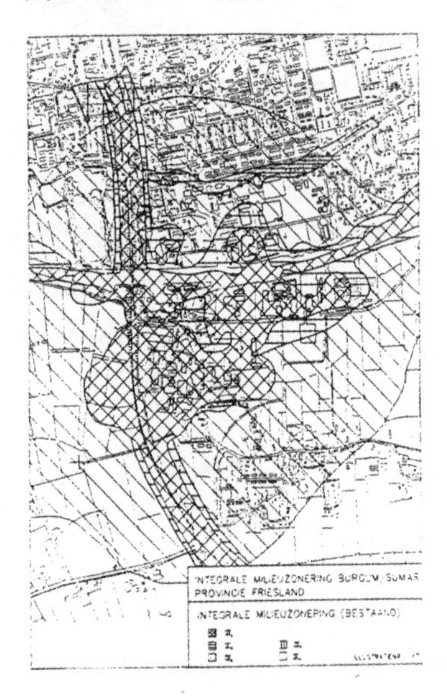

图6.12a 按照“暂行综合环境分区制度”，博格姆和萨马尔的综合环境分区规划图

资料来源：弗里斯兰省1991。

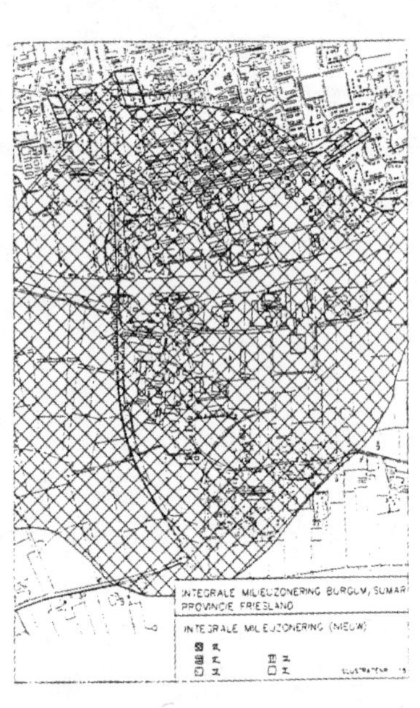

图6.12b 按照“暂行综合环境分区制度”，博格姆和萨马尔的综合环境分区规划图

资料来源：弗里斯兰省1991。

贝亨奥普佐的工业区，特奥多鲁斯亥芬（Theodorushaven）的环境-空间冲突，初看起来相对简单。冲突集中在地处主要居住区以西

的若干相互连接起来的工业场地。综合环境分区所涉及的污染仅仅由为数不多的几家公司引起。这个地区的噪声和气味干扰的现状水平达到综合环境分区的第6级。工业区里的住宅，城镇中心和工业区之间的住宅，受到极度水平的污染，所以，分类为“黑色”地区。气味干扰的主要源头是一家酒厂，它紧靠居民区。这就意味着附近地区不可能做任何开发，可能的开发场地围绕着贝亨奥佐普的老港口地区。综合环境分区第6级的现状已经明显限制了空间和工业的进一步向外发展（特奥多鲁斯亥芬综合环境分区工作组 1993）。这种分布广泛的污染意味着可以把特奥多鲁斯亥芬实验项目归纳为“复杂”环境-空间冲突。地方政府把这个冲突归结为气味标准，而按照这个通用标准，这个地区的气味还没有达到抱怨的水平，然而，居民的抱怨不断⑥。所以，在贝亨奥佑普，紧急需要采用“暂行综合环境分区制度”的标准，按照感受到的干扰水平，调整气味轮廓线。这样，综合分区就保持了指标性的状态。

阿默斯福特中心的综合环境分区实验项目毫无疑问地与城市更新规划相关，这个规划的城市更新地区主要在阿默斯福特中心火车站和城市中心之间。由商会和12个地方公司提出这个城市更新项目由包括住宅和办公空间在内的大规模开发组成。所以，这个地区是一个变化之中的地区和城市再生地区。这项工作的切入点就是制定外部安全轮廓线图。科佩尔（Koppel）等工业公司和荷兰铁路公司（NS）的编组站以及工业噪声、空气和土壤污染等，是构成这张轮廓线图的基本因素。分部门的污染积累也意味着，这个开发地区以北的很大地区在新情况下会处在综合环境分区的第4类、第5类和第6类之中，所以，在规划的空间开发进行之前，必须减少污染。解决办法包括迁移工业设备，终止荷兰铁路公司老编组站的调车功能。整个解决方案是由相关公司联合设计的，所以，他们认识到了协议目标的价值。尽管以减少污染作为限制条件给了这个地区城市更新项目很大压力，但是，“拆除”并没有导致修正城市更新规划。在这种情况下，弹性是关键，

⑥市政府和省政府每年接到大约1000个有关工业排放气味的抱怨（古德 1994），所以，的确存在气味干扰问题。当然，这些抱怨并不一定与气味干扰轮廓线一致。

这种弹性是在分阶段实施城市更新项目中逐步创造出来的。特别是居住开发是按个人风险减少的比例逐步实现的（阿默斯福特工作组 1992）。另外，为了在转换地区功能过程中允许临时污染超标，有预测政策是恰当的。按照这种预测政策，背离远景预期的不确定性十分有限。正如马斯特里赫特项目一样，在阿默斯福特项目中，“暂行综合环境分区制度”并非唯一使用的手段。“暂行综合环境分区制度”只是广泛的规划背景和利益中的一个部分，广泛的规划背景使这些地区从开发中受益，而诸方面的利益也综合到了整个规划项目中。由于不能孤立地而要在广泛的背景中去考虑环境-空间冲突，所以，就存在创造机会的可能。解决办法能够在一定程度上依据规划地区的潜力而产生。这就意味着，“多个参与方和政府认识到减少污染的目的和必要性，认识到可以通过同样规模的开发而减少污染”（博斯特等，1995；127）。

在埃乔蒙德综合环境分区实验项目中，霍戈文斯钢铁集团一家对那里的环境－空间冲突负责。然而，这个冲突需要划分到“复杂”类中。埃乔蒙德项目涉及相当高水平和大范围的噪声污染和气味干扰。⑦希姆斯科克（Heemskerk），贝弗韦克（Beverwijk），费尔森市（Velsen）的大面积居住街区都在 3 ~ 10 个气味单位（98%）的轮廓线内。粉尘也是一个问题。粉尘对人体健康构成潜在的威胁，所以，应当包括在环境问题盘点之中（北荷兰省 1993）。北荷兰省提出的一种测算污染累计水平的方法。结果显示，大量的居住区处在极端污染的水平上。这一点在对地方居民所做的宜居性调查中得到了确认。这个调查发现粉尘、煤烟和气味是人们抱怨最多的污染物。由于埃乔蒙德区域的市政府都要扩大他们的住宅存量，所以，清除污染物是最基本的要求。对污染源的噪声、粉尘和气味进行测算是不可避免的。如果不实施土壤修复，北荷兰省政府是不会支持贝弗韦克市政府做大规模住宅开发的。这个省政府希望把综合环境分区并入到他们的空间发展规划中，以便多个市政府能够依循统一的规划政策。

由于围绕污染源的地区存在严重环境污染，高密度的住宅区又紧

---

⑦因为这个地区的背景浓度很高，所以有害物质污染并不包括在埃乔蒙德项目中。

靠污染源，所以，博格姆、贝亨奥佐普、阿默斯福特和埃乔蒙德这些地区的环境-空间冲突规模都比较大。这些冲突与以居住功能为主的城市环境相联系，在大多数情况下，与规划的居住开发场地相联系。这些冲突都不再可以通过清晰地划分工业区和居住区而得到解决。即使环境污染水平相对低，污染物所覆盖的住宅数目却很多。因此，决策者需要在以设定标准为基础的源头导向的措施和受影响方导向的措施之间做出选择，而这一选择相当困难。从源头上采取措施是没有异议的，但是它们的范围有限。在许多情况下，不可能把污染水平降低到符合环境敏感功能所要求的水平。在这种情况下，人们将会要求使用空间规划手段来解决问题，结果可能不利于地方。尤其重要的是，时间导致地方政府面临困境：如果不是没有可能，不是没有希望的话，在短期内确定和执行一个综合分区是困难的。立即需要做空间投入，但是，在空间上的投入不可能在短期内满足所有整治目标的需要。显而易见，在时间上更宽松一些是使环境质量达到可接受水平的一种办法。这将在短期内，特别是在空间规划过程中，创造出更多的机会。这也必然地意味着最终结果有了更大的确定性。同时，也日益增加了考虑地方背景的必要性。值得注意的是，通用的气味标准不能与人们感觉到的气味干扰相一致。宜居性调查是一种补充，以鼓励更有弹性地和因地制宜地使用法规。图6.13就是若干例子。

由于简单设定标准方式不一定能在处埋比较复杂的环境-空间冲突中产生最好的结果，所以，因地制宜和比较有弹性能够产生比较适当的结果。最重要的是，对于复杂的环境-空间冲突来讲，“暂行综合环境分区制度”的功能是指南，是一个长期的目标。把这个指南放置于一个广大的规划背景中，使它在形体环境、空间环境和经济之间的协调上发挥作用。解决复杂的环境－空间冲突要求地方政府做出战略性的承诺，地方政府还必须考虑是否值得与利益攸关方达成共识。

由住宅、空间规划和环境部推进的“暂行综合环境分区制度”项目不仅面对“相对简单的”和“相对复杂的”环境-空间冲突，也面对着可以划分为“相对非常复杂的”环境-空间冲突。对DSM（DSM是荷兰的一家综合制造公司）赫伦，阿纳姆-诺德和德雷奇特城镇地

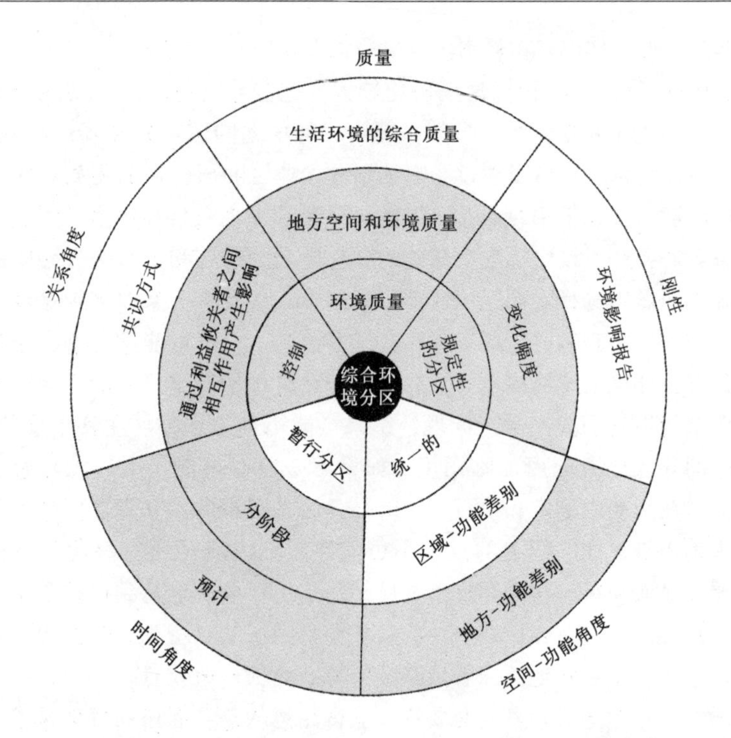

图 6.13　“相对复杂的”综合环境分区项目的应用范围

注：阴影部分是使用范围：“暂行综合环境分区制度”的作用仅仅是在一定程度上的。

带的污染盘点显示出那里存在大规模环境-空间冲突。在这些项目中，大规模环境敏感地区受到严重的污染，包括现存的和规划的居住区。

靠近一个大型的居住中心意味着，能够把 DSM-赫伦综合环境分区实验项目划分到“复杂”和“非常复杂”的类别中。这个项目有很长的历史，而且是“暂行综合环境分区制度”（参见 § 5.2）的基础。这个项目的主要方面是噪声、外部安全和气味。这个项目的目标是，把现有的和规划的住宅保持在 1/100 万风险轮廓线之外地区。1/1 亿的风险值仅仅为指导性的。同时还确定 55 分贝（A）的轮廓线。两种轮廓线把现存的居住建筑封闭在一定的位置上。对有问题的地区，制定了治理项目。林堡省的维斯特里克 · 米金斯特内科的区域规划中执行了这两种轮廓线的做法（林堡省 1992）。通过在治理之前建立这些分区，便可以预测期待的未来前景。解决这些气味干扰问题则是另一回事。DSM 成功地赢得了反对气味分区的诉求，其基础是没有适当地找到气味。在 DSM 采取措施，从源头上治理污染之后，住宅、空间规划和环境部决定撤销围绕 DSM 场地的气味分区。因为 DSM、林堡省政府、赫伦市政府和大量居民的反对，综合环境轮廓线的观念被拒绝了。人们担心分区会对整个地区的形象产生不利影响（博斯特等，1995）。DSM-赫伦的情况不仅是对国家环境分区制度的一个刺激，同时，也是环境部门从建立在标准和分区基础立场上出发去看待冲突的一个例子。

阿纳姆-诺德实验项目比较著名是因为那张黑色地图。这张图展示了执行“暂行综合环境分区制度”的成果。黑色地区表示在新情况下综合分类第 6 类的场地。这类场地存在气味元素 H_2S 和有毒物质 CS_2 [赫尔姆森（Hermsen）1991]，两种物质引起了半径 5 ~ 8 公里地区的严重污染。1990 年，阿纳姆-诺德完成了这项环境影响清查盘点工作，揭示了那里严重的环境污染状况，但是，没有立即找到解决办法。一方面，随着公司数目的增加而增加的工业活动导致了环境空间冲突的发生；另一方面，住宅开发逐步向工业场地方向发展。这就导致了对规划的住宅开发的威胁。“暂行综合环境分区制度”设定的标准并不能够解决问题。在清查盘点之后产生的执行计划中，重新确定了环境状况。通过废止这个标准，情况有所缓解，新的空间发展能够按照规划继续进行⑧。5 公里的“黑色”地区也同时废止。在没有形成任何协议的情况下，污染源方面接受了以后将要推行的措施及其未来地方环境的前景。保留下来的黑色地区（即在现存情况下存在严重环境污染水平的地区）都是在工业区边界内。通过这个决策过程，环境-空间冲突的地理规模减少到工业场地内部的 20 家人。对现存情况所做的综合环境分区成为阿纳姆-诺德工业区空间发展的一个指导性的评估框架。

---

⑧坐落在这个地区的必拓公司因为采用了几乎全封闭的方式，同时调整了有害物质标准，从而改善了这个地方的环境健康和卫生。

整治随着调整和增加弹性，没有一个在“暂行综合环境分区制度”框架内解决方案在阿纳姆-诺德和DSM-赫伦项目中是可行的。在这些地方环境状况的规划意义基本上没有被考虑。预期政策的确考虑了，但是，在“暂行综合环境分区制度”中或者在任何法律中，与预期相关的协议都不构成实质性的基础，所以，结果将是很不确定的。在这些情况下，住宅、空间规划和环境部开始反对它自己以标准为基础政策的政治和行政管理背景，长期以来，它习惯以纲领和指南的方式思考问题。由于这个时期的法律状况，以技术分析的方式对待环境问题，参与政策的困难和人们对它的陌生，都使得基于合作网络的战略（参见§4.7和§5.5）远不适应于“非常复杂”的问题，尽管人们认为基于合作网络的方式是处理这类问题的最好方式。显而易见，这些冲突的相关方面主要是在IBO模型的外圈上。

德雷奇特城镇地带项目对于分区项目的常规地域规模来讲是一个例外，覆盖了阿拉布拉瑟丹（Alblasserdam）、多德雷赫特、亨德里克-伊多-安巴赫特（Hendrik-Ido-Ambacht）、斯利德雷赫特（Sliedrecht）、茨维恩德雷赫特（Zwijndrecht）等市政辖区。这个项目在一定意义上讲是不典型的项目，因为它的区域特征意味着，它在为制定战略政策的目的而对区域环境状况做盘点。这个项目也确认了，“暂行综合环境分区制度”在区域层次也是一种有价值的方法，一种制定战略政策的基础（也见安布莱和德罗 1995），至少提供了信息。德雷奇特城镇地带项目的战略性质使它非常类似于马斯特里赫特的“环境政策综合项目”（PIM）。马斯特里赫特的“环境政策综合项目”是环境综合分区项目的前奏。德雷奇特城镇地带项目的目标是：提供方向，建立前提条件和帮助在德雷奇特城镇地带实现宜居的空间环境（德雷奇特城镇地带项目工作组，1991；2）。与马斯特里赫特的“环境政策综合项目”（PIM）的主要差别是，德雷奇特城镇地带项目对于德雷奇特城镇地带的空间发展具有深远的影响。“黑色”场地（即那些按照综合计算的受到严重环境污染的地区）相当的，覆盖了多德雷赫特和茨维恩德雷赫特市的很多面积（见图6.15）。这些“黑色”场地的主要环境污染因素是噪声、气味和外部安全风险。同时，整个地区都存在有毒的和致癌的排放物。这个项目不仅仅只关注工业污染，它也关注交通和运输污染和土壤污染，从区域的角度看，这些形式的污染对居民有影响，所以，也对新住宅开发场地的决策发生影响。

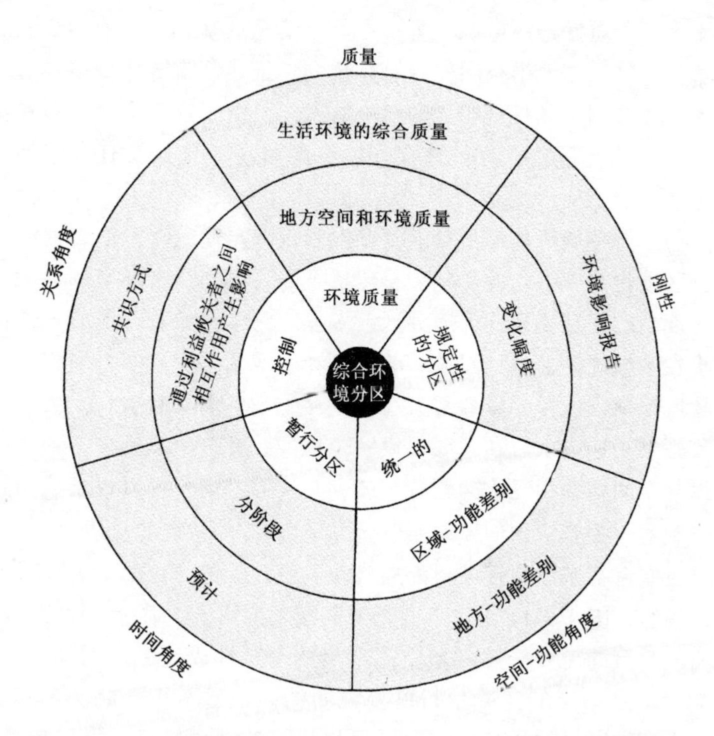

图6.14　“相对非常复杂的”综合环境分区项目的应用范围

注：阴影部分是使用范围：“暂行综合环境分区制度”的附加价值是非常有限的。

如果严肃地看待环境的概况，它一定对空间发展具有必然的和深远的影响。在这种概况信息的基础上，项目组编制了整个德雷奇特地区的战略规划（德雷奇特城镇地带项目工作组，1994）。这个规划确定了三种类型的地方：（1）环境适合于规划住宅开发的地方；（2）环境不允许城市开发的地方；（3）尽管环境质量不佳，但是具有空间开发潜力的地方［弗尔克奇特（Voerknecht 1993）］。一个一般治理调查显示，有可能在5~6年的时间内减少环境负担（德雷奇特城镇地带项目工作组，1994）。最重要的是，为了预测未来的情况，需要一个有弹性的期限。南荷兰省政府允许一个5年的预测期，现在还有3个有价值的位置没有变化，因为要想使那里的环境健康和卫生达到希望的水平，非得搬迁污染源不可。在这个信息的基础上，他们编制了一个德雷奇特城镇地带空间发展总体规划。虽然德雷奇特城镇地带空间发展总体规划已经是最明显的解决方案了，由于这3个具有潜在价值地方的环境质量，“暂行综合环境分区制度”还是没有应用到它们之上。

德雷奇特城镇地带项目的复杂性和规模与这里讨论的其他综合环境分区项目具有不同的类别。它包括了居住区和损害环境的活动和功能，复杂的相互交叉的环境分区，多样的污染排放物，所有这些都是发生在区域规模上。相互关联的程度让它成为一个项目。所以，德雷奇特城镇地带项目的重要意义在于战略上的，而不是操作上的。战略政策必须为地方项目和发展提供一个框架，在这个框架中，环境问题可以与空间问题和经济问题分开或一并加以考虑，可以咨询或不咨询地方利益攸关者，如何做取决于地方环境-空间冲突的复杂性。

德雷奇特城镇地带项目的战略性质强调了包含在图4.9和图5.12中的内容。图4.9和图5.12直接或间接地说明了，适应于地方情况的战略性政策的需要按照环境空间冲突的复杂性成比例的增加。当然，分类为“复杂”的实验项目所要说明的问题远不止于此。它们还说明，需要程序上的弹性，需要对环境质量法规做修订。可以预见到，对弹性和修订的需要很难转换成为一般的解决方案，因为它随着地方特殊情况变化而变化。进一步讲，项目所持续的时间按照项目的规模增加，时间让项目有更高的质量。期限更具有弹性，目标以多目标方式为基础（见图6.16）。

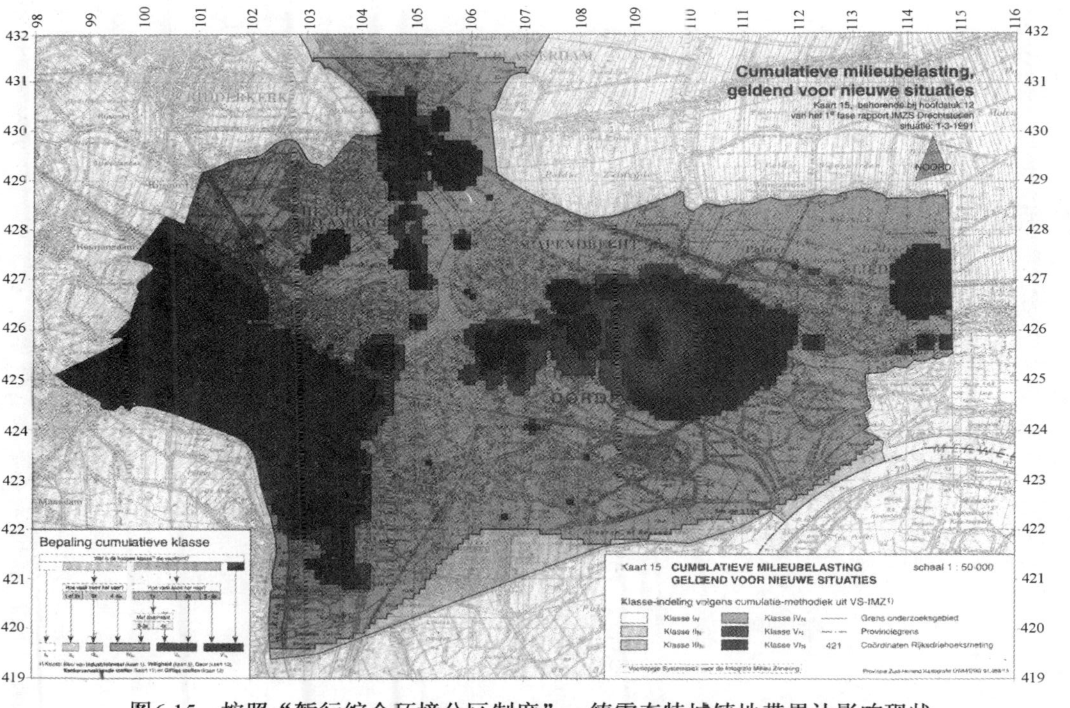

图6.15 按照“暂行综合环境分区制度”，德雷奇特城镇地带累计影响现状（德雷奇特城镇地带项目工作组绘制 1991）

资料来源：德雷奇特城镇地带项目工作组 1991。

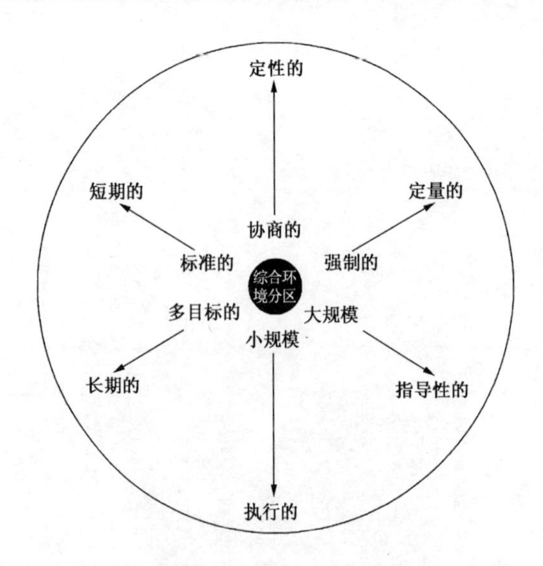

图 6.16 环境综合分区实验项目复杂性增加时的特征变化

6.5 结论

在 4.8 节，我们提出了许多命题支持使用“复杂性”作为规划导向行动的标准。第一个命题与规划理论的发展有关，第二个命题与复杂性理论的讨论有关。这一章对此做了进一步的说明。在这一章中，我们按照环境-空间冲突的复杂性，就环境-空间冲突给决策和规划战略带来的后果而言，去看待环境-空间冲突。IBO 模型不仅仅是考察复杂性与决策之间关系的精神资源，在第 4 章的理论命题的基础上，IBO 模型还提供了机会去发展针对一组环境 - 空间冲突的特殊方针、手段和措施。这里，“暂行综合环境分区制度”只是用来做一个例子，使用 IBO 模型来概括、“解剖”和分析有关综合环境分区项目的讨论。

对综合环境分区实验项目的分析已经说明了，使用规定的和通用的环境法规并非总能够有效率和有效果地解决环境-空间冲突。这些法规机制最适合于相对简单的环境空间冲突，它们具有一定程度的共性。这一点不难理解。“暂行综合环境分区制度”是在功能-合理方式基础上确定问题的。这种方式假定，污染源的排放、污染源和它周边物体的距离，以及有污染物排放引起的环境影响之间具有直接的因果关系。这个推理被实践证明过于简单了。当把损害环境的活动和环境敏感地区分隔开来导致了在地方空间的、社会的和/或资金的冲突时，“暂行综合环境分区制度”变得越来越不适当了。幸运的是，“暂行综合环境分区制度”仅仅只是用到了为数不多的实验项目中（参见§5.4）。当然，在这些比较复杂的情况下，地方空间和行政管理的情况发挥着更大的作用，一般政策并非有充分的效率或效果。对环境-空间冲突的分析说明，依赖于环境空间冲突的复杂性，国家的环境标准可能是规定性的，具有弹性的指南和/或提供一个对地方或区域环境健康和卫生进行研究的基础（见表6.1）。

在环境-空间冲突复杂性和通用的和规定的标准的可行性之间的关系

表6.1

IBO 模式	复杂性	正　常	综合环境分区暂行制度
	简单的	以框架为准	可行
	复杂的	以弹性指南为准	可行，依据条件……
	非常复杂的	提供研究	不可行

在5.5节中对制定环境政策的讨论可以支持这个看法。在“城市与环境”，“噪声干扰政策”（MIG）和“土壤修复”（BEVER）这些项目下，比较强调的是地方对环境健康和卫生的管理。确定问题的过

程逐步在地方层次展开。依赖于对问题的定义，住宅、空间规划和环境部编制的指南成为了一个框架，如果问题被划分到“复杂”或“非常复杂”类，地方特殊政策将替代这个指南，对此必须拿出理由证明地方问题的确是复杂的或非常复杂的。这个进展可以用环境－空间冲突的变化的复杂性加以解释。回答地方政府的需要也是一个进展。值得注意的是，几乎所有的综合环境分区实验项目地区的地方政府，都尽可能地追求地方管理，只要法律许可，有些地方其实并没有表现出有这个必要。从机构的角度看，这一点是可以理解的，尽管不考虑从上至下的限制条件和国家的框架，地方政府都有了在地方有限条件下创造地方战略远景的需要。下一章将说明，在地方政策框架中，战略性地反映环境保护政策远没有那么容易，还将讨论阿姆斯特丹市政府把环境政策变成地方有关形体环境政策一个综合部分的目标。

第7章　IJ湾河岸上的宜居性

阿姆斯特丹的城市环境政策

我相信，一个令人激动的、创造性的环境是生机盎然的温室［路易斯·伦德伯格（Louis Lundburg），在斯坦纳（Steiner）1997；85］。

7.1　引言

“2015年的阿姆斯特丹。一个清洁的城市。一个走在可持续发展大道上的健康、宜居的城市，一个依旧令人愉快的安全和繁忙的场所。2015年的阿姆斯特丹。在一个相对绿色区域里的‘紧凑城市’，一个足以容纳它的居民和客人的城市。阿姆斯特丹给它的市民们提供一个有吸引力的生活环境，阿姆斯特丹能够控制集中各式各样活动而带来的负面后果。当然，也许最重要的事情是，阿姆斯特丹不会超出它的边界”（阿姆斯特丹市政府1994；1~2）。《阿姆斯特丹的环境远景1994~2015》给读者展示了一个2015年阿姆斯特丹的远景，一个紧凑的、可持续发展的和欣欣向荣的城市。然而，2015年之前，IJ湾上的座座桥梁下都会流过大量的水。到了2015年，对城市空间的需求还会增加，到达理想的彼岸不会是一帆风顺。

按照《第四个形体规划政策文件——附加》（VROM 1996），阿姆斯特丹及其周边地区的地方政府都有相当多的承诺。阿姆斯特丹市政府已经制定了重建旧港口地区的规划和项目计划，作为开发场地。这里，它也是一个在动态发展地区做有计划开发的问题，那些场地将从商业和与港口功能相关的活动场所，转变成为居住和商务混合的和保留阿姆斯特丹城市特征的地区。在阿姆斯特丹，这个过程充满了对空间的奢望和环境要求之间的冲突。阿姆斯特丹已经展示了它的创造性，超出阿姆斯特丹本身的结果和对国家空间规划和环境政策的影响。按照对政策机会和约束的理解，通过依法办事的原则，阿姆斯特丹引导着政策创新。减少对“灰色”环境限制条件方面的关注，而更多地关注形体环境政策决定性质的因素，有关形体环境的政策中考虑到了空间和经济方面的问题。

阿姆斯特丹地方政府所采用的方式在阿姆斯特丹特有的哲学基础上看待环境-空间问题。这个哲学与宜居性的概念联系在一起（参见§2.6），它也是实现定量的政策框架和以综合的方式处理形体环境而获得的收益之间取得平衡的起点①。这个哲学的目标是指向基本政策的根本意义，而不是基本政策的法律字眼。这样，便赋予空间愿望和环境要求之间的综合以它自身特有的方位。不仅仅由一般原则来指导，也考虑到了每一个地方的特殊性。使用这样一种哲学去引导一个不同政策利益，包括环境利益，都得到同等考虑的过程。这能够产生一种存在于一个地方特性之中的“附加价值”。这一章将思考阿姆斯特丹方式是否在处理复杂环境-空间问题是可行的。

虽然我们并不希望预测这一章所描述的分析方法的结果，但是，我们可以得出这样的结论，阿姆斯特丹的方法已经产生了若干值得注意的观念和手段。尽管这些观念和手段并没有完全得到实施，它们的确或多或少对如何处理环境空间问题的讨论有所贡献。我们在5.5节曾经讨论过“泡沫概念”，把它看作以整体方式对待环境健康政策的一种方式。这个概念也强调了补偿，补偿已经存在于国家的“城市与环境”项目之中。还有其他一些吸引国家关注的手段，如环境矩阵和环境表现系统（见§7.5）。这些手段保证“环境”类政策在空间规划中得到了同等的考虑，也旨在空间规划和开发项目中提供对环境利益和空间利益的研究。

在“IJ湾河岸”项目（即阿姆斯特丹重新开发港口地区的项目）和“豪特哈芬斯（Houthavens）再开发”项目（IJ项目的一部分）说明中描述和分析了处理环境-空间冲突的阿姆斯特丹的宜居战略。我们还将讨论在阿姆斯特丹方式中标准系统的作用，把标准系统与阿姆斯特丹希望使用的整体方式联系起来，这个整体方式以宜居性的思想为基础。我们还将讨论“IJ湾河岸”项目的空间规划和豪特哈芬斯再开发的过程。最后，我们将评估“宜居性”概念怎样并入空间规划，成为地方形体环境综合发展的“载体”。

---

①克勒杰（Cleij）访谈，1996年4月3日。

7.2　作为政策基础的宜居性

在阿姆斯特丹，流行的观点是，IJ 湾河岸的环境质量取决于若干子因素。除开这个地区空间的、社会-空间的和经济的特质外，环境质量在 IJ 湾河岸项目中具有重要作用。用来实现期待质量的措施对项目中的每个子地区都有所不同。由于 IJ 湾河岸区的性质和区位，可能需要付出极大的努力才能使那里的环境质量达到可以接受的水平，在阿姆斯特丹，环境质量是从以下三个角度定义的：

- 环境的“成分”空气、土壤和水的物理和化学质量；
- 由生产和消费引起的环境影响；
- 人格感觉和对人居环境的评价（阿姆斯特丹市政府 1994；26，阿姆斯特丹市政府 1995；9）。

我们把这个总结与“可持续性”和“宜居性”联系起来（§2.6）。可持续性基本上取决于如何和在多大程度上使用稀缺的环境资源。能源和原材料的使用以及这种使用对未来的影响，扮演重要角色。在阿姆斯特丹，形体空间和它在多种使用之间分配的方式同样也看成可持续性的一个因素，这些应该在规划过程中加以考虑。

然而，在阿姆斯特丹地方政府的眼中，现在的环境状况并不是太多地反映在可持续性的概念上，而是反映在宜居性的概念上。为了创建一个宜居的城市，阿姆斯特丹地方政府必须考虑“由多种功能引起的环境污染（排放和效果），考虑这些功能的环境质量。动能与功能之间的重点有所变化。例如，对于‘工作’和‘交通’的功能，重点放在与工作相关和与交通相关的排放对整个环境质量的影响。对于‘生活’，‘公共场所’和‘自然’的功能而言，重点放在功能本身”（阿姆斯特丹市政府 1995；9）。在对阿姆斯特丹的环境研究中，宜居性被定义为“生活在这座城市里的和生活在日复一日的环境中的人们的健康和福利”（阿姆斯特丹市政府 1995；24）。这是地方政府涉及市民们日常生活环境的责任的基本表达。② 用抽象的术语讲，宜居性

②阿姆斯特丹市政府把“宜居的”社会定义为“每一个人都能够，在合理范围内，在不妨碍别人做同样事情的情况下，满足自己需要的社会”（阿姆斯特丹市政府 1995;24）。

涉及地方环境的“这里和现在”（§2.6）。宜居性在阿姆斯特丹是一个关键概念，也是用来评估人居环境政策的标准。[③]

详细展开宜居性的概念无疑是一种挑战，因为宜居性所包括的方方面面并不直接与“这个环境”相关，而是在广泛意义上反映所有人的福利。所以，这个环境被认为是政策形成中的一个制约因素。但是，实现宜居性还需要利用机会吸收尽可能多影响“灰色”环境的空间规划因素。例如，优化城市公共交通的使用，减少在城市里使用私人汽车。在规划过程中涉及其他论题包括生态住宅和垃圾分类和循环使用（阿姆斯特丹市政府 1991）。

阿姆斯特丹市政府在《空间规划和环境政策文件》（BROM）[④]（阿姆斯特丹市政府 1994）中提出了对“灰色”环境的解释，“灰色”环境不仅仅指那些强制实施限制的东西，还包括具有发展潜力的东西。《空间规划和环境政策文件》第一次确定，只要可能，空间规划要对宜居性做出贡献。它提出“在空间规划中，可持续发展需要一个新的思维模式”（阿姆斯特丹市政府 1994；5）。因为“空间环境和灰色环境紧密地联系在一起，我们还缺少更为综合地使用空间的工具”（阿姆斯特丹市政府 1994；5）。这一点日益明确起来，所以，新的思维模式必不可少。为了创造可持续发展的和宜居的城市，有一种关于空间环境和灰色环境的综合方式是至关重要的。

在阿姆斯特丹，宜居性被认为是一种针对地方生活环境的多方面的整体方式，必须在环境因素和空间的、社会-空间的和经济的因素之间实现一种适当的平衡。同样的整体方式也被认为适合于环境问题。“灰色”环境不再等同于污染，因为这样会产生一种约束手脚的方式。当我们描述或分析一个地区宜居水平时，必须考虑因为政策措施而产生的环境改善。按照这种思维方式，宜居性的哲学将产生一个因地制宜的政策，它既包括分析的方式，也包括整体的方式，根据实际需要，我们可以一起使用，也可以分开使用。

---

③克勒杰访谈，1996 年 4 月 3 日。

④《空间规划和环境政策文件》（BROM）是阿姆斯特丹市政府“环境健康与卫生部”和“空间规划部”一起制定的。

7.3　宜居性和综合的分地区政策

在建成区，空间规划和环境之间的关系是复杂的。这就是为什么"城市地区需要特殊的环境政策"⑤（阿姆斯特丹市政府1994；8）。由于阿姆斯特丹的发展，一个部门的政策并不认为能够充分阻止不可接受的环境污染水平。仔细思考多种选择，包括考虑到空间和功能特征的多样性和一个地区举世无双的可能性，因地制宜地形成整个城市最高可能达到的环境质量水平的基础（阿姆斯特丹市政府1994）。

综合的分地区的政策将把阿姆斯特丹变成宜居的和可持续发展的城市（阿姆斯特丹市政府1994）。在阿姆斯特丹，分地区的方式被认为是最基本方式，因为"不可能一朝一夕同时改善所有的地方和区域环境质量"（阿姆斯特丹市政府1994b；15）。进一步讲，"宜居性"可以看成一个主观现象，这意味着，每一个市民都有他或她自己的宜居环境的定义。决策者还必须考虑到生活在这个城市的人们的愿望和要求。因地制宜的方式强调了城市多样性的需要。正是形式的和功能的多样性决定了一个城市的魅力。这座城市的每一个地方必须帮助作为整体的城市去实现最优的环境质量，地方应该如何去做取决于那个地方本身具有的特征。根据这种对采用因地制宜方式的愿望和在所有利益之间实现适当平衡的需要，阿姆斯特丹市政府已经产生了独特的分地区和因地制宜的战略（阿姆斯特丹市政府1994），应用"污染泡概念"⑥这类方法加以规范（参见§5.5）。"污染泡概念"始终也没有得到执行，但是，它的确对思考阿姆斯特丹形体环境政策上起到了实质性的作用。

阿姆斯特丹市政府当时得出这样的结论，"污染泡概念"对整个城市不是一个可行的方法。随着市政府主持的环境研究报告的发表，市政府一直努力编制有关整个城市的环境指标，这些指标能够

---

⑤"能够把'分地区城市政策'描述为环境政策，它是针对特殊城市地区而制定的，旨在保护、恢复或开发那些地区的功能或特征"（阿姆斯特丹市政府1994b；11）。

⑥一种针对个别地区和实施补偿措施的因地制宜的方法。

从整体上说明阿姆斯特丹的城市环境质量。[7] 当然,阿姆斯特丹市政府日益把重点放到地区和街区这些层次上,对于这些地区和街区而言,这种综合的方式能够在项目基础上用来作为城市发展的一块"基石"。[8] 在这些层次上,地区导向的标准,环境收益和补偿概念已经得以详细展开。

这些综合分地区政策的新因素反映了这样一种观念，在那些特别容易受到"紧凑城市"困扰的地区，以一般的部门标准为基础的环境政策强制实施了一些限制，而这些限制能够给整个环境质量带来负面的影响。这些综合分地区政策的新因素还反映了这样一个事实，一般部门标准不能满意地把环境利益综合到空间规划政策中。提出这些综合分地区政策新因素的目的是为了形成一个适合于阿姆斯特丹特殊情况的环境政策，阿姆斯特丹特殊情况可以表征为，高水平的"自然"背景污染和有限的资金来源。原则上遵守标准，以因地制宜的方式应用这些标准，把这些标准与地方宜居性联系起来，在确保政策可以承受和地方环境实现最高水平的宜居性方面，补偿措施发挥着关键作用。[9]直到现在，标准仍然是阿姆斯特丹的起点[10]，但是，当环境标准成为不必要的障碍，使一些地区在环境治理方面支付高昂的费用或降低了宜居性时，按照建立这些标准的基础，对此加以研究[11]。从这个意义上讲，阿姆斯特丹的环境政策在20世纪末一直走在国家环境政策之前。

这个有关标准和综合的分地区政策导致了以下5个一般阶段：

---

⑦"我们不再认为使用一个表达整个阿姆斯特丹的环境质量的指标是可行的。一个整体数字最终不能提供任何信息。它不能告诉我们这个城市的哪个部分环境质量最好，它也不能告诉我们问题究竟在哪里"（阿姆斯特丹市政府，1995；19）。

⑧从空间规划的角度讲,适合于地方状况的综合概念已经或多或少规范化了,当然,在涉及补偿原则时,它具有特殊的意义(见§5.5)。

⑨在有关标准的批判平息下来，讨论中的一些主题有其适当的位置之后，阿姆斯特丹地方政府对有关这座城市发展的意见加以了若干限制。例如，综合方式不能以牺牲标准系统在一定程度上确定下来的保护措施为代价。在这个背景下，限制那些不服从健康和卫生标准的方案（阿姆斯特丹市政府 1994b；26）。强调分地区的标准并不意味着阿姆斯特丹不再需要服从国家环境标准了。

⑩不允许违反国家法定的标准。

⑪克勒杰和马杰堡访谈，1996年4月3日。

1. 决定一个地区空间和功能发展最适当形式的基础是这个地区的区位、特征（设计，功能混合）和对环境的期待。
2. 决定新的功能和空间发展的现状和预测污染水平。
3. 找到减少环境影响的措施。
4. 选择和执行让整个城市实现最大环境收益的措施。
5. 如果这些措施中没有任何一个可以让这一地区有所环境收益，那么就需要选择和执行可能的替代（如排放权交易）和补偿措施（德·克格特和马杰堡 1994：8）。

1994年形成的阿姆斯特丹有关综合地区政策的战略结构与“城市与环境”项目的三阶段方式有些共同因素。“城市与环境”项目是在1995年底宣布开始的（见§5.5，VROM 1995）。这种方式包括这样一个原则，“如果前两个阶段的实施不能产生一个预想的整体结果，那么，在宜居的范围内，有可能在违反标准所引起的负面环境影响得到补偿的条件下偏离标准”（VROM 1995：11）。在国家层次上对补偿的讨论还在继续，而在如何使这种补偿可行上，始终存在很大的意见分歧。阿姆斯特丹市政府不希望等待这个讨论结果，所以，它按照它自己的哲学行事。

正是这种“宜居性哲学”的包罗万象的性质使得“宜居性哲学”成为阿姆斯特丹综合的分地区政策的核心。按照“阿姆斯特丹空间和坏境政策文件”（BROM），这个政策旨在使用的方法必须紧密地与阿姆斯特丹居民对环境的感觉和对环境价值的判断协调起来。“IJ湾河岸”项目是执行这种宜居哲学的第一次尝试。在有关豪特哈芬斯（原先的一个木材码头，是IJ湾河岸项目的一部分）的规划中，把这种宜居哲学实质性地综合到了实施政策中。

7.4 IJ湾河岸项目

“IJ湾河岸”项目包括重建东北港口和豪特哈芬斯之间IJ湾南部堤岸（见图7.1）。这个开发旨在对靠近城市中心的地区实施更新。这一地区的确需要现代化，但是，更重要的还是发挥其巨大的开发潜力。阿姆斯特丹地方政府要改善这个地区与内城地区的联系，“使其与内城地区一起，成为阿姆斯特丹地方居民和游客的一个重要的生活、工作和购物中心”（阿姆斯特丹市政府 1991；5）。这项开发将恢复阿姆斯特丹“水岸城市”的传统特征。[12]

沿着 IJ 湾的堤岸，在中央火车站的一侧，游客感觉到他们是背对着这座城市。虽然中央火车站与阿姆斯特丹城市核心仅有掷石之遥，但是，站在那里却有空虚和荒凉的感觉。在繁忙的莱茨广场和安静的寒风萧瑟中的港口之间存在着巨大的反差。人和货船永无休止地在南部堤岸上来来往往属于昔日往事。当大约 100 年以前建起了铁路，阿姆斯特丹城市中心便与 IJ 湾分割开来，这座城市背对着 IJ 河。“铁路孤岛”建在原先的河边、汉瑞克（Hendrikkade）王子运河和河流之间，以便为这座城市中心提供一座火车站。同时，还建设了相关的铁路站场。IJ 湾河岸主要用来作为港口和建设运输基础设施。当然，过去几十年，港口和运输基础设施的功能已经转移到其他地方去了。现在，港口、码头、铁路站场和工业场地基本上废弃了。

“紧凑城市是城市发展最环境友好的因素，所以，紧凑城市是可持续性之本”是针对阿姆斯特丹的一个基本假定（克勒杰 1994）。因此，潜在的建筑场地处在巨大的需求中。现在，IJ 湾河岸的大部分传统功能已经消失，那些地区需要经济和空间现代化，使用这些地区潜在的场地用于尝试开发是合理的。由于与城市中心、中心火车站和岸前地区相邻，所以，IJ 河边地区的潜力是不可忽视的。

1991 年的 6 月 27 日，阿姆斯特丹市议会通过了修正的[13]“IJ 湾河岸地区法定范围”。这个文件是开发 IJ 湾水边地区的基础，包括改造豪特哈芬斯。这个“IJ 湾河岸地区法定范围”是完成 IJ 湾河岸地区土地使用规划的第一阶段，这个土地使用规划于 1994 年公布。IJ 湾河岸地区项目的核心目标可以描述为，“把城市与 IJ 湾结合起来”。“水边阿姆斯特丹”标志了阿姆斯特丹的一个与市中心结合在一起的新地

---

⑫阿姆斯特丹不只有 IJ 项目这一个孤立的项目。相邻地区也有类似的计划。大部分 KNSM 岛（荷兰皇家轮船公司所在地）已经成为居住区，爪哇岛的开发也在进行中，有关在 IJ 堡岛开发 18000 家住宅的计划也在进行中。

⑬1990 年 1 月，阿姆斯特丹市政府接受的“法定范围”的草稿。这个草稿的修订版（1991）最终提交给市议会表决。

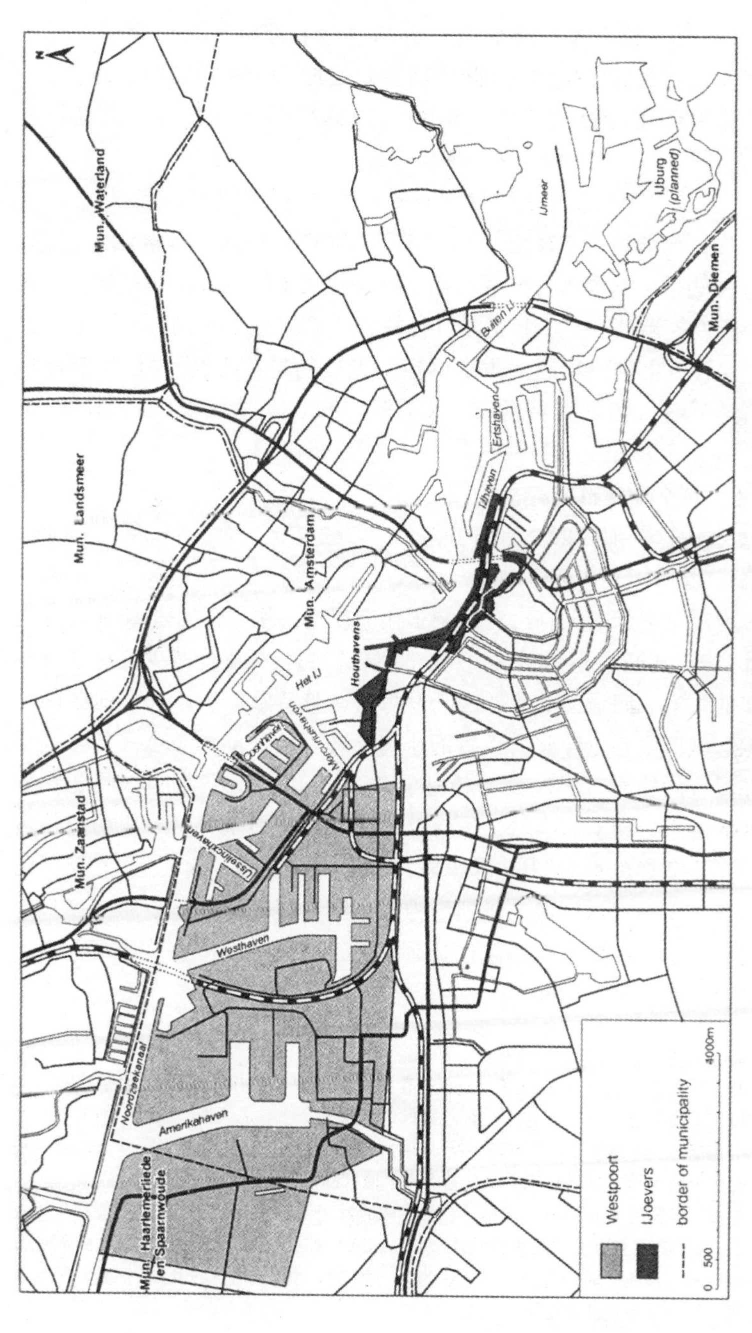

图 7.1　阿姆斯特丹的地形图

区，“当然，这个地区有它自己独特魅力和改造一新的道路，适合于居住，有良好的氛围”（阿姆斯特丹市政府 1991；14）。现在，IJ 湾河岸地区还在改造之中，正在成为具有广泛功能的动态发展的地区。

“如 IJ 湾项目这类大型城市开发要求采用生态方式

”(阿姆斯特丹市政府 1991;95)。实施“IJ 湾河岸地区法定范围”在 IJ 河边的空间规划开始的时候就已经建立了环境方面的基础。虽然这个文件提出的方式比起实际可行的方式要深奥一些,但是,这不过是在一定程度上由环境因素决定的空间发展的早期表达。“IJ 湾河岸地区法定范围”(阿姆斯特丹市政府 1991)提出了造成发展限制的环境污染:

- 这个地区自身存在的;
- 由这个地区未来活动引起的;
- 起源于其他地区的。

由污染造成的限制已经影响了住宅规划，住宅开发是 IJ 项目的组成部分。“离开中心火车站，‘城市中心’的特征逐步减少，将建设相对多的住宅。而最大的居住区开发将放在豪特哈芬斯。这个地区的特征比起城市中心更像北荷兰省的小村斯帕丹（Spaarndam），具有选择的和混合的功能”（阿姆斯特丹市政府 1991；16）。居住区将建在规划区的两个边缘上。当然，尽管存在住宅市场的压力，居住功能将占据“不太重要的地方”⑭（阿姆斯特丹市政府 1991；14）。在规划区两个边缘之间的大块区域已经规划为商业服务区，特别是给那些在市中心找不到适当扩展空间、存在交通问题，适合于水岸边的公司、商店和批发企业，提供空间。⑮

⑭1991 年市议会的立场是“《降低噪声法》规定只能在有限数目的地区建设住宅。这个规定不可回避地意味着这些在有限数目地区建设的住宅是豪华型住宅。强调的是高端住宅市场”（阿姆斯特丹市政府 1991；14）。然而，在豪特哈芬斯地区，大部分住宅开发空间都分配给了低端住宅，没有考虑那个地区的污染水平。

⑮在建设新的 IJ 地区基础设施中，地方政府旨在创造开通轨道交通的可能性。计划中的 IJ-线把新东部地区和斯洛特狄杰（Sloterdijk）连接起来，南北线也做了规划。当时的设想是尽可能多地开通若干地下线路（阿姆斯特丹市政府，1991），但是，因为资金问题，这个设想被证明是不可行的。

“IJ 湾河岸地区法定范围”主要由给予空间规划（即形式）优先考虑的城市规划建议和空间环境质量（即内容）组成。这个计划也涉及环境约束、环境限制和有限条件，这些都是在规划过程中需要考虑的。大部分这些关键点都受到法规的约束。除开噪声干扰、土壤污染、危险物运输路径、处理地方工业干扰的措施之外，风干扰也被认为是一个在现存法律框架之外却需要注意的因素。这个计划也表达了涉及环境、宜居性和可持续性的愿望，提出“对私人汽车交通和停车场实施保守的政策”（阿姆斯特丹市政府 1991；95），垃圾分类和可持续的、生态建筑等。当然，与自然环境和建筑环境之间界面相关的基本原则仍然十分谨慎：[16]

- 为了改善环境，大规模的土壤修复将在若干场地进行。运走被污染的土壤，清理或重新使用可能使用的场地（阿姆斯特丹市政府 1991；98）。
- IJ 湾河岸项目将考虑现存的港口运行和它所提供的就业机会，同时实现环境方面的要求（阿姆斯特丹市政府 1991；98）。

然而，1991 年，地方政府还没有达到接受制定有关处理自然环境和建筑环境界面问题政策的阶段。这类问题主要依靠相关的环境法规来解决，几乎没有关注在这些界面上建筑环境对自然环境的影响及其后果。这一点特别突出地表现在规划区之外的污染源治理上，包括维斯特泡特（Westpoort）港口（见图 7.1）。

1994 年公布的结构规划草案“阿姆斯特丹开放的城市”（阿姆斯特丹市政府 1994d）完全改变了环境在空间规划中的位置。这个变化主要是因为当时发表的有关空间规划和环境的政策文件《空间规划和环境政策文件》（BROM）的影响（阿姆斯特丹市政府 1994）（参见 §7.2）。这个结构规划草案清晰地反映了这个文件有关综合的分地区政策的基本思路。

这个结构规划草案提出，一个综合的分地区的环境政策对城市环境质量的提高是不同于那种从层次到层次和从子地区到子地区环境政策所能做到的。而综合的分地区的环境政策还依赖于分地区的空间和

[16]“IJ 湾河岸地区法定范围”给环境方面设定了 7 个原则。它们反映了市政府在环境方面的期待。

功能特征，依赖于从环境措施中受益。[17] 这个结构规划草案还引入了环境绩效系统（见§7.5），作为适用于地方层次（即土地使用规划层次）的综合的和因地制宜的工具。

随着1994年公布的“IJ湾河岸土地使用规划”，阿姆斯特丹综合自然环境和建筑环境宜居战略的“轮廓”变得清晰起来。尽管《空间规划和环境政策文件》（BROM）所描述的“污染泡概念”缺乏具体的形式，环境矩阵[18]的实用性还没有在结构规划层次得到检验，但是，综合的分地区政策开始在土地使用规划中有了确定的形式，主要是因为有了称之为“环境绩效系统”（EPS）的工具（参见§7.5和附录7.1）。在土地使用规划大纲、解释和附录中都清晰地表达了对环境问题的关注。同时，环境因素也被并入了“IJ湾河岸土地使用规划”的总目标以及子地区的目标中。这些要求和限制条件基本上是来自“环境绩效系统”以及它对土地使用规划中优先考虑的环境保护项目所蕴含的意见。[19] 有关土地使用规划的解释提出，“比较宽泛地讲，‘IJ湾河岸地区法定范围’中所描述的环境方面的问题依然有效。主要问题是：土壤污染、噪声干扰、与交通相关的空气污染、来自西码头的工业噪声，中等水平的水和土壤质量以及绝少的城市绿地”[20]（阿姆斯特丹市政府1994e）。

---

[17]在“污染泡”概念背景下，BROM中讨论了类似的观点（参见§7.2）。

[18]“环境矩阵战略规划”（阿姆斯特丹市政府1994c）是一个工具，它旨在帮助阿姆斯特丹地方政府在空间规划政策中发挥战略性的作用，使用它来对战略规划做总体评估。在这个矩阵中，“灰色”环境能够在早期阶段就与空间规划合并。最终的目标是把这个工具“用作空间规划过程的一个组成部分”（阿姆斯特丹市政府1994d；26）。这个矩阵由一个环境问题列表和空间问题列表组成。由于土地使用形式的环境影响多种多样，所以必须在规划地区的不同功能之间做出划分。所以，这个矩阵的本质是“说明环境因素、空间因素和土地使用类型之间的联系”（安布莱和德罗1995；48）。

[19]按照阿姆斯特丹市政府的观点，环境要求和限制性条件将不需要环境影响报告（EIR）来作为“法定的环境利益认定”（阿姆斯特丹市政府1994e；21），即不需要EIR的“保证”，“按照目前的环境法规［……］，IJ湾河岸地区规划的尺度不需要EIR”（阿姆斯特丹市政府1994c；21）。

[20]为了评估高层建筑对周边地区的光照、风干扰和视觉干扰的影响，还需要高层建筑影响报告（HIR）。IJ湾河岸地区土地使用规划提出，“30米以上高度的建筑需要做高层建筑影响报告，30米以上高度的建筑超过了这个地区50%以上现存建筑的高度［……］”（阿姆斯特丹市政府1994c；25）。

7.5 环境绩效系统

IJ湾河岸土地使用规划引入了阿姆斯特丹的环境绩效系统（见附录7.1）（阿姆斯特丹市政府 1994e）。阿姆斯特丹市政府设计这个系统是为了保障新的空间开发的一定水平的环境质量，其基础是灵活性、选择的自由性和补偿的原则。进一步讲，环境绩效系统和优先考虑的环境问题[21]可以看成是对土地使用规划环境要求的补充。按照阿姆斯特丹市政府的观点，这个补充在《空间规划法》中既没有得到允许，也没有被禁止［安布莱（Humblet）和德罗 1995］。当然，这个系统并不涉及土地使用本身，所以可以展开争论。[22]

“环境绩效系统”有一个简单的结构。建立在7个论题基础上的绩效指标都与IJ项目相关。如果详细考察“紧凑城市”、“流动能力”、“噪声干扰”、“可持续发展的建筑”、“能量”、“水”、“绿色空间”和“垃圾”，那么，这些指标都与可持续性相关，与改善宜居性相关，也与环境限制条件相关（安布莱和德罗 1995）。

“IJ湾河岸土地使用规划”提出，根据这个地区的情况，能够通过论题选择措施和指标。为了“保证空间和功能开发能够按照可持续性原则提出的限制条件在这个地区开展，已经在整个地区建立起了一个最低环境绩效水平（EPL）”（阿姆斯特丹市政府 1994e；4）。对于IJ湾河岸地区而言，这个最低环境绩效水平以20分为限。如果需要，分地方的最低环境绩效水平能够按子地区规定。20分的最低环境绩效水平是任意的，由同样任意的和几乎不能相比较的分值累积而成。为了明确这一点，“IJ湾河岸土地使用规划”的说明提出，“环境绩效系统仅仅是一个政策工具，而不是一个科学的方法”（阿姆斯特丹市政府 1994e；22）。这样一个系统允许超过分地区的实际状况，希望在规划过程中考虑到可持续性和宜居性，同时，“无论选择哪种规划远景，

㉑对于一定的措施而言，环境绩效系统涉及一个环境问题排序。IJ湾河岸地区土地使用规划中包括了这个系统和豪特哈芬斯地区“城市规划要求项目”（参见阿姆斯特丹市政府 1995b）。这个环境问题排序为这个地区的项目建设提供了指标。

㉒没有人反对在IJ湾河岸地区土地使用规划中包括“环境绩效系统”。所以，避免了荷兰规划和环境问题最高法庭的询问。

都允许一定的选择自由，保证给予开发地区以灵活性”（阿姆斯特丹市政府 1994e；4）。

就环境绩效系统如何与现存的法规相联系而言，与 IJ 湾河岸土地使用规划综合到一起的环境绩效系统是有意义的。这种方法的目标旨在既改善地方宜居性而又不依靠中央的法规。对于特殊的地区（如专门供自行车使用的设施）或一定的选择，“强制执行”额外的措施（使用再生木材而不是来自热带雨林的木材）。从根本上讲，额外措施是为了改善宜居性和鼓励对可持续性产生积极效果的选择。

在环境绩效系统中，包括了“干扰”（§2.5）这个环境论题。当然，由于一个地区关注的主要环境问题是噪声干扰，所以，这个因素并不是用来平衡的。在环境绩效系统中，“噪声”被划分成为“道路交通噪声”、“铁路噪声”和“工业噪声”。如果噪声水平达到最高允许的噪声水平，㉓ 那么，将给予 3 分的惩罚。㉔如果噪声水平并没有达到允许的限制值㉕，则可以奖励 2 分。环境绩效系统中的噪声论题清楚地说明，这个系统不仅包括了灵活的措施（即得分的措施），还包括了规定的措施（即减分的措施）。实际上，IJ 湾河岸地区不仅遭受了噪声污染，还承受着粉尘和气味的干扰，但是，在环境绩效系统中忽略了这类形式的环境污染，没有把它们用于 IJ 湾河岸土地使用规划中。这一点的确有些令人惊讶，因为存在抱怨噪声干扰的法规，当然，几乎没有对气味和粉尘干扰的相关抱怨法规，因为气味和粉尘这类污染没有满意地做出规定，这些规定能够调整环境绩效系统，使其更为严格。

阿姆斯特丹市政府对于空间开发进行环境补偿的原则给予很高的评价㉖，环境绩效系统是实施补偿的一种方式。以上有关噪声的例子也与补偿有关。当一个地区的建设活动发生，噪声水平已经达到最大

㉓对工业噪声干扰的最大允许值是 55 分贝（A）。

㉔按照 IJ 湾河岸地区土地使用规划和豪特哈芬斯地区城市规划要求项目中包括的“环境绩效系统”，如果给予充分的补偿，违反最大噪声允许值的规定是可能的。当然，法律本身并不允许超出最大噪声值。阿姆斯特丹市政府对于这个观点的回应是，这个公式不正确，应当用“=”替代“>”，修正后的系统见附录 7.1。

㉕工业噪声的推荐值为 50 分贝（A）。

㉖克勒杰访谈，1996 年 4 月 3 日。

许可水平，所以，必须从实施其他环境措施挣得 3 分来补偿在噪声上失去的 3 分，以保持最终 20 分的结果。这些都是阿姆斯特丹市政府采用的领先于其他地区的方法。这些方法意味着，现存的法规并不能够满足所有的情况，或者说，不能在保证一定环境质量水平的条件下强调地方特殊情况。阿姆斯特丹市政府希望，也相信应该对地方特殊情况承担责任。所以，期待新的环境政策方式将带来机会（§5.5）。

如果补偿适当，环境绩效系统允许合理的最高污染水平。当然，并非所有的污染都来自这个地区本身。对于那些还没有建设起来的住宅也一样。然而，这并不意味着没有有效的方式存在。许多期待补偿污染的环境绩效系统措施都把眼光盯在了建设性住宅。通过“可持续发展的建筑”的措施来部分地补偿噪声污染。[27] 私人开发商把采用这些措施的费用加到了住宅价格上。这就意味着，改善宜居性的费用并不是由引起污染的一方承担（即开发企业和希望开发这个地区的地方政府），而是由购房者承担了。

环境绩效系统是阿姆斯特丹宜居性哲学的具体表达，其基础是以上所说的三个起点（参见 §7.2）：一个地区的物理的和化学的特征，人居环境的感觉和评估，以及生产和消费对环境的需要。环境绩效系统不仅使宜居性和环境质量看得见，摸得着，直截了当，而且还具有灵活性，与空间规划相联系，具有一定层次的自我管理。环境绩效系统的这些特征可以看成是在环境和空间规划综合方面的一个突破。

7.6　豪特哈芬斯：环境和空间结构

豪特哈芬斯（木材港口，见图 7.1 和图 7.2）坐落在阿姆斯特丹历史的中心区和维斯特泡特港口区之间。这个地区包括在 IJ 湾河岸土地使用规划中。所以，豪特哈芬斯地区是城市（居住）和港口（工作）之间的一个过渡区。这个地区实际上已经丧失掉了它的港口功能，那里与旧城中心相邻，有道路，具有亲水的区位，所以，它具有成为第一流城市地区的潜力。然而，来自相邻的维斯特泡特工业区的

---

[27]环境绩效系统的现行结构并不允许把有关噪声超标而允许补偿的方式退而广之，用于其他类型的干扰，如气味、颗粒物等。当然，这个系统允许在噪声论题范围内包括道路、铁路和工业，给予不同的补偿分值。

污染给这个地区的开发潜力和宜居性罩上了阴影。按照阿姆斯特丹的哲学，这个在宜居性方面的失去必须依靠提高其他方面的质量来加以补偿。需要提出以下这样一些问题：豪特哈芬斯污染的性质和规模是什么，怎样使用以标准为基础的和多目标的政策去分析这些污染及其丧失掉的环境质量方面和补偿，空间开发的后果是什么。[28]

豪特哈芬斯码头建于100年以前，当时用于搬运和储存圆木与锯材。随着时间的推移，道路和铁路逐步接替了这个港口地区的功能。结果，豪特哈芬斯闲置起来，港湾被填了（阿姆斯特丹市政府1995b）。现在有了若干个计划，使用这个地区，使得城市向IJ湾方向扩大城市地区，期待把现存的居住区开发与斯帕丹（Spaarndam）区和泽赫尔登（Zeehelden）区结合起来。这些“铁路背后的”地区必须成为“IJ湾上的街区”。豪特哈芬斯地区必须成为多功能的地区，让“生活”、“工作”和“娱乐”融为一体。这个地区计划开发1500套住宅。另外，保留8.5公顷土地用于非居住功能，大部分供小企业使用（见图7.2）。“豪特哈芬斯地区城市规划要求项目”（阿姆斯特丹市政府1995b）提出，重新挖掘被填埋的河湾盆地，以便最大限度地利用河边地区。“豪特哈芬斯地区城市规划要求项目”是一系列有关豪特哈芬斯地区规划的最后一个（参见7.4），它包括了这个前木材港口的开发和赋予其新功能的具体方案，包含了综合空间和环境方面的因素。

尽管因为存在一定水平的污染，需要限制IJ湾河岸地区的居住开发，但是，豪特哈芬斯地区还是规划变成一个居住街区。豪特哈芬斯地区坐落在城市和维斯特泡特码头之间，大量的商业活动正在那里存在，而且还将留在那里，它承担起了两个地区之间的“桥梁”功能。1991年，在规划程序开始时，考虑到的最重要的问题是土壤污染和工业、火车和有轨车的噪声，规划过程中考虑到了这些因素。这个地区与巨大的水面相邻也意味着风干扰同样是一个相关的规划论题。[29] 豪

㉘由于环境空间相互关系的复杂性，在“城市与环境”报告中，豪特哈芬斯项目包括在实验项目之列。虽然豪特哈芬斯项目基本上是一个理论性的实验项目，但是，这个项目表达了阿姆斯特丹市政府对如何处理复杂的环境－空间问题的看法。

㉙“这条大道的小气候，特别是因为高层建筑引起的风对地面的影响还需要详细研究”（阿姆斯特丹市政府，1991；95）。

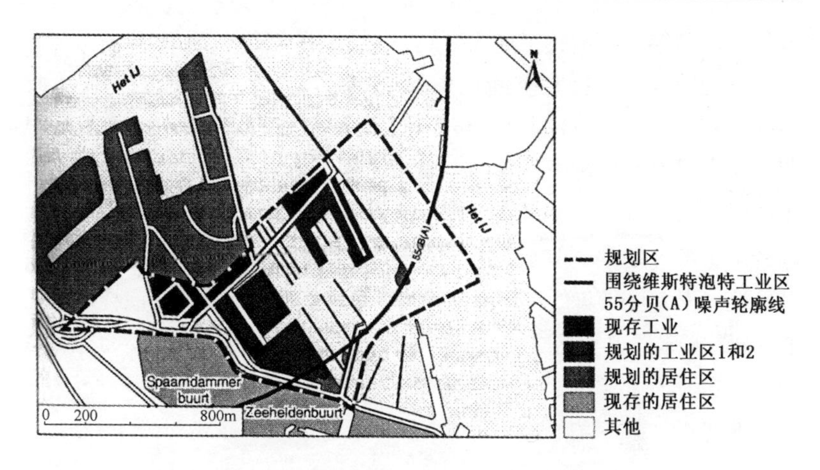

图7.2　豪特哈芬斯木材码头再开发规划

资料来源：阿姆斯特丹市政府1995b。

注：图上标记了围绕维斯特泡特工业区55分贝（A）噪声轮廓线。

特哈芬斯地区的环境压力正在导致与居住开发的冲突。空间-环境矛盾是，如何进行居住开发，创造一个充满希望的环境，而又不致对附近工业产生约束。

除开使用补偿作为保证地方居民宜居性的方式外，“豪特哈芬斯地区城市规划要求项目”还确定了一个不引起干扰的工业分区（见图7.2）。按照阿姆斯特丹市政府的意见，这个分区介于维斯特泡特地区和豪特哈芬斯居住区之间，将容纳“从干扰角度看，不能放在居民区里，却又需要与居民区紧密联系的一类企业。在新的豪特哈芬斯居住区和工业区之间的港口地区，集中商业活动，服务于双重目的”（阿姆斯特丹市政府1995b；11）。“一条供小商业企业使用的2～3层楼高度的商业街和一个容纳中等规模商业企业的商业簇团共同形成豪特哈芬斯地区居住区和工业区之间的‘桥梁’”（阿姆斯特丹市政府1995b；25）。这条商业街地处维斯特泡特和规划上的居住区之间[30]（见图7.2）。“考虑到噪声干扰的因素，这条商业街上的建筑高度一定不少于12米”（阿姆斯特丹市政府1995b；27），使这个地区承担

[30]豪特哈芬斯项目包括IJ河岸（陆地部分）和IJ（水部分）的开发。

起居住区和维斯特泡特工业区之间一道墙壁的功能。

豪特哈芬斯项目在空间规划的早期阶段就综合地考虑了环境收益，[31] 具体说始于 1994 年，当时，阿姆斯特丹市政府就在空间规划中包括了宜居性和可持续性这两个基本原则，把宜居性和可持续性置于了环境绩效系统之中。虽然这种方式以环境绩效系统为基础，有了清晰的限定条件框架，但是，这种方式并没有阻止环境-空间冲突。这些开发计划因为与“灰色”环境和建筑环境界面上，即维斯特泡特现存工业和居住商业区开发区之间的一个冲突而暂停下来。这个冲突的主要原因是，详细规划与国家环境法规发生冲突。改善“空气”和“土壤”的物理的和化学的措施都局限于臆想的情况而不是实际的情况。

7.7　豪特哈芬斯与维斯特泡特

尽管有了这样一个观念先进的规划，有了对宜居性和可持续性的保证，豪特哈芬斯的建筑项目依然不能展开。主要障碍是这个地区土壤和空气的物理和化学品质。进一步讲，维斯特泡特地区的现存企业认为豪特哈芬斯的空间开发对它们构成了竞争威胁。尽管“为了保证未来居民的宜居性，必须对来自维斯特泡特地区的干扰尽可能做出完善的补救安排”，这个地方政府还是坚持认为，“这个地区可以做居住开发，从可持续发展的角度开发居住区是有希望的”（VROM 1995，附录 3；2），[32] 另一方面，“豪特哈芬斯的住宅建设不一定阻碍了维斯特泡特地区企业的继续存在”（阿姆斯特丹市政府 1995b；11）。这就是摆在豪特哈芬斯开发面前的矛盾。愿望都是无懈可击的，但是，阿姆斯特丹市政府依然面临让豪特哈芬斯规划难以实施的环境-空间冲突。

因为地方政府与维斯特泡特地区的企业界特别是卡吉尔（Cargill）之间的讨论陷入困境，北荷兰省政府迟迟没有评审豪特哈芬斯规划，

---

[31]即是“城市与环境”方式的第一步。

[32]豪特哈芬斯地区规划要求计划提出，“就城市规划和环境政策而言，这个位置与港口相邻的优势，[……] [应当] 通过额外的努力来得到补偿。[……] 对于满足法定的最大环境干扰水平而言，豪特哈芬斯地区居住环境应当具有‘额外的’品质，以实现宜居性。”这个额外的品质必须通过环境绩效系统来实现，IJ 湾河岸地区土地使用规划中已经包括了环境绩效系统。

以致这个项目暂时搁置起来（阿姆斯特丹市政府 1995c）。在北荷兰省政府重新给卡吉尔颁发了新的环境许可证之后，才对豪特哈芬斯规划做了评审（北荷兰省政府 1995b；4）。[33] 当时，并不完全清楚因为维斯特泡特工业活动引起的大量污染，特别是气味和噪声干扰如何处理以致可以允许展开住宅开发。也不清楚这个地区的规划在什么程度上可能影响到维斯特泡特地区的企业（阿姆斯特丹市政府 1995c）。因此，阿姆斯特丹市政府认为，国家环境管理部门不会批准 IJ 湾河岸地区的土地使用规划。所以，阿姆斯特丹市政府决定，把有关卡吉尔的环境许可程序和有关豪特哈芬斯住宅开发的决策过程，作为两个不同的问题分开，使它们成为连续的阶段。实际上，在省政府重新给卡吉尔颁发了新的环境许可证之后，才逐步弄清了颁发给卡吉尔的许可证覆盖了多大的区域，在这个地区之外可以安排多大比例的住宅。所以，在对颁发给卡吉尔的环境许可证的解释上达成一致以前，阿姆斯特丹市政府不对居住开发做决定。

维斯特泡特地区的许多企业担心未来可能发生的问题和对它们企业扩张的限制。企业期待增加抱怨的数目，因为相比较而言，搬到新住宅来的居民一定不习惯生活在如此靠近工业区的地方，而他们现在居住的社区并非如此。企业也担心，这类抱怨意味着地方政府会给他们提出更多的要求，他们也担心任何负面的公共事件会引起的后果。市政府声称，“你正在住进一个生机勃勃的港口边缘环境中，有优势也有劣势”。“通过给期待购房者和租赁户提供适当的信息，是能够在一定程度上避免这类问题的”（阿姆斯特丹市政府 1995c；2）。企业界要求地方政府保证，“10 年中，即使别的地方环境标准收紧，也不再对企业提出进一步的环境要求”，[34] 地方政府的这样一个决定需要省政府（颁发环境许可证的机构）和国家政府（建立环境标准的机构）的批准。阿姆斯特丹市政府还倾向于形成一个“边界协议”。一旦环

---

[33]环境许可评论与地方政府的住宅开发规划完全分开。

[34]阿姆斯特丹市政府提出了这样一份协议，“作为城市与环境三个阶段之后的第四个阶段。不仅仅居民有权利对环境提出要求，把噪声限制在可以接受的水平上和按照最大补偿规范执行，企业也同样有权利依法在这个地区运行，受到法律保护，对它们的影响是有时间的，每一次的影响都不大。”（Stadig 1995；6）

境许可证得以颁发，固定的环境轮廓线将决定居住区的边界。“在50年中，禁止居住区向西扩展。边界将自然地包括在土地使用规划中”（阿姆斯特丹市政府1995c；4）。这一点是清楚的，在没有研究这个与商业活动和豪特哈芬斯地区开发相关战略的法律后果的情况下，企业界要求与协议相关的很大程度的确定性。地方政府打算满足这个要求，但是，同时也对开发计划存有一定的矛盾心理。

那时，公布了许多描述豪特哈芬斯物理和化学环境状况和污染源和被污染地区之间关系的报告（策迪加1995，北荷兰省政府1994）。然而，这些报告并没有讨论环境敏感地区的要求和损坏环境活动之间的空间对峙。这些报告也没有提出有关决策、决策程序或空间发展后果的结论。但是，这些环境研究的结果是，源于维斯特泡特的污染会威胁到豪特哈芬斯地区的住宅开发（§7.8和§7.9）。为了强调针对噪声干扰的保护和补偿的可能需要，“豪特哈芬斯地区城市规划要求项目”已经涉及了这些报告。“豪特哈芬斯地区城市规划要求项目”还谨慎地预测到可能要执行的“海港标准”[35]（阿姆斯特丹市政府1995b）。

7.8　围绕维斯特泡特地区的噪声分区

IJ湾河岸地区土地使用规划提供了“居住和就业混合且具有城市中心特征的若干地区”（阿姆斯特丹市政府1994e；23）。阿姆斯特丹市政府为工业编制了与土地使用规划相关的若干规定。按照这些相关规定，允许干扰分类1和2（图7.2）的公司存在。[36]只有在例外的情况下，才能制定与居住区相邻的具有干扰类3（第3类分区）的企业的土地使用规划。在“豪特哈芬斯地区城市规划要求项目”，这些规定被细化了（阿姆斯特丹市政府1995b）。IJ湾河岸地区排除了《减少噪声法》[37]所指定的“A-地方”。当然，ADM-NSM-Tomassen[38]工业

---

[35]按照与露天港口活动相关的条件（见§7.8），住宅建设期间的噪声水平最高限制值为60分贝（A）。

[36]参见IJ湾河岸地区土地使用规划附录3第9款的规定（阿姆斯特丹市政府1994e）。

[37]现在，A类已经合并到《环境保护法》第2.4款中。

[38]ADM-NSM-Tomassen坐落在IJ湾的北岸，与豪特哈芬斯地区相对。

场地的噪声分区依然覆盖着豪特哈芬斯，那里工业活动“几乎完全消失了”（阿姆斯特丹市政府1994e；24）。[39] IJ湾河岸地区土地使用规划提出，“并非为了限制企业在未来的扩张，对于这个地区的建设，还是需要提交最大55分贝（A）允许噪声水平的申请”[40]（阿姆斯特丹市政府1994e；附录4A 22）。在豪特哈芬斯地区紧靠IJ大道由交通引起的最大允许噪声水平是65分贝（A）。在这个标准基础上，IJ湾河岸地区土地使用规划特别规定，在IJ大道半径44米范围内禁止做居住开发。

在IJ湾河岸地区土地使用规划中，环境绩效系统（EPS）规定了通过“减少其他形式的噪声”作为对地方噪声干扰的补偿（阿姆斯特丹市政府1995b；30和附录7.1）。正是部分出于这样的原因，豪特哈芬斯地区将是步行区。其他的补偿措施包括隔声，以减少相邻地区噪声的干扰（参见§7.5）。

豪特哈芬斯地区的新住宅几乎全部布置在55分贝（A）噪声区之内[41]（见图7.2和图7.3），而维斯特泡特属55分贝（A）噪声区。这就意味着，超出居住建筑55分贝（A）的最大允许噪声水平，不是基于港口赦免，而是基于对现存工业噪声的赦免。[42] 55分贝（A）的轮廓线是从围绕维斯特泡特和工业区的50分贝（A）轮廓线而来的[43]（见图7.3）。50分贝（A）的轮廓线是围绕工业场地的法定分区，“在此轮廓线之外与此场地相关的噪声水平不许超出50分贝（A）”

---

[39]密涅瓦（Minerva）船厂的噪声分区依然覆盖着豪特哈芬斯，密涅瓦在IJ湾河岸规划区之内。当然，现行的土地使用规划不包括A类地区，在法律意义上讲，这就意味着，这个场地不再存在噪声分区。

[40]阿姆斯特丹市议会曾经是负责给予赦免的机构。港口地区是省政府没有授权给市议会的唯一地区。

[41]港口西区包括了《环境保护法》第2.4款指定的场所，围绕这些场地划定了50分贝（A）的噪声分区轮廓线。当然，在减少噪声促使不利的情况下，扩散噪声可能超出55分贝（A）。55分贝（A）噪声分区轮廓线来自从50分贝（A）噪声分区轮廓线。

[42]“最大的噪声水平是55分贝（A），噪声起源于工业场地，或正在建设的或规划建设的场地，在这类场地所在区域内的住宅前，测量其噪声水平（《降低噪声法》第65款）。

[43]1993年6月23日，住宅、空间规划与环境部执行《降低噪声法》第53款、64款和59款，围绕维斯特泡特地区划定了50分贝（A）轮廓线。

(《减少噪声法》，第53款)。北荷兰省政府期待减少那些从50分贝(A)轮廓线地区产生出来的55分贝(A)轮廓线地区现存住宅噪声的措施能够成功。[44] 然而，市政府计划在55分贝(A)轮廓线地区建设1500套住宅。

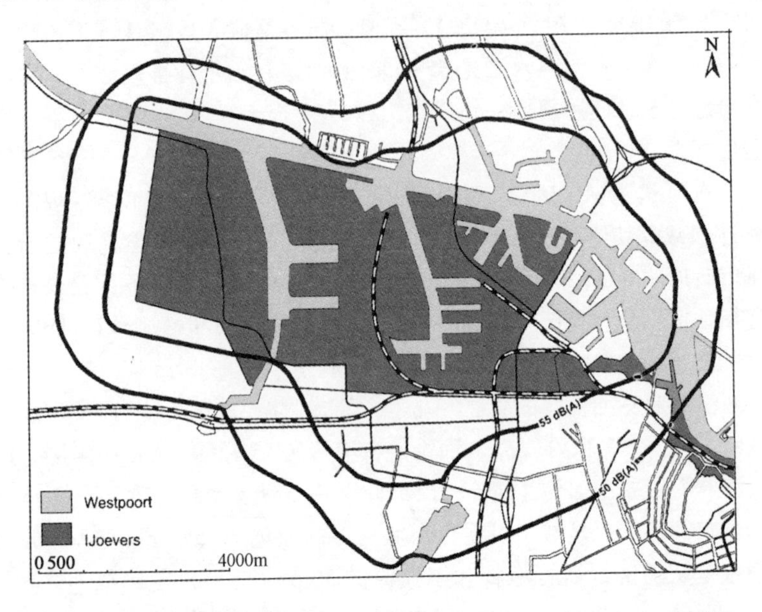

图7.3　围绕维斯特泡特地区的50分贝(A)和55分贝(A)轮廓线

资料来源：北荷兰省1994。

按照阿姆斯特丹市政府的看法，55分贝(A)分区并没有反映噪声污染现状。维斯特泡特地区的公司变迁已经使55分贝(A)轮廓线西移。所以，阿姆斯特丹市政府认为，按照噪声减少措施，55分贝(A)轮廓线还会延伸，而北荷兰省政府不同意这种看法。例如，卡吉尔公司产生的噪声已经达到最大的允许水平，这意味着最微小的变化都能够导致噪声问题(巴克访谈，1996)。阿姆斯特丹市政府期待能够建设起隔声屏障。在这种愿望的基础上，市政府向省政府申请赦

[44]在采取减少噪声措施之后，建立较高值的程序启动。住宅、空间规划与环境部将必须通过赦免程序，允许围绕维斯特泡特地区建设2000幢住宅(巴克访谈，1996)。

免，省政府原先准许的噪声水平为53分贝（A）[45]（阿姆斯特丹市政府1995b；15）。市政府假定55分贝（A）轮廓线回向豪特哈芬斯地区以西转移，有建筑物[46]形成的噪屏声蔽效果将产生2分贝（A）的“好处”，所以，决定选择53分贝（A）。

在IJ湾河岸地区土地使用规划中，豪特哈芬斯地区以西规划为商业用建筑物（所以不是住宅），因此，也能够对起源于西部的噪声产生屏蔽作用。在居住开发场地和维斯特泡特之间，提供噪声屏蔽功能的建筑有，陆上的工业建筑，水岸前的旅馆或办公建筑，它们都能屏蔽一部分噪声污染。

在豪特哈芬斯地区的噪声污染能够达到满意的水平，有可能创造适当的屏蔽噪声的建筑。这些阿姆斯特丹的理论解释了如何通过赦免而达到“仅仅”只有53分贝（A）噪声水平。当然，这些使用隔声材料建设的建筑屏蔽不能充分地保护“水边”规划区西南边缘地区的住宅［冉格如嘉（Rangelrooij）和斯帕恩（Spaans）1995］。

进一步讲，北荷兰省政府对在上述地区建设旅馆和办公建筑的需求提出了质疑［阿伦茨（Arents）访谈，1996］，进而对承诺的噪声屏蔽表示怀疑。按照省政府的意见，阿姆斯特丹的推理逻辑不可行，对阿姆斯特丹市政府和维斯特泡特地区企业最大噪声（55分贝（A））的赦免申请将产生更好的结果。现在，阿姆斯特丹市政府必须开启一个新的“较高噪声水平程序”，因为53分贝（A）的噪声水平对建筑目的还是太低。当然，新的申请意味着整个开发计划的推迟。

建立较高的噪声值53分贝（A）而不是55分贝（A）将限制维斯特泡特地区企业的扩张。对53分贝（A）水平的噪声给予赦免成为了省政府给维斯特泡特希望在未来扩张的企业的新标准。如果把

---

[45]1994年3月18日，在IJ湾河岸地区土地使用规划背景下，阿姆斯特丹市政府根据《降低噪声法》第67款第3自然段以及47款第1自然段，《工业场地限制值》第10款，提出提高噪声值的申请。省政府最初拒绝了这个申请，但是，随后重新审议了这个决定，设定了在豪特哈芬斯地区建设130幢住宅的开发限度。另外，北荷兰省政府同时提出了建设建筑屏蔽噪声的条件，而这个以建筑屏蔽噪声的设想是由阿姆斯特丹市政府提出的（北荷兰省1995b）。

[46]“办公建筑形式额外的墙体”高26米，长400米，用来屏蔽噪声。

赦免标准定在55分贝（A），也会对维斯特泡特的商业扩张产生限制。[47] 所以，从任何角度讲，在豪特哈芬斯地区做居住开发已经或都将会影响到对商业扩张所产生噪声的许可。如果在豪特哈芬斯地区完全不做居住开发，那么，经过治理后，噪声水平可以允许增加到57分贝（A）。现在，那里的噪声允许值是53分贝（A）[48]（北荷兰省政府1995）。现在，那里正在建起住宅，最大允许噪声值为55分贝（A），而对于未来的商业扩张，允许的噪声值为45分贝（A）。[49]

如果阿姆斯特丹市政府申请赦免55分贝（A），通过对每一个在维斯特泡特扩张的商业企业征收实施新措施和治理噪声的附加费用，在没有额外措施的情况下，噪声水平将高于45分贝（A），最高达到53分贝（A）。这样可能打破豪特哈芬斯规划程序上的僵局。"在豪特哈芬斯地区，高于45分贝（A）噪声值时必须的，做到这一点必须做补偿。十分明显，不能要求这个地区的企业承担这些规定所产生的费用"[50]（北荷兰省政府1995）。这样就有效地战胜了卡吉尔的"受到约束的命题"（巴克访谈1996）。"噪声"也就不再是地方政府开发豪特哈芬斯地区规划的一个障碍，尽管还是需要建设适当的建筑屏蔽，以便把噪声水平保持在55分贝（A）之下。

在豪特哈芬斯地区城市规划要求项目中（阿姆斯特丹市政府1995b；81），市政府得出了这样的结论，它的政策不会实现所期待的结果，现在，"计算显示保持在53分贝（A）以下的噪声水平的可能性是有限的"（阿姆斯特丹市政府1995b；81）。所以，这个要求项目提出了一个在噪声水平上不大的削减，其基础是这样一个原则，"户外减至60分贝（A），住宅室内噪声减少到35分贝（A）（阿姆斯特

---

[47]这里，我们应当注意到，豪特哈芬斯地区本身的噪声水平的范围，而不包括相邻的地区，住宅与企业有相当的距离。

[48]53分贝（A）=57分贝（A）-55分贝（A）（巴克访谈，1996）。

[49]用尽55分贝（A）轮廓线的规定，达到55.49分贝（A），可以把起源于维斯特泡特地区的噪声水平提高到55.49分贝（A），所以，噪声允许值55.49分贝（A）（巴克访谈，1996）。

[50]最高噪声值达到53分贝（A）（巴克信件，1996）。

丹市政府 1995b；30)。[51] 这说明阿姆斯特丹地方政府正在准备维持港口标准作为豪特哈芬斯地区的最大噪声水平（60分贝（A））。

鹿特丹地方政府根据重建前港口地区所产生的问题，提出提高由住宅建设活动引起的噪声的允许水平。鹿特丹地方政府相信，这对城市居住区的开发是不可避免的（鹿特丹市政府 1994）。住宅、空间规划和环境部部长对港口重建所产生的问题表示理解，并引入"港口标准"作为对现存法规的修正。这个港口标准把住宅建设场地允许的噪声水平提高到60分贝（A），条件是新住宅建设是重建项目的一部分或规划的居住区填充项目的一部分。尽管议会认为这是一个"快捷的法律"，修订还是得以通过，并在1993年3月1日实施。

然而，使用"港口标准"的可能性是一个限制性的标准。按照这个赦免，居住开发一定不能向工业区扩张。严格地讲，豪特哈芬斯居住区的开发可以看成是扩张，这也就意味着，按照这个法律，不能使用港口标准。当然，阿姆斯特丹市政府把这个港口标准看成是一个安全网，因为"我们要建设居住区，基于我们自己的哲学，把宜居性放在首位，我们还要适当地建设居住区"。"如果没有由港口标准提供的额外噪声许可这个基础不可行的话，我们就执行这个港口标准"[52]（克勒杰访谈，1996）。由于市政府和省政府都希望在豪特哈芬斯地区开发住宅，所以，政府将尽可能宽泛地解释与港口标准相关的法规（克勒杰访谈，1996；阿伦茨访谈，1996）。

1995年1月，省政府以居住开发向工业区扩张为理由之一，拒绝阿姆斯特丹市政府要求设立较高噪声值的请求（北荷兰省政府，1995b；5；北荷兰省政府，1995；2）。卡吉尔公司曾经提出，设定较高的噪声值有违省政府组织居住区向工业区扩张的政策，几个月以后，省政府在一份提交给国家环境委员会的针对卡吉尔公司意见的辩

[51]封闭阳台可能是一种解决办法，它结合隔声和健康户外空间两大效益。在这种情况下，立面并非建筑物的外墙，而是生活空间和封闭的外空间之间的墙壁。另外一种选择是在屋檐和立面之间建设一堵假墙，形成一种声音屏障（阿姆斯特丹市政府 1995b；30）。

[52]阿姆斯特丹市政府宁愿现行允许的噪声水平有所超出，而不是提高允许噪声水平，因为提高允许噪声水平并不是对减少噪声水平的奖励（克勒杰访谈 1996）。

护中提出，“我们将指出，也许没有必要，这个问题并非事实，居住开发并没向工业区扩张，相反，规划的住宅与现存的住宅等距相邻”（北荷兰省 1995d；7）。

7.9　起源于维斯特泡特的其他形式的污染

除开噪声干扰外，土壤污染（我们不在这里讨论这个问题）和气味干扰也影响了豪特哈芬斯地区。同时，还对来自工业和危险物品运输可能产生的粉尘干扰和健康风险进行了研究。

风险

豪特哈芬斯地区地处死亡率 1/100 万人/年的个人风险轮廓线之外，个人风险与道路和水上运输的危险物品有关，与周边地区的高风险工业有关（VROM1995）。当然，豪特哈芬斯地区有些部分处在群体风险指导性分区之内。这个分区“能够在权衡居住开发方案利弊时用来作为优化工具，以期最小化群体风险”（阿姆斯特丹市政府 1995b；82）。

粉尘

维斯特泡特的转运活动意味着存在多种尘粒和粉尘源，这些尘粒和粉尘能够影响豪特哈芬斯地区的空气质量。[53] 因为尘粒[54]（主要由 I. G. M. A. 和卡吉尔等公司产生）是产生视觉干扰的基本原因，所以有必要区分尘粒和粉尘。粉尘颗粒直径小于 4 微米[55]，对人体健康构成威胁。目前，仅仅对粉尘有推荐意见，例如，“荷兰排放指南”提到粉尘水平指导性意见。[56]（荷兰标准局 1992）。这些建议目标在全国通用［泽蒂嘉卡（Zeedijk）1995］。由 I. G. M. A.、卡吉尔和

---

[53]阿姆斯特丹市政府领导了艾恩德霍芬（Eindhoven）技术大学开展了海港地区颗粒物扩散研究。

[54]尘粒直径大于 10 微米（泽蒂嘉卡 1995）。

[55]粉尘是一种污染物，特别是那些不能溶解于水的黑色粉尘。形成永久性污染或需要花费高额费用清理（泽蒂嘉卡 1995，8）。

[56]卫生协会必须在考虑限制值之前提出推荐值。

OBA[57] 等公司产生的粉尘为一般水平，所以，北荷兰省政府不需要对豪特哈芬斯地区的居住开发提出限制［斯琦奥贝克（Schoonebeek）访谈，1996］。

荷兰没有关于尘粒的标准。德国使用年平均灰尘沉积作为标准：0.35g · m/m^{-2}/天，50 百分位数和 0.65 g · m/m^{-2}/天，98 - 百分位数。豪特哈芬斯地区没有超出这些德国水平，但是，因为有多种标准，省政府对它们的实用性表示怀疑（斯琦奥贝克访谈，1996）。荷兰市政府协会有关工业和环境分区的出版物提出了 700 米的转运公司排放范围（库加佩斯 1992），这个指标只是指导性质的（§5.2）。泽蒂嘉卡在他有关尘粒报告结论是，因为豪特哈芬斯地区和距离它最近的主要尘粒排放源有 1200 米，所以，没有与荷兰市政府协会指标相关的问题。

北荷兰省政府当时并不熟悉有关尘粒的问题，是否在衡量尘粒水平的基础上就允许做住宅开发方面，北荷兰省政府还没有经验。于是，对接近豪特哈芬斯地区的街区做了干扰感觉研究。泽蒂嘉卡的结论是，“与港口相邻的居住区没有表现出尘粒的干扰。在斯帕丹玫布特（Spaarndammerbuurt）地区的尘粒浓度类似豪特哈芬斯地区的期望值”（泽蒂嘉卡 1995；27）。所以，省政府的结论是，尘粒干扰不作为豪特哈芬斯地区住宅开发的限制。

气味

在维斯特泡特和豪特哈芬斯之间的环境关系上，噪声和气味是主要的决定因素。作为许可证颁发管理机构，北荷兰省政府以综合的方式与“污染泡概念”一起决定考虑到的环境因素（阿伦茨访谈 1996）。开始，省政府认为豪特哈芬斯地区的综合环境质量不能接受，所以拒绝了在那里开发住宅的申请［皮杰宁（Pijning）的信件，1996］。在履行听取对这个决定的反对意见的程序中，省政府发现，豪特哈芬斯地区的情况并非如一开始认为的那样糟。所以，对拒绝颁发居住开发许可证的决定重新做了审议（阿伦茨的信件，1996）。

图 7.4 描绘了 1993 年围绕维斯特泡特的气味排放浓度轮廓线。豪

[57]“进一步减少现存污染源的尘粒排放几乎是难以实现的”（北荷兰省 1995e）。

特哈芬斯低于98%的时间里，气味排放浓度在8ou/m^3 - 5ou/m^{3}之间。[58] 由于在“关于有害气味的备忘录”（VROM1992）和“关于有害气味的修正备忘录”中提出的关于建立有害气味国家法律的建议遭到拒绝，当时没有规定的方式去评估开发规划（参见§5.5）。当然，提议的标准还是可以用来研究气味干扰的水平。“气味排放是那些能够防止的严重干扰，但是，是否真能防止还是不确定的”[59]［桑迪希（Sandig）和福森（Vossen）1994；28］。当时期待到了2000年，豪特哈芬斯地区将会处于6ou/m^3 ~ 3ou/m^{3}气味轮廓线之间，但是，“我们不能确定是否会有严重的气味干扰问题”（桑迪希1994；28）。实践证明，测量气味水平十分困难。“由于气味，排放规模、排放水平和对气味的主观感受多种多样，很难定量地说明气味问题”（博斯特等1995；51）。在任何情况下，这些数字并不能告诉我们多少东西。

初始阶段，阿姆斯特丹市政府回避了国家的气味标准，以把豪特哈芬斯的宜居性放在首位为基础，在形成其政策时，假定存在“严重干扰”。阿姆斯特丹市政府还希望把预期的开发与气味排放工业企业的活动一并考虑（皮杰宁访谈，1996）。随后通过电话进行的生活条件调查给阿姆斯特丹市政府提供了有关气味感觉和相关干扰的信息（桑迪希1994）。这些有关生活条件的调查应该得到了豪特哈芬斯地区气味干扰水平的一个精确描绘。

电话调查包括了常规问题和居住街区的气味干扰问题，有些被调

---

[58]卡吉尔公司是豪特哈芬斯地区主要气味污染源之一。1993年，卡吉尔公司的排放超出了允许值。，但是，自那以后，这个公司采用了“有理由实现的低水平”（ALARA）原则基础上的一些措施（皮杰宁访谈，1996）。

[59]对接触到气味和感觉到受到干扰之间关系的研究表明，低于98%的时间里，气味排放浓度在1 ou/m^{3}以下，不会引起严重干扰。在这个水平之上，2% ~12%的居民感觉到气味产生了干扰。而在低于99 .5%的时间里，气味排放浓度在1 ou/m^{3}以下，没有人感觉到有干扰。如果低于98%的时间里，气味排放浓度在10 ou/m^{3}以上时，就出现严重气味干扰。在低于98%的地区的气味排放浓度在10 ou/m^{3}以下，气味对于居民也是一个问题。低于98%的时间里，气味排放浓度在1 ou/m^{3}和10 ou/m^{3}之间时，构成一个“灰色”区。一般来讲，直到气味水平和感觉干扰之间的关系建立起来之后，才能够做出空间决策（桑迪希和福森1994；6）。

查的街区与维斯特泡特处在同一个气味轮廓线上，有些被调查的街区则远离气味排放源[60]（图7.4）。在对比的基础上，桑迪希的结论是，"如果低于98%的时间里，气味排放浓度低于$3ou/m^3$，严重干扰是可以阻止的。根据这个调查结果，豪特哈芬斯地区，严重干扰不太可能在2000年发生"（桑迪希1995；35）。在"气味目标水平（$3ou/m^3$）上，感觉到气味干扰的人口大约为12%"（桑迪希1995；36）。如果把气味水平保留在$3ou/m^3$的水平上，就将满足了国家提出的两项要求。当然，已经得到的气味水平是1993年的，而预测的气味水平是2000年的，$3ou/m^3$的水平会在豪特哈芬斯地区超过，所以，会引起干扰问题。

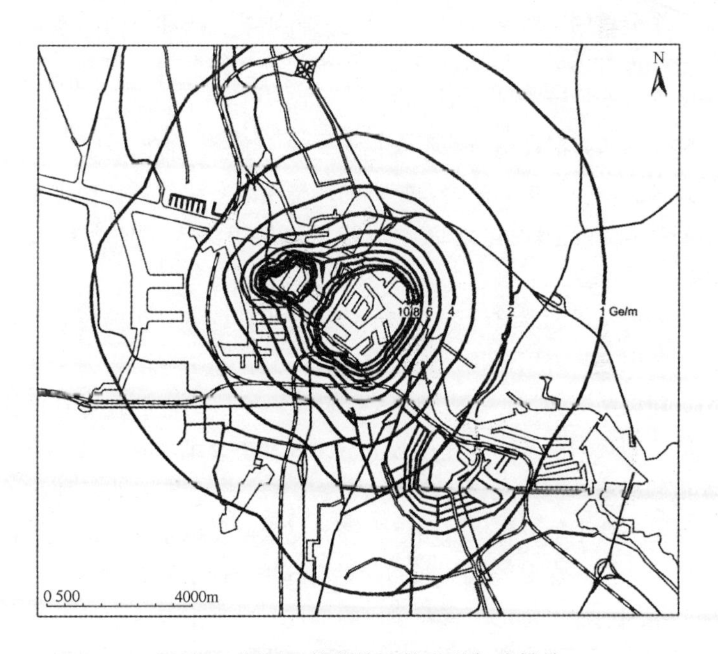

图7.4　起源于维斯特泡特港的气味排放

资料来源：桑迪希和福森1994。

[60]卡吉尔公司认为，现存街区在一定程度上已经习惯于这种工业气味了，当然，这不等于新来的居民也一定能够习惯这种气味。所以，这家公司期待增加对豪特哈芬斯地区气味干扰有经验的居民数目（皮杰宁访谈，1996）。

由于气味水平过高，有关豪特哈芬斯居住开发的决策进入了“灰色”阶段，问题是哪一个行政机关将负责建设规划。作为给维斯特泡特地区企业颁发许可证的机构和正式批准IJ湾河岸土地使用规划的机构，北荷兰省政府最后决定授权阿姆斯特丹市政府负责此项决策。省政府不希望阻止IJ湾河岸土地使用规划所计划的建设计划。

7.10　结论

在阿姆斯特丹，宜居性呈现了一种对待地方环境的综合的因地制宜的方式。宜居性是一个宽泛的概念。在决策过程中，地方环境并非作为一个分离的论题来对待，而是与其他影响人居环境的因素相平衡地对待。地方环境并非仅限于作为传统保护政策框架的限制性标准而出现，地方环境通过与宜居性和可持续性相关的补充政策而得以说明。阿姆斯特丹的环境政策一直是在发展中的，一直向着具有灵活性和创造性的方向发展。阿姆斯特丹的环境绩效系统就是这种进步的最明显的证据，IJ湾河岸地区土地使用规划中并入了这个环境绩效系统。

阿姆斯特丹的战略已经超出了传统技术性的和分析的方式。阿姆斯特丹的地方政府以自我管理为基础，不是按照法律的表面文字而是按照法律内涵的精神，制定地方战略政策。宜居性哲学成为IJ湾河岸地区的空间规划的基础，并在这个空间规划中详细展开。虽然有关地方环境的战略远景有必要的保证包装起来，并且并入了多种政策平台，但是，这个地方环境战略远景没有完全遵循国家详尽的技术性和程序性的法规。在IJ湾河岸项目伊始，环境方面的问题主要是在一般愿望的范围内加以讨论。随着项目的推进，显现出与这个地区实际环境状况相关的问题，特别是相关法规所产生的问题，在一定程度上被低估了。这是引起豪特哈芬斯空间发展停滞不前的因素之一。

尽管有了一个以宜居性为基础的、战略性的、综合的和因地制宜的方式，但是，使用到豪特哈芬斯也不易实现建立在国家原则基础上的可以接受的宜居性水平，国家原则上允许在这个地区做环境敏感的空间开发。这种困难主要是由于不可能遵循《减少噪声法》以标准为基础的框架，这就导致了整个政策与以标准为基础的政策之间的冲突。进一步讲，噪声干扰问题对这个地区的宜居性有负面的影响。因为不能指望维斯特泡特港口的企业去做额外的努力减少污染排放，所以，必须在豪特哈芬斯地区采用改善宜居性的额外措施。

环境绩效系统（EPS）也许是改善地方环境宜居性的最可以接受的方法。期待这种环境绩效系统能够成为实现宜居街区既有规范性也有灵活性的工具。它通过补偿原则，以其他改善地方环境的措施去补偿对环境产生负面影响的因素。这个系统的目标不仅仅是补偿，还是针对超出最小法定要求的质量水平的。虽然人们可以对它说三道四，评头论足，但是，环境绩效系统还是给荷兰环境政策提供了一个创新型的工具。我们还需要了解究竟什么程度的补偿措施实际上可以被地方居民接受，地方居民通过住宅价格和租赁费等形式支付了补偿费用。从根本上讲，环境绩效系统是一个可以验证的手段，它帮助把地方政府创造一个高质量人居环境的愿望变成一种实际的行动。

阿姆斯特丹的地方政府已经以一种革新的独特方式彰显出，在空间规划中，宜居性是一个有价值的原则，它全面地考虑到了空间开发中的环境因素。同时，阿姆斯特丹的地方政府还显示出，它有责任制定一个战略性的地方层次的环境政策。虽然以标准为基础的政策具有法定的要求，但是，多方面的管理机构都没有反对在豪特哈芬斯做居住开发的企图。问题不再是标准本身，而是政治决策，对这个地区的什么地方应该承担责任。在充分的相互信任中，与阿姆斯特丹的地方政府一道，行使批准或拒绝居住开发的责任。

我们在第 4 章中讨论了规划行动的三个角度：目标导向的行动，引导决策的行动和机构导向的行动。我们在第 5 章中说明，依赖于政策所针对的问题的复杂性，如果三个角度能够显示出一定程度上的协调，就能产生有效率的和富有成果的政策。我们在第 6 章中进一步讨论了这个协调问题。阿姆斯特丹方式显示了引导决策的行动和目标导向的行动之间的一种协调，这里，引导决策的行动即是用宜居性作为一个根本，目标导向的行动即是始终把宜居性保持为一个总目标。关于机构导向的行动，在阿姆斯特丹的案例中，存在一定程度的分散管理，这种分散管理可以描绘为有限程度的“共同管理”。这也意味着，决策并不是集体的。充其量讲，在多个规划过程中存在一定程度的协商。阿姆斯特丹已经预示了与国家环境政策与目标导向的行动、引导决策的行动和机构导向的行动相关的发展。阿姆斯特丹的案例是一个有意义的“投资”，但是，在有关豪特哈芬斯地区开发的决策中还没有产出果实来，因为，在那个决策过程开展的时候，国家环境政策发展还是一个未来愿景，而不是当时的现实需要。在这一章中，我们讨论了阿姆斯特丹的宜居性哲学和与此相关的综合战略。尽管在三个规划角度之间已经实现了一种平衡，但是，冲突还是能够萌生。这种冲突是以标准为基础的集中的政策与地方层次的原则和目标之间的不协调所致。

在共同管理、地方特殊情况的焦点、综合的和因地制宜战略的收益等方面，这个案例告诉了我们什么？阿姆斯特丹方式说明，这样一种政策战略是实际可行的。它还说明，使用一个因地制宜的政策去创造条件，依然可以维持目标不变。阿姆斯特丹方式也说明，地方政府可能需要做出那些并非总是可行的承诺。阿姆斯特丹方式与传统的处理环境问题的方式有着巨大的不同。没有像阿姆斯特丹这类大型地方政府的成功样板，要想把共同管理基础上的环境政策同地方针对形体环境的战略的和操作的政策协调起来，那将是遥不可及的。阿姆斯特丹这个例子说明，在制定政策方面的创新，创造性能够发挥重要作用。关键是给创造性一个机会。

附录 7.1　阿姆斯特丹的环境绩效系统

每个规划分区的环境绩效得分

	绩　效	得　分
论题：紧凑城市		
建筑面积指标，每个地块建筑面积	>2	1
	>3	2
	>4	3
论题：出行		
到最近的公交车站的距离（m）：	< 300	1
	< 200	2
	< 100	3

续表

每个规划分区的环境绩效得分		
	绩　效	得　分
居住区停车标准（车位数/每家）：	≤1.0	1
	≤0.8	2
	≤0.6	3
工作区停车标准（车位数/每 $250m^2$）：	2（B 位置）	1
	1（A 位置）	2
		3
停车场中的车位，折换成等车来设施（车的数目）	>5 辆	1
	>10 辆	2
	>20 辆	3
100米之内自行车专用停车设施（位置数目/每家）	1	1
	2	2
	3	3
论题：噪声干扰		
道路交通，噪声水平	最大的赦免值	-3
	减少每3分贝（A）	+1
	<推荐值	+2
铁路交通，噪声水平	最大的赦免值	-3
	减少每3分贝（A）	+1
	<推荐值	+2
工业，噪声水平	最大的赦免值	-3
	减少每3分贝（A）	+1
	<推荐值	+2
论题：可持续的建设		
使用了BWA环境推荐表上的一个以上新建筑产品[a]（列）	第5列	-4
	第4列	-2
	第3列	0
使用了BWA环境推荐表上的50%的新建筑产品（列）	第1和2列	+4
使用了BWA环境推荐表上的90%的新建筑产品（列）	第1和2列	+7

续表

每个规划分区的环境绩效得分

	绩　效	得　分
论题：能量		
使用废热采暖和/或降温	是	3
	否	−1
按照荷兰 NEN2916 标准，非居住建筑的能源绩效标准（m^3 acq/m^2 gfa）	< 30	1
居住建筑的能源绩效标准（m^3 acq）:	800	1
	750	2
	700	3
论题：水/绿色空间		
屋顶雨水流向：	100%进入雨水沟	−1
	< 100% 进入雨水沟	+1
与节约用水推荐意见一致[b]：	否	−2
	是	+2
绿色屋顶（不是阳台）	是	+1
论题：垃圾		
距离垃圾收集场地（距家最大距离，m）	< 100	1
最大可能得分：		47

a. 关于 BWA（土壤、水、大气）环境指标，参考附录 D，“IJ 河岸土地使用规划”（阿姆斯特丹市政府，1994e）。

b. 参见土地使用规划解释的 4.3 节（阿姆斯特丹市政府，1994e）。

资料来源：IJ 湾河岸土地使用规划（Gemeente Amsterdam 1994e）。

第8章 从“指令和控制”规划到共同管理

关于环境规划中复杂性和决策之间联系的最后评论

有效率的规划从手头亟待处理的问题和评估不确定的条件开始，而不是不顾问题状况地随意使用理论和方法。通过把规划过程与问题特征配合起来，规划提供机会去解决问题或至少减少不确定性［卡伦·S·克里斯坦森（Karen S. Christensen）1985；63］。

8.1 问题的核心：简单和复杂问题

我们已经研究了把环境-空间冲突的复杂程度作为环境政策决策的一个标准的可能性。这些环境-空间冲突是发生在“灰色”环境（环境健康与卫生）和空间开发之间的诸种矛盾。作为我们研究的一部分，我们注意到了荷兰从重目标导向的环境政策向基于共同管理的环境政策的转变。这个转折点的核心是，在层次性中央管理和分散式决策之间做出选择。这个发展源于对使用和执行通用的和限制性环境标准：“指令和控制规划”的日益增长的不满。结果证明，“指令和控制规划”是一种“太好以至于不现实的”的规划形式。针对这个发展，荷兰政府寻找一种新的环境政策管理哲学。通过选择“框架内的自行管理”和一种对地方问题达成共识基础上而产生的政策，为创造具有灵活性的政策打开了大门，这种具有灵活性的政策承认地方特殊情况，赋予地方政府在环境管理方面的更大责任。一种新的环境政策管理哲学还应该产生一种方式，环境政策部门内可以接受的解决方案能够产生对综合政策最有利的结果，这种综合政策是针对特殊地区和特殊情况的，强调了环境-空间冲突地方背景的政策：“因地制宜的综合规划”。

这个基于实际状况的问题定义让我们在1.2节中提出了如下问题：环境质量能够定义为一个严格划定的论题，或应该按照重叠的问题考虑它？第5章揭示出，几十年以来，新环境问题在荷兰层出不穷，从而迫使荷兰政府把环境质量问题与相关于形体环境的其他问题分离开来。当然，由于环境质量评估的方式，正在随着我们生活的世界的其他特征，至少在政府体制方面的改革，而发生着变化，因此，这种认为环境质量问题可以与其他形体环境相关问题分离开来的观点越来越不时兴了。我们的研究基于这样的假定，当我们脱离环境质量背景去考虑作为政策问题的环境质量时，环境质量是一个保留在“问题核心”的问题。我们使用“相对简单的”这个术语来表达这种情形。现在，环境质量日益成为与形体环境其他方面问题相协调的事物，所以，必须弄清环境质量所处的背景。因此，我们的研究集中到了规划导向行动的后果上，什么时候可以把环境质量确定为一个分离的论题，什么时候把环境质量与其他问题一并处理。

8.2　复杂性和环境-空间冲突

我们这里大部分的研究都是关于变革中的荷兰环境政策，对待环境-空间冲突的方式以及这些方式之间的相互影响。我们从一种比较抽象地角度考虑了环境-空间冲突的复杂程度问题，考虑了如何把决策和解决方式与环境-空间冲突的复杂程度配合起来的问题。于是，它就成为这样一个问题，除开现行的以标准为基础的方式，我们再找到通过政策解决环境-空间冲突的途径。这些发展都是对传统的规定和通用环境法规批判的一种反应。并非所有的部门都同意中央集中管理这样一种形式。同样，并非所有的部门都同意，与形体环境的其他特质相关的评估环境质量的方式。地方政府已经提出，通用的和规定的环境法规都有一个背景效果，把不必要的约束加到了形体环境的其他子政策领域上。决策者们明显地忽略了在地方层次上实施更为协调的政策的机会。综合协调的政策不仅有利于环境质量的提高，又有利于其他地方特质的改善。

这个命题需要一些解释。我们在第6章中提出，由中央政府提出的规定性法规——即指令和控制规划——能够以相对满意的和简单的方式解决绝大部分环境-空间冲突。这些环境-空间冲突所涉及的环境污染规模有限，在损害环境活动影响区域内几乎没有或根本没有环境敏感活动存在。在这种情况下，在环境污染源和环境敏感地区之间维持一个足够的距离就可以解决可能发生的环境空间冲突。通用标准允许以常规方式处理这些冲突，我们把这类冲突归纳到“相对简单”的类别中。所以，对于这种方式的关注点是如何执行的问题。

然而，还有大量不能使用规定性质的法规满意地解决的环境-空间冲突。对于这些环境-空间冲突来讲，把环境敏感活动与损害环境的活动分开十分困难，如果在两种活动之间划定出一个安全距离的话，其结果是对地方相互关系或利益产生负面影响。短期内，通过规定性的法规，找到解决办法是相当困难的，甚至是无望的。这种特征发生在损害环境的活动给环境敏感功能让路的转换或重建地区。投资空间开发对这些地区是一个明显的解决办法。在目前流行的“紧凑城市”概念下，这甚至是一个有希望的解决办法。但是，必要的环境修复引起了一时间的僵局。在这些情况下，坚持通用的环境政策框架能够给地方带来很大的空间后果。在这种情况下，如果环境标准不是用来作为规定的框架而是指南的话，创造机会让通用标准适应地方特殊情况，创造比较有灵活性的程序。因此，这就创造了更多的可能性用因地制宜的方式去解决环境-空间冲突。

我们可以把有限数目的环境-空间冲突归纳为“相对非常复杂的”类。当环境敏感活动和损坏环境的活动交织在一起，当我们难以找到特殊的污染源，当污染已经散步到了广大的环境敏感地区时，由于缺少空间，要想在污染源和受污染的地区之间维持一个规定的距离是不现实的。在这种情况下，环境标准系统可以成为研究问题的工具，但是，它不能用来形成行政管理的和形体的空间措施。对于这样的环境-空间冲突来讲，即使带有某种程度的弹性和细微的调整，通用政策也是没有效率的和没有效果的。比较合理的解决办法是，从地方空间和行政管理的实际情况出发，不再孤立地考虑环境质量，而是把它与其他地方利益一并加以综合考虑，设计一个解决问题的战略：因地制宜的规划和共同管理。

所以，在这个研究中，我们已经提出，环境-空间冲突的主要差别就在于它的复杂性，原因是环境-空间冲突的背景，即地方行政管理的和物质的因素，对环境-空间冲突影响的程度在变化。旨在支持环境目标的环境法规影响着涉及形体环境的其他领域的政策。事实上，在许多案例中，环境法规产生了深远的空间后果。所以，没有什么意外，传统的层次性环境政策受到了严厉的批判。这些批判清楚地提出，环境健康与卫生是否应当作为一个完全独立的论题，对此问题的答案依赖于如何评价环境健康与卫生。进一步讲，因为存在背景的影响，这种对环境健康与卫生的评价也对与形体环境相关的其他论题至关重要。这种评价，特别对于决策者的评价，把价值判断置于了决策过程的中心。

8.3　冲突、复杂性和决策者之间的关系

荷兰的环境政策传统上不仅是分层次的，而且具有技术性/功能性的特点。荷兰的环境政策一直以来都是由污染源和受到污染影响者之间的直接因果关系导向的。于是，在这个直接因果关系之外的问题仅仅得到一定程度的考虑，例如，各层次间的影响。我们对环境政策的分析显示，通过使用规定的政策而排除掉外部影响，坚持或多或少技术/功能的（线性的）规划过程，的确可以保证很大程度的确定性，已经设定的目标能够完全实现，前提是这样做的结果不对整个社会产生影响。如果不是这样，设定目标所产生的结果比预期的要更深远，或者，当社会或政府对背景环境做出重新的评估时，背景影响将会被看成这个问题的一个部分，对这个问题的间接影响将会受到更大的关注。在这种情况下，问题的复杂性就会增加。于是，我们可以说，在环境-空间冲突的复杂程度和环境-空间冲突的物质和行政管理背景的影响之间存在着一种积极的关系。然而，决定因素是决策者对一个问题复杂性的评价。

这种对环境政策的分析揭示出两个原因，来解释为什么在如此长的时间里，荷兰一直把环境-空间冲突看得“相对简单”。第一个原因是，这是一个有意识的选择，把环境问题与它们产生的背景分离开来，以便产生一个有效的短期成果。第二个原因是，缺少对环境污染复杂背景的了解，所以，需要一个“简单的”问题定义。最合逻辑的方式是把污染源和它的影响之间的关系作为政策的出发点。当这种方式持续不断地产生出满意的结果时，就没有必要寻求更复杂的问题定义了。更一般地讲，每一个决策者都试图通过找到他/她所面临问题

诸方面之间的直接因果关系而把问题简化。如果这种方式证明行不通，就必须寻找其他方式。这种情况也出现在环境政策中，除开其他方面不提，人们发现，划分管理的政策会导致被划分开的部门（“空气”、“土壤”和“水”）之间的“推诿”。在环境政策方面，划分部门的方式最终被更为综合的基于环境论题的方式所替代。这包括使用综合的方式，按照源头导向和受影响导向的政策角度，一揽子处理环境问题。如果一个相对简单的问题定义不再可行，更多的因素或参与者需要并入进来的话，增加了复杂性就不是唯一的结果了。需要重新确定问题，需要调整决策过程和方式。当决策者的问题定义在复杂性上增加了，政策战略也必须做相应的调整。当问题变得更为复杂了，最终结果也变得更为不确定。当然，同时也存在了更多的可能性去设计解决问题的战略。实现目标或实现期待结果的多种选择就会替代常规的单一方案。

环境政策的长期发展不仅仅是政策绩效评估的结果，政策绩效评估认为，应该把问题看得更为复杂，并且考虑到背景的和其他方面的影响。也可能有意识地决定把一个问题定义得“相对简单”，即便有理由认为这个问题是“复杂的”。我们的研究指出，可以把一个紧急的问题归纳到“简单”的类别中，通过谨慎地提出采用简单的方式和把问题与问题产生的背景分开等方式，让目标最大化。这是一种先验的选择，尽管存在介入其间的关系，人们还是希望把一个问题看得简单些。在这种情况下，最重要的考虑是获得最大的成果。这的确是存在于紧急情况下的一种选择。采用这种方式而产生的后果被看成是与预先设定的目标不相干和不重要。部分因为公众对形体环境质量的关心，所以，几十年以来，环境政策始终都是目标导向的。作为一种谨慎的政策选择，发展了一套规定性的标准。这些标准基本上是建立在环境健康和卫生标准基础上的，没有考虑形体环境的其他方面。这种方式的后果之一是，长期以来，环境-空间冲突被约减到它们最基本的和最紧急的方面，常常是从它们的空间-功能关系中提取出来的。

与上述情况相反，当环境-空间冲突变得越来越复杂时，就需要更多地考虑到环境-空间冲突的物质的和行政管理的背景，我们的研究使相反的关系也清晰起来：当环境-空间冲突的物质的和行政管理的背景扩大，这个冲突的复杂性也增加。这是对物质的和行政管理背景的评价和一个环境问题复杂性之间的双重关系。事实上，对于决策者来讲，这个评价和复杂程度都是一个选择问题。这就是我们在这个研究中提出的“引导决策的行动”的特征（参见§8.5）。

8.4　从系统理论的角度看复杂性的意义

在我们的研究中，使用系统论的术语来表达一个问题的复杂程度。一个问题存在诸多方面，与这个作为整体的问题相关的诸多方面之间还存在着联系，从这个角度去考虑这个问题的定义和解决这个问题的战略，或者从这些方面如何与作为整体的问题及其问题产生的背景相互作用的角度去考虑这个问题的定义和解决这个问题的战略，决定了一个问题的复杂程度。正如我们以上指出的那样，如果我们以直接的因果关系去看待一个问题诸多方面之间的关系，那么，这个问题就可以归纳到“简单”类别之中，在这种情况下，使用功能的-合理的方式就足够了。这样一种方式假定，最终结果所依赖的条件已经存在初始条件之中。假定一个问题的诸方面和这个问题产生的背景之间的关系是稳定的。在这种情况下，最终结果在很大程度上是能够预测的。当然，当我们把社会问题考虑进来，这种情况只是一种例外。荷兰环境政策的发展分析确定了这一点。

一个问题本身诸因素之间的直接因果关系越不明显，那么，这个问题就越复杂（内在的复杂性）。同样，一个问题受到它所产生背景的影响程度越大，这个问题就越复杂（外在的复杂性）。在这种情况下，规划师必须考虑到这样一个事实，环境-空间冲突起源的背景环境是一个非平衡的动态系统，在这样的非平衡动态系统中，背景环境如何影响环境-空间冲突的诸方面并不清楚。这就是我们在前面提到的“非常复杂”的环境-空间冲突类。这一点对于我们在第3章描述的产生环境-空间冲突的城市背景同样成立。在这种情况下，城市空间受到日益增长的基于“紧凑城市”概念的开发压力，使用简单的因果方式很难处理环境-空间关系。这种状态要求决策者有一定程度的创造性，决策者必须更多地思考各种机会，而不是清晰可预见的“结果”。这一点对于依靠包括大量有着不同利益的利益攸关者参与决策过程而形成的问题定义和解决问题的战略是特别贴切的。所以，毫不奇怪，这种用来获得知识和研究复杂情形的理论框架被描绘为交流理性的。这并不意味着客观性和可控性就不重要了，而是说交流理性的方式是一种应用到主体间现象的更具有解释性的方式，我们能够从客观的角度去考虑主体间现象，用模型去理解、预测和表达主体间现象。

在我们的研究中，对中央政府提出的"综合环境分区制度"和"指定的空间规划和环境地区政策"这两个产生于经验的手段进行了比较，这个比较从经验上说明了复杂性概念，而系统论则从理论上支撑着复杂性概念。这两个手段说明了环境政策如何发展的。住宅、空间规划和环境部几乎同时提出了这两个手段，它们的可行性已经得到了评估。我们在5.4节详细地讨论了这两个手段。实际上，这两个手段受到了来自各方的全方位批判。考虑它们各自所希望解决的问题的复杂性，就能基本上了解到这两个手段的不同点。

由住宅、空间规划和环境部提出的综合环境分区制度可以认为是，以标准为基础的传统环境政策皇冠上的一粒瑰宝。这个制度的基础是环境标准系统和功能-合理理论的一系列原则。环境标准已经包括了决定采取何种措施的条件和什么是最终结果。综合环境分区制度建立在直接因果关系基础上，对给定地方或地区的环境污染和空间分布之间的冲突提供了精确的说明。当然，在许多情况下，通过使用规定性质的环境标准，把背景影响排除在外，这个系统只能产生预期的结果。换句话说，如果不考虑空间规划结果而必须维持期待的环境质量，那么，结果当然是确定的。在相对复杂的环境空间冲突中，这类结果可能影响深远，例如，可能包括关闭工厂和拆除居民区。

对于"指定的空间规划和环境地区"政策来讲，情况完全不一样了。这个政策不只是期待可以接受的环境质量水平。通过一个因地制宜的和综合的方式，一个给定地区的环境健康和卫生问题是与其他问题一起提出来的。这种方式基本上没有清晰确定的规则，而有清晰确定的规则恰恰是综合环境分区制度的特征。"自我管理"替代了自上而下的规则，给指定的空间规划和环境地区政策留下了充分的余地。事先并不提出问题的定义，问题定义是通过各方协商而形成的。这种开端上的弹性意味着所要设计的解决方案的范围也不是固定的，对于最终结果来讲，仅仅只有一定程度上的确定性。与综合环境分区制度相比较，指定的空间规划和环境地区政策寻求发展一种集体的综合方式的多种机会，这种集体的综合方式考虑地方的特征，特殊的和背景性质的状况。指定的空间规划和环境地区政策裨益现行过程为基础，具有以网络为基础的方式的特征。尽管这种方式不产生决定后续规划过程的清晰规定的规则，但是，这种网络方式有许多不可简单忽略的潜在规则。这些规则主要与参与和相互作用并入决策过程和规划过程的方式相联系，与允许在决策过程和规划过程中发挥作用的方式相联系。

对"综合环境分区制度"和"指定的空间规划和环境地区政策"的比较分析显示出，系统理论的理论框架（"组成部分、整体和关系"）给政策工具提供了广阔的应用前景。这个分析说明，政策问题可以按照复杂程度加以区分，而一个问题的复杂程度决定了如何处理这个问题。所以，正如系统论所解释的那样，如果一个政策手段是有效率的和有效果的，它就必须与一个问题的复杂程度联系起来。

当然，在制定"综合环境分区制度"和"指定的空间规划和环境地区政策"时，并非主要考虑"复杂性"。如果说复杂性概念从来就没有，或几乎没有，用来作为一个政策指标的话，那是不合逻辑的。然而，我们在这里是考虑把复杂性作为决策中的一个指标。我们提出这个观点不仅仅是因为，有可能使用经验领域里的复杂性来划分环境-空间冲突，在复杂性基础上比较两种"势均力敌"的政策手段的应用范围，还因为出于规划导向行动的目的，有可能在规划理论命题的基础上实际制定与复杂性相关的决策。

8.5　从规划理论的角度看复杂性

为了在规划导向的行动中实际使用复杂性的概念，我们的研究已经研究了如何在规划理论的背景下使用系统论中的"复杂性"概念。综合环境分区和指定的空间规划和环境地区这两种方式之间的关系是我们研究的一个思想之源。综合环境分区是这样一种工具，初始条件和框架使得最终结果可以预测。按照系统理论，我们能够提到一种以

“整体的组成部分”为基本取向的工具，尽可能排除或忽略相互关系的影响。结果：对分区政策的反感与日俱增，与此同时，“指定的空间规划和环境地区”的政策越来越受到支持。从系统论的观点看，“指定的空间规划和环境地区政策”并非以整体的组成部分为基本取向，而是以与部分之间关系相关的整体为基本取向。初始条件不再给予确定性。当然，增加的不确定性给规划过程带来了为数众多的机会。使用指定的空间规划和环境地区政策去解决的问题可以划分到比综合环境分区制度用来解决的问题复杂得多的类别中。这是一个标志，当环境-空间冲突变得复杂起来的时候，就需要从设定目标的政策向参与性的政策方向转变。这个标志导致了更多地关注复杂性和规划导向行动之间的关系。

当我们说设定目标的政策时，意味着我们正在涉及一个层次性的机构体制。如同设定目标的政策包括了超出规划的目标导向方面本身的因素一样，相互作用的决策包括了比机构体制更多的因素。当决策是相互作用的，存在一个向着目标的方向，尽管它并不明显。在相互作用的决策过程中，目标不是预设的或规定的，而是集体协商产生的。在我们的研究中，这个命题导致了这样的结论，无论一个环境-空间冲突的复杂程度如何，基于规划的行动在一定程度上总是目标导向的和机构导向的。当然，环境-空间冲突的复杂程度决定了目标导向方面和机构导向方面的特征。

这个结论至少使我们区分了两种规划角度：目标导向的角度和机构导向的角度。目标导向的角度是指基于目标的规划方向和规划“循环”中的多个步骤。目标导向的角度涉及做出决策的阶段和这些决策的最终结果，规划的目标是使期待的远景与实际的结果尽可能贴近一些。我们的研究以抽象的方式把目标导向的行动总结为两个端点之间的连续过程（也见图8.1）。一端是通过规定的标准而实现的单一的和固定的目标。规定的标准在传统上是环境政策的一个部分。在另一端，我们有多方面构成的和依赖的多个目标。就环境政策而言，“污染泡概念”（§5.5）和“指定的空间规划和环境地区政策”（§5.4）的建议反映了这个另一端。

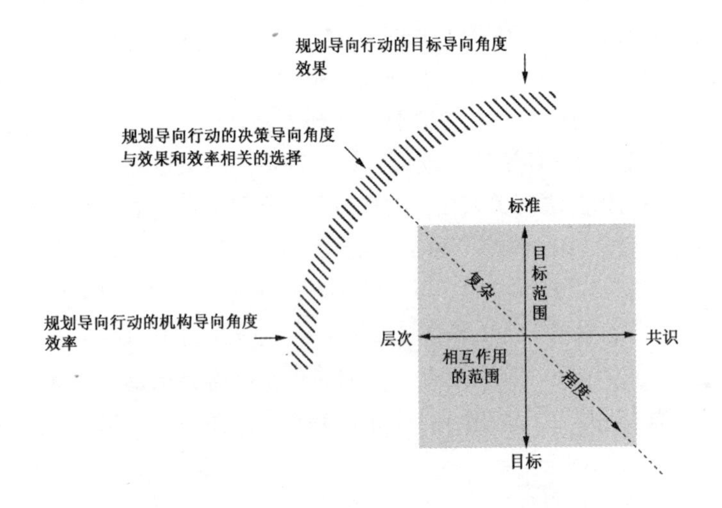

图 8.1　在规划导向行动模型中的三个规划行动角度

规划的机构导向方面与规划的主体间方向上的组织相联系，即有关决策和政策的交流的组织和在决策和政策中的参与的组织。关键是相关机构和人员参与和相互作用的方式以及规划导向行动的效率。我们讨论了相关机构和人员参与和相互作用的两个极端。在一端，我们有一个层次性的体制，而在另一端，我们有以共识为基础的协商机制(见图 8.1)。在环境政策中，荷兰政府，具体而言，国家的住宅、空间规划和环境部，明显是按照层次体制的方式去安排处理环境健康和卫生问题的。许多年以来，这个部一直使用环境标准按照期待的方向指导政策。与此相反，指定的空间规划和环境地区政策是建立在类似网络形式的相关机构和人员之间相互作用的基础上，代表不同利益的相关机构和人员之间或多或少存在某种程度的独立性。在这种关系中，相关机构和人员（包括非政府机构）期待在他们集体面对的问题上达成一种共识，联合起来解决它。

在我们的研究中，认为规划的目标导向方面和机构导向方面都具有一种构造功能。两者都必须确保能够实际地执行决策者的意愿。当然，这个命题的实质在于由决策者采取的引导决策的行动。从根本上讲，这与基于规划行动的效率和效果相关的决策的合理化相联系。正如以上讨论的那样，选择的基础是决策者对规划问题的评估，必要时，还涉及对其他相关问题的评估。我们已经看到，这些引导决策的选择决定了规划的目标导向方面和机构导向方面。我们在讨论规划理论时，使用表4.1说明了规划的目标导向方面、机构导向方面和引导决策方面三者之间的相互关系。这张表说明，一个问题的复杂程度决定了如何使引导决策的选择合理化。一个问题的复杂程度还决定了规划的目标导向方面、机构导向方面和引导决策方面之间的关系。图8.1总结了这个命题。

我们勾画了以规划为基础的行动模型，以此说明规划三方面之间的关系（图8.1）。在这个模型中，目标导向方面和机构导向方面是通过复杂性联系起来的，对于以规划为基础的行动而言，用复杂性作为一个引导决策的指标。复杂性的水平从第一象限到第四象限沿着斜轴线展开。这个轴线也表达了从功能合理方式向交流合理方式的过渡。所以，第一象限所代表的问题是“相对简单”类的问题，而第四象限所代表的问题是“相对非常复杂”类的问题。这个模型在规划理论中为复杂性概念提供了一个基础，这个模型提出的命题在逻辑上遵循了规划理论论争的发展历史（表4.1）。

8.6　环境政策中的复杂性、一致性和共识

这个基于规划的行动模型提出了一个规划理论角度。我们也能把这个基于规划的行动模型看成是综合的。它包括了以“复杂性”指标为基础的基于规划的行动、多种决策和相关政策战略形式的不同形象。这个模型中的每一个因素能转变成为可以质疑的问题。在我们的研究中，我们已经使用这个模型，以复杂性作为基于规划的行动的指标为基础，分析了环境政策的发展。通过综合环境分区手段和指定的空间规划和环境地区政策，我们说明了环境政策的发展。我们可以把综合环境分区制度放在这个模型的第一象限，即目标导向的和层次性的政策一端。从根本上讲，分区是一种手段，源于传统的集中的和规定的环境政策。按照我们这个研究的逻辑，分区是一种可以用到“相对简单”类的环境-空间冲突的工具。相对比，指定的空间规划和环境地区政策代表了另外一种以特殊的地方状况为基础方式，正是因为

存在特殊的地方状况，所以决定采用这种方式。这种方式是一种参与式的方式，它考虑到利益有关各方提出的需要加以考察的情况。这种方式的目标是实现一个积极的多方面的和适合于地方的结果，期待的环境健康和卫生本身不再被看成是一个目标，而是一个较大的期待的远景的一个组成部分。我们可以把指定的空间规划和环境地区政策放在这个模型的第四象限，所以，用来处理那些分类为“复杂”的环境-空间冲突。这样，我们已经看到占据两端的手段，它们各自有自己的基本原则。所以，它们不能结合成为一个环境政策，至少当人们不了解两种手段的原则时，不能把它们结合起来，实际上它们出自不同程度的复杂性。

我们的研究集中考察了荷兰 20 世纪 90 年代的环境政策的变化。以技术-功能原则为基础的“旧的”的政策已经被转变成为以共同管理为基础的分散化的政策。当然，参与式的决策到目前为止还没有被完全接受。政策也没有发展到设定多方面目标的阶段（图 8.2 中的 C）。我们在图 8.2 中把荷兰环境政策的发展总结为基于规划的行动模型上从 A 到 B 的变化。按照我们在这个研究中提出的命题，这意味着环境政策不再针对“相对简单”类的问题了。环境政策也不针对“相对非常复杂”类的问题，而是针对“相对复杂”类（图 8.2 中的 B）的问题。

我们在研究中提出，早在 20 世纪 70 年代末，人们已经认为，针对环境问题的政策制定方式过于简单，需要新的和更为综合的方式来有效率和有效果地处理环境问题。所以，在 20 世纪 80 年代末，分门类的方式就已经被排除了，取而代之的是以论题为基础的环境政策。这些环境政策论题是源头导向的环境政策和受影响导向的环境政策的基础。“第一个国家环境政策计划”（NMP-1）细化了这些建议，这个文件表现出完成了环境政策方面的内部综合过程。当然，正如我们已经指出的那样，这一点仅仅适合于解释规划行动的引导决策方面的发展（见图 8.2）。用相互作用的和综合多种政策因素在一起的政策去替代技术-功能政策并没有直接影响到规划的目标导向方面和机构导向方面。直到 20 世纪 90 年代前半期，规划的目标导向方面依然以通用的和规定的标准为基础。许多案例都说明，规定的标准能够给空间规划带来深远的影响。同时，地方政府主张考虑地方特殊情况，成功地在政策上争取到了更大的灵活性。在国家层次上，要求分散化的呼声日益高涨，而在20世纪80年代强烈支持“灰色”环境的基础开始松动，转而支持空间开发。规划的机构导向方面直到20世纪90年代才开始发生变化，它的基础是层次方式。整个20世纪90年代是参与式决策方式发展的年代，这种变化的潮流很自然地影响到了荷兰的环境政策。开始人们谨小慎微，后来则信心倍增，当各种利益攸关者发现，参与式方式是灵活的，允许在考虑地方情况时有更大的余地，于是支持参与式决策（如在指定的空间规划和环境地区政策的形式中）的基础日益坚实起来。我们的研究提出（见图8.2），这种发展产生了实验性的基于网络的战略，以处理相对非常复杂的问题（即一种机构导向的方式），而环境法规继续保留技术-功能和目标导向的方式，就效果和效率而言，继续保留针对相对简单问题的特征（即一种目标导向的方式）。同时，相对于部门的和技术-功能的传统而言，规划的引导决策方面正在日益变得综合起来。结果是从针对相对简单问题的政策向关注相对复杂问题的政策方向转变。这个看法表明了20世纪80年代和90年代期间环境政策的非平衡性。

沿着这个发展线索，我们能够从20世纪90年代后半期开始实施的“城市与环境”项目建议中看到某种程度的一揽子特征（见图8.2中的B）。这个项目提出对传统的设定标准式的政策做两个根本性的改革。首先，如果理由充分，有可能偏离规定的环境法规。第二，地方负责决定是否偏离规定的环境法规。简单讲，环境标准依然存在，但是，环境标准不再是规定的。这样，就有可能偏离标准，按照地方情况，采用因地制宜的方式。在噪声减少和土壤保护这类政策领域，这种倾向甚至已经被官方正式认可。国家噪声减少标准已经变成了一种指标而不是一种规定，地方按照地方情况作出选择。当然，如果一个地方政府不愿意编制它自己的基于标准的政策，国家标准依然有效。多功能性不再是土壤保护政策的目标，相反，空间规划的需要是第一位的，按照场地的规划功能，决定土壤修复措施。

荷兰政府把环境政策方面的这些变化总结为，“从技术意义上的政策向以公众共识为基础的政策转变”。我们的研究给这种变化增加

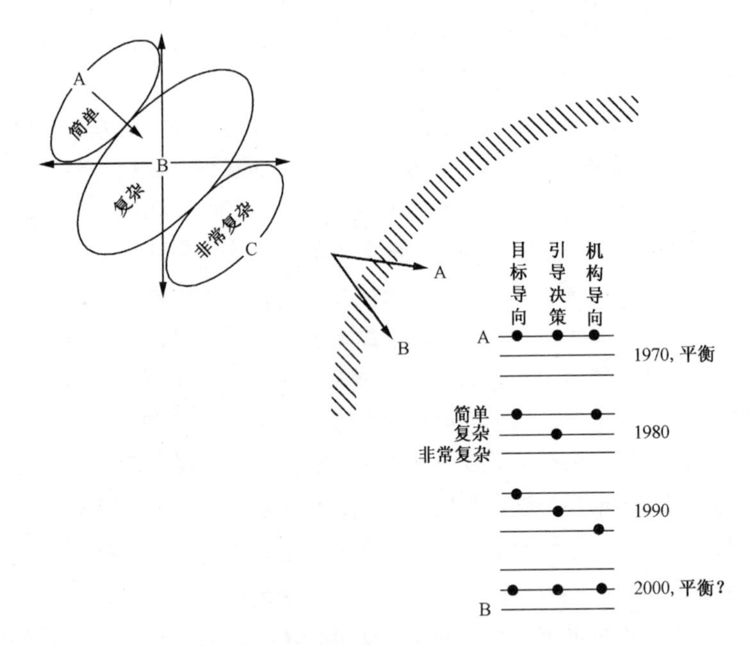

图 8.2　环境政策重点的长期变化

注：从基于规划的行动三方面的角度，相对环境问题的复杂程度（A、B、C，见文字部分），看环境政策重点的变化。

若干属性。人们很容易就能够提出，一些被描述为“技术合理”的政策也是建立在一定程度的共识基础上的，即围绕关心环境状况而建立起来的支持基础，其标志为“第一个国家环境政策计划（NMP-1）(1989)”。许多荷兰人都有这种共同的意识。有人认为这种进步是层次性的和规定性的政策的里程碑。所以，这种以共识为基础的政策基本上与参与规划和决策过程的机构和利益攸关者的共识相联系。基于共识的政策以后被推崇为技术上最优政策的抗衡面。在这背景下，“共识”或“支持基础”涉及更多参与环境政策决策的需要。所以，目标是在机构和利益攸关者之间就问题确定、解决方案、资源开发和在执行中的参与程度方面达成共识。这样，规划过程就会更为有效。当然，当我们思考在环境政策方面所提出的建议和所做的努力，垂直方向的发展，即从中央管理向分散管理方向的变化，十分明显，而在水平方向上，几乎没有什么进展。我们还要继续观察，非政府的利益攸关组织或个人是否会更直接和主动地参与到针对地方环境问题和解决环境-空间冲突的决策中来。

从规划三方面的角度看，期待的变化已经导致了一种合理的一揽子政策，这种政策与 20 世纪 80 年代和 20 世纪 90 年代前半期的政策形成对比。规划的引导决策方面已经成为现实，环境问题不再都被归纳到“相对简单”类别中。不仅仅需要对分部门的政策实施改革，从实际出发的呼声也日益高涨，通用方式不能够充分地考虑到地方各式各样的特殊情况。因为标准已经向着分地区的和指标性的方向变化，而不再坚持通用的和规定的特性，目标导向的规划更多地考虑到了地方特征。向地方管理方向的发展，更大规模的地方协商，可以看成机构导向的规划的变化。

以上描述的进展已经创造了一种政策气候，期待它能够产生处理“相对复杂”类别环境与空间冲突的有效率和有效果的措施。虽然比“相对复杂”还要复杂的环境与空间冲突在推动着环境政策的改变，然而，环境与空间冲突的复杂性将持续变化。这就意味着，我们必须确定环境政策改革的出发点，即辅助性原则。辅助性原则的基本点是，地方层次出现的问题应当也在地方上得到解决。这一原则应当用到比较复杂问题以下的全部问题上。当然，我们已经提出，通用政策可能更为适合用于划分为“相对简单”类的那些问题，特别是，当这种问题在一致的背景下在全国发生时，更是如此。把环境政策的重点转移到相对复杂问题的有利方面还有，环境政策改革正在寻找一个“中间方式”，处理“相对简单”尺度上问题的措施与处理“相对复杂”尺度上问题的措施不需要截然分开。从战略的观点出发，“中间方式”是有意义的，它给予环境政策更大的灵活性。从这个中间的位置出发，利益攸关者能够根据问题的性质，选择通用方式、分地区的方式或更大参与的方式。

这个命题让我们得出这样的结论，与环境-空间问题复杂性相关的知识、研究和评估都能对环境政策制定过程发生影响。与环境问题复杂性相适应的政策会更为有效率和效果。在规划导向的措施中一定会反映出政策是否适应了环境问题复杂性。我们应当注意到，在荷兰，现在的环境目标不再是被强塞进固定的框架中，越来越有必要找到与我们生活相联系的环境方面和其他方面之间的一种协调。与传统方式相比，这样做会在地方尺度内有更大的环境收益，但是，我们不应该认为，这种情况会自动地证明它是一种规律而不是例外。否则，我们就是欺骗我们自己。

8.7　地方层次的环境政策：走向共同管理?

我们在研究中提出，当环境-空间问题产生的背景变得越来越重要时，我们就更需要一种适合于地方情况的政策，而不是通用的规定性政策。适合于地方情况的政策会产生一系列结果。在复杂情况下，适合于形体环境多方面的政策区域会产生一定程度的叠加。在这种情况下，强制推行环境标准，我们能够期待的只能是对空间功能不利的结果。如果在考虑到地方情况下选择一种方式，那么，地方政府必须根据地方特征和地方共识形成一个战略。当然，地方政府并没有制定战略原则的经验，因为在规定的和分层次的传统政策下，地方政府的基本责任就是强制执行自上而下的法规。所以，地方政府在执行它们共同管理的新职责时，相对缺乏经验。

我们讨论了阿姆斯特丹市政府在地方层次上制定战略政策的经验，它的目标是积极地保护、尽可能地改善这座城市的环境质量。阿姆斯特丹 IJ 湾河岸项目的一个部分豪特哈芬斯开发的目标是，在原先的港口地区建设高端市场的住宅。在这种情况下形成的政策并不是完全以国家环境原则为基础的。对比而言，阿姆斯特丹市政府已经在内部有限条件和原则基础上制定了地方环境政策。并把它与有关形体环境的其他形式的政策联系起来。在一系列战略计划中细化了“污染泡概念”和“环境矩阵”之类的方式。这些方式旨在保证，在空间规划和项目开发中，不要以环境利益作为代价。这就需要重新定义“环境质量”的概念。一种新的和更为先进的解释已经在传统的和被限定的解释之后出现了。这个新的定义与其他基于政策的工作相关，这些工作旨在改善一个地区的宜居性，或把可持续性并入这些工作之中。环境质量中的这种特点在具体的发展计划中详细展开，宜居性和可持续性影响着空间规划，对空间规划具有实际的意义。当然，当阿姆斯特丹先进的方式与变化速度慢得多的国家法规发生冲突时，阿姆斯特丹的先进方式已经面临着诸种问题。所以，豪特哈芬斯项目至今还在经历着程序性的冲突，经历着认为国家环境标准太严格的传统想法中产生出来的冲突。

从我们的研究出发，我们能够得出这样的结论，虽然在地方层次有可能以一种一揽子的方式去执行引导决策的、目标导向的和机构导向的规划，但是，如果它不能与“较高”层次政府实施的措施相一致，它可能会失败。我们的研究还揭示出，在阿姆斯特丹，环境-空间冲突可能是特殊的和复杂的，但是，他们选择的方式并不是参与式的。我们并没有详细讨论这种案例的相关方面，规划的目标导向方面还是居于主导地位。阿姆斯特丹地方政府地区能够从行政辖区的尺度上占有优势，因为在这个尺度上应该是能够执行一个分地区的和综合的创新政策。在荷兰，几乎没有几个地方行政管理机关能够维持这样一个行政管理体制，具有在问题产生的层次上解决环境-空间冲突的资格。

以上命题并不能自动引出这样的结论，如果能够把处理环境-空间冲突的地方政策用于一个较大的整体，这个处理环境-空间冲突的地方政策能够对这个整体发挥超出它自身的更大的作用。必须相对一个综合方式的价值来衡量用于不同问题和子问题的政策在整体上所具有的“额外价值”，反之，必须相对实施部门的或综合的方式的工作来衡量这个过程的结果。显而易见，通过定义，预先评估一个包括了大量不确定性的方式，不是一件容易的事情。

8.8　结论

我们在这个研究中抽象地讨论了这样一个问题，政策问题是否能够按照它们的复杂程度来分类，这种分类对决策具有重要意义。我们已经发现，环境-空间冲突的复杂性都在一定程度上与解决这些冲突的通用的规定政策所设想的复杂性不同，这样，解决这些冲突的通用的规定政策并不令人满意。荷兰的环境政策已经证明基本上是趋向于我们划分的“相对简单”类别的那些问题。这种政策产生于功能合理的理论框架中，这种理论框架的基础是环境污染的源头和空间影响后果之间存在着直接的因果关系。这种政策产生了一种统一的固定的方式，即我们所说的指令和控制规划。在我们的研究中，例如，通过建立一个问题与产生它的背景环境之间的联系程度，把相对简单的问题与比较复杂的问题区分开来。一个问题与产生它的背景环境之间的相互联系越紧密，这个环境背景就越重要，这个问题的复杂程度也就越大。我们还把这个命题转化成为一个实用的形式，即我们提出的基于规划的行动的模型。这个模型是一个综合的模型，其基础是这样一种观点，规划总是包括引导决策的、目标导向的和机构导向三个方面。这些方面的性质取决于一个环境-空间冲突的复杂性。这并非意味着，比较复杂的问题就要求比较复杂的决策方法或规划方法。当然，要求在决策上有所改变。这个对规划的看法是我们对环境政策研究的基础。我们已经揭示出，在环境政策中的三个规划方面至今还不是凝聚在一起的，但是，它们已经导致了从指令-控制规划向因地制宜的分地区的综合规划方向转变，即这样一种形式的规划，规划所涉及的特殊方面，如我们这里所涉及的环境质量，被看成是一个更大整体的一个方面，同时，规划过程的结果由于不确定的水平而基本上不可预测。所以，在这种情况下，规划应当以网络关系为基础，而不是以直接的因果关系为基础。这样，一个环境-空间冲突的因素和这些因素得以产生的背景之间动态的相互作用产生了一定程度的与程序和结果相关的不确定性。这种相互作用不仅仅发生在规划对象之间，也发生在利益攸关者之间，因此，这种类型规划的理论框架基本上是建立在交流的合理性基础上的。使用复杂性作为决策的一个指标，并不是说我们认为交流的合理性和功能合理性是决策和规划的两个理论端点，而是说应当把交流的合理性和功能合理性看成它们相互重叠部分的延伸。它们重叠的程度将依赖于问题的复杂性。在这种情况下，“复杂性”是交流的合理性和功能合理性之间的桥梁。

参考文献

第1章

Borst, H., G. de Roo, H. Voogd, H. van der Werf (1995) *Milieuzones in Beweging; eisen, wensen, consequenties en alternatieven*, Samsom H.D. Tjeenk Willink, Alphen aan den Rijn.

Gemeente Groningen (1996) Concept Milieubeleidsplan In Natura, Milieudienst, Groningen.

Gleick, J. (1988) *Chaos: Making a New Science*, Penguin, New York.

Kaufmann F.X., G. Majone, V. Ostrom (eds) (1986) *Guidance, Control and Evaluation in the Public Sector: The Bielefeld interdisciplinary project*, De Gruyter, Berlijn.

Kooiman, J. (1996) Stapsgewijs omgaan met politiek-maatschappelijke problemen, in P. Nijkamp, W. Begeer en J. Berting (eds), *Denken over complexe besluitvorming: een panorama*, Sdu Uitgevers, Den Haag.

Kramer, N.J.T.A., J. de Smit (1991) *Systeemdenken*, Stefert Kroese, Leiden.

Lugt, F. de (2000) *De ramp van Enschede; zaterdag 13 mei 2000*, De Twentse Courant, Tubantia/Oostelijke weekbladpers BV, Enschede.

Meadows, D., D. Meadows, J. Randers, W. Behrens (1972) *Rapport van de Club van Rome, De grenzen aan de groei*, Uitgeverij Het Spectrum, Utrecht.

O'Riordan, T. (1976) *Environmentalism*, Pion, London.

Pigou, A.C. (1920) *The Economics of Welfare*, Macmillan, London.

Prigogine, I., I. Stengers (1990) *Orde uit chaos; De nieuwe dialoog tussen de mens en de natuur*, Uitgeverij Bert Bakker, Amsterdam.

RARO (Raad van advies voor de ruimtelijke ordening) (1994) Advies over het Tweede Nationale Milieubeleidsplan, nr. 166, SDU Uitgevers, Den Haag.

TK (Tweede Kamer) (1993) Nationaal Milieubeleidsplan 2; Milieu als maatstaf, Vergaderjaar 1993-1994, 23560, nrs. 1-2, Den Haag.

TK (Tweede Kamer) (1996) Decentralisatie, brief van de minister en staatssecretaris van Volksgezondheid, Ruimtelijke Ordening en Milieubeheer, Vergaderjaar 1995-1996, 22236, nr. 36, Den Haag.

VROM (Ministerie van Volkshuisvesting, Ruimtelijke Ordening en Milieubeheer) (1984) Meer dan de Som der Delen; Eerste nota over de planning van het milieubeleid, Tweede Kamer, 1984-1985, 18602, nr. 2, Den Haag.

VROM (Ministerie van Volkshuisvesting, Ruimtelijke Ordening en Milieubeheer) (1993) Vierde Nota over de ruimtelijke ordening extra (Vinex); deel 4: Planologische Kernbeslissing Nationaal Ruimtelijk beleid, Den Haag.

VROM (Ministerie van Volkshuisvesting, Ruimtelijke Ordening en Milieubeheer) (1995) Waar vele willen zijn, is ook een weg; Stad & Milieu Rapportage, Directoraat Generaal Milieubeheer, Den Haag.

VROM (Ministerie van Volkshuisvesting, Ruimtelijke Ordening en Milieubeheer) (2000) Concept Vijfde Nota Ruimtelijke Ordening, RPD, VROM, Den Haag.

World Commission on Environment and Development (1987) *Our Common Future*, Oxford University Press, Oxford.

第2章

Adriaanse, A., R. Jeltes, R. Reiling (1989) Information Requirements of Integrated Environmental Policy Experiences in The Netherlands, *Environmental Management* 13/3, pp. 309-315.

Ashworth, G.J., E. Ennen (1995) Het Groninger Museum: een ruimtelijke inpassing van een ongewenste activiteit? in B. van der Moolen en H. Voogd (eds) *Niet in mijn achtertuin, maar waar dan? Het Nimby-verschijnsel in ruimtelijke planning*, Samsom H.D. Tjeenk Willink, Alphen aan den Rijn, pp. 78-90.

Ast, J.A. van, H. Geerlings (1993) *Milieukunde en milieubeleid*, Samsom H.D. Tjeenk Willink, Alphen aan den Rijn.

Bakker, H. (1995) Nimby - reden voor planologisch zelfonderzoek, in B. van der Moolen en H. Voogd (eds) *Niet in mijn achtertuin, maar waar dan? Het Nimby-verschijnsel in ruimtelijke planning*, Samsom H.D. Tjeenk Willink, Alphen aan den Rijn, pp. 182-192.

Barrow, C.J. (1995) *Developing the Environment; Problems and Management*, Longman Scientific & Technical, Harlow, UK.

Bartelds, H.J., G. de Roo (1995) *Dilemma's van de compacte stad; uitdagingen voor het beleid*, VUGA, Den Haag.

Beatley, T. (1995) Planning and Sustainability: The Elements of a New (Improved?) Paradigm, *Journal of Planning Literature*, Vol. 9, No. 4., pp. 383-395.

Beatley, T. (1995b) The Many Meanings of Sustainability: Introduction to a Special Issue of JPL, *Journal of Planning Literature*, Vol. 9, No. 4., pp. 339-342.

Berg, G.P. van den (1994) *Hoogspanningslijnen gevaarlijk? De resultaten van bevolkingsonderzoeken*, Natuurkundewinkel, Rijksuniversiteit Groningen, Groningen.

Bergh, J. van den, B. Doedens, S. Frijns, M. Groot, M. Hoogbergen, F. Krimp en M. Opmeer (1994) *Leefbaarheid in de compacte stad; Onderzoek naar het indiceren van leefbaarheid*, Universitaire Beroepsopleiding Milieukunde, Instituut voor Milieuvraagstukken, Vrije Universiteit Amsterdam, Amsterdam.

Blowers, A. (1990) Narrowing the options: political conflicts and locational decision making, in ASVS-congrescommissie (eds) *Milieu en ruimte: verslag van het 13e ASVS-lustrumcongres*, ASVS-Publikatiereeks, nr. 11, Amsterdamse Studievereniging voor Sociaal-geografen, Amsterdam, pp. 94-102.

Borst, H., G. de Roo, H. Voogd, H. van der Werf (1995a) *Milieuzones in Beweging; eisen, wensen, consequenties en alternatieven*, Samsom H.D. Tjeenk Willink, Alphen aan den Rijn.

Borst, H., G. de Roo, H. Voogd, H. van der Werf (1995b) *De planologische konsekwenties van Integrale Milieuzonering; Analyse van knelpunten en oplossingsrichtingen op basis van de IMZ-proefprojecten*, Deelonderzoek A, Faculteit der Ruimtelijke Wetenschappen, Rijksuniversiteit Groningen, Groningen.

Bouwer, K., P. Leroy (eds) (1995) *Milieu en ruimte; Analyse en beleid*, Boom, Meppel.

Bouwer, K., J.C.M. Klaver (1987) *Milieuproblemen in geografische perspectief; Een geografisch overzicht van de milieuproblematiek veroorzaakt door maatschappelijke activiteiten in Nederland*, Van Gorcum, Assen/Maastricht.

Breheny, M. (1992) Towards Sustainable Urban Development, in A.M. Mannion, S. Bowlby (eds), *Environmental Issues in the 1990s*, John Wiley & Sons, Chichester, UK, pp. 277-290.

Brimblecome, P., F. Nicholas (1995) Urban air pollution and its consequences, in T. O'Riordan (ed.) *Environmental Science for Environmental Management*, Longman Scientific & Technical, Harlow, UK, pp. 283-295.

Cammen, H. van der, L.A. de Klerk (1986) *Ruimtelijke ordening; Van plannen komen plannen*, Aula, Uitgeverij Het Spectrum, Utrecht/Amsterdam.

Camstra, R., J. van der Craats, W. Reedijk, B. Timmermans (1996) *Verder dan de voordeur; Woningcorporaties en de leefbaarheid van wijken in Nederland*, Afdeling Onderzoek en Ontwikkeling, Nationale Woningraad, Almere.

Carson, R. (1962) *Silent Spring*, Houghton Mifflin, Boston.

Cavalini, P.M. (1992) *It's an Ill Wind that Brings no Good: Studies on odour annoyance and the dispersion of odorant concentrations from industries*, University Press Groningen, Groningen.

Copius Peereboom, J.W., L. Rijenders (1989) *Hoe gevaarlijk zijn milieugevaarlijke stoffen*? Boom, Meppel.

Cutter, S.L. (1993) *Living with Risk; The geography of technological hazards*, Edward Arnold, London.

Dankelman, I., P. Nijhoff, J. Westermann (1981) *Bewaar de aarde: in het perspectief van de World Conservation Strategy*, Meulenhoff Informatief, Amsterdam.

Ehrlich, P., A. Ehrlich (1969) *The Population Bomb*, Ballantine, New York.

Ellis, D. (1989) *Environments at Risk; Case Histories of Impact Assessment*, Springer-Verlag, Berlijn, Heidelberg.

Ettema, J.H. (1992) Uitgangspunten voor normstelling, in W. Passchier-Vermeer (eds), *Geluidoverlast en gezondheid, deel B van Lawaaibeheersing*, Handboek voor Milieubeheer, Samsom H.D. Tjeenk Willink, Alphen aan den Rijn, pp. B6000-1-B6000-9

Gemeente Amsterdam (1995) Milieuverkenning Amsterdam, Milieudienst, Amsterdam.

Gezondheidsraad (1994) Geluid en gezondheid, publikatienummer 1994/15, Commissie Geluid en gezondheid, Den Haag.

Haggett, P. (1979) *Geography: A modern synthesis*, Harper & Row, New York, London.

Hardin, G. (1968) The Tragedy of the Commons, in *Science* 162, p. 1243-1248.

Healey, P., T. Shaw (1993) Planners, Plans and Sustainable Development, *Regional Studies*, Vol. 27.8, pp. 769-776.

Hoeflaak, H., H.A.P. Zinger (1992) Externe integratie in de ruimtelijke ordening, *Stedebouw en Volkshuisvesting*, nr. 6, pp. 10-15.

Hollander, A.E.M. de (1993) Algemene inleiding: fysieke omgevingsfactoren en gezondheid, in D. Ruwaard en P.G.N. Kramers (eds), *Volksgezondheid Toekomst Verkenning; De gezondheidstoestand van de Nederlandse bevolking in de periode 1950-2010*, RIVM, Bilthoven, pp. 600-608.

Hough, M. (1989) *City form and Natural Process; Towards a new urban vernacular*, Routledge, London.

Humblet, A.G.M., G. de Roo (eds) (1995) *Afstemming door inzicht; een analyse van gebiedsgerichte milieubeoordelingsmethoden ten behoeve van planologische keuzes*, Geo Pers, Groningen.

Ike, P. (1998) The spatial impact of building in concrete versus building in wood, in B. van der Moolen, A.F. Richardson and H. Voogd (eds) *Mineral Planning in a European Conext: Demand and Suply, Environment and Sustainability*, Geo Press, Groningen, pp. 269-278.

IUCN (International Union for Conservation of Nature and Natural Resources) (1980) *World Conservation Strategy: Living resource conservation for sustainable development*, IUCN, Gland.

Johnston, R.J. (1989) *Environmental Problems; Nature, Economy and State*, Belhaven Press, London/New York.

Kaufmann F.X., G. Majone, V. Ostrom (eds) (1985) *Guidance, Control and Evaluation in the Public Sector*, De Gruyter, Berlin/New York.

Koning, M.E.L. de (1994) *In dienst van het milieu; Enkele memoires van oud-directeur-generaal Milieubeheer prof. ir. W.C. Reij*, Samsom H.D. Tjeenk Willink, Alphen aan den Rijn.

Kooiman, J. (1996) Stapsgewijs omgaan met politiek-maatschappelijke problemen, in P. Nijkamp, W. Begeer en J. Berting (eds), *Denken over complexe besluitvorming: een panorama*, Sdu Uitgevers, Den Haag, pp. 31-48.

Kuijper, C.J. (1993) *Bedrijven en milieuzonering*, Vereniging van Nederlandse Gemeenten, Den Haag.

Linders, B.E.M. (1995) Weerstand rond de uitbreiding van Schiphol, in B. van der Moolen en H. Voogd (eds), *Niet in mijn achtertuin, maar waar dan? Het Nimby-verschijnsel in ruimtelijke planning*, Samsom H.D. Tjeenk Willink, Alphen aan den Rijn, pp. 122-128.

LNV (Ministerie van Landbouw, Natuurbeheer en Visserij) (1990) Natuurbeleidsplan, TK 1989-1990, 21149, nrs. 2-3, Den Haag.

Lugt, F. de (2000) *De ramp van Enschede; zaterdag 13 mei 2000*, De Twentse Courant, Tubantia/Oostelijke weekbladpers BV, Enschede.

Malthus, T.R. (1817) *An Essay on the Principles of Population*, Murray, London.

Marshall, A. (1924) *Principles of Economics*, Macmillan, London.

McDonald, G.T. (1996) Planning as Sustainable Development, *Journal of Planning Education and Research*, 15, pp. 225-236.

Meadows, D., D. Meadows, J. Randers, W. Behrens (1972) *Rapport van de Club van Rome, De grenzen aan de groei*, Uitgeverij Het Spectrum, Utrecht.

Midden, C.J.H. (1993) *De perceptie van risico's*, Intreerede, Technische Universiteit Eindhoven, Eindhoven.

Miller, D., G. de Roo (eds) (1997) *Urban Environmental Planning; Policies, instruments and methods in an international perspective*, Avebury, Aldershot, UK.

Mishan, E.J. (1967) *The Cost of Economic Growth*, Staples Press, London.

Mishan, E.J. (1972) *Cost-benefit Analysis, Unwin University Books*, George Allen & Unwin Ltd, London.

Miura, M. (1997) *The Housing Pattern in the Residential Area in Japanese Cities and Wind Flow on Prevailing Wind Direction*, Shibaura Institute of Technology, Department of Architecture and Environmental System, Fukasaku, Omiya-Shi, Japan.

Moolen, B. van der (1995) *Ontgrondingen als een maatschappelijk vraagstuk*, Dissertatie Faculteit der Ruimtelijke Wetenschappen, Rijksuniversiteit Groningen, Groningen.

Moolen, B. van der, A. Richardson, H. Voogd (eds) (1998) *Mineral Planning in a European Context*, Geo Press, Groningen.

Nelissen, N., J. Van der Straaten, L. Klinkers (eds) (1997) *Classics in Environmental Studies*, International Books, Utrecht.

Netherlands National Committee for IUCN/Steering Group World Conservation Strategy (1988) *The Netherlands and the World Ecology: Towards a national conservation strategy in and by the Netherlands, 1988-1990*, Amsterdam.

Niekerk, F. (1995) De ruimtelijke inpassing van lokaal ongewenste activiteiten, in G. de Roo (eds) *Milieuplanning in vierstromenland*, Samsom H.D. Tjeenk Willink, Alphen aan den Rijn, pp. 165-177.

Nijkamp, P. (1996) De enge marges van het beleid en de brede missie van de beleidsanalyse, in P. Nijkamp, W. Begeer en J. Berting (eds), *Denken over complexe besluitvorming: een panorama*, Sdu Uitgevers, Den Haag, pp. 129-146.

Opschoor, J.B., S.W.F. van der Ploeg (1990) Duurzaamheid en kwaliteit: hoofddoelstellingen van milieubeleid, in Commissie Lange Termijn Beleid, *Het Milieu: denkbeelden voor de 21ste eeuw*, Kerckebosch BV, Zeist, pp. 81-127.

Page, G.W. (1997) *Contaminated Sites and Environmental Cleanups; International Approaches to Prevention, Remediation, and Reuse*, Academic Press, San Diego.

Pearce, D., E. Barbier, A. Markandya (1990) *Sustainable Development: Economics and environment in the Third World*, Elgar, Aldershot, UK.

Pigou, A.C. (1920) *The Economics of Welfare*, Macmillan, London.

Pinch, S. (1985) *Cities and Services; The geography of collective consumption*, Routledge & Kegan Paul, London.

Provincie Groningen (1990) Bij nader inzien, Milieubeleidsplan 1991-1994, Groningen.

Pruppers, M.J.M., G.J. Eggink, H. Slaper, L.H. Vaas, H.P. Leenhouts (1993) Straling, in D. Ruwaard en P.G.N. Kramers (eds), *Volksgezondheid Toekomst Verkenning; De gezondheidstoestand van de Nederlandse bevolking in de periode 1950-2010*, RIVM, SDU Uitgeverij, Den Haag.

Ragas, A.M.J., R.S.E.W. Leuven, D.J.W. Schoof (1994) *Milieukwaliteit en normstelling*, Handboeken milieukunde 1, Boom, Meppel.

Reade, E. (1987) *British Town and Country Planning*, Open University Press, Milton Keynes.

RIVM (Rijksinstituut voor Volksgezondheid en Milieuhygiëne) (1988) Zorgen voor Morgen, RIVM en Samsom H.D. Tjeenk Willink, Bilthoven en Alphen aan den Rijn.

RIVM (Rijksinstituut voor Volksgezondheid en Milieuhygiëne) (1998) Leefomgevingsbalans; Voorzet voor vorm en inhoud, RIVM, Bilthoven.

Roo, G. de (eds) (1996) *Milieuplanning in vierstromenland*, Samsom H.D. Tjeenk Willink, Alphen aan den Rijn.

Staatsblad 53 (1990) Besluit Genetisch Gemodificeerde Organismen, Den Haag.

StoWa (1996) Hinderonderzoek en bedrijfseffectentoets bij rioolwaterzuiveringsinrichtingen in Nederland, Utrecht.

Thibodeau, F.R., H.H. Field (eds) (1984) *Sustaining Tomorrow: A strategy for world conservation and development*, Tufts University/University Press of New England, Hanover.

TK (Tweede Kamer) (1988) Vierde nota over de ruimtelijke ordening, Vergaderjaar 1987-1988, 20490, nrs. 1-2, SDU uitgeverij, Den Haag.

TK (Tweede Kamer) (1989) Nationaal Milieubeleidsplan 1989-1993, Kiezen of verliezen, Vergaderjaar 1988-1989, 21137, nrs. 1-2, SDU-uitgeverij, Den Haag.

TK (Tweede Kamer) (1991) Milieukwaliteitsdoelstellingen bodem en water, Vergaderingsjaar 1990-1991, 21990, nrs. 1-2, SDU uitgeverij, Den Haag.

TK (Tweede Kamer) (1993) Nationaal Milieubeleidsplan 2; Milieu als maatstaf, Vergaderjaar 1993-1994, 23560, nrs. 1-2, SDU uitgeverij, Den Haag.

Udo de Haes, H.A. (1991) Milieukunde, begripsbepaling en afbakening, in J.J. Boersema, J.W. Copius Peereboom en W.T. de Groot (eds) *Basisboek milieukunde*, Boom, Meppel, pp. 21-34.

United Nations (1992) Agenda 21; Programme of Action for Sustainable Development, Rio Declaration on Environment and Development, Statement of Forest Principles, The final text of agreements negotiated by Governments at the United Nations Conference on Environment and Development (UNCED), 3-14 June 1992, Rio de Janeiro, Brazil, United Nations Publication, New York.

Velze, K. van, R.J.M. Maas (1991) Lokale milieuproblemen, in Rijksinstituut voor volksgezondheid en milieuhygiëne, Nationale Milieuverkenning 1990-2010, nr. 2, Samsom H.D. Tjeenk Willink, Alphen aan den Rijn, pp. 397-427.

Vlek, C.A.J. (1990) Beslissingen over risico-acceptatie, Publikatienummer A90/10, Gezondheidsraad, Den Haag.

VNG (1986) Bedrijven en milieuzonering, Groene reeks nr. 80, VNG Uitgeverij, Den Haag.

Voogd, H. (1985) Prescriptive analysis in planning, in *Environment and Planning B, Planning and Design*, 12, pp. 303-312.

Voogd, H. (1987) Ruimtelijke kwaliteit; ook voor toekomstige generaties, in *Stedebouw en Volkshuisvesting*, juni 1987, pp. 206-211.

Voogd, H. (1995) *Methodologie van ruimtelijke planning*, Coutinho, Bussum.

Voogd, H. (1996) *Facetten van de planologie*, Samsom H.D. Tjeenk Willink, Alphen aan den Rijn.

VROM (Ministerie van Volkshuisvesting, Ruimtelijke Ordening en Milieubeheer) (1984a) Meer dan de Som der Delen; Eerste nota over de planning van het milieubeleid, Tweede Kamer, 1983-1984, 18292, nr. 2, Den Haag.

VROM (Ministerie van Volkshuisvesting, Ruimtelijke Ordening en Milieubeheer) (1984b) Indicatief Meerjaren Programma Milieubeheer 1985-1989, Tweede Kamer, 1984-1985, 18602, nr. 2, Den Haag.

VROM (Ministerie van Volkshuisvesting, Ruimtelijke Ordening en Milieubeheer) (1989) Project KWS2000; Bestrijdingsstrategie voor de emissies van vluchtige organische stoffen, Projectgroep Koolwaterstoffen 2000, Directie Lucht, DGM, Den Haag.

VROM (Ministerie van Volkshuisvesting, Ruimtelijke Ordening en Milieubeheer) (1990) Ministriële handreiking voor een voorlopige systematiek voor de integrale milieuzonering, Integrale milieuzonering deel 6, Directie Geluid, DGM, Den Haag.

VROM (Ministerie van Volkshuisvesting, Ruimtelijke Ordening en Milieubeheer) (1994) Thema-document verstoring: naar een betere milieukwaliteit ten behoeve van een hoogwaardige leefomgeving, C.C.M. Gribling, J.A. Verspoor, Publikatiereeks verstoring, nr. 7, Directoraat-Generaal Milieubeheer, Den Haag.

VROM (Ministerie van Volkshuisvesting, Ruimtelijke Ordening en Milieubeheer) (1996) Thuis: op weg naar een integrale aanpak van het leefomgevingsbeleid, Interne VROM-notitie, Den Haag.

VROM (Ministerie van Volkshuisvesting, Ruimtelijke Ordening en Milieubeheer) (1998) Volkshuisvesting in cijfers, Directie Bestuursdienst, DGHV, Den Haag.

VROM (Ministerie van Volkshuisvesting, Ruimtelijke Ordening en Milieubeheer), minsterie van Economische Zaken, ministerie van Landbouw, Natuurbeheer en Visserij, ministerie van Verkeer en Waterstaat, ministerie van Financiën, ministerie van Buitenlandse Zaken (1998) Nationaal Milieubeleidsplan 3, VROM, Den Haag.

Wal, L. van der, P.P. Witsen (1995) De grenzen van de compacte stad; Duurzame eisen kunnen meer ruimtebeslag inhouden, *ROM Magazine*, nr. 3, pp. 3-7.

Wanink, J.H. (1998) *The pelagic cyprinid Rastrineobola argentea as a crucial link in the disrupted ecosystem of Lake Victoria: Dwarfs and Giants*, Ponsen & Looijen, Wageningen.

Werf, H. van der, H. Borst, G. de Roo, H. Voogd (1995) *Ruimte voor zoneren; Een onderzoek naar de planologische konsekwenties van Integrale Milieuzonering*, Deelonderzoek B, Faculteit der Ruimtelijke Wetenschappen, Rijksuniversiteit Groningen, Groningen.

Winsemius, P. (1986) *Gast in eigen huis; Beschouwingen over milieumanagement*, Samsom H.D. Tjeenk Willink, Alphen aan den Rijn.

World Commission on Environment and Development (1987) *Our Common Future*, Oxford University Press, Oxford.

Zeedijk, H. (1995) *Stof in de Houthavens, Centrum voor Milieutechnologie*, Technische Universiteit Eindhoven, Eindhoven.

Zon, H. van (1991) Milieugeschiedenis, in J.J. Boersema, J.W. Copius Peereboom en W.T. de Groot (eds) *Basisboek Milieukunde*, Boom, Meppel.

第3章

Akkerman S.S. (1990) Tellen van woningen binnen zones 2. Handmatig (incl. Nieuwbouw), Integrale Milieuzonering, nr. 13, Directoraat Generaal Milieubeheer, Ministerie van VROM, Leidschendam.

Arts, E.J.M.M. (1992) Milieu-effectrapportage in de ruimtelijke ordening: waarom geen MER voor Vinex?, *Planologische Diskussiebijdragen 1992*, Delftse Uitgeverij Mij, Delft, pp. 245-254.

Ashworth, G.J., H. Voogd (1990) *Selling the City: Marketing Approaches in Public Sector Planning*, Belhaven, London/New York.

Bakker, H. (eds) (1992) Milieu en RO in conflict bij Dordtse kantorenbouw, *ROM Magazine* 10/1992, p. 46.

Bakker, H. (1997) Stad en milieu: milieubelangen lopen elkaar voor de voeten, *ROM Magazine*, nr. 4, pp. 4-8.

Bartelds, H.J., G. de Roo (1995) *Dilemma's van de compacte stad: uitdagingen voor het beleid*, VUGA Uitgeverij B.V., Den Haag.

Bartels, J.H.M., C.W.M. van Swieten (1990) Tellen van woningen binnen zones 1, Digitaal, Integrale Milieuzonering, nr. 12, Directoraat Generaal Milieubeheer, Ministerie van VROM, Leidschendam.

Beatley, T. (1995) Planning and Sustainability: The Elements of a New (Improved?) Paradigm, Comment, *Journal of Planning Literature*, Vol. 9, No. 4, pp. 383-395.

Beer, J. de (1997/45) Bevolkingsprognose 1996: minder bevolkingsgroei, meer vergrijzing, januari, *Sector Bevolking*, Voorburg/Heerlen, pp.6-12.

Beer, J. de, H. Roodenburg (1997/45) Drie scenario's van de bevolking, huishoudens, opleiding en arbeidsaanbod voor de komende 25 jaar, Maandstatistiek van de bevolking, Centraal Bureau voor de Statistiek, februari, Sector Bevolking, Voorburg/Heerlen, pp. 6-10.

Bever (1997) Beleidsvernieuwing Bodemsanering, Scope-document: voorstellen voor het bestuur, VROM, IPO, VNG, Den Haag.

Blanken, W. (1997) *Ruimte voor milieu; milieu/ruimte-conflicten in de stad; een analyse*, Faculteit der Ruimtelijke Wetenschappen, Groningen.

Borchert, J.G., G.J.J. Egbers, M. de Smidt (1983) *Ruimtelijk beleid van Nederland; Sociaal-geografische beschouwingen over regionale ontwikkeling en ruimtelijke ordening*, De Wereld in Stukken, Unieboek B.V., Bussum.

Borchert, J.G. (1983) De Randstad in het ruimtelijk beleid, in Borchert, J.G., G.J.J. Egbers, M. de Smidt, *Ruimtelijk beleid van Nederland; Sociaal-geografische beschouwingen over regionale ontwikkeling en ruimtelijke ordening*, De Wereld in Stukken, Unieboek B.V., Bussum.

Borst, H., G. de Roo, H. Voogd, H. van der Werf (1995) *Milieuzones in Beweging; Eisen, wensen, consequenties en alternatieven*, Samsom H.D. Tjeenk Willink, Alphen aan den Rijn.

Breheny, M. (1992) Towards Sustainable Urban Development, in A.M. Mannion, S. Bowlby, *Environmental Issues in the 1990s*, John Wiley & Sons, Chichester, UK, pp. 277-290.

Breheny, M., R. Rookwood (1993) Planning the sustainable city region, in A. Blowers (ed.) *Planning for a Sustainable Environment*, Earthscan, London, pp. 150-189.

Breheny, M. (1996) Centrists, Decentrists and Compromisers: Views on the Future of Urban Form, in M. Jenks, E. Burton, K. Williams, *The Compact City: A Sustainable Form?* E&FN Spon, London, pp. 13-35.

Brink, A.H. (1996) Efficiënt gebruik van ruimte op bestaande bedrijventerreinen; planologische regels geen beletsel voor doelmatig benutten, *ROM Magazine*, nr. 9, pp. 30-32.

Brouwer, J., P. Bijvoet, M. de Hoog (1997) Leve de stad!; Ontwerpverkenning binnen de stad, *ROM Magazine*, nr. 1/2, pp. 16-19.

Brussaard, W., A.R. Edwards (1988) De Vierde nota juridisch en bestuurlijk gezien, in Permanente Contactgroep Ruimtelijke Organisatie, *Commentaren op de Vierde nota over de ruimtelijke ordening*, Landbouwuniversiteit Wageningen, Wageningen, pp. 16-27.

Bueren, E. van (1998) Contouren in het restrictief beleid; verwachtingen van de bijdrage van een instrument aan ruimtelijke kwaliteit, *Planologische Discissiebijdragen 1998*, Thema 'Plannen met water', Stichting Planologische Discussiedagen, Delft, pp. 299-308.

Buijs, S.C. (1983) De compacte stad, in *Planologische Diskussiebijdragen 1983*, deel 1, Delftse Uitgevers Maatschappij b.v., Delft, pp. 133-142.

Camstra, R. (1995) Een mobiel partnerschap: mobiliteitskeuzen binnen geëmancipeerde huishoudens, Planologisch en Demografisch Instituut, Universiteit van Amsterdam, Amsterdam.

CBS (Centraal Bureau voor de Statistiek) (1996/44) Maandstatistiek van de bevolking, januari, Afdeling Bevolging, Voorburg/Heerlen.

CBS (Centraal Bureau voor de Statistiek) (1997/45) Maandstatistiek van de bevolking, februari, Afdeling Bevolking, Voorburg/Heerlen.

CEC (Commissie van de Europese Gemeenschappen) (1990) Groenboek over het Stadsmilieu, EU, Brussels.

Clercq, F. le, J.J.D. Hoogendoorn (1983) Werken aan de kompakte stad, in *Planologische Diskussiebijdragen 1983*, deel 1, Delftse Uitgevers Maatschappij b.v., Delft, pp. 155-166.

Dantzig, G., T. Saaty (1973) *Compact City: A Plan for a Liveable Urban Environment*, Freeman, San Francisco.

Elkin, T., D. McLaren, M. Hillman (1991) *Reviving the City: Towards Sustainable Urban Development*, Friends of the Earth, London.

Engelsdorp Gastelaars, R. van (1996) Steden in ontwikkeling; Stedelijke problemen en ruimtelijke verhoudingen binnen een toekomstige Randstad, *Stedebouw en Ruimtelijke Ordening*, nr. 5, pp. 19-23.

Engwicht, D. (1992) *Towards an Eco-City: Calming the Traffic*, Envirobook, Sydney.

EZ (Ministerie van Economische Zaken) (1994) Ruimte voor Economische Activiteit; Vestigingslokaties in de toekomst, een confrontatie van vraag en aanbod, Den Haag.

EZ (Ministerie van Economische Zaken) en Heidemij (Advies BV) (1996) Nieuwe kansen voor bestaande terreinen, een onderzoek naar de problemen en oplossingen voor verouderde bedrijventerreinen in Nederland, EZ, Den Haag.

Fikken, W., V. van Unen (1995) Naar een compactere invulling van Vinex-locaties; Mogelijkheden om in grotere dichtheid te verstedelijken, *ROM Magazine*, nr. 3, pp. 8-11.

Friedmann, J., J. Miller (1965) The Urban Field, *Journal of the American Institute of Planners*.

Frieling, D.H. (1995) Geen Stedenring Centraal Nederland maar een Hollandse Metropool, *Stedebouw en Volkshuisvesting*, nr. 5/6, pp. 6-12.

Geleuken, B. van, M.N. Boeve, C. Verdaas (1997) Ruimte, tijd en de betrokkenheid bij de Stad & Milieu-experimenten; Hoe milieuvriendelijk is het compacte-stadconcept, *ROM Magazine*, nr. 4, pp. 16-17.

Gemeente Apeldoorn (1996) Kanaalzone Stad & Milieu, Dienst Milieuhygiëne, Dienst Ruimtelijke Ordening en Volkshuisvesting en Stafeenheid Milieu-Educatie en -Voorlichting, Apeldoorn.

Gemeente Apeldoorn (1998) Raamnota Kanaalzone/Stad & Milieu, Apeldoorn.

Gemeente Arnhem (incl. Stichting Volkshuisvesting) (1997) Ontwikkelingsplan Malburgen, Concept, Arnhem.

Gemeente Delft (1998) Communicatieplan Stad & Milieu Zuidpoort, Bijlage 1; Projectbeschrijving Zuidpoort, Concept, Afdeling Milieu, Delft.

Gemeente Den Haag (1992) Stedebouwkundig ontwikkelingsplan Scheveningen haven, Dienst Ruimtelijke en Economische Ontwikkeling, Den Haag.

Gemeente Groningen (1997) CiBoGa; Concept-stedenbouwkundig plan en plankaarten, Samenvatting, Dienst RO/EZ, Groningen.

Gemeente Leiden (1998) Definitieve aanmelding voor Stad & Milieu van het project 'ontwikkeling Van Gend & Loosterrein e.o.', Leiden.

Gemeente Smallingerland (1997) A-voorstel, Ontwikkelingsvisie Drachtstervaart, Nr. 4, A. Muis, Sector Ontwikkeling, Beheer en Milieu, Drachten.

Gemeente Utrecht (1997) Verslag van inspraakavond over stedebouwkundige visie herontwikkeling Kromhout, Wijkbureau Oost, Gemeente Utrecht, Utrecht.

Gijsberts, P. (1995) Gebiedsgericht milieubeleid, in K. Bouwer en P. Leroy, *Milieu en Ruimte; Analyse en beleid*, Boom, Meppel, pp. 164-184.

Gordijn, H., H. Heida, H. den Otter (1983) *Primos, prognose-, informatie- en monitoringsysteem voor het volkshuisvestingsbeleid*, Planologisch studiecentrum TNO, voor het Directoraat-Generaal van de Volkshuisvesting, Ministerie van VROM, Den Haag.

Graaf, B. de, J. van den Heuvel, S.C. Mohr, D.A. Reitsma (1994) *Ruimte voor wonen 1995-2005*, Ministerie van Economische Zaken, Den Haag.

Hall, D. (1991) Altogether misguided and dangerous - a review of Newman and Kenworthy, *Town and Country Planning*, 60 (11/12), pp. 350-351.

Hall, D., M. Hebbert, H. Lusser (1993) The Planning Background, in A. Blowers (ed.) *Planning for a Sustainable Environment*, Earthscan, London, pp. 19-35.

Hauwert, P.C.M., R.W. Keulen (1990) Inventarisatie omvang zoneerbare milieubelasting met het oog op integrale milieuzonering; de situatie voor geheel Nederland, Integrale Milieuzonering, nr. 7. Ministerie van VROM, Directoraat Generaal Milieubeheer, Leidschendam.

Heide, H. ter (1992) Diagonal Planning: Potentials and Problems, *Planning Theory*, nrs. 7-8, pp. 116-134.

Heidemij (Advies BV) (1996) Herstructurering en efficiënt ruimtegebruik, Rijksplanologische Dienst, Den Haag.

Hemel, Z. (1996) Gevraagd: verstedelijkingsbeleid op een hoger niveau; Geen Randstad maar Stedenring, *Stedebouw en Ruimtelijke Ordening*, nr. 5, pp. 13-18.

Hofstra, H. (1996) Integrale aanpak bodemsanering, Milieudienst Groningen en Faculteit der Ruimtelijke Wetenschappen, Groningen.

Hollander, B. den, H. Kruythoff, R. Teule (1996) Woningbouw op Vinex-locaties: effect op het woon-werkverkeer in de Randstad, *Stedelijke en regionale verkenningen*, nr. 9, OTB, Delftse Universitaire Pers, Delft

Hoogland, J.S., F.J. Kolvoort (1993) Centraal Stadsgebied en IMZ: bestemmen & saneren, in G. de Roo (eds) *Kwaliteit van norm en zone; Planologische consequenties van (integrale) milieuzonering*, Geo Pers, Groningen.

Hooimeijer, P. (1989) Woningbehoefteprognoses, in F.M. Dieleman, R. van Kempen en J. van Weesep (eds) *Met nieuw elan, de herontdekking van het stedelijk wonen*, Volkshuisvesting in theorie en praktijk 23, Delftse Universitaire Pers, Delft, pp. 191-204.

Jacobs, J. (1961) *The Death and Life of Great American Cities*, Vintage Books (1992 edition), New York.

Jenks, M., E. Burton, K. Williams (1996) *The Compact City: A Sustainable Form?*, E&FN Spon, London.

Jong, D. de, M.A. Mentzel (1984) Waardering van woonmilieus in de compacte stad, in *Planologische Diskussiebijdragen 1984*, deel 2, Delftse Uitgevers Maatschappij b.v., Delft, pp. 463-484.

Kassenaar, B. (1997) Verstedelijken of herstedelijken?; Speuren naar middelen om ruimte intensiever te gebruiken, *ROM Magazine*, nr. 1/2, pp. 20-22.

Kempen, B.G.A. (1994) Wonen, wensen & mogelijkheden na 2000, Nationale Woningraad, Almere.

Koekebakker, M.O. (1997) Herstructureren van bestaande bedrijventerreinen, Kwaliteit op Locatie, nr. 9, Ministerie van Volkshuisvesting, Ruimtelijke Ordening en Milieubeheer, Den Haag, pp. 3-9.

Kok, J., F. van Wijk (1986) Haalbaarheid compacte stad: Verkenningen in de planologie, nr. 37, Planologisch en Demografisch Instituut, Universiteit van Amsterdam, Amsterdam.

Kolpron (1996a) *Inventarisatie van Vinex-bouwlocaties*, Kolpron Consultants, Rotterdam.

Kolpron (1996b) *Consequenties van een marktprogramma voor grondproductiekosten, grondopbrengsten en ruimtegebruik van Belstato-plannen*, Kolpron Consultants, Rotterdam.

Kolpron (1996c) *Herijking Belstato 1997; grondproduktiekosten, grondopbrengsten en ruimtegebruik in binnenstedelijk gebied*, Kolpron Consultants, Rotterdam.

Korthals Altes, W. (1995) *De Nederlandse planningdoctrine in het fin de siècle; Voorbereiding en doorwerking van de Viede nota over de ruimtelijke ordening (Extra)*, Van Gorcum, Assen.

Kreileman, M. (1996) *Vinex-locaties (on)bewoonbaar?; Een onderzoek naar milieu/ruimteconflicten op Vinex-locaties*, Tauw Infra Consult/Faculteit der Ruimtelijke Wetenschappen, Deventer/Groningen.

Kreileman, M., G. de Roo (1996) Aanspraken op Vinex-uitleglocaties kunnen huizenbouw stevig frustreren; Bestaande milieudruk op woningbouwlocaties gewogen, *ROM Magazine*, nr. 12, pp. 20-22.

Kuiper Compagnons (1996) Drachtstervaart - Ontwikkelingsvisie, Rotterdam/Arnhem.

Kuijpers, C.B.F., Th.L.G.M. Aquarius (1998) Meer ruimte voor kwaliteit; Intensivering van het ruimtegebruik in stedelijk gebied, *Stedebouw en Ruimtelijke Ordening*, nr. 1, pp. 28-32.

Kunstler, J.H. (1993) *Geography of Nowhere*, Touchstone, New York.

Laan, D. van der (1992) Nieuwe kantoorlokatie: gelijke bereikbaarheid voor auto en OV, *ROM Magazine*, nr. 10, pp. 16-19.

Linders, B.E.M. (1995) Weerstand rond de uitbreiding van Schiphol, in B. van der Moolen en H. Voogd (eds), *Niet in mijn achtertuin, maar waar dan?; Het Nimby-verschijnsel in de ruimtelijke planning*, Samsom H.D. Tjeenk Willink, Alphen aan den Rijn, pp. 122-128.

Martens, K. (1996) *ABC-locatiebeleid in de praktijk; De rol van gemeenten, provincies en Inspecties Ruimtelijke Ordening in de doorwerking van het ABC-locatiebeleid in strategisch beleid en operationele beslissingen*, Vakgroep Planologie, Katholieke Universiteit Nijmegen, Nijmegen.

McLaren, D. (1992) Compact or dispersed? Dilution is no solution, *Built Environment*, 18 (4), pp. 268-284.

Needham, D.B. (1995) *De gronden van ons bestaan: Ruimtelijk beleid voor een klein dichtbevolkt land*, KUN, Faculteit Beleidswetenschappen, Vakgroep Planologie, Nijmegen.

Newby, H. (1990) Revitalizing the countryside: the opportunities and pitfalls of counter-urban trends, *Journal of the Royal Society of Arts*, CXXXVIII (5409), pp. 630-636.

Newman, P.W.G., J.R. Kenworthy (1989) *Cities and Automobile Dependency. An International Sourcebook*, Gower Technical, Aldershot, UK.

NS Railinfrabeheer (1996) Brief aan Ministerie van VROM, DGM Bestuurszaken betreffende Stad & Milieu, 11 oktober, Utrecht.

Oosterhaven, J., P.H. Pellenbarg (1994) Regionale spreiding van economische activiteiten en bedrijfsmobiliteit, *Maandschrift Economie*, jrg. 58, pp. 388-404.

OPCS (Office of Population Censuses and Surveys) (1992) 1991 Census - Preliminary Report for England and Wales, OPCS, London.

Owens, S. (1986) *Energy Planning and Urban Form*, Pion, London.

Poll, W. Van der (1996) De weersverwachting Vinex, *Stedebouw en Ruimtelijke Ordening*, nr. 5, pp. 32-38.

Projectgroep Raaks (1997) Stedenbouwkundig en Ruimtelijk Functioneel Programma van Eisen Raaks, Haarlem.

RARO (Raad van advies voor de ruimtelijke ordening) (1993) Advies over de Trendbrief Volkshuisvesting 1993, SDU uitgeverij, Den Haag

Riel, P. van, B. Hendriksen (1996) Proefproject Stad & Milieu Gemeente Arnhem; Revitalisering in de wijk Malburgen, Dienst Milieu en Openbare Werken, Gemeente Arnhem, Arnhem.

Rijksbegroting voor het jaar 1979 (1978) TK 15300, Staatsuitgeverij, Den Haag.

Rijksbegroting voor het jaar 1983 (1982) TK 17600, Staatsuitgeverij, Den Haag.

RIVM (Rijksinstituut voor Volksgezondheid en Milieuhygiëne) (1991) Nationale milieuverkenning 2; 1990-2010, Samsom H.D. Tjeenk Willink, Alphen aan den Rijn.

Roseland, M. (1992) *Toward Sustainable Communities, National Roundtable on the Environment and the Economy*, Ottawa.

RPD (Rijksplanologische Dienst) (1985) De compacte stad gewogen, Studierapporten RPD, nr. 27, VROM, Den Haag.

RPD (1996) Bestuurlijke samenwerking is sleutel tot succes; hoogleraar Pellenbarg in gesprek met Menger van de RPD, in VROM (Ministerie van Volkshuisvesting, Ruimtelijke Ordening en Milieubeheer), Op weg naar 2015: Berichten over de uitvoering van de Vierde Nota Ruimtelijke Ordening, Nieuwsbrief nr. 9, RPD, Den Haag, pp. 8-9.

SCMO-TNO (1993) Evaluatie van de bedrijfstypen aan zoneerbare milieubelastingen, bevolkingsaantallen blootgesteld aan niet-verwaarloosbare belastingen, TNO, Delft.

Scoffham, E., B. Vale (1996) How Compact is Sustainable - How Sustainable is Compact? in M. Jenks, E. Burton, K. Williams, *The Compact City: A Sustainable Form?*, E&FN Spon, London, pp. 66-73.

Sherlock, H. (1991) *Cities are Good for Us*, Transport 2000, London.

Smyth, H. (1996) Running the Gauntlet: A Compact City within a Doughnut of Decay, in M. Jenks, E. Burton, K. Williams, *The Compact City: A Sustainable Form?* E&FN Spon, London, pp. 101-113.

Stb (Staatsblad) (1994) 331, Wet bodembescherming.

Sudjic, D. (1992) *Urban Villages*, Urban Villages Group, London.

Swieten, C.W.M. van, R.W. Keulen (1992) *Omvang zoneerbare milieubelastingen 1991*, SCMO-TNO, VROM, IMZ-reeks deel 23, Leidschendam.

Thomas, L., W. Cousins (1996) The Compact City: A Successful, Desirable and Achievable Urban Form?, in M. Jenks, E. Burton, K. Williams, *The Compact City: A Sustainable Form?* E&FN Spon, London, pp. 53-65.

TK (Tweede Kamer) (1989) Regels over experimenten inzake zuinig en doelmatig ruimtegebruik en optimale leefkwaliteit in stedelijk gebied (Experimentenwet Stad en Milieu), Vergaderjaar 1997-1998, 25848, nrs. 1-2, Den Haag.

TK (Tweede Kamer) (1993) Nationaal Milieubeleidsplan 2; Milieu als maatstaf, Vergaderjaar 1993-1994, 23560, nr. 4, Den Haag.

United Nations (1992) Agenda 21; Programme of Action for Sustainable Development, Rio Declaration on Environment and Development, Statement of Forest Principles, The final text of agreements negotiated by Governments at the United Nations Conference on Environment and Development (UNCED), 3-14 June 1992, Rio de Janeiro, Brazil, United Nations Publication, New York.

Veeken, T. van der (1997) Arnhem-Malburgen: van milieuprobleem naar stedebouwkundige uitdaging, *ROM Magazine* 15 (4), pp. 14-15.

Vijver, O. van de (1998) Op naar de complete stad!, *Binnenlands Bestuur*, Nr. 38, 18 februari 1998, pp 32-33.

VRO (Ministerie van Volkshuisvesting en Ruimtelijke Ordening) (1976) Verstedelijkingsnota, beleidsvoornemens over de spreiding, verstedelijking en mobiliteit, deel 2a van de Derde nota over de ruimtelijke ordening, kamerstukken 13754, nrs 1-2, Den Haag, Staatsuitgeverij.

VRO (Ministerie van Volkshuisvesting en Ruimtelijke Ordening) (1979) Verstedelijkingsnota; Tekst van de na parlementaire behandeling vastgestelde pkb, deel 2e van de Derde nota over de ruimtelijke ordening, kamerstukken 13754, Den Haag, Staatsuitgeverij.

VROM (Ministerie van Volkshuisvesting, Ruimtelijke Ordening en Milieubeheer) (1983) Structuurschets voor de stedelijke gebieden, deel a: beleidsvoornemen, TK 18048, nrs 1-2, Staatsuitgeverij, Den Haag.

VROM (Ministerie van Volkshuisvesting, Ruimtelijke Ordening en Milieubeheer) (1988) Trendrapport Woningbehoefte 1988; woningmarktonderzoek, nr. 66, Directoraat-Generaal van de Volkshuisvesting, Den Haag.

VROM (Ministerie van Volkshuisvesting, Ruimtelijke Ordening en Milieubeheer) (1988b) Vierde nota over de ruimtelijke ordening, deel a: beleidsvoornemen, TK 20490, nrs. 1-2, Sdu, Den Haag.

VROM (Ministerie van Volkshuisvesting, Ruimtelijke Ordening en Milieubeheer) (1988c) Vierde nota over de ruimtelijke ordening, deel d: regeringsbeslissing, TK 20490, nrs. 9-10, Sdu, Den Haag.

VROM (Ministerie van Volkshuisvesting, Ruimtelijke Ordening en Milieubeheer) (1990a) Vierde nota over de ruimtelijke ordening Extra; deel 1: ontwerp-planologische kernbeslissing, Op weg naar 2015, TK 21879, nrs. 1-2, SDU-Uitgeverij, Den Haag.

VROM (Ministerie van Volkshuisvesting, Ruimtelijke Ordening en Milieubeheer) (1990b) Nota Volkshuisvesting in de jaren negentig; Van bouwen naar wonen, TK 1988-1989, 20691, nrs. 2-3, SDU uitgeverij, Den Haag.

VROM (Ministerie van Volkshuisvesting, Ruimtelijke Ordening en Milieubeheer) (1990c) Het juiste bedrijf op de juiste plaats: naar een locatiebeleid voor bedrijven en voorzieningen in het belang van bereikbaarheid en milieu, Den Haag.

VROM (Ministerie van Volkshuisvesting, Ruimtelijke Ordening en Milieubeheer) (1992) Trendrapport Volkshuisvesting 1992; vraag en aanbod op de woningmarkt, nr. 43, Directoraat-Generaal van de Volkshuisvesting, Den Haag.

VROM (Ministerie van Volkshuisvesting, Ruimtelijke Ordening en Milieubeheer) (1993) Vierde nota over de ruimtelijke ordening Extra; deel 4: planologische kernbeslissing nationaal ruimtelijk beleid, TK 21.879, nrs. 65-66, SDU-Uitgeverij, Den Haag.

VROM (Ministerie van Volkshuisvesting, Ruimtelijke Ordening en Milieubeheer) (1994) Thema-document Verstoring, Publikatiereeks Verstoring, nr. 7, Den Haag.

VROM (Ministerie van Volkshuisvesting, Ruimtelijke Ordening en Milieubeheer) (1995) Trendrapport Volkshuisvesting 1995; de woningmarkt: een verkenning, Directoraat-Generaal van de Volkshuisvesting, Den Haag.

VROM (Ministerie van Volkshuisvesting, Ruimtelijke Ordening en Milieubeheer) (1996a) Verstedelijking in Nederland 1995-2005; de Vinex-afspraken in beeld, Rijksplanologische Dienst / Interprovinciaal Overleg, Den Haag.

VROM (Ministerie van Volkshuisvesting, Ruimtelijke Ordening en Milieubeheer) (1996b) Op weg naar 2015: Berichten over de uitvoering van de Vierde Nota Ruimtelijke Ordening, Nieuwsbrief nr. 6, RPD, Den Haag.

VROM (Ministerie van Volkshuisvesting, Ruimtelijke Ordening en Milieubeheer) (1996c) Op weg naar 2015: Berichten over de uitvoering van de Vierde Nota Ruimtelijke Ordening, Nieuwsbrief nr. 8, RPD, Den Haag.

VROM (Ministerie van Volkshuisvesting, Ruimtelijke Ordening en Milieubeheer) (1996d) Actualsering Vierde nota ruimtelijke ordening' Extra deel 1, Partiële herziening, PKB nationaal ruimtelijk beleid, Den Haag.

VROM (Ministerie van Volkshuisvesting, Ruimtelijke Ordening en Milieubeheer) (1996e) Verslag van de Groene Hart gesprekken, Den Haag.

VROM (Ministerie van Volkshuisvesting, Ruimtelijke Ordening en Milieubeheer) (1996f) Op weg naar 2015: Berichten over de uitvoering van de Vierde Nota Ruimtelijke Ordening, Nieuwsbrief nr. 5, RPD, Den Haag.

VROM (Ministerie van Volkshuisvesting, Ruimtelijke Ordening en Milieubeheer) (1996g) Binnen regels naar kwaliteit, Stad & Milieu, Rapportage deelproject, VROM, Den Haag.

VROM (Ministerie van Volkshuisvesting, Ruimtelijke Ordening en Milieubeheer) (1997) Op weg naar 2015: Berichten over de uitvoering van de Vierde Nota Ruimtelijke Ordening, Nieuwsbrief nr. 9, RPD, Den Haag.

VROM (Ministerie van Volkshuisvesting, Ruimtelijke Ordening en Milieubeheer) (1998) Naar een complete stad; kiezen voor milieu en kwaliteit in het bestaand stedelijk gebied, VROM, Den Haag.

VROM (Ministerie van Volkshuisvesting, Ruimtelijke Ordening en Milieubeheer) (1999) Reactie van de minister van VROM op de Startconferentie Ruimtelijke Ordening, in Startconferentie Ruimtelijke Ordening, 8 februari 1999, VROM, Den Haag, p. 14.

VROM (Ministerie van Volkshuisvesting, Ruimtelijke Ordening en Milieubeheer) (1999b) Primos Pprognose; De toekomstige ontwikkeling van bevolking, huishoudens en woningbehoefte, DGHV, VROM, Den Haag.

VROM (Ministerie van Volkshuisvesting, Ruimtelijke Ordening en Milieubeheer) (2000) Concept Vijfde Nota Ruimtelijke Ordening, RPD, Den Haag.

VROM (Ministerie van Volkshuisvesting, Ruimtelijke Ordening en Milieubeheer) (2001) Vijfde Nota Ruimtelijke Ordening, RPD, Den Haag.

VROM (Ministerie van Volkshuisvesting, Ruimtelijke Ordening en Milieubeheer), ministerie van Economische Zaken, ministerie van Landbouw, Natuurbeheer en Visserij, ministerie van Verkeer en Waterstaat, ministerie van Financiën, ministerie van Buitenlandse Zaken (1998) Nationaal Milieubeleidsplan 3, VROM, Den Haag.

VROM (Ministerie van Volkshuisvesting, Ruimtelijke Ordening en Milieubeheer), Ministerie van Economische Zaken, Ministerie van Landbouw, Natuurbeheer en Visserij, Ministerie van Verkeer en Waterstaat (1999) De ruimte van Nederland; Startnota ruimtelijke ordening 1999, VROM, Sdu Uitgevers, Den Haag.

VROM (Ministerie van Volkshuisvesting, Ruimtelijke Ordening en Milieubeheer), V&W (Ministerie van Verkeer en Waterstaat), EZ (Ministerie van Economische Zaken) (1990) Werkdocument Gelciding van de mobiliteit door locatiebeleid voor bedrijven en voorzieningen, RPD, Den Haag.

VROM (Ministerie van Volkshuisvesting, Ruimtelijke Ordening en Milieubeheer), IPO (Interprovinciaal Overleg), VNG (Vereniging Nederlandse Gemeenten) (1995) Streefbeeld bodem, Den Haag.

VROM-Raad (1998) Stedenland-plus, Advies over 'Nederland 2030 - Verkenning ruimtelijke perspectieven' en de 'Woonverkenningen 2030', Den Haag.

VROM-Raad (1999) Corridors in balans: van ongeplande corridorvorming naar geplande corridorontwikkeling, Den Haag.

V&W (Ministerie van Verkeer & Waterstaat) (2000) Van A naar Beter: Nationaal verkeers- en vervoersplan 2001-2020, Beleidsvoornemen, Deel A, V&W, Den Haag.

Wal, L. van der, P.P. Witsen (1995) De grenzen ven de compacte stad; Duurzame eisen kunnen meer ruimtebeslag inhouden, *ROM Magazine*, nr. 3, pp. 3-7.

Welbank, M. (1996) The Search for a Sustainable Urban Form, in M. Jenks, E. Burton, K. Williams, *The Compact City: A Sustainable Form?*, E&FN Spon, London, pp. 74-82.

World Commission on Environment and Development (1987) *Our Common Future*, Oxford University Press, Oxford.

WRR (Wetenschappelijke Raad voor het Regeringsbeleid) (1998) Ruimtelijke ontwikkelingspolitiek, Sdu Uitgevers, Den Haag.

Zoete, P.R. (1997) *Stedelijke knooppunten: virtueel beleid voor een virtuele werkelijkheid?; Een verkenning van de plaats van indicatief rijksbeleid in de wereld van gemeenten*, Thesis Publishers, Amsterdam.

Zonneveld, W.A.M. (1991) *Conceptvorming in de Ruimtelijke Planning; Patronen en processen*, Planologische Studies 9A, Planologisch en Demografisch Instituut, Universiteit van Amsterdam, Amsterdam.

Zonneveld, W.A.M. (1997) Recensie 'Stedelijke knooppunten', *Stedebouw en Ruimtelijke Ordening*, nr. 2, p. 49.

Zwanikken, T., W. Korthals Altes, B. Needham, A. Faludi (1995) Lessen voor de actualisatie van de Vinex; evaluatie van het Vinex-verstedelijkingsbeleid, *Stedebouw en Volkshuisvesting*, nr. 5/6, pp. 18-26.

第4章

Ackoff, R.L. (1981) Beyond prediction and preparation, *S3 Papers*, University of Pennsylvania, pp. 82-106.

Albers, P., J. Bloem, W. Gooren (1994) Veranderende Sturingsconcepties en Beleidsevaluatie, *Beleidsanalyse*, Vol. 94-3, pp. 5-13.

Alexander, E.R. (1984) After Rationalism, What?, A review of responses to paradigm breakdown, *Journal of the American Planning Association*, nr. 1, pp. 62-69.

Alexander, E.R. (1986) *Approaches to Planning; Introducing current planning theories, concepts, and issues*, Gordon and Breach Science Publishers, New York.

Alexander, E.R., A. Faludi (1990) *Planning Doctrine; Its uses and implications, paper for the conference on planning theory; Prospects for the 1990s*, Vakgroep Planologie en Demografie, Universiteit van Amsterdam, Amsterdam.

Amdam, R. (1994) *The Planning Community; An example of a voluntary communal planning approach to strategic development in small communities in Norway*, Rapport 9404, Moreforsking Volda.

Arnstein, S.R. (1969) A Ladder of Citizen Participation, *Journal of the American Institute of Planners*, Vol. 35, pp. 216-244.

Ashby, W.R. (1956) *An Introduction in Cybernetics*, Chapman & Hall, New York.

Aufenanger, J. (1995) *Filosofie*, Prisma, Uitgeverij Het Spectrum B.V., Utrecht.

Bahlmann, J.P. (1996) De ondraaglijke lichtheid van complexe besluitvormingsprocessen, in P. Nijkamp, W. Begeer en J. Berting (eds), *Denken over complexe besluitvorming: een panorama*, SDU Uitgevers, Den Haag, pp. 87-100.

Bakker, H. (1997) Stad en milieu: milieubelangen lopen elkaar voor de voeten, *ROM Magazine*, pp. 4-6.

Barry, B., R. Hardin (eds) (1982) *Rational Man and Irrational Society?*, Sage Publications, Beverly Hills/London/New Delhi.

Berg, G.J. van den (1981) *Inleiding in de planologie; Voor ieder een plaats onder de zon?* , Samsom H.D. Tjeenk Willink, Alphen aan den Rijn.

Berry, D.E. (1974) The Transfer of Planning Theories to Health Planning Practice, *Policy Sciences*, Vol. 5, pp. 343-361.

Bertalanffy, L. Von (1968) *General System Theory: Foundations, Development and Applications*, Braziller, New York.

Berting, J. (1996) Over rationaliteit en complexiteit, in P. Nijkamp, W. Begeer en J. Berting (eds), *Denken over complexe besluitvorming: een panorama*, SDU Uitgevers, Den Haag, pp. 17-29.

Blanco, H. (1994) *How to Think about Social Problems: American Pragmatism and the Idea of Planning*, Greenwood Press, Westport, Connecticut.

Bohman, J. (1996) *Public Deliberation; Pluralism, Complexity and Demograсy*, The MIT Press, Cambridge, USA.

Borst, H., G. de Roo, H. Voogd, H. van der Werf (1995) *Milieuzones in beweging; Eisen, wensen, consequenties en alternatieven*, Samsom H.D. Tjeenk Willink, Alphen aan den Rijn.

Boulding, K.E. (1956) General system theory - the skeleton of science, *General Systems I*, Vol. 2, pp. 197-208.

Bouwer en Klaver (1995) Milieuzonering, in Bouwer, K. en P. Leroy (eds) *Milieu en Ruimte*, Boom, Meppel, pp. 207-235.

Braudel, F. (1992) *De Middellandse zee; Het landschap en de mens*, deel een, Uitgeverij Contact, Amsterdam/Antwerpen.

Braybrooke, D., C.E. Lindblom (1963) *A Strategy of Decision*, The Free Press, New York.

Bruijn, J.A. de, E.F. ten Heuvelhof (1991) *Sturingsinstrumenten voor de overheid; Over complexe netwerken en een tweede generatie sturingsinstrumenten*, Stenfert Kroese Uitgevers, Leiden.

Bruijn, J.A. de, E.F. ten Heuvelhof (1995) *Netwerkmanagement: Strategieën, instrumenten en normen*, Lemma Uigeverij B.V., Utrecht.

Bryson, J.M., P. Bromiley, Y.S. Jung (1990) Influences of Context and Process on Project Planning Success, *Journal of Planning Education and Research*, Vol. 9(3), pp. 183-195.

Bryson, J.M., A.L. Delbecq (1979) A Contingent Approach to Strategy and Tactics in Project Planning, *Journal of the American Planning Association*, April, pp. 167-179.

Buiks (1981) Institutie/institutionalisering, in Rademaker, L. (eds) *Sociologische grondbegrippen 1: Theorie en analyse*, Aula-boeken 685, Uitgeverij Het Spectrum, Utrecht / Antwerpen.

Cammen, H. van der (1979) *De binnenkant van de planologie*, Dick Coutinho, Muiderberg.

Casseres, J.M. de (1929), Grondslagen der planologie, *De Gids*, nr. 93, pp. 367-394.

Casti, J.L. (1995) *Complexification; Explaining a Paradoxical World Through the Science of Surprise*, Abacus, London.

Chadwick, G. (1971) *A Systems View of Planning: Towards a theory of the urban and regional planning process*, Pergamon Press, Oxford.

Chapin, F.S., E.J. Kaiser (1985) *Urban land use planning*, University of Illinois Press, Urbana.

Checkland, P.B. (1991) From Optimizing to Learning: A Development of Systems Thinking for the 1990s, in R.L. Flood and M.C. Jackson (eds), *Critical Systems Thinking*, John Wiley & Sons, Chichester, UK, pp. 59-75.

Cohen, M.D., J.G. March, J.P. Ohlsen (1972) A garbage can model of organizational choice, *Administrative Science Quarterly*, Vol. 17, pp. 1-25.

Cohen, J., I. Stewart (1994) *The Collapse of Chaos; Discovering Simplicity in a Complex World*, Penguin Books USA, New York.

Coveney, P., R. Highfield (1995) *Frontiers of Complexity; The Search for Order in a Chaotic World*, Ballantine Books, New York.

Dalton, L.C. (1986) Why the rational paradigm persists; the resistance of professional education and practice to alternative forms of planning, *Journal of Planning Education and Research*, Vol. 5, pp. 147-153.

Dekker, A., B. Needham (1989) De handelingsgerichte benadering van de ruimtelijke planning en ordening: een uiteenzetting, in N. Muller en B. Needham, *Ruimtelijk Handelen: Meewerken aan de ruimtelijke ontwikkeling*, Kerckebosch BV, Zeist, pp. 1-12.

Dror, Y. (1968) *Public Policymaking Reexamined*, Chandler, San Fransisco.

Dryzek, J. (1990) *Discursive Democracy; Politics, policy and political science*, Cambridge University Press, Cambridge.

Durkheim, E. (1927) *Les règles de la méthode sociologique*, Alcan, Paris

Elster, J. (1983) *Sour grapes; Studies in the subversion of rationality*, Cambridge University Press, Cambridge.

Emery, F.E., E.L. Trist (1965) The causal texture of organizational environments, in F.E. Emery (ed.) *Systems Thinking*, Penguin Books, Harmondsworth, pp. 241-257.

Etzioni, A. (1967) Mixed-scanning, a 'Third' approach to decision-making, in *Public Administration Review*, Vol. 27, pp. 385-392.

Etzioni, A. (1968) *The Active Society*, Collier-Macmillan, London.

Etzioni, A. (1986) Mixed Scanning Revisited, *Public Administration Review*, pp. 8-14.

Eve, R.A. (1997) Afterword: So where are we now? A final word, in Eve, R.A., S. Horsfall, E.M. Lee (1997) *Chaos, Complexity and Sociology; Myths, Models and Theories*, Sage Publications, Thousand Oaks, USA.

Eve, R.A., S. Horsfall, E.M. Lee (1997) *Chaos, Complexity and Sociology; Myths, Models and Theories*, Sage Publications, Thousand Oaks, USA.

Faludi, A. (1973) *Planning Theory*, Pergamon Press, Oxford.

Faludi, A. (1986) *Critical Rationalism and Planning Methodology*, Pion Limited, London.

Faludi, A. (1987) *A Decision-Centred View of Environmental Planning*, Pergamon Press, Oxford.

Faludi, A., A. van der Valk (1994) *Rule and Order; Dutch planning doctrine in the twentieth century*, Kluwer Academic Publishers, Dordrecht.

Feigenbaum, M. (1978) Quantitative Universality for a Class of Nonlinear Transformations, *Journal of Statistical Physics*, Vol. 19, pp. 25-52.

Flood, R.L. (1989) Six scenarios for the future of systems 'problem solving', *System Practice*, Vol 2, pp. 75-99.

Flood, R.L., M.C. Jackson (eds) (1991) *Critical Systems Thinking*, John Wiley & Sons, Chichester, UK.

Flood, R.L., M.C. Jackson (1991a) *Creative Problem Solving: Total Systems Intervention*, John Wiley & Sons, Chichester, UK.

Forester, J. (1989) *Planning in the Face of Power*, University of California Press, Berkeley, USA.

Forester, J. (1993) *Critical Theory, Public Policy and Planning Practice; Toward a Critical Pragmatism*, State University of New York Press, Albany.

Friedberg, E. (1993) *Le Pouvoir et la Règle; dynamiques de l'action organisée*, Editions du Seuil, Paris.

Friedmann, J. (1971) The future of comprehensive planning: a critique, *Public Administration Review*, nr. 31, pp. 315-326.

Friedmann, J. (1973) *Retracking America: A Theory of Transactive Planning*, Anchor Press/Doubleday, Garden City/New York.

Friedmann, J. (1987) *Planning in the Public Domain From Knowledge to Action*, Princeton University Press, Princeton.

Friedmann, J., C. Weaver (1979) *Territory and Function; The Evolution of Regional Planning*, Arnold, London.

Friend, J.K., N. Jessop (1969) *Local Government and Strategic Choice*, Pergamon, Oxford.

Friend, J.K., J.M. Power, C.J. Yewlett (1974) *Public Planning: The inter-corporate dimension*, Tavistock Publication, London.

Fuenmayor, R. (1991) Between Systems Thinking and Systems Practice, in R.L. Flood, M.C. Jackson (eds), *Critical Systems Thinking*, John Wiley & Sons, Chichester, UK, pp. 227-244.

Galbraith, J. (1973) *Designing Complex Organisations*, Addison Wesley, Reading, Mass.

Gell-Mann, M. (1994) *De quark en de jaquar*, Uitgeverij Contact, Amsterdam.

Giddens, A. (1984) *The Construction of Society; Outline of a theory of structuration*, Policy Press, Cambridge.

Giddens, A. (1984a) *The Constitution of Society*, University of California Press, Berkeley.

Gill, E., E. Lucchesi (1979) Citizen participation in planning, in F.S. So, I. Stollman, F. Beal and D.S. Arnold (eds) *The Practice of Local Government Planning*, International City Management Association, Washington DC. pp. 552-575.

Gillingwater, D. (1975) *Regional Planning and Social Change, A responsive approach*, Saxon House/Lexington Books, Westmead, UK.

Glasbergen, P. (eds) (1989) *Milieubeleid: Theorie en praktijk*, VUGA Uitgeverij B.V., Den Haag.

Gleick, J. (1987) *Chaos; De derde wetenschappelijke revolutie*, Uitgeverij Contact, Amsterdam

Goldberg, M.A. (1975) On the Inefficiency of Being Efficient, *Environment and Planning*, Vol. 7, pp. 921-939.

Goudappel, H.M. (1996) Het metafysisch domein van besluitvormingsprocessen: een verkenning, in P. Nijkamp, W. Begeer en J. Berting, *Denken over complexe besluitvorming: een panorama*, SDU Uitgevers, Den Haag, pp. 59-86.

Habermas, J. (1972) *Knowledge and Human Interests*, Heinemann, London.

Habermas, J. (1984) *The Theory of Communicative Action*, Beacon Press, Boston.

Habermas, J. (1987) *The Philosophical Discourse of Modernity*, Polity Press, Cambridge.

Hanf, K., F.W. Sharpf (eds) (1978) *Interorganizational Policy Making*, Sage, London.

Harper, Th.L., S.M. Stein (1995) Out of the Postmodern Abyss: Preserving the Rationale for Liberal Planning, *Journal of Planning Education and Research*, Vol. 14, pp. 233-244.

Healey, P. (1983) 'Rational method' as a mode of policy information and implementation in land-use policy, *Environment and Planning B: Planning and Design*, Vol. 10, pp. 19-39.

Healey, P. (1992) Planning through debate; The communicative turn in planning theory, *Town Planning Review*, Vol. 63(2), pp. 143-162.

Healey, P. (1996) The communicative turn in planning theory and its implications for spatial strategy formation, *Environment and Planning B, Planning and Design*, Vol. 23, pp. 217-234.

Healey, P. (1997) *Collaborative planning: shaping places in fragmented societies*, Macmillan, Basingstoke, UK.

Hemmens, G.C. (1980) New directions in planning theory, *Journal of the American Planning Association*, Vol. 46(3), pp. 259-260.

Herweijer, M., G.J.A. Hummels, C.W.W. van Lohuizen (1990) *Evaluatie van indicatieve planfiguren: handleiding en begrippen*, Studierapporten Rijksplanologische Dienst, nr. 50, VROM, Den Haag.

Hickling, A. (1974) *Managing Decisions: The strategic choice approach*, Mantec, Rugby.

Hickling, A. (1985) Evaluation is a five-finger exercise, in A. Faludi, H. Voogd, *Evaluation of complex policy problems*, Delfsche Uitgevers Maatschappij B.V., Delft.

Hirschman, A.O., C.E. Lindlblom (1962) Economic development, research and development, policy making: some converging views, in F.E. Emery (ed.) (1969) *Systems Thinking*, Penguin Books, Harmondsworth, UK, pp. 351-371.

Hofstee, W.K.B. (1996) Psychologische factoren bij besluitvormingsprocessen, in P. Nijkamp, W. Begeer en J. Berting (eds), *Denken over complexe besluitvorming: een panorama*, SDU Uitgevers, Den Haag, pp. 49-58.

Holland, C., P. Holdert (1997) Projecten genereren vaak nodeloos verzet, Het ruimte debat, De Volkskrant, 27-08-1997, p. 9.

Hoogerwerf, A. (1989) Beleid, beleidsprocessen en effecten, in A. Hoogerwerf (eds) *Overheidsbeleid*, Samsom H.D. Tjeenk Willink, Alphen aan den Rijn.

Horgan, J. (1996) *The End of Science; Facing the Limits of Knowledge in the Twilight of the Scientific Age*, Broadway Books, New York.

Houten, D.J. van (1974) *Toekomstplanning, planning als veranderingsstrategie in de welvaartsstaat*, Boom, Meppel.

Hufen, J.A.M., A.B. Ringeling (1990) *Beleidsnetwerken; Overheids-, semi-overheids- en particuliere organisaties in wisselwerking*, VUGA, Den Haag.

Innes, J.E. (1995) Planning Theory's Emerging Paradigm: Communicative Action and Interactive Practice, *Journal of Planning Education and Research*, Vol. 14(3), pp. 183-189.

Innes, J.E. (1996) Planning through Consensus Building; A New View of the Comprehensive Planning Ideal, *Journal of the American Planning Association*, no. 62(4), pp. 460-472.

Jackson, M.C. (1985) Systems inquiring competence and organisational analysis, in *Proceedings of the 1985 Meeting of the Society for General Systems Research*, pp. 522-530.

Jackson, M.C. (1987) New directions in management science, in M.C. Jackson, P. Keys, *New Directions in Management Science*, Gower, Aldershot.

Jackson, M.C. (1991) The origins and nature of critical systems thinking, *Syst. Pract. 4*, pp. 131-149.

Jackson, M.C., P. Keys (1991) Towards a System of Systems Methodologies, in R.L. Flood, M.C. Jackson (eds), *Critical Systems Thinking*, John Wiley & Sons, Chichester, UK, pp. 140-158.

Kaiser E.J., D.R. Godschalk, F.S. Chapin (1995) *Urban Land Use Planning*, University of Illinous Press, Chicago,

Kastelein, J. (1996) Inrichting en sturing van complexe besluitvorming, in P. Nijkamp, W. Begeer en J. Berting, *Denken over complexe besluitvorming: een panorama*, SDU Uitgevers, Den Haag, pp. 101-128.

Kauffman, S. (1995) *At Home in the Universe; The Search for Laws of Complexity*, Penguin Books Ltd, London.

Kickert, W.J.M. (1986) *Overheidsplanning, theorieën, technieken en beperkingen*, Van Gorcum, Assen/Maastricht.

Kickert, W.J.M. (eds) (1993) *Veranderingen in management en organisatie bij de rijks-overheid*, Samsom H.D. Tjeenk Willink, Alphen aan den Rijn.

Kleefmann, F. (1984) *Planning als zoekinstrument; Ruimtelijke planning als instrument bij het richtingzoeken*, VUGA, Den Haag.

Klijn, E.H. (1994) *Policy Networks: An Overview, Research programme policy and governance in complex networks*, Department of Public Administration, Erasmus University, Rotterdam.

Klijn, E.H. (1996) *Regels en sturing in netwerken; De invloed van netwerkregels op de herstructurering van naoorlogse wijken*, Eburon, Delft.

Knaap, P. van der (1997) *Lerende overheid, intelligent beleid; De lessen van beleidsevaluatie en beleidsadvisering voor de structuurfondsen van de Europese Unie*, Phaedrus, Den Haag.

Kooiman, J. (1996) Stapsgewijs omgaan met politiek-maatschappelijke problemen, in P. Nijkamp, W. Begeer en J. Berting (eds), *Denken over complexe besluitvorming: een panorama*, SDU Uitgevers, Den Haag, pp. 31-48.

Korsten, A.F.B. (1985) Uitvoeringsgericht ontwerpen van overheidsbeleid, *Bestuur*, nr. 8, pp. 12-19.

Korthals Altes, W. (1995) *De Nederlandse planningdoctrine in het fin de siecle: voorbereiding en doorwerking van de Vierde nota over de ruimtelijke ordening (Extra)*, Van Gorcum, Assen.

Kramer, N.J.T.A., J. de Smit (1991) *Systeemdenken*, Stenfert Kroese, Leiden.

Kreukels, A.M.J. (1980) *Planning en planningproces; Een verkenning van sociaal-wetenschappelijke theorievorming op basis van ruimtelijke planning*, VUGA bv, Den Haag.

Kuijpers, C.B.F. (1996) Integratie en het gebiedsgericht milieubeleid, in G. de Roo (eds), *Milieuplanning in vierstromenland*, Samsom H.D. Tjeenk Willink, Alphen aan den Rijn, pp. 52-67.

Kunstler, J.H. (1993) *The Geography of Nowhere; The rise and decline of America's man-made landscape*, Touchstone, New York.

Lange, M. de (1995) *Besluitvorming rond strategisch ruimtelijk beleid; Verkenning en toepassing van doorwerking als beleidswetenschappelijk begrip*, Thesis Publishers, Amsterdam.

Leeuw, A.C.J. de (1974) *Systeemleer en Organisatiekunde*, Stenfert Kroese, Leiden.

Lewin, R. (1997) *Complexity; Life on the Edge of Chaos*, Phoenix, London.

Lim, G.C. (1986) Toward a Synthesis of Contemporary Planning Theory, *Journal of Planning Education and Research*, Vol. 5(2), pp. 75-85.

Lindblom, C.E. (1959) The Science of Muddling Through, *Public Administrator Review*, nr. 19, pp. 78-88.

Lucy, W. (1988) *Close to Power*, Planners Press, Chicago.

Lui, C. (1996) Holism vs. Particularism, a Lesson from Classical and Quantum Physics, *Journal for General Philosophy of Science*, Vol. 27, pp. 267-279.

Maarse, J.A.M. (1991) Hoe valt de effectiviteit van beleid te verklaren? Deel 1: Empirisch onderzoek, in J.Th.A. Bressers, A. Hoogerwerf (eds), *Beleidsevaluatie, Serie Maatschappijbeelden*, Samsom H.D. Tjeenk Willink, Alphen aan den Rijn, pp. 122-135.

Mainzer, K. (1996) *Thinking in Complexity; The Complex Dynamics of Matter, Mind and Mankind*, Springer-Verlag, Berlin/Heidelberg.

Mandelbrot, B.B. (1982) *The Fractal Geometry of Nature*, Freeman, San Fransisco.

Mannheim, K. (1940) *Man and Society in an Age of Reconstruction*, Routledge & Kegan Paul, London.

Mannheim, K. (1949) *Ideology and Utopia*, Harcourt Brace, New York.

March, J.G., J.P. Olsen (1976) *Ambiguity and Choice in Organisations*, Universitetsforlaget, Bergen.

March, J., H. Simon (1958) *Organizations*, John Wiley & Sons, New York.

Mastop, J.M. (1987) *Besluitvorming, handelen en normeren; Een methodologische studie naar aanleiding van het streekplanwerk*, Planologisch en Demografisch Instituut, Amsterdam.

Mastop, J.M., A. Faludi (1993) Doorwerking van strategisch beleid in dagelijkse beleidsvoering, *Beleidswetenschap*, Vol. 1, pp. 71-90.

McLennan, G. (1995) *Pluralism*, Open University Press, Buckingham, UK.

Meyerson, M., E. Banfield (1955) *Politics, Planning and the Public Interest; The case of public housing in Chicago*, Free Press, New York.

Midgley, G. (1995) What is this thing called critical systems thinking?, in Ellis, K., A. Gregory, B.R. Mears-Young, G. Ragsdell, *Critical Issues in Systems Theory and Practice*, Plenum Press, New York, pp. 61-71.

Miller, D., G. de Roo (eds) (1997) *Urban Environmental Planning: Policies, instruments and methods in an international perspective* , Avebury, Aldershot, UK.

Milroy, M.B. (1991) Into Postmodernism Weightlessness, *Journal of Planning Education and Research*, Vol. 10(3), pp. 181-187.

Nelissen, N.J.M. (1992) Besturen binnen verschuivende grenzen, Inaugurele rede, Kerckebosch, Zeist.

Neufville, J.I. de, S.E. Barton (1987) Myths and the definition of policy problems, *Policy Sciences*, Vol. 20, pp. 181-206.

Nijkamp, P. (1996) De enge marges van het beleid en de brede missie van de beleidsanalyse, in P. Nijkamp, W. Begeer en J. Berting, *Denken over complexe besluitvorming: een panorama*, SDU Uitgevers, Den Haag, pp. 129-146.

Noordzij, G.P. (1977) *Systeem en beleid*, Boom, Meppel.

Ozbekhan, H. (1969) Toward a General Theory of Planning, in E. Jantsch (ed.), *Perspectives of Planning*; Proceedings of the OECD Working Symposium on Long-Range Forecasting and Planning, OECD, Paris.

Parsons, T. (1951) *The Social System*, Routledge & Kegan Paul, London.

Partidário, M., H. Voogd (1997) *An endeavour at integration in environmental analysis and planning*, Paper presented at the Second International Symposium on Urban Planning and Environment, International Urban Planning and Environment Association, University of Groningen, Groningen.

Piaget, J. (1980) *Six Psychological Studies*, The Harvester Press, Brighton.

Pirsig, R.M. (1991) *Lila, een onderzoek naar zeden*, Uitgeverij Bert Bakker, Amsterdam.

Popper, K.R. (1961) *The Poverty of Historicism*, Routledge & Kegan Paul, London.

Prigogine, I. (1996) *Het einde van de zekerheden; Tijd, chaos en de natuurwetten*, Lannoo, Tielt.

Prigogine, I., I. Stengers (1990) *Orde uit chaos; De nieuwe dialoog tussen de mens en de natuur*, Uitgeverij Bert Bakker, Amsterdam.

Ringeling, A.B. (1987) *De voortdurende discussie over het politiebestel*, Gouda Quint, Arnhem.

Rittel, H.W.J., M.M. Webber (1973) Dilemmas in a General Theory of Planning, *Policy Sciences*, nr. 4, pp. 155-169.

Rondinelli, D.A., J. Middleton, A.M. Verspoor (1989) Contingency Planning for Innovative Projects; Designing Education Reforms in Developing Countries, *Journal of the American Planning Association*, Winter, pp. 45-56.

Roo, G. de (1995) Gebiedsgericht milieubeleid in vierstromenland; Strategische keuzen en randvoorwaarden voor het gebiedenbeleid, *ROM Magazine*, nr. 7/8, pp. 16-20.

Roo, G. de (1996) Inleiding, in G. de Roo (eds) *Milieuplanning in vierstromenland*, Samsom H.D. Tjeenk Willink, Alphen aan den Rijn, pp. 11-18.

Rosenau, J. (1990) *Turbulence in World Politics: A theory of change and continuety*, Princeton University Press, Princeton.

Rosenblueth, A., N. Wiener (1945) The role of models in science, *Philosophy of Science*, Vol. 12.
Russell, B. (1995) *Geschiedenis van de westerse filosofie; in verband met politieke en sociale omstandigheden van de oudste tijd tot heden*, Servire Uitgevers bv, Cothen.
Sager, T. (1994) *Communicative Planning Theory*, Avebury, Aldershot.
Sagoff, M. (1988) *The Economy of the Earth: Philosophy, law and the environment*, Cambridge University Press, Cambridge.
Scharpf, F.W. (1978) Interorganizational policy studies: issues, concepts and perspectives, in K. Hanf, F.W. Scharpf (eds) *Interorganizational Policy Making; limits to coordination and central control*, Sage Publications, London, pp. 345-370.
Simon, H.A. (1960) *The New Science of Management Decision*, Harper & Row, New York.
Simon, H.A. (1967) *Models of Man, Social and Rational: Mathematical essays on rational human behavior in a social setting*, New York.
Simon, H.A. (1976) *Administrative Behavior: a Study of Decision-Making Processes in Administrative Organisations*, Free Press, New York.
Smith, H.E. (1963) Toward a clarification of the concept of social institution, in *Sociology and Social Research*, Vol. 48, 2, pp. 197-206.
Snellen, I.Th.M. (1987) *Boeiend en geboeid; ambivalenties en ambities in de bestuurskunde*, Samsom H.D. Tjeenk Willink, Alphen aan den Rijn.
Stacey, R.D. (1993) *Strategic Management and Organisational Dynamics*, Pitman Publishing, London.
Steigenga, (1964) *Moderne planologie*, Aula-boeken, Utrecht.
Störig, H.J. (1985) *Geschiedenis van de filosofie; deel 2*, Aula, Het Spectrum, Utrecht.
Tatenhove, J.P.M. van (1993) *Milieubeleid onder dak?; Beleidsvoeringsprocessen in het Nederlandse milieubeleid in de periode 1970-1990; nader uitgewerkt voor de Gelderse Vallei*, Wageningse sociologische studies, Universiteit van Wageningen, Wageningen.
Teisman, G.R. (1992) *Complexe besluitvorming; een pluricentrisch perspektief op besluitvorming over ruimtelijke investeringen*, VUGA, Den Haag.
Thompson, J.D. (1976) *Organizations in Action*, McGraw Hill, New York.
TK (Tweede Kamer) (1989) Nationaal Milieubeleidsplan 1989-1993, Kiezen of verliezen, Vergaderjaar 1988-1989, 21137, nrs. 1-2, SDU-uitgeverij, Den Haag.
Toffler, A. (1990) Wetenschap en verandering, voorwoord in I. Prigogine en I. Stengers, *Orde uit chaos; De nieuwe dialoog tussen de mens en de natuur*, Uitgeverij Bert Bakker, Amsterdam, pp. 9-24.
Verma, N. (1996) Pragmatic rationality and planning theory, *Journal of Planning Education and Research*, Vol. 16, pp. 5-14.
Vermuri, V. (1978) *Modeling of Complex Systems*, Academic Press, New York.
Vickers, G. (1968) *Value Systems and Social Process*, Tavistock Publications, London.
Voogd, H. (1986) Van denken tot doen, inaugurale rede, Rijksuniversiteit Groningen, Groningen.
Voogd, H. (ed.) (1994) *Issues in Environmental Planning*, Pion Ltd., London.
Voogd, H. (1995a) *Facetten van de Planologie*, Samsom H.D. Tjeenk Willink, Alphen aan den Rijn.
Voogd, H. (1995b) *Methodologie van ruimtelijke planning*, Couthino, Bussum.
Vries, G. de (1985) *De ontwikkeling van wetenschap: een inleiding in de wetenschapsfilosofie*, Wolters-Noordhoff, Groningen.
VROM (Ministerie van Volkshuisvesting, Ruimtelijke Ordening en Milieubeheer) (1995) Waar vele willen zijn is ook een weg, Stad&Milieu-rapportage, Den Haag.
Vroom, C.W. (1981) Organisatie, in Rademaker, L. (eds) *Sociologische grondbegrippen 1: Theorie en analyse*, Aula-boeken 685, Uitgeverij Het Spectrum, Utrecht / Antwerpen.

Waldrop, M.M. (1992) *Complexity: the emerging science at the edge of order and chaos*, Simon & Schuster, New York.

Waring, A. (1996) *Practical Systems Thinking*, International Thomson Business Press, Boston.

Weaver, C., J. Jessop, V. Das (1985) Rationality in the public interest: notes towards a new synthesis, in M. Breheny and A. Hooper (eds), *Rationality in Planning: Critical Essays on the Role of Rationality in Urban and Regional Planning*, Pion, London, pp. 145-165.

Webber, M.M. (1963) Comprehensive planning and social responsibility, *Journal of the American Institute of Planners*, Vol. 29, pp. 232-241.

Weick, K.E. (1969) *The Social Psychology of Organizing*, Addison-Wesley, Reading, UK.

Wells, A. (1970) *Social Institutions*, Heinemann, London.

Wiener, N. (1948) *Cybernetics*, John Wiley & Sons, New York.

Wissink, G.A. (1986) Handelen en ruimte, een beschouwing over de kern van de planologie, *Stedebouw en Volkshuisvesting*, pp. 192-194.

Wissink G.A. (1987) Nieuwe oriëntaties en werkterreinen voor de planologie, *Stedebouw en Volkshuisvesting*, pp. 197-205.

Woltjer, J. (1997) De keerzijde van het draagvlak; Ruimtelijke ordening niet altijd gebaat bij maatschappelijke discussie, *Stedebouw en Ruimtelijke Ordening*, nr. 4, pp. 47-52.

Zonneveld, W.A.M. (1991) *Conceptvorming in de ruimtelijke planning: Patronen en processen, Planologische studies 9A*, Planologisch Demografisch Instituut, Universiteit van Amsterdam, Amsterdam.

第5章

Aart, Y.F., P.P.J. Driessen, P. Glasbergen (1993) Evaluatie van het ROM-gebiedenbeleid; deelstudie Rijnmond; Publikatiereeks gebiedsgericht milieubeleid, nr. 93/2, Ministerie van VROM, Den Haag.

Adviescommissie Geluidhinder door Vliegtuigen (Commissie Kosten) (1967) Geluidhinder door Vliegtuigen, Delft.

AGS (Ministers für Arbeid, Gesundheid und Soziales des Landes Nordrhein-Westfalen) (1974) Abstände zwischen Industrie - bzw. Gewerbegebieten und Wohngebieten in Rahmen der Bauleitplanung, III BI 8804 v. (25 juli), Düsseldorf.

Aiking, H., J. de Boer, V.M. Sol, P.E.M. Lammers, J.F. Feenstra (1990) Haalbaarheidsstudie Milieubelastingsindex, Reeks Integrale Milieuzonering nr. 8, Instituut voor Milieuvraagstukken, Directoraat-Generaal Milieubeheer, Ministerie van VROM, Den Haag.

Anderson, N., E. Hanhardt, I. Pasher (1997) From measurement to measures: landuse and environmental protection in Brooklyn, New York, in D. Miller and G. de Roo (eds) *Urban Environmental Planning*, Ashgate, Aldershot, UK, pp. 41-47.

ANWB (en Koninklijke Nederlandse Toeristenbond) (1989) Advies inzake het Nationaal Milieubeleidsplan, Brief aan de minister van VROM, d.d. 27 September 1989, Den Haag.

Ast, J.A. van, H. Geerlings (1995) *Milieukunde en milieubeleid*, Samsom, Alphen aan den Rijn.

Baaijen, A.J. (1997) Aanbiedingsbrief behorend bij de VROM publikatie 'Onderhandelen langs de zone', Directie Geluid en Verkeer, Directoraar-Generaal Milieubeheer, Den Haag.

Bakker, H. (1989) Stank is een hinderlijk milieuprobleem, maar er wordt aan gewerkt, *ROM Magazine*, nr. 7, pp. 3-6.

Bakker, H. (1994) 'Afstand' is net zo schaars als een primaire grondstof; ruimtelijke ordening en milieu in Amsterdam, *ROM Magazine*, nr. 10, pp. 4-8.

Bakker, H. (1997) Stad en milieu: milieubelangen lopen elkaar voor de voeten, *ROM Magazine*, pp. 4-6.

Bartelds, H.J. (1993) *De bodem beschermd? Gebiedsgerichte bodembescherming in bodembeschermingsgebieden en milieubeschermingsgebieden*, Faculteit der Ruimtelijke Wetenchappen, Rijksuniversiteit Groningen, Groningen.

Bartelds, H.J., G. de Roo (1995) *Dilemma's van de compacte stad; Uitdagingen voor het beleid*, VUGA, Den Haag.

Beerkens, H.J.J.G. (1998) *Gebiedsgericht milieubeleid & het besturingsvraagstuk; Posities en optreden van de overheid*, Faculteit der Ruimtelijke Wetenschappen, Rijksuniversiteit Groningen, Groningen.

Berg, B. van den (1993) *Milieubeleid in de Gemeente; Een praktische handleiding*, Stichting Burgerschapskunde, Nederlands Centrum voor Politieke Vorming, Leiden.

Bever/UPR (2000) Eindrapport Bever/UPR, Den Haag.

BEVER-werkgroep (1997) Scope-document: voorstellen voor het bestuur, Beleidsvernieuwing Bodemsanering, VROM, Den Haag.

BEVER-werkgroep (1998) Uitvoeringsprogramma Bever, VROM, Den Haag.

Biebracher, C.K., G. Nicolis, P. Schuster (1995) *Self-Organization in the Physico-Chemical and Life Sciences*, Rapport EUR 16546, Europese Commissie, Brussels.

Biekart, J.W. (1994) Uitvoeringsproblematiek milieubeleid, Discussienotitie, Stichting Natuur en Milieu, Utrecht.

Bierbooms, P.F.A. (1997) Bodemvervuiling en de verplichting tot schadevergoeding ex art. 75 Wbb, in P.F.A. Bierbooms, G.A. van der Veen en G. Betlem, *Aansprakelijkheden in de Wet bodembescherming*, Serie Aansprakelijkheidsrecht, Deel 4, Gouda Quint bv, Deventer.

Biezeveld, G.A. (1990) Uitspraken uit de discussie naar aanleiding van de 23ste ledenvergadering van de Vereniging voor Milieurecht, in Vereniging voor Milieurecht, Juridische en bestuurlijke consequenties van het Nationaal Milieubeleidsplan, nr. 2, W.E.J. Tjeenk Willink, Zwolle.

Biezeveld, G.A. (1992) Plaats van gebieden in het milieubeheer, in Chr. Backes, G.A. Biezeveld, J.C.M. de Bruijn, J.H. van der Put, H.F.M.W. van Rijswick en A. Wolters-Laansma, *Gebiedsgericht milieubeleid*, Rapport van de werkgroep Gebiedsgericht milieubeleid, Vereniging voor Milieurecht, nr. 1, pp. 1-6.

Blanco, H. (1999) Lessons from an adaption of the Dutch model for Integrated Environmental Zoning (IEZ) in Brooklyn, NYC, in D. Miller and G. de Roo (eds), *Integrating City Planning and Environmental Improvement*, Ashgate, Aldershot, UK, pp. 159-180.

Blanken, W., G. de Roo (1998) *Het project 'Stad & Milieu'*, Stichting Planologische Diskussiedagen, Delft, pp. 281-290.

Boei, P.J. (1993) Integrale milieuzonering op en rond het industrieterrein Arnhem-Noord, in G. de Roo (eds) *Kwaliteit van norm en zone; Planologische consequenties van (integrale) milieuzonering*, Geo Pers, Groningen, pp. 75-81.

Boer, W. de, A. van Bolhuis (1980) Milieunormen ruimtelijk vertaald, *Stedebouw en Volkshuisvesting*, nr. 11, pp. 588-592.

Boer, J. de, V.M. Sol, F.H. Oosterhuis, J.F. Feenstra, H. Verbruggen (1996) *De stadsstolpmethode; een afwegingskader voor de integratie van milieu, economie en ruimtelijke ordening bij stedelijke ontwikkeling*, Instituut voor Milieuvraagstukken, Vrije Universiteit, Amsterdam.

Booij, P.J. (1997) *Ernstige niet-urgente gevallen van bodemverontreiniging; saneren of accepteren*, Oranjewoud en Faculteit der Ruimtelijke Wetenschappen, Heerenveen en Groningen.

Borst, H. (1996) Integrale milieuzonering, in G. de Roo, *Milieuplanning in vierstromenland*, Samsom H.D. Tjeenk Willink, Alphen aan den Rijn, pp. 94-108.

Borst, H., G. de Roo (1993) Integrale milieuzonering en de ontketening van de ruimtelijke ordening, in *Planologische Diskussiebijdragen*, deel 1, Stichting Planologische Diskussiedagen, Delft, pp. 81-90.

Borst, H., G. de Roo, H. Voogd, H. van der Werf (1995) *Milieuzones in Beweging; Eisen, wensen, consequenties en alternatieven*, Samsom H.D. Tjeenk Willink, Alphen aan den Rijn.

Bos, E.C., C.W.L. de Bouter, T. Engelberts, G. Zandsteeg (1980) Naschrift Milieunormen ruimtelijk vertaald, *Stedebouw en Volkshuisvesting*, nr. 11, pp. 592-593.

Bouwer, K. (1996) Begrip van milieu en ruimte, in G. de Roo, *Milieuplanning in vierstromenland*, Samsom H.D. Tjeenk Willink, Alphen aan den Rijn, pp. 39-51.

Bouwer, K., B. van Geleuken (1994) Beleid op schaal - De zin van gebiedsgericht milieubeleid, *Bestuurskunde*, November, nr. 7, pp. 295-304.

Bouwer, K., J. Klaver, M. de Soet (1983) *Nederland stortplaats, Een milieukundige en geografische visie op het afvalprobleem*, Ekologische uitgeverij, Amsterdam.

Bouman, R. (1998) Brief stand van zaken nota MIG aan de leden van de klankbordgroepen MIG, mbg98006088, 20 January 1988, DGM, Directie Geluid en Verkeer, Projectburo MIG, Den Haag.

Braak, C.J. (1984) Knelpuntenonderzoek Wet geluidhinder: interimrapport vooronderzoek nr. 5, Interuniversitaire Interfaculteit Bedrijfskunde, Delft.

Breemen, A.J.G. van (1999) Projectplan Geluidsnota Amsterdam, Milieudienst, Gemeente Amsterdam, Amsterdam.

Brink, W.J. van den, et al. (1985) *Bodemverontreiniging*, Aula Paperback 127, Uitgeverij Het Spectrum, Utrecht.

Brussaard, W, G.H. Addink (1993) *Milieurecht*, W.E.J. Tjeenk Willink, Zwolle.

Buysman, J. (1997) *Provinciale Omgevingsplannen; Een analyse anno 1997*, Hogeschool IJsselland, Grontmij Groep, Deventer, De Bilt.

Carson, R. (1962) *Silent Spring*, Houghton Mifflin, Boston.

Cate, F. ten (1992) Teveel stank, roet en herrie voor woonwijken grenzend aan complexe industrieterreinen, *Binnenlands Bestuur*, 24 January 1992, pp. 16-18.

Cate, F. ten (1993) Consequenties van 'onwrikbare' milieuzones niet meer te accepteren, *Binnenlands Bestuur*, 9-4-1993, pp. 23-25.

CEA (Bureau voor communicatie en advies over energie en milieu B.V.) (1998) Koersdocument sturing bodemsaneringsbeleid, Rotterdam.

Cleij, J. (1997) Aanbiedingsbrief van het rapport 'De Stadsstolp Methode; Een afweginskader voor de integratie van milieu, economie en ruimtelijke ordening bij stedelijke ontwikkeling' door De Boer et al. 1996, 9200027/25, Milieudienst Gemeente Amsterdam, Amsterdam.

Colstee-Wieringa, F. (1988) Maastricht zet milieubelasting van de hele stad in geel, rood en oranje op de kaart; Inventarisatie geluid, luchtvervuiling, risico's, *ROM Magazine*, nr. 8-9, pp. 13-17.

Commissie Evaluatie Wet Geluidhinder (1985) Evaluatie van de werking van de Wet geluidhinder, Eindrapport, Distributiecentrum Overheidspublikaties, Den Haag.

Commissie Rey (1976) Veehouderij en Hinderwet, Landbouwschap, Dan Haag.

Commissie Ringeling (1993) Stappen verder ..., Eindrapport van de adviescommissie Evaluatie Ontwikkeling Gemeentelijk Milieubeleid, Den Haag.

Commoner, B. (1972) *The Closing Circle, Confronting the environmental crisis*, Jonathan Cape, London.

CRMH (Centrale Raad voor de Milieuhygiëne) (1989) Advies in hoofdlijnen over het Nationaal Milieubeleidsplan, nr. 14, Den Haag.

CRMH (Centrale Raad voor de Milieuhygiëne) (1991) Advies Plan van Aanpak Schiphol en omgeving, CRMH-reeks 91/17, Den Haag.

CRMH (Centrale Raad voor de Milieuhygiëne) (1992) Enkele opmerkingen vooruitlopend op het Milieuprogramma 1993-1996 en het Nationaal Milieubeleidsplan 2.

Dongen, J.E.F. van (1983) *De "wet van behoud van ellende" en de geluidhinder*, IMG-TNO, Delft.

Dönszelmann, E. (1993) Nota Stankbeleid, naar minder hinder?, *ROM Magazine*, nr. 3, pp. 23-25.

Driessen, P.P.J. (1996) Het ROM-gebiedenbeleid, in G. de Roo, *Milieuplanning in vierstromenland*, Samsom H.D. Tjeenk Willihk, Alphen aan den Rijn, pp. 68-84.

dRO Amsterdam (dienst Ruimtelijke Ordening), Ingenieursbureau Amsterdam, Onderzoeksdienst voor milieu en grondmechanica Amsterdam (1995) Milieu effectrapport IJburg; Tweede fase, Amsterdam.

Drupsteen, T.G. (1990) Plannen en organiseren: Het Nationaal Milieubeleidsplan, in *Vereniging voor Milieurecht, Juridische en bestuurlijke consequenties van het Nationaal Milieubeleidsplan*, nr. 2, W.E.J. Tjeenk Willink, Zwolle, pp. 12-22.

EG (Europese Gemeenschap) (1973) Publicatieblad van de EG nr. C 112, Brussels.

Eikenaar, D., Th. de Muinck, G. de Roo, P.C.D. Vetkamp (2001) Modernisering van geluidbeleid; Ontwikkeling in de beleidspraktijk, Faculteit der Ruimtelijke Wetenschappen, Rijksuniversiteit Groningen, Groningen.

EK (Eerste Kamer) (1998) Regels inzake plannen op het terrein van het verkeer en vervoer (Planwet Verkeer en Vervoer). Gewijzigd voorstel van wet, vergaderjaar 1997-1998, 25337, nr. 258, Den Haag.

Evaluatiecommissie S&M (2000) Werkplan tussenevaluatie Stad & Milieu, Afd. Bestuurszaken, DGM, VROM, Den Haag.

Faludi, A., A. Van der Valk (1994) *Rule and Order; Dutch planning doctrine in the twentieth century*, Kluwer Academic Publishers, Dordrecht.

Flohr, A.P., H.C.J. Meijvis (1993) Milieuzonering in Hengelo, in G. de Roo, *Kwaliteit van norm en zone; Planologische consequenties van (integrale) milieuzonering*, Geo Pers, Groningen.

Friend, J.K., N. Jessop (1969) *Local Government and Strategic Choice*, Pergamon, Oxford.

Geest, H.J.A.M. van (1996) Marktwerking, deregulering en wetgevingskwaliteit: Forensen tussen macht en markt, *Milieu & Recht*, nr. 6, pp. 118-122.

Gemeente Amsterdam (1994) Ontwerp Beleidsnota Ruimtelijke Ordening en Milieu, dienst Ruimtelijke Ordening in samenwerking met de Milieudienst, Amsterdam.

Gemeente Amsterdam (1996) Beleidsnotitie Het Amsterdamse bodemsaneringsbeleid herzien, Gemeenteblad 1996, bijlage A, Amsterdam.

Gemeente Groningen (1992) Evaluatie IMZ-proefproject Noordoostflank, Groningen.

Gemeente Groningen (1997) Als de bodem maar goed genoeg is; nota over actief bodembeheer in de gemeente Groningen, Groningen.

Gemeente Utrecht (1997) Bandbreedte integraal afwegingskader; rapportage over de tweede fase, Utrecht.

Gezondheidsraad (1971) Geluidhinder, Rapport Gezondheidsraad Commissie Geluidhinder en Lawaaibestrijding, Den Haag.

Gezondheidsraad (1994) Geluid en gezondheid, nr. 15, Den Haag.

Gezondheidsraad (1995) Beoordeling van de IVM-milieubelastingsindex, Beraadsgroep Omgevingsfactoren en Gezondheid, publikatienummer 1995/09, Den Haag.

Gijsberts, P. (1995) Gebiedsgericht milieubeleid, in K. Bouwer en P. Leroy, *Milieu en ruimte; Analyse en beleid*, Boom, Meppel, pp. 164-184.

Gijsberts, G., B. van Geleuken (1996) De legitimiteit van gebiedsgericht milieubeleid, *Beleidsanalyse*, nr. 2, pp. 4-10.

Gilhuis, P.C. (1991) Wet algemene bepalingen milieuhygiëne, in W. Brussaard, T.G. Drupsteen, P.C. Gilhuis en N.S.J. Koeman, *Milieurecht*, W.E.J. Tjeenk Willink, Zwolle, pp. 59-103.

Glasbergen, P. (1989) Milieuproblemen als beleidsvraagstuk, in P. Glasbergen (eds) *Milieubeleid; theorie en praktijk*, VUGA, Den Haag, pp. 15-32.

Glasbergen, P. (ed.) (1998) *Co-operative Environmental Governance; Public-Private Agreements as a Policy Strategy*, Kluwer Academic Publishers, Dordrecht.

Glasbergen, P., C. Dieperink (1989) Het Nationaal Milieubeleidsplan, de weg naar duurzaamheid? Over de noodzaak van bestuurskundige consequentie-analyses, *Milieu en recht*, nr. 7-8, pp. 298-307.

Glasbergen, P., P.P.J. Driessen (1993) *Innovatie in het gebiedsgericht beleid; Analyse en beoordeling van het ROM-gebiedenbeleid*, SDU Uitgeverij, Den Haag.

Glasbergen, P., P.P.J. Driessen (1994) New strategies for environmental policy: Regional network management in the Netherlands, in M. Wintle and R. Reeve (eds) *Rhetoric and Reality in Environmental Policy*, Avebury, Aldershot, UK, pp. 25-40.

Grondsma, T. (1984) *Een geschiedenis van de Wet geluidhinder; Een vooronderzoek ten behoeve van de evaluatie van de Wet geluidhinder*, Technische Hogeschool Delft, Delft.

GS (Gedeputeerde Staten van de Provincie Groningen), BW (Burgemeesters en Wethouders van de gemeente Groningen) Groningen (1995) Brief aan de minister van VROM over het Plan van aanpak IMR-suikerindustrie Groningen, 11 January 1995, RVL94.36B, Groningen.

Gun, V. van der, G. de Roo (1994) An integrated environmental approach to land use zoning, in H. Voogd (ed.) *Issues in Environmental Planning*, Pion, London, pp. 58-66.

Hardin, G. (1968) Tragedy of the commons, *Science*, Vol. 162, pp. 1243-1248.

Healey, P. (1997) *Collaborative planning: shaping places in fragmented societies*, Macmillan, Basingstoke, UK.

Heuvelhof, E. ten, K. Termeer (1991) Gebiedsgericht beleid en het bereiken van win-win-situaties, *Bestuurswetenschappen*, nr. 4, pp. 301-315.

Hof, G.J.J. van der (1988) Verantwoordingssysteem voor ALARA-optimalisatie, Directie Stralenbescherming, VROM, Den Haag.

Hofstra, H. (1996) Integrale aanpak bodemsanering, Milieudienst Groningen en Faculteit der Ruimtelijke Wetenschappen, Groningen.

Hofstra, H., G. de Roo (1997) Bodemsanering en ruimtelijke ordening, in Veul, M. (eds) *Leidraad Bodemsanering*, B8 pp. 1-23, SDU Uitgeverij, Den Haag.

Humblet, A.G.M., G. de Roo (eds) (1995) *Afstemming door inzicht; een analyse van gebiedsgerichte milieubeoordelingsmethoden ten behoeve van planologische keuzes*, Geo Pers, Groningen.

Hunfeld, J., F.A.M. Schreiner (1981) Milieunormen in Hinderwet en bestemmingsplannen, *Stedebouw en Volkshuisvesting*, nr. 10, pp. 471-479.

Hutten Mansfeld, A.C.B., A.A. Zijderveld (1982) Een aanzet tot meer systematiek in de milieuzonering, *Stedebouw en Volkshuisvesting*, juli/augustus, pp. 400-404.

Inspectiewerkgroep Stankhinder (1983) Geurnormering; onderbouwing van een stankconcentratienorm, Publikatiereeks Lucht, nr. 11, ministerie van VROM, Den Haag.

IPO (Interprovinciaal Overleg) (1996) Reisgids ROMIO; een handreiking voor Ruimtelijke Ordening en Milieu bij Industrie en Omgeving, Concept, Projectgroep ROMIO, Den Haag.

IPO, PGBO, VNG en VROM (1996) 1e werkboek actief bodembeheer, VNG Uitgeverij, Den Haag.

IPO, VNG en VROM (1997) Bever Beleidsvernieuwing bodemsanering; Verslag van het Bever-proces, S. Ouboter en W. Kooper (eds), VROM, Den Haag.

Jongh, P.E. de (1989) Hoofdlijnen van het Nationaal Milieubeleidsplan, in E.C. van Ierland, A.P.J. Mol en W.A. Hafkamp, *Milieubeleid in Nederland; Reacties op het Nationaal Milieubeleidsplan*, Stenfert Kroese, Leiden, pp. 11-26.

Kabinetsstandpunt (1997) Over de vernieuwing van het bodemsaneringsbeleid, 19 June 1997, TK 25411, nr. 1, Den Haag.

Kaiser, E.J., D.R. Godschalk, F.S. Chapin (1995) *Urban Land Use Planning*, University of Illinois Press, Urbana and Chicago.

Kasteren, J. van (1985) 15 jaarmilieubeleid; Geluid, *Intermediair*, nr. 48, pp. 33-35.

Kasteren, J. van (1987) De gevaren van chemische industrieën uitgedrukt in cijfers en lijnen op de kaart, *ROM Magazine*, nr. 12, pp. 12-16.

Kasteren, J. van (1989) De weg naar een beter ecologisch draagvlak is geen rechte weg; Marius Enthoven over milieubeleidsplan, *ROM Magazine*, nr. 7; pp. 5-8.

Kickert, W.J.M. (1986) *Overheidsplanning, theorieën, technieken en beperkingen*, Van Gorcum, Assen/Maastricht.

Koeman, J.H. (1989) Hoofdlijnen van het Nationaal Milieubeleidsplan, in E.C. van Ierland, A.P.J. Mol en W.A. Hafkamp, *Milieubeleid in Nederland; Reacties op het Nationaal Milieubeleidsplan*, Stenfert Kroese, Leiden, pp. 47-55.

Koning, M.E.L. de, F. Elgersma (1990) *Het Nederlandse milieubeleid; Van Hinderwet tot Nationaal Milieubeleidsplan*, AO, nr. 2345, Stichting IVIO, Lelystad.

Koning, M.E.L. de (1994) *In dienst van het milieu; Enkele memoires van oud-directeur-generaal Milieubeheer prof. ir. W.C. Reij*, Samsom H.D. Tjeenk Willink, Alphen aan den Rijn.

Kooper, W. (eds) (1999) Van Trechter naar Zeef, Quintens Advies en Management, Sdu-Uitgevers, Den Haag.

Kuijpers, C.J. (eds) (1992) *Bedrijven en milieuzonering*, Vereniging Nederlandse Gemeenten, VNG uitgeverij, Den Haag.

Kuijpers, C.B.F. (1996) Integratie en het gebiedsgerichte milieubeleid, in G. de Roo, *Milieuplanning in vierstromenland*, Samsom H.D. Tjeenk Willink, Alphen aan den Rijn, pp. 52-67.

Kuijpers, C.B.F., Th.L.G.M. Aquarius (1998) Meer ruimte voor kwaliteit; Intensivering van het ruimtegebruik in stedelijk gebied, *Stedebouw & Ruimtelijke Ordening*, nr. 1, pp. 28-32.

Kuiper, G. (1995) Milieucompensatie in stedelijke gebieden, *ROM Magazine*, nr. 12, pp. 9-11.

Kusiak, L. (1989) In de Gelderse Vallei loopt de mest de spuigaten uit; Barsten in de ecologische structuur, *ROM Magazine*, nr. 11, pp. 16-19.

Lambers, C. (1989) De bodem, in W. Brussaard, Th.G. Drupsteen, P.C. Gilhuis en N.S.J. Koeman (eds), *Milieurecht*, W.E.J. Tjeenk Willink, Zwolle, pp. 167-192.

Lammers, P.E.M., V.M. Sol, J. de Boer, H. Aiking, J.F. Feenstra (1993) Een milieubelastingsindex voor toepassing in integrale milieuzonering, *Milieu*, nr. 3, pp. 81-86.

Leidraad Bodembescherming (1997) M.F.X.W. Veul (eds), 1983-..., in opdracht en onder redactie van VROM, DGM, directie Bodem, Water, Stoffen, SDU Uitgeverij, Den Haag.

Leroy, P. (1994) De ontwikkeling van het milieubeleid en de milieubeleidstheorie, in P. Glasbergen (eds), *Milieubeleid: een wetenschappelijke inleiding*, VUGA, Den Haag.

Los Angeles 2000 Committee (1988) LA 2000: A city for the future, Mayor's Office, Los Angeles.

LNV (Ministerie van Landbouw, Natuurbeheer en Visserij) (1992) Structuurschema Groene Ruimte; Het landelijk gebied de moeite waard, Ontwerp-planologische kernbeslissing, Den Haag.

LNV (Ministerie van Landbouw, Natuurbeheer en Visserij) (1995) Uitwerking compensatiebeginsel SGR, Directie Groene Ruimte en Recreatie, Den Haag.

LNV en VROM (Ministeries van Landbouw, Natuurbeheer en Visserij en van Volkshuisvesting, Ruimtelijke Ordening en Milieubeheer) (1992) Ontwerp-planologische kernbeslissing Structuurschema Groene Ruimte, Den Haag.

Lurvink, J.G.M. (1988) in *Integrale milieuzonering en de flexibiliteit van ruimtelijke planning*, NIROV-werkgroep milieubeleid, NIROV, Den Haag, pp. 63-70.

McDonald, G.T. (1996) Planning as Sustainable Development, *Journal of Planning Education and Research*, Vol. 15, pp. 225-236.

MDW-werkgroep (1996) Het geluid geordend; Een decentraal model met ruimer perspectief, Rapport MDW-werkgroep Wet geluidhinder, ES/PRO/MDW/GD122-96, Den Haag.

Meadows, D., D. Meadows, J. Randers, W. Behrens (1972) *Rapport van de Club van Rome, De grenzen aan de groei*, Uitgeverij Het Spectrum, Utrecht.

Meijburg, E. (1997) Towards an integrated district oriented policy: a policy for urban planning and the environment in Amsterdam, in D. Miller and G. de Roo (eds), *Urban Environmental Planning*, Avebury, Aldershot, UK, pp. 107-121.

Meijburg, E., M. de Knegt (1994) Een stolp over Amsterdam; milieu en ruimtelijke ordening verstrengeld, *ROM Magazine*, nr. 10, pp. 9-12.

Meijden, D. van der (1991) As low as reasonable achievable, *Milieu en Recht*, nr. 1, pp. 12-19.

Menninga, H. (1993) De hoofdstukken plannen en milieukwaliteitseisen van de Wet milieubeheer, *Milieu en Recht*, nr. 2, pp. 75-86.

Michiels, F.C.M.A. (1989) Wet inzake de luchtverontreiniging, in Brussaard et al. (eds), *Milieurecht*, W.E.J. Tjeenk Willink, Zwolle.

MIG (Modernisering Instrumentarium Geluidbeleid) (1998) Nota MIG, 3e concept, versie 29-01-1998/NM, DGM, Directie Geluid en Verkeer, Projectburo MIG, Den Haag.

Milieudienst Groningen (1993) Handleiding Milieubeoordelingsmethode Groningen, DSW Stadspark Groningen, Gemeente Groningen, Groningen.

Milieudienst Tilburg (1994) Pilotproject Stadsmilieu Tilburg, Methodiek voor Stedelijk Omgevingsbeleid, Bouwfonds Adviesgroep bv, Gemeenten Tilburg, Tilburg.

Milieuvoorschriften (1971-..) Vergunningen, heffingen en subsidies, M.V.C. Aalders et al., Delwel, Den Haag.

Miller, D., G. de Roo (eds) (1999) *Integrating City Planning and Environmental Improvement*, Ashgate, Aldershot, UK.

Ministers van VROM en BZ (2000) Instellingsbesluit Evaluatiecommissie Stad & Milieu, Mbb 2000043034, Dir. Bestuurszaken, DGM, VROM, Den Haag.

Moet, D. (1995) *Bouwen op verontreinigde grond; Een gebruiksspecifieke benadering*, Milieureeks VNG, VNG Uitgeverij, Den Haag.

Mol, A.P.J. (1989) Hoofdlijnen van het Nationaal Milieubeleidsplan, in E.C. van Ierland, A.P.J. Mol en W.A. Hafkamp, *Milieubeleid in Nederland; Reacties op het Nationaal Milieubeleidsplan*, Stenfert Kroese, Leiden, pp. 27-38.

Nelissen, N.J.M. (1988) *Het milieu: vertrouw maar weet wel wie je vertrouwt: een onderzoek naar verinnerlijking en verinnerlijkingsbeleid op het gebied van het milieu*, Kerckebosch, Zeist.

Nelissen, N.J.M., A.J.A. Godfroij, P.J.M. de Goede (eds) (1996) *Vernieuwing van bestuur; inspirerende visies*, Coutinho, Bussum.

Nelissen, N.J.M., T. Ikink, A.W. van der Ven (eds) (1996) *In staat van vernieuwing; Maatschappelijke vernieuwingsprocessen in veelvoud*, Coutinho, Bussum.

Nentjes, A. (1993) Milieu-economie, in J.J. Boersema, J.W. Copius Peereboom en W.T. de Groot, *Basisboek Milieukunde*, Boom, Meppel, pp. 272-293.

Neuerburg, E.N., P. Verfaille (1991) *Schets van het Nederlandse milieurecht*, Samsom H.D. Tjeenk Willink / VUGA, Alphen aan den Rijn / Den Haag.

Nieuwenhof, R. van den, H. Bakker (1989) Zones rond industrieën om milieuverstoringen in te perken; Planologische maatregelen op grond van milieunormen, *ROM Magazine*, nr. 10, pp. 6-12.

Nieuwenhof, R. van den, M. Groen (1988) Amerikaans milieubeleid is nauwelijks voorbeeld voor Europa, maar toch leerzaam, *ROM Magazine*, nr. 7, pp. 7-9.

Nijpels, E.H.T.M. (1988) Brief van 2 december 1988 aan de Tweede Kamer aangaande de sloop van Sluiskil-Oost als onderdeel van het proefproject integrale milieuzonering, Den Haag.

Nijpels, E.H.T.M. (1989) Voorwoord, in T.G. Tan en H. Waller (1989) *Wetgeving als mensenwerk; De totstandkoming van de Wet geluidhinder*, Samsom H.D. Tjeenk Willink, Alphen aan den Rijn.

OECD (Organisation for Economic Co-operation and Development) (1975) *The Polluter Pays Principle; Definition, analysis, implementation*, Paris.

Oosterhoff, H.A., G. de Roo. M.J.C. Schwartz, H. van der Wal (2001) Omgevingsplanning in Nederland; Een stand van zaken rond sectoroverschrijdend, geïntegreerd en gebiedsgericht milieubeleid voor de fysieke leefomgeving, Rijksplanologische Dienst, VROM, Den Haag.

Osleeb, J., D. Kass, H. Blanco, S.R. Zoloth, D. Sivin, A. Baimonte (1997) Baseline Aggregate Environmental Loadings (BAEL) Profile of Greenpoint/Williamsburg, Brooklyn, Hunter College, The New York City Department of Environmental Protection and the Watchperson's Office, New York.

Otten, F.P.J.M. (1980) *Ruimtelijke ordening en milieubeheer: de bescherming van het leefmilieu via het instrumentarium van de Wet op de ruimtelijke ordening*, Vuga-boekerij, Den Haag.

Otten, F.P.J.M. (1993) Geluidhinderwetgeving, in Brussaard, W. et al, *Milieurecht*, W.E.J. Tjeenk Willink, Zwolle, pp. 253-284.

Paauw, M.S., G. de Roo (1996) Het provinciale omgevingsplan nader uitgewerkt, in G. de Roo (eds) *Milieuplanning in vierstromenland*, Samsom H.D. Tjeenk Willink, Alphen aan den Rijn, pp. 202-214.

Peperstraten, J. van (1989) Schiphol: Motor voor economie, plaag voor omgeving, *ROM Magazine*, nr. 11, pp. 8-15.

Peeters, M. (1993) De markt en het milieu: het instrument van verhandelbare vervuilingsrechten; Enkele gedachten over een communautaire vergunningenmarkt, *Milieu en recht*, nr. 1, pp. 2-10.

Prigogine, I. (1996) *Het einde van de zekerheden; Tijd, chaos en de natuurwetten*, Lannoo, Tielt.

Project Mainport & Milieu Schiphol (1991) Integrale versie Plan van Aanpak Schiphol en Omgeving, redactie F.L. Bussink,Den Haag.

Project Organisers IMZA (1991) Integrale milieuzonering Arnhem-Noord: Deelrapport toepassing VROM-systematiek met het DSS-systeem van GEOPS Wageningen, Provincie Gelderland, Arnhem.

Provincie Gelderland (1987) provinciaal milieubeleidsplan 1987-1991, Arnhem.

Provincie Noord-Holland (1987) Streekplan Amsterdam-Noordzeekanaalgebied, Haarlem.

Provincie Zeeland (1987) Een gebiedsgerichte benadering van het milieu in de Kanaalzone, Middelburg.

Raa, B.D. te (1995) 'Stankbestrijding: prima, maar dit wordt te gek'; strengere geurnormen bedreigen nieuwbouwplannen, *ROM Magazine*, nr. 3, pp. 19-20.

RARO (Raad van advies voor de ruimtelijke ordening) (1989) Advies over het Nationaal Milieubeleidsplan, SDU Uitgeverij, Den Haag.

RARO (Raad van advies voor de ruimtelijke ordening) (1991) Advies over het actieplan gebiedsgericht milieubeleid, SDU Uitgeverij, Den Haag.

RARO (Raad van advies voor de ruimtelijke ordening) (1992) Advies over ruimtelijke ordening en milieubeleid, deel 4: Milieuzonering, SDU Uitgeverij, Den Haag.

RARO (Raad van advies voor de ruimtelijke ordening) (1994) Advies over het Tweede Nationale Milieubeleidsplan, SDU Uitgeverij, Den Haag.

RAVO (Raad voor de Volkshuisvesting) (1989) Advies inzake het Nationaal Milieubeleidsplan, nr. 166, SDU Uitgeverij, Den Haag.

RAWB (Raad van Advies voor het Wetenschapsbeleid) (1989) Advies inzake het Nationaal Milieubeleidsplan, Brief aan de minister van VROM d.d. 27 November 1989, Den Haag.

Rheinisch-Westfälischer TÜV (1974) Abstände zwischen Industrie - bwz. Gewerbegebieten und Wohngebieten im Rahmen der Bauleitplanung, Düsseldorf.

Ringeling, A.B. (1990) Plannen en organiseren: Het Nationaal Milieubeleidsplan, in *Vereniging voor Milieurecht, Juridische en bestuurlijke consequenties van het Nationaal Milieubeleidsplan*, nr. 2, W.E.J. Tjeenk Willink, Zwolle, pp. 3-11.

RIVM (Rijksinstituut voor Volksgezondheid en Milieuhygiëne) (1988) Zorgen voor morgen; Nationale milieuverkenning 1985-2010, onder redaktie van F. Langeweg, Samsom H.D. Tjeenk Willink, Alphen aan den Rijn.

Roeters, J.H. (1997) *Anticiperend bodemsaneringsbeleid bij provincies*, Faculteit der Ruimtelijke Wetenschappen, Rijksuniversiteit Groningen, Groningen.

Rondinelli, D.A., J. Middleton, A.M. Verspoor (1989) Contingency Planning for Innovative Projects; Designing Education Reforms in Developing Countries, *Journal of the American Planning Association*, Winter, pp. 45-56.

Roo, G. de (1992) Milieuzonering stuit op planologische obstakels; Of hele wijken afbreken of industrie sluiten, *ROM Magazine*, pp. 14-17.

Roo, G. de (eds) (1993) *Gaten in de stilte; Het beheer van het stiltegebied Waddenzee*, Geo Pers, Groningen.

Roo, G. de (eds) (1993b) *Kwaliteit van norm en zone; Planologische consequenties van (integrale) milieuzonering*, Geo Pers, Groningen.

Roo, G. de (1993c) Environmental Zoning: The Dutch Struggle Towards Integration, *European Planning Studies*, Vol. 1, nr. 3. pp. 367-377.

Roo, G. de (1995) Gebiedsgericht milieubeleid in vierstromenland; Strategische keuzen en randvoorwaarden voor het gebiedenbeleid, *ROM Magazine*, nr. 7/8, pp. 16-20.

Roo, G. de (1996) Contouren van het gebiedsgericht milieubeleid, in G. de Roo (eds) *Milieuplanning in vierstromenland*, Samsom H.D. Tjeenk Willink, Alphen aan den Rijn, pp. 19-38.

Roo, G. de (1996b) Inleiding, in G. de Roo (eds) *Milieuplanning in vierstromenland*, Samsom H.D. Tjeenk Willink, Alphen aan den Rijn, pp. 11-18.

Roo, G. de (1996c) Compensatie binnen de stedelijke context van milieu en ruimte - Een beschouwing, Lezingen Stad & Milieu-conferentie regio Noord, 26 september 1996, Groningen, *Stad & Milieu*, Ministerie van VROM, Den Haag, pp. 51-56.

Roo, G. de (1997) Kwaliteit, Verantwoordelijkheid en Compactheid; Synthese van milieu en ruimte in de compacte stad van de toekomst, in VROM, Ruimtelijk milieu of milieu-ordening, kansen voor vergaande samenwerking, 5 essays ten behoeve van de Nota Milieu & Ruimte, Ministerie van VROM, Den Haag, pp. 1-25.

Roo, G. de (1998) *Structurering en Normering van het Milieubeleid in de Jaren Zeventig en Tachtig*, Faculteit der Ruimtelijke Wetenschappen, Rijksuniversiteit Groningen, Groningen.

Roo, G. de, H.J. Bartelds (1996) Opkomst en ondergang van bodembeschermingsgebieden, in G. de Roo (eds) *Milieuplanning in vierstromenland*, Samsom H.D. Tjeenk Willink, Alphen aan den Rijn, pp. 135-143.

Roo, G. de, D. Miller (1997) Transitions in Dutch environmental planning: new solutions for integrating spatial and environmental policies, *Environment and Planning B: Planning and Design*, Vol. 24, pp. 427-436.

Roo, G. de, B. van der Moolen (eds) (1991) *De Voorlopige Systematiek voor Integrale Milieuzonering; Een doelgroepenbenadering in drie proefprojecten*, Geo Pers, Groningen.

Roo, G. de, M. Schwartz (2001) *Omgevingsplanning, een innovatief proces; Over integratie, participatie en de gebiedsgerichte aanpak*, Sdu Uitgevers, Den Haag.

Roo, G. de, M. Schwartz (2001b) De beleidspraktijk van omgevingsplanning, *Rooilijn*, nr. 1, pp. 4-9.

Rosdorff, S., L.K. Slager, V.M. Sol, K.F. van der Woerd (1993) *De stadsstolp: meer ruimte voor milieu èn economie*, Instituut voor Milieuvraagstukken, Vrije Universiteit, Amsterdam.

RPD (Rijksplanologische Dienst) (1993) Ruimtelijke Verkenningen, Ministerie van VROM, Den Haag.

RPD (Rijksplanologische dienst) (1993) Ruimtelijke Verkenningen, H. Hearn-Sukkel et al. (eds), Ministerie van VROM, SDU Uitgeverij, Den Haag.

Schoof, D.J.W. (1989) Het Nationaal Milieubeleidsplan: kiezen voor winst, *Milieu*, pp. 105-111.

SCMO-TNO (1992) Omvang zoneerbare milieubelastingen 1991, IMZ-reeks deel 23, Ministerie van VROM, Leidschendam.

Schwartz, M. (1998) Omgevingsplanning: trends en vraagstukken, *Rooilijn*, nr. 1, pp. 38-42.

SER (Sociaal-Economische Raad) (1989) Advies Nationaal Milieubeleidsplan, nr. 17, Den Haag.

SER (Sociaal-Economische Raad) (1994) Advies Nationaal Milieubeleidsplan 2, nr. 4, Den Haag.

Slocombe, D.S. (1993) Environmental planning, ecosystem science and ecosystem approaches for integrating environment and development, *Environmental Management*, Vol. 17, pp. 289-303.

Smit, C.Th. (1989) Wet verontreiniging oppervlaktewateren, in Brussaard et al. (eds), *Milieurecht*, W.E.J. Tjeenk Willink, Zwolle.

Stad & Milieu (1994) Projectplan Stad & Milieu Startnotitie april 1994, Bestuurszaken, DGM, VROM, Den Haag.

Stad & Milieu (1994b) Potje biljarten? Nee, liever voetballen; Strategie-notitie Project Stad & Milieu, 7 november 1994, Bestuurszaken, DGM, VROM, Den Haag.

Stad & Milieu (1995) Waar vele willen zijn, is ook een weg; Rapportage project Stad & Milieu, Bestuurszaken, DGM, VROM, Den Haag.

Stad & Milieu (1995b) Binnen regels naar kwaliteit, Stad & Milieu Rapportage, Deelproject Cobber, Bestuurszaken, DGM, VROM, Den Haag.

Stafbureau NER (192) Nederlandse Emissierichtlijnen-Lucht, Bilthoven.

Stb. (Staatsblad) (Bulletin of Acts, Orders and Decrees) 684 (1998) Wet van 26 november 1998, houdende regels over experimenten inzake zuinig en doelmatig ruimtegebruik en optimale leefkwaliteit in stedelijk gebied (Experimentenwet Stad en Milieu).

Streefkerk, N. (1992) *Handboek beoordelingsmethode milieu, inhoudelijke achtergronden en handleiding*, VNG-uitgeverij, Den Haag.

Stuurgroep IMZS-Drechtsteden (1991) Rapportage 1e fase IMZS-Drechtsteden: Inventarisatie milieubelasting, Provincie Zuid-Holland, Den Haag.

Stuurgroep Plan van Aanpak Schiphol en Omgeving (1990) Plan van Aanpak Schiphol en Omgeving, Den Haag.

Stuurgroep ROM-IJmeer (1996) Plan van Aanpak ROM-IJmeer, Amsterdam.

Stuurgroep ROM Rijnmond (1992) Ontwerp Plan van Aanpak en Beleidsconvenant ROM-project Rijnmond, Rotterdam.

Stuurgroep Tien-Jaren Scenario Bodemsanering (1989) Advies over een beleidsscenario, Den Haag.

Tan, T.G., H. Waller (1989) *Wetgeving als mensenwerk; De totstandkoming van de Wet geluidhinder*, Samsom H.D. Tjeenk Willink, Alphen aan den Rijn.

Tatenhove, J.P.M. van (1993) *Milieubeleid onder dak?; Beleidsvoeringsprocessen in het Nederlandse milieubeleid in de periode 1970-1990; nader uitgewerkt voor de Gelderse Vallei*, Wageningse sociologische studies, Universiteit van Wageningen, Wageningen.

TCB (Technische Commissie Bodemsanering) (1996) Jaarverslag, Den Haag.

Teunisse, P.B.W. (eds) (1995) *Planning, uitvoering en beheersing van gemeentelijk milieubeleid*, SDU-Uitgeverij, Den Haag.

Tjallingii, S.P. (1996) *Ecological conditions: stratgies and structures in environmental planning*, DLO Institute for Forestry and Nature Research, Wageningen.

TK (Tweede Kamer) (1975) Nota betreffende de relatie landbouw en natuur- en landschapsbehoud: gemeenschappelijke uitgangspunten voor het beleid inzake de uit en oogpunt van natuur- en landschapsbehoud waardevolle agrarische cultuurlandschappen, TK 1974-1975, 13285, nrs. 1-2, Staatsuitgeverij, Den Haag.

TK (Tweede Kamer) (1984) Indicatief Meerjaren Programma Lucht 1985-1989, Vergaderjaar 1984-1985, 18605, nr. 2, Den Haag.

TK (Tweede Kamer) (1985) Indicatief Meerjaren Programma Milieubeheer 1986-1990, Vergaderjaar 1985-1986, 19204, nr. 2, Den Haag.

TK (Tweede Kamer) (1989) Nationaal Milieubeleidsplan 1989-1993, Kiezen of verliezen, Vergaderjaar 1988-1989, 21137, nrs. 1-2, SDU-uitgeverij, Den Haag.

TK (Tweede Kamer) (1989) Notitie Omgaan met risico's: De risicobenadering in het milieubeleid, Nationaal Milieubeleidsplan 1989-1993, Vergaderjaar 1988-1989, 21137, nr. 5, SDU-uitgeverij, Den Haag.

TK (Tweede Kamer) (1990) Actieplan Gebiedsgericht milieubeleid, TK 1990-1991, 21896, nrs. 1-2, SDU uitgeverij, Den Haag.

TK (Tweede Kamer) (1990b) Regeringsbeslissing Natuurbeleidsplan, TK 1989-1990, 21149, nrs. 2-3, Ministerie van Landbouw, Natuurbeheer en Visserij, Den Haag.

TK (Tweede Kamer) (1990c) motie Swildens-Rozendaal/Van Noord, TK 1989-1990, 20490, nr. 47, Den Haag.

TK (Tweede Kamer) (1992) Nota Stankbeleid, Vergaderjaar 1991-1992, 22715, nr. 1, Den Haag.

TK (Tweede Kamer) (1993) Nationaal Milieubeleidsplan 2; Milieu als maatstaf, Vergaderjaar 1993-1994, 23560, nrs. 1-2, Den Haag.

TK (Tweede Kamer) (1993b) Brief van de minister van VROM inzake het stankbeleid, Vergaderjaar 1993-1994, 22666, nr. 4, Den Haag.

TK (Tweede Kamer) (1994) Plan van Aanpak Marktwerking, deregulering en wetgevingskwaliteit, Vergaderjaar 1994-1995, 24036, nr. 1, Den Haag.

TK (Tweede Kamer) (1996) Marktwerking, deregulering en wetgevingskwaliteit: Brief van de minister van Volkshuisvesting, Ruimtelijke Ordening en Milieubeheer, Vergaderjaar 1995-1996, 24036, nr. 26, Den Haag.

TK (Tweede Kamer) (1996b) Nieuwe regelen ter bescherming van natuur en landschap, Vergaderjaar 1996-1997, 23580, nrs. 10-11, Den Haag.

TK (Tweede Kamer) (1997) Wijziging van de Wet op de Ruimtelijke Ordening, Memorie van Toelichting, Vergaderjaar 1996-1997, 25311, nr. 3, Den Haag.

TK (Tweede Kamer) (1997b) Regels inzake plannen op het terrein van het verkeer en het vervoer (Planwet verkeer en vervoer), Vergaderjaar 1996-1997, 25337, nrs. 1-5, nr. 258, Den Haag.

TK (Tweede Kamer) (1998) Regels over experimenten inzake zuinig en doelmatig ruimtegebruik en optimale leefkwaliteit in stedelijk gebied (Experimenteerwet Stad en Milieu), Vergaderjaar 1997-1998, 25848, nrs. 1-2, Den Haag.

Twijnstra Gudde (1992) Tussentijdse evaluatie proefprojecten IMZ 2, IMZ-reeks deel 21, Ministerie van VROM, Leidschendam.

Twijnstra Gudde (1994) Derde evaluatie proefprojecten IMZ, IMZ-reeks deel 29, Ministerie van VROM, Den Haag.

Vereniging Natuurmonumenten en DHV (1996) Compensatie IJburg; toepassing van het compensatiebeginsel, Vereniging Natuurmonumenten, 's-Graveland.

Verschuren, J. (1990) *Bodemsanering van bedrijfsterreinen*, Dombosch, Raamsdonkveer.

Vlist, M. van der (1998) *Duurzaamheid als planningopgave: gebiedsgerichte afstemming tussen de ruimtelijke ordening, het milieubeleid en het waterhuishoudkundige beleid voor het landelijke gebied*, Landbouwuniversiteit Wageningen, Wageningen.

VM (Ministerie van Volksgezondheid en Milieuhygiëne) (1972) Urgentienota Milieuhygiëne, Tweede Kamer, 1971-1972, 11906, nr. 2, Den Haag.

VM (Ministerie van Volksgezondheid en Milieuhygiëne) (1974) Instrumentennota, Tweede Kamer, 1974-1975, 13100, Den Haag.

VM (Ministerie van Volksgezondheid en Milieuhygiëne) (1976) Nota Milieuhygiënische normen 1976, Tweede Kamer, 1976-1977, 14318, nr. 2, Den Haag.

VNG (Vereniging van Nederlandse Gemeenten) (1986) Bedrijven en milieuzonering, Groene reeks, nr. 80, VNG uitgeverij, Den Haag.

VNG (Vereniging van Nederlandse Gemeenten) (1991) Kaderplan van aanpak NMP voor gemeenten, i.s.m. VROM, VNG uitgeverij, Den Haag.

VNG (Vereniging van Nederlandse Gemeenten) (1992) Omgaan met bodemsanering, een gemeentelijke visie, Den Haag.

VNG (Vereniging van Nederlandse Gemeenten) (1993) Gids gebiedsgerichte milieu-aanpak; een handreiking voor gemeenten, C.J. Kuijpers (eds), VNG uitgeverij, Den Haag.

VNG (Vereniging van Nederlandse Gemeenten) (1995) Kaderplan Gemeentelijk Milieubeleid, VNG uitgeverij, Den Haag.

VNG (Vereniging van Nederlandse Gemeenten) (1996) Praktijkboek Lokale Agenda 21, Milieureeks nr. 5, B. Roes (eds) en SME MilieuAdviseurs, VNG uitgeverij, Den Haag.

VNG en VROM (Vereniging van Nederlandse Gemeenten en het Ministerie van Volkshuisvesting, Ruimtelijke Ordening en Milieubeheer) (1990) Praktijkboek gemeentelijk milieubeleid; Op weg naar een duurzame ontwikkeling, K. Plug (eds), Den Haag.

VNO/NCW (1991) Brief aan de minister van VROM betreffende integrale milieuzonering d.d. 24 april 1991, Bureau Milieu en Ruimtelijke Ordening, Den Haag.

Voerknecht, H. (1994) Experiences with environmental zoning: the case of the Drechtsteden region, H. Voogd (ed.) *Issues in Environmental Planning*, Pion, London, pp. 67-77.

Voogd, H. (1995) *Methodologie van ruimtelijke planning*, Couthino, Bussum.

Voogd, H. (1996) Provinciale omgevingsplannen; Een niet te forceren leerproces, in G. de Roo (eds) *Milieuplanning in vierstromenland*, Samsom H.D. Tjeenk Willink, Alphen aan den Rijn, pp. 194-201.

VROM (Ministerie van Volkshuisvesting, Ruimtelijke Ordening en Milieubeheer) (1983) Plan Integratie Milieubeleid, Tweede Kamer, 1982-1983, 17931, nr. 6, Den Haag.

VROM (Ministerie van Volkshuisvesting, Ruimtelijke Ordening en Milieubeheer) (1983b) Leidraad Bodemsanering, Directie Bodem, Water en Stoffen, Directoraat-Generaal Milieuhygiëne, Den Haag.
VROM (Ministerie van Volkshuisvesting, Ruimtelijke Ordening en Milieubeheer) (1984a) Meer dan de Som der Delen; Eerste nota over de planning van het milieubeleid, Tweede Kamer, 1983-1984, 18292, nr. 2, Den Haag.
VROM (Ministerie van Volkshuisvesting, Ruimtelijke Ordening en Milieubeheer) (1984b) Indicatief Meerjaren Programma Milieubeheer 1985-1989, Tweede Kamer, 1984-1985, 18602, nr. 2, Den Haag.
VROM (Ministerie van Volkshuisvesting, Ruimtelijke Ordening en Milieubeheer) (1988) Workshop verslag, Integrale milieuzonering deel 1, Directie Geluid, DGM, Den Haag.
VROM (Ministerie van Volkshuisvesting, Ruimtelijke Ordening en Milieubeheer) (1988b) Meerjarig uitvoeringsprogramma geluidhinderbestrijding (MUG) 1989-1993, VROM, Den Haag.
VROM (Ministerie van Volkshuisvesting, Ruimtelijke Ordening en Milieubeheer) (1988c) Vierde nota over de ruimtelijke ordening, deel a, beleidsvoornemens, TK 20490, nrs. 1-2, Sdu Uitgevers, Den Haag.
VROM (Ministerie van Volkshuisvesting, Ruimtelijke Ordening en Milieubeheer) (1989) Project KWS2000; Bestrijdingsstrategie voor de emissies van vluchtige organische stoffen, Projectgroep Koolwaterstoffen 2000, Directie Lucht, DGM, Den Haag.
VROM (Ministerie van Volkshuisvesting, Ruimtelijke Ordening en Milieubeheer) (1989b) Projectprogramma Cumulatie van bronnen en integrale milieuzonering, Integrale milieuzonering deel 2, Directie Geluid, DGM, Den Haag.
VROM (Ministerie van Volkshuisvesting, Ruimtelijke Ordening en Milieubeheer) (1989c) Reacties en adviezen naar aanleiding van het Nationaal Milieubeleidsplan; Hoe het NMP leeft in Nederland, Den Haag.
VROM (Ministerie van Volkshuisvesting, Ruimtelijke Ordening en Milieubeheer) (1989d) Workshop verslag, Integrale milieuzonering deel 1, Directie Geluid, DGM, Den Haag.
VROM (Ministerie van Volkshuisvesting, Ruimtelijke Ordening en Milieubeheer) (1990) Ministriële handreiking voor een voorlopige systematiek voor de integrale milieuzonering, Integrale milieuzonering deel 6, Directie Geluid, DGM, Den Haag.
VROM (Ministerie van Volkshuisvesting, Ruimtelijke Ordening en Milieubeheer) (1992) Externe integratie van milieubeleid: knelpunten, kansen en keuzen in het stedelijk gebied, Hoofdrapport, BRO Adviseurs en VNG, Publikatiereeks milieubeheer 1992/2A, DGM, Leidschendam.
VROM (Ministerie van Volkshuisvesting, Ruimtelijke Ordening en Milieubeheer) (1993) Vierde nota over de ruimtelijke ordening Extra, deel 4: Planologische Kernbeslissing Nationaal Ruimtelijk Beleid, Den Haag.
VROM (Ministerie van Volkshuisvesting, Ruimtelijke Ordening en Milieubeheer) (1994) Interventiewaarden bodemsanering, Circulaire 9 mei 1994, Den Haag.
VROM (Ministerie van Volkshuisvesting, Ruimtelijke Ordening en Milieubeheer) (1994b) Circulaire tweede fase inwerkingtreding saneringsregeling Wet bodembescherming, 22 december 1994, Den Haag.
VROM (Ministerie van Volkshuisvesting, Ruimtelijke Ordening en Milieubeheer) (1994c) De Gordiaanse knoop ontward: ROM-projecten in Nederland, M. Groen, Den Haag.
VROM (Ministerie van Volkshuisvesting, Ruimtelijke Ordening en Milieubeheer) (1995) Waar vele willen zijn, is ook een weg; Stad & Milieu Rapportage, Den Haag.
VROM (Ministerie van Volkshuisvesting, Ruimtelijke Ordening en Milieubeheer) (1995b) Brief van de minister van VROM aan de voorzitters van de vaste kamercommissies voor VROM, EZ en LNV inzake het stankbeleid d.d. 21 maart 1995, Den Haag.

VROM (Ministerie van Volkshuisvesting, Ruimtelijke Ordening en Milieubeheer) (1996) Verstedelijking in Nederland 1995-2005; De Vinex-afspraken in beeld, RPD en IPO, Den Haag.

VROM (Ministerie van Volkshuisvesting, Ruimtelijke Ordening en Milieubeheer) (1996b) Binnen regels naar kwaliteit, Stad & Milieu, Rapportage deelproject Cobber, Den Haag.

VROM (Ministerie van Volkshuisvesting, Ruimtelijke Ordening en Milieubeheer) (1996c) Actualisering omvang Nederlandse bodemverontreiniging, Den Haag.

VROM (Ministerie van Volkshuisvesting, Ruimtelijke Ordening en Milieubeheer) (1997) Onderhandelen langs de zone; Vijf jaar integrale milieuzonering in Nederland, Den Haag.

VROM (Ministerie van Volkshuisvesting, Ruimtelijke Ordening en Milieubeheer) (1997b) Gerede grond voor groei, Interdepartementaal beleidsonderzoek bodemsanering, Ronde 1996, IBO-rapport nr. 3, Den Haag.

VROM (Ministerie van Volkshuisvesting, Ruimtelijke Ordening en Milieubeheer) (1998) Nota Leefomgeving: borg voor samenhang, VROM Visie, Kadernieuwsbrief over VROM-beleid en -actualiteiten, 24 februari 1998, Den Haag.

VROM (Ministerie van Volkshuisvesting, Ruimtelijke Ordening en Milieubeheer) (1998b) De proef op de ROM: ervaringen met gebiedsgericht beleid in 10 ROM-gebieden, G.C. Naeff, A.F. van de Klundert, Den Haag.

VROM (Ministerie van Volkshuisvesting, Ruimtelijke Ordening en Milieubeheer) (2000) Milieu in het Investeringsbudget Stedelijke Vernieuwing, Handreiking, VROM, Den Haag.

VROM en EZ (Ministerie van Volkshuisvesting, Ruimtelijke Ordening en Milieubeheer en het Ministerie van Economische Zaken) (1983) Actieprogramma Deregulering Ruimtelijke Ordening en Milieubeheer, Tweede Kamer, 1982-1983, 17931, nr. 4, Den Haag.

VROM, IPO en VNG (Ministerie van Volkshuisvesting, Ruimtelijke Ordening en Milieubeheer, Interprovinciaal Overleg, Vereniging van Nederlandse Gemeenten) (1995) Streefbeeld Bodemsaneringsbeleid; Tussenstand in de discussies tussen VNG, IPO en VROM, Verslaggeving Alons en Partners bv, VROM, Den Haag.

VROM, IPO en VNG (Ministerie van Volkshuisvesting, Ruimtelijke Ordening en Milieubeheer, Interprovinciaal Overleg, Vereniging van Nederlandse Gemeenten) (1997) Bever-1: basisdocument met scenario's voor typologie, bandbreedte en beslisondersteuning, Verslaggeving Bever-1 door Witteveen+Bos, VROM, Den Haag.

VROM en LV (Ministeries van Volkshuisvesting, Ruimtelijke Ordening en Milieubeheer en van Landbouw en Visserij) (1985) Nota ruimtelijk kader randstadgroenstructuur, Den Haag.

VROM/Task Force DSM (1987) Integrale zonering DSM: beleidsuitgangspunten en onderzoeksresultaten, Leidschendam.

VW en VROM (Ministeries van Verkeer en Waterstaat en van Volkshuisvesting, Ruimtelijke Ordening en Milieubeheer) (1996) Aanwijzing geluidcontouren luchtvaartterein Schiphol, Ex. art. 27, jo. art. 24 Luchtvaartwet, Den Haag.

Walgemoet, A. (1995) *Compensatie en perceptie in het stedelijk beleid; Een onderzoek naar de mogelijkheden van compensatie bij het oplossen van milieu/ruimte-conflicten in het stedelijk gebied en de rol van perceptie daarin*, Faculteit der Ruimtelijke Wetenschappen, Provincie Noord-Holland, Groningen en Haarlem.

Weertman, J., F. Nauta (1992) 'Dit is natuurlijk onzin'; Proefproject integrale milieuzonering in Dordrecht, *Rooilijn*, nr. 3, pp. 70-75.

Welschen, R.W. (1996) Aanbiedingsbrief betreffende de evaluatie van de aanpak bodemverontreiniging in stedelijke knooppunten (Welschen-2), Bu, 7 maart 1996, Gemeente Eindhoven, Eindhoven.

Werkgroep bodemsanering (1993) Saneren zonder stagneren; Eindrapport van de Werkgroep bodemsanering, 'Welschen-1', Den Haag.

Werkgroep bodemsanering (1996) Bodemsanering: met gezond verstand goede afspraken maken; De toepassing van de aanbevelingen van de werkgroep bodemsanering geëvalueerd, 'Welschen-2', Den Haag.

Werkgroep Visie op Omgevingsbeleid (1996) Aanzet voor omgevingsbeleid, Directeuren Strategie BIZA, EZ, LNV, V&W, Den Haag.

Westerhof, A. (1989) De face-lift van de Wet geluidhinder, *Tijdschrift voor de Ruimtelijke Ordening en Milieubeheer*, nr. 10, pp. 16-17.

Wiersinga, W.A., W.L.H. Ronken, H. ten Holt (1996) *Compenseren tussen Milieu en Ruimte; Een verkenning naar het gebruik en de toepassingsmogelijkheden van het compensatie-beginsel*, Publikatiereeks Milieustrategie 1996/10, DGM, VROM, Den Haag.

Willems, W.P. (1987) Vliegveld Beek: overheid in de knoop met haar eigen milieuregels en -procedures, *ROM Magazine*, nr. 4, pp. 3-10.

Willems, W.P. (1988) De nacht-vliegers van Beek, *Geluid en omgeving*, September, pp. 102-104.

Windt, H.J. van der (1995) *En dan: wat is natuur nog in dit land?: Natuurbescherming in Nederland 1880-1990*, Boom, Amsterdam.

Winsemius, P. (1986) *Gast in eigen huis, Beschouwingen over milieumanagement*, Samsom H.D. Tjeenk Willink, Alphen aan den Rijn.

Wissink, B. (2000) Ontworpen en ontstaan; Een praktijktheoretische analyse van het debat over het provinciale omgevingsbeleid, Voorstudies en Achtergronden, V 108, Wetenschappelijke Raad voor het Regeringsbeleid, Den Haag.

Wissink, B., O. Lingbeek (1995) Provinciale planning in beweging; ontwikkeling in acht provincies, *Stedebouw en Volkshuisvesting*, Vol. 1/2, pp. 35-37.

Zundert, J.W. (1993) Het bestemmingsplan als zoneringsinstrument, in G. de Roo, *Kwaliteit van norm en zone; Planologische consequenties van (integrale) milieuzonering*, Geo Pers, Groningen, pp. 31-43.

Zwiers, J. (1998) *Integratie, decentralisatie en actief bodembeheer; Onderzoek naar de rol van integratie, decentralisatie en actief bodembeheer bij het tegengaan van stagnatie bij ruimtelijk functionele ontwikkeling als gevolg van bodemverontreiniging*, Faculteit der Ruimtelijke Wetenschappen, Groningen.

第6章

Arts, E.J.M.M. (1998) *EIA Follow-up; On the Role of Ex-Post Evaluation in Environmental Impact Assessment*, Geo Press, Groningen.

Bartelds, H.J., G. de Roo (1995) *Dilemma's van de compacte stad; Uitdagingen voor het beleid*, VUGA, Den Haag.

Boei, P.J. (1993) Integrale milieuzonering op en rond het industrieterrein Arnhem-Noord, in G. de Roo (eds) *Kwaliteit van norm en zone; Planologische consequenties van (integrale) milieuzonering*, Geo Pers, Groningen, pp. 75-82.

Borst, H. (1994) Integrale milieuzonering en ruimtelijke ordening, Integrale milieuzonering nr. 28, Directoraat-Generaal Milieubeheer, Ministerie van VROM, Den Haag.

Borst, H. (1996) Integrale milieuzonering, in G. de Roo (eds) *Milieuzones in vierstromenland*, Samsom H.D. Tjeenk Willink, Alphen aan den Rijn, pp. 94-108.

Borst, H. (1997) Integrated environmental zoning in local land use plans: some Dutch experiences, in D. Miller and G. de Roo (eds) *Urban Environmental Zoning; Policies, instruments and methods in an international perspective*, Avebury, Aldershot, UK, pp. 289-297.

Borst, H., G. de Roo, H. Voogd, H. van der Werf (1995) *Milieuzones in beweging; Eisen, wensen, consequenties en alternatieven*, Samsom H.D. Tjeenk Willink, Alphen aan den Rijn.

Flohr, A.P., H.C.J. Meijvis (1993) Milieuzonering in Hengelo, in G. de Roo (eds) *Kwaliteit van norm en zone; Planologische consequenties van (integrale) milieuzonering*, Geo Pers, Groningen, pp. 97-103.

Gemeente Amersfoort (1992) Uitvoeringsschema Centraal Stadsgebied, Amersfoort.

Gemeente Groningen (1992) Besluit van het college van B&W inzake de resultaten en aanbevelingen proefproject IMZ Noordoostflank, 26 mei 1992, Groningen.

Gemeente Hengelo (1993) Uitvoeringsplan Integrale Milieuzonering Twentekanaal, Dienst Stadsontwikkeling, Hengelo.

Gemeente Maastricht (1987) Project Integratie Milieubeleid: Hoofdrapport, Maastricht.

Gemeente Maastricht (1993) Eindrapport PISA: Ruimtelijke keuzes en milieusaneringen, Maastricht.

Hermsen, C.H. (1991) *Integrale milieuzonering Arnhem-Noord (samenvatting) Studiedag Integrale Milieuzonering; Ontwikkeling van een nieuw beleidsinstrument*, Geoplan Amsterdam.

Hoogland, J.S., F.J. Kolvoort (1993) Centraal Stadsgebied en IMZ, in G. de Roo (eds) *Kwaliteit van norm en zone; Planologische consequenties van (integrale) milieuzonering*, Geo Pers, Groningen, pp. 65-73.

Humblet, A.G.M., G. de Roo (eds) (1995) *Afstemming door Inzicht; een analyse van gebiedsgerichte milieubeoordelingsmethoden ten behoeve van planologische keuzes*, Geo Pers, Groningen.

Kerngroep Drechtoevers (1994) Masterplan Drechtoevers; Een kwaliteitssprong, Projectbureau Drechtoevers, Dordrecht.

Kuijpers, C.B.F. (1996) Integratie en het gebiedsgericht milieubeleid, in G. de Roo (eds), *Milieuplanning in vierstromenland*, Samsom H.D. Tjeenk Willink, Alphen aan den Rijn, pp. 52-67.

Nijkamp, P. (1996) De enge marges van het beleid en de brede missie van de beleidsanalyse, in P. Nijkamp, W. Begeer en J. Berting (eds), *Denken over complexe besluitvorming: een panorama*, SDU Uitgevers, Den Haag, pp. 129-146.

Nijkamp, P., J. Vleugel, R. Maggi, I. Masser (1994) *Missing Networks in Europe*, Avebury, Aldershot.

Oliemulders Punter & Partners bv (1993) Leefsituatie Onderzoek in de IJmond, Provincie Noord-Holland, Haarlem.

Pool, J. (1990) *Sturing van strategische besluitvorming: mogelijkheden en grenzen*, VU Uitgeverij, Amsterdam.

Pool, J., P.L. Koopman (1990) Strategische besluitvorming in organisaties: Onderzoeksmodel en eerste bevindingen, M&O, *Tijdschrift voor Organisatiekunde en Sociaal Beleid*, nr. 44, pp. 516-531.

Projectbureau Drechtoevers (1994) Masterplan Drechtoevers; Een kwaliteitssprong, o.v.v. de Kerngroep Drechtoevers, Dordrecht.

Provincie Friesland (1991) Integrale Milieuzonering Burgum/Sumar, Tussenrapport, Hoofdgroep Waterstaat en Milieu, Bureau Geluid en Lucht, Leeuwarden.

Provincie Limburg (1992) Streekplanuitwerking Westelijke Mijnstreek: Startnotitie, Maastricht.

Provincie Noord-Holland (1993) Proefproject Integrale Milieuzonering IJmond: Project programma, Haarlem.

Roeters, J.H. (1997) *Anticiperend bodemsaneringsbeleid bij provincies: Onderzoek naar de inhoud en mogelijkheden van vormen van vernieuwend bodemsaneringsbeleid bij provincies en de aansluiting daarvan op het BEVER-proces*, Faculteit der Ruimtelijke Wetenschappen, Rijksuniversiteit Groningen, Groningen.

Roo, G. de (1992) Milieuzonering stuit op planologische obstakels, *ROM Magazine*, nr. 6, pp. 14-17.
Roo, G. de (1993) Epiloog: de positie van de milieunorm verschuift, in G. de Roo (eds) *Kwaliteit van norm en zone; Planologische consequenties van (intergrale) milieuzonering*, Geo Pers, Groningen.
S.A.B. adviseurs voor ruimtelijke ordening bv (1994) Voorontwerp Bestemmingsplan Twentekaneel-Zuid, Fabelenweg en Zeggershoek, Gemeente Hengelo, Hengelo.
Simon, H.A. (1996) *The Science of the Artificial*, The MIT Press, Cambridge, Massachusetts.
Stuurgroep IMZ Hengelo Twentekanaal (1991) Integrale Milieuzonering Hengelo Bedrijventerrein Twentekanaal: Plan van Aanpak, Hengelo.
Stuurgroep IMZS Drechtsteden (1991) Rapportage eerste fase: Inventarisatie milieubelasting, Den Haag.
Stuurgroep IMZS Drechtsteden (1994) Rapportage tweede fase: Milieuperspectief, Den Haag.
Stuurgroep IMZ Theodorushaven (1993) Eindrapport fase 1 + 2: Inventarisatie en confrontatie van de milieubelasting en de ruimtelijke ordening, Conclusies en aanbevelingen, Bergen op Zoom.
Tesink, J. (1988) Integrale zonering DSM, in *Geluid en omgeving*, juni, pp. 67-69.
TK (Tweede Kamer) (1998) Regels over experimenten inzake zuinig en doelmatig ruimtegebruik en optimale leefkwaliteit in stedelijk gebied (Experimentenwet Stad & Milieu), Vergaderjaar 1997-1998, 25848, nrs. 1-2, Den Haag.
Twijnstra Gudde (1992) Tussentijdse evaluatie proefprojecten IMZ 2, IMZ-reeks deel 21, Ministerie van VROM, Leidschendam.
Twijnstra Gudde (1994) Derde evaluatie proefprojecten IMZ, IMZ-reeks deel 29, Ministerie van VROM, Den Haag.
Twijnstra Gudde (1994b) Voorlopige integrale milieuzone Arnhem-Noord en uitvoeringsplan, concept, Amersfoort.
Voerknecht, H. (1993) Saneren en bestemmen in een regionale aanpak, in G. de Roo (eds) *Kwaliteit van norm en zone; Planologische consequenties van (integrale) milieuzonering*, Geo Pers, Groningen, pp. 83-95.
VROM (Ministerie van Volkshuisvesting, Ruimtelijke Ordening en Milieubeheer) (1990) Ministeriële handreiking t.b.v. de proefprojecten integrale milieuzonering, Reeks Integrale Milieuzonering, nr. 5, Den Haag.
Witteveen en Bos (1991) Integrale Milieuzonering Burgum/Sumar: Tussenrapport, Provincie Friesland, Leeuwarden.

第7章

Boer, M. de (1995) Brief aan de Voorzitter van de Tweede Kamer der Staten-Generaal betreffende Stad & Milieu (DGM/B/MBI Mbb 95026926, 22 dec. 1995), Ministerie van VROM, Den Haag.
Borst, H., G. de Roo, H. Voogd, H. van der Werf (1995) *Milieuzones in Beweging; eisen, wensen, consequenties en alternatieven*, Samsom H.D. Tjeenk Willink, Alphen aan den Rijn.
Cleij, J. (1994) Aanbiedingsbrief Integrale Milieuvisie Amsterdam 1994-2015, 9400018/02, Milieudienst Amsterdam, Amsterdam.
Commissie van Advies voor Volkshuisvesting, Stadsvernieuwing, Ruimtelijke Ordening en Grondzaken (1995) Strategie in relatie tot Cargill, SO 93/1710, Amsterdam.
Gemeente Amsterdam (1990) Conceptnota van Uitgangspunten voor de IJ-oever, Amsterdam.
Gemeente Amsterdam (1991) Nota van Uitgangspunten voor de IJ-oevers; Amsterdam naar het IJ, Amsterdam.

Gemeente Amsterdam (1994) Ontwerp Beleidsnota Ruimtelijke Ordening en Milieu, dienst Ruimtelijke Ordening in samenwerking met de Milieudienst, Amsterdam.

Gemeente Amsterdam (1994b) Integrale Milieuvisie Amsterdam 1994-2015, Milieudienst Amsterdam, Amsterdam.

Gemeente Amsterdam (1994c) Milieumatrix Structuurplan; Toetsingskader voor de beoordeling van milieueffecten van ruimtelijke ordeningsvoorstellen op structuurplanniveau, dienst Ruimtelijke Ordening, Amsterdam.

Gemeente Amsterdam (1994d) Amsterdam Open Stad, Ontwerp Structuurplan 1994, Deel II De toelichting, dienst Ruimtelijke Ordening, Amsterdam.

Gemeente Amsterdam (1994e) Bestemmingsplan IJ-oevers, dienst Ruimtelijke Ordening, Amsterdam.

Gemeente Amsterdam (1995) Milieuverkenning Amsterdam, Milieudienst, Amsterdam.

Gemeente Amsterdam (1995b) Stedebouwkundig programma van eisen, Houthavens, Gemeentelijke projektgroep Houthavensgebied, Amsterdam.

Gemeente Amsterdam (1995c) Brief aan de Commissie van Advies voor Volkshuisvesting, Stadsvernieuwing, Ruimtelijke Ordening en Grondzaken betreffende de Strategie Houthavens in relatie tot Cargill, SO 93/1710, Amsterdam.

Gemeente Rotterdam (1994) Rapport strategie Maas-Rijnhaven: Een inventarisatie naar de mogelijkheden van woningbouw in relatie met milieu-aspecten, June 1994, Werkgroep diverse diensten, Rotterdam.

Hoogstraten, S., L. de Laat (1994) Milieu eerder in de planvorming betrokken, dRO publikaties, nr. 11, Gemeente Amsterdam, Amsterdam.

Humblet, A.G.M., G. de Roo (eds) (1995) *Afstemming door Inzicht; een analyse van gebiedsgerichte milieubeoordelingsmethoden ten behoeve van planologische keuzes*, Geo Pers, Groningen.

Kloeg, D. (eds), L. van den Hoek Ostende, M. Marbus, H. van Wieringen (1991) *Natuur en Milieu Encyclopedie*, Zomer & Keuning Boeken B.V., Ede.

Knegt, M. de, E. Meijburg (1994) De Amsterdamse stedebouw stelt het milieu voorop; De Beleidsnota Ruimtelijke Ordening en Milieu verschenen, dRO publikaties, nr. 5, Gemeente Amsterdam, Amsterdam.

Kuijpers, C.J. (1992) *Bedrijven en milieuzonering*, Vereniging Nederlandse Gemeenten, Den Haag.

Meijburg, E., M. de Knegt (1994) Een stolp over Amsterdam; milieu en ruimtelijke ordening verstrengeld, *ROM Magazine*, nr. 10, pp. 9-12.

Provincie Noord-Holland (1994) Sanering industrielawaai, saneringsvoorstel Westpoort, Achtersluispolder, Westerspoor-Zuid e.o., Dienst Milieu en Water, Haarlem.

Provincie Noord-Holland (1995) Houthavens; geluidruimte voor toekomstige ontwikkelingen, interne notitie, augustus 1995, Dienst Milieu en Water, Afd. LVG, Haarlem.

Provincie Noord-Holland (1995b) Heroverweging ingevolge de Algemene Wet bestuursrecht; Houthavens Amsterdam, Brief aan Burgemeester en Wethouders van de Gemeente Amsterdam, 95-510098, 17 januari 1995, Dienst Milieu en Water, Haarlem.

Provincie Noord-Holland (1995c) Heroverweging ingevolge de Algemene Wet bestuursrecht, Brief aan Directie van Cargill B.V. en I.G.M.A. B.V., 95-510098, 17 januari 1995, Dienst Milieu en Water, Haarlem.

Provincie Noord-Holland (1995d) Verweerschrift aangaande beroep Cargill inzake vaststelling hogere grenswaarden Wet geluidhinder voor Houthavens (OBP IJ-oevers), Brief aan de Voorzitter van de afdeling bestuursrechtspraak van de Raad van State, 95-515493, 5 september 1995, Dienst Milieu en Water, Haarlem.

Provincie Noord-Holland (1995e) Concept-tekst t.b.v. milieukader Cargill-soja t.a.v. de component stof, interne notitie 23 augustus 1995, Dienst Milieu en Water, Haarlem.

Rangelrooij, P., R.C. Spaans (1995) *Onderzoek naar de mogelijkheden voor woningbouw in de Houthavens te Amsterdam*, Rapport R.95.126.A, dgmr raadgevende ingenieurs bv, Den Haag.

Rosdorff, S., L.K. Slager, V.M. Sol, K.F. van der Woerd (1993) *De stadsstolp: meer ruimte voor milieu èn economie*, Instituut voor Milieuvraagstukken, Vrije Universiteit, Amsterdam.

Sandig, J., F.J.H. Vossen (1994) *Geuronderzoek Houthavens Amsterdam Eindrapportage*, Project Research Amsterdam BV, Amsterdam.

Stadig, D. (1995) Saldobenadering: vervanging of aanvulling van de norm?, in *Milieuzones in Beweging*, congresbundel, Rijksuniversiteit Groningen, Route IV, Groningen, Nijmegen.

Stafbureau NER (1992) Nederlandse Emissierichtlijnen-Lucht, Bilthoven.

Steiner, G.A. (1997) *Strategic Planning: What every manager must know*, Simon & Schuster, New York

Timár, E. (1996) Improving Environmental Performance of Local Land Use Plans, in Miller, D. and G. de Roo, *Urban Environmental Planning; Policies, instruments and methods in an international perspective*, Rijksuniversiteit Groningen, Groningen.

Vos, A.H.M.T. (1994) Gebiedsgericht beleid en Amsterdams structuurplan, *ROM Magazine*, nr. 10, pp. 13-16.

VROM (Ministerie van Volkshuisvesting, Ruimtelijke Ordening en Milieubeheer) (1992) Nota Stankbeleid, Tweede Kamer, vergaderjaar 1991-1992, 22715, nr. 1, Den Haag.

VROM (Ministerie van Volkshuisvesting, Ruimtelijke Ordening en Milieubeheer) (1994) Document Meten en rekenen geur, Publikatiereeks lucht & energie, nr. 115, DGM, Den Haag.

VROM (Ministerie van Volkshuisvesting, Ruimtelijke Ordening en Milieubeheer) (1995) Waar vele willen zijn, is ook een weg; Stad en Milieu Rapportage, Den Haag.

VROM (Ministerie van Volkshuisvesting, Ruimtelijke Ordening en Milieubeheer) (1996) Vierde Nota over de Ruimtelijke Ordening Extra, Den Haag.

Zeedijk, H. (1995) *Stof in de Houthavens*, Centrum voor MilieuTechnologie, Technische Universiteit Eindhoven, Eindhoven.

Interviews

Arents, F. (25 April 1996) Juridische Zaken, Bureau lokale planologie, Dienst Ruimte en Groen, Provincie Noord-Holland.

Bakker, S.B. (25 April 1996) Projectleider bureau geluidsanering industrielawaai, Dienst Water en Milieu, Provincie Noord-Holland.

Cleij, J. (3 April 1996) Directeur Milieudienst, Gemeente Amsterdam.

Meijburg, M.E. (3 April 1996 en 25 April 1996) Beleidsmedewerker Milieudienst, Gemeente Amsterdam.

Pijning, J. (25 April 1996) Beleidsmedewerker afdeling lucht, veiligheid en geluid, Dienst Milieu en Water, Provincie Noord-Holland.

Schoonebeek, C.A.M. (25 April 1996) Beleidsmedewerker afdeling lucht, veiligheid en geluid, Dienst Milieu en Water, Provincie Noord-Holland.

Letters

Arents, F. (18 November 1996) Juridische Zaken, Bureau lokale planologie, Dienst Ruimte en Groen, Provincie Noord-Holland; betreffende commentaar op concept-tekst.

Bakker, S.B. (7 July 1996) Projectleider bureau geluidsanering industrielawaai, Dienst Water en Milieu, Provincie Noord-Holland; betreffende correctie interviewtekst.

Pijning, J. (15 November 1996) Beleidsmedewerker afdeling lucht, veiligheid en geluid, Dienst Milieu en Water, Provincie Noord-Holland.; betreffende correctie interviewtekst.

第8章

Christensen, K.S. (1985) Coping with Uncertainty in Planning, *Journal of the American Planning Association*, Winter, pp. 63-73.

缩　写

AMVB = 政府法令

BEVER = 土壤治理新政策

BROM = 阿姆斯特丹空间规划和环境政策文件

BUGM = 市政府政策执行补贴令

CRMH = 荷兰环境咨询委员会

EZ = 经济事务部

FUN = NMP 执行预算

IEZ = 综合环境分区

IMP-M = 指导性长期环境项目

IMZ =综合环境分区

IPO = 省际合作平台

ISV = 城市更新投资预算

IVM = 阿姆斯特丹渥瑞基大学环境研究所

KB = 环境法令

LNV = 农业、自然环境和渔业部

MIG = 现代化工具噪声政策

NMP = 国家环境政策规划

PDAES = 围绕环境标准的 1976 年政策文件

PIM = 环境政策综合计划

PGBO = 综合土壤研究局

RARO = 空间规划委员会

RAWB = 科学政策咨询委员会

RIVM = 国家公共卫生和环境研究所

RPD = 国家空间规划局

ROM areas = 指定的空间规划和环境地区

ROMIO = 指定的空间规划和环境地区

SER = 社会-经济委员会

SCMO-TNO = 荷兰应用科学研究院环境研究中心

TK = 下议院（原第二议会）

V&W = 交通、公共工程和水资源管理部

VINEX =第四个形体规划政策文件

VINO =第四个形体规划附加政策文件

VM =公共健康和环境卫生部

VNG = 荷兰市政府协会

VNO-NCW = 荷兰产业和雇主联合会

VOGM = 市政府环境政策后续资助

VROM = 住宅、空间规划和环境部

VRO = 住宅和空间规划部（住宅、空间规划和环境部前身）

VS-IMZ = 综合环境分区暂行制度

法律一览

《空气污染法》
《航空法》
《建筑法令》
《化学废弃物法》
《商品法》
《环境保护法》
《环境保护法》（综合条款）
《环境管理法》
《环境个案交易令》
《指令性多年项目》
《地表水污染法》
《大型空港噪声干扰令》
《降低噪声跨年度项目》
《降低噪声法》
《核能法》
《干扰法》
《农业和自然保护政策文件》
《空间规划和环境保护放松管制政策文件》
《地表水污染法》
《防止大型事故令》
《控制污染的优先政策性文件》
《土壤清理法》
《土壤保护法》
《土壤保护指南》
《空间规划法》
《空间规划令》
《城市和乡村更新法》
《城市更新法》
《废弃物法》
《劳动条件法》

中文版后记：关于荷兰环境-空间规划的背景

为了便于读者了解本书的内容，译者在这里对荷兰的最近发展做一个简要的背景介绍。首先对荷兰的概况做一个描述。然后，通过几个案例分析，对荷兰的环境-空间规划发展做一个介绍。这个中文版后记的目的是，帮助读者理解本书作者关于荷兰环境-空间冲突的基本论题，正如作者在书中反复强调的那样，我们必须把规划问题放置到更大的背景中去，才能跳出直接因果关系的思维定式，更为准确地确定问题，寻求适当的和可能的解决办法。我想，这样做恰恰符合作者反复强调的做规划时的背景观念、复杂性观念和系统观念。

荷兰自然社会经济简况

自然地理

荷兰的国土面积为41526平方公里，其中土地面积33883平方公里，水面面积7643平方公里。荷兰的土地面积大体是北京土地面积的两倍。

荷兰位于欧洲西部，东面与德国为邻，南接比利时。西、北濒临北海，地处莱茵河、马斯河和斯凯尔特河三角洲，海岸线长1075公里。境内河流纵横，主要有莱茵河、马斯河。西北濒海处有艾瑟尔湖。其西部沿海为低地，东部是波状平原，中部和东南部为高原。"荷兰"在日耳曼语中叫尼德兰，意为"低地之国"，因其国土有一半以上低于或几乎水平于海平面而得名。荷兰的气候属海洋性温带阔叶林气候。

行政区划

荷兰全国划分为12个省，省下设489个市镇。各省名称如下：格罗宁根、弗里斯兰、德伦特、欧弗艾塞尔、格尔德兰、乌得勒支、北荷兰、南荷兰、西兰、北布拉邦、林堡、弗雷佛兰。最重要的都市区域有，阿姆斯特丹、鹿特丹、海牙和乌得勒支。

人口、土地使用与城镇化

2011年7月统计的荷兰人口为1684.7007万，比北京市的人口约少100万。2006年统计的荷兰家庭总数为714.6万个，人口密度为每平方公里395人。

荷兰是一个公认的城市国家，然而，在它33883平方公里的土地上，84%用于农业、林业、水面和自然保护区，城市用地仅为16%。

尽管荷兰2010年统计的城镇人口占总人口的比例为83%，但是，在它的1684万人口中，竟然有55%的人口居住在荷兰20个大都市之外的乡村地区，只有45%的人口居住在城市。1980年代以来，非农业人口继续从城市向乡村地区转移，给乡村地区的土地和环境造成了巨大压力，所以，这个国家的城镇化要求对乡村土地进行整理。当然，除开注册农户外，居住在乡村地区的人口也是高度集中地居住在乡村地区的村庄里，而且大部分劳动力不是从事农业生产。

荷兰最大的城市阿姆斯特丹，人口73.9万，城区面积166平方公里，人口密度4457人/平方公里；世界第一大港鹿特丹，人口59.6万，城市面积206平方公里，人口密度2850/平方公里；荷兰中央政府和若干国际组织的所在地的海牙，人口46.9万，城市面积82平方公里，人口密度5737/平方公里；乌得勒支市，人口27.5万，城市面积95平方公里，人口密度3010/平方公里。

经济状况

欧盟公布的2009年荷兰GDP为7940亿欧元，农业产值占总产值的1.9%，工业为24.4%，服务业为73.7%。荷兰人均GDP为48223欧元，低于贫困线以下人口约为10万，家庭收入的基尼系数为30.9%。

劳动力就业

2009年，荷兰的总劳动力为833万，其中农业劳动力仅为2%，工业劳动力为18%，服务业劳动力为80%，2011年1月的失业率为4.3%。

案例：兰斯塔德都市区和它的绿色核心

兰斯塔德是荷兰乃至欧洲的一个重要都市区域。阿姆斯特丹、鹿特丹、海牙和乌特勒支市，以及这4个城市分属的南荷兰省、北荷兰省、乌得勒支省和弗莱福兰省中的一部分地区一起形成了称之为“兰斯塔德”都市区。

兰斯塔德都市区：城市在外，郊区在里

兰斯塔德的人口达到670万，是荷兰总人口的41.8%（或45%）。从国家人口高度集中在一个都市区的角度看，兰斯塔德在世界都市中仅次于韩国的首尔。兰斯塔德12个边缘城市居住了600万人口，而在广大乡村地区居住了67万人口。城市地区的平均人口密度为每平方公里1680人，绿色核心里的平均人口密度为每平方公里470人。当然，四大城市的人口密度另当别论。

就业分布结构及产业结构2005年，在兰斯塔德都市区内的劳动力产业分布结构为服务业84%，工业制造业13%，农业3%。欧洲都市农业逐步消失的情形下，这样一个农业劳动力比例是相当高的。当然，应当注意到的是，荷兰出口价值总量的25%来自农业和食品加工业。荷兰作为欧洲花房和菜园的历史传统依然保留着。兰斯塔德都市区内共有12个主要就业中心，仅商业服务企业就有37000个，创造就业岗位30万个。所以，与荷兰整体相比较，兰斯塔德都市区不是工业导向的（19%对13%），而是商业服务业导向的（46%对52%）；在非营利服务业和农业部门就业的劳动力比例一样，都是32%和3%。

兰斯塔德的土地：4000平方公里的绿色原野

兰斯塔德的土地面积为5473平方公里，占荷兰国土面积的16.1%，人口密度为每平方公里1224人。实际上，兰斯塔德区域的人口密度比伦敦（941人/平方公里）、巴黎（936人/平方公里）、米兰（531人/平方公里）和柏林（279人/平方公里）都要高，在欧洲居于首位。

不仅如此，在兰斯塔德总土地面积中，建成区用地仅占26%，而农业用地和自然保护区用地分别为64%和10%。当然，兰斯塔德地区的建成区用地比例要高于荷兰全国的的建成区用地比例10%，因为，它毕竟是荷兰最高城市化的地区。所以，兰斯塔德建成区的建筑密度相当高。身处阿姆斯特丹和鹿特丹的感觉要比这个数字人口密度更显拥挤。换句话说，超过荷兰总人口2/5的人集中在占荷兰土地面积不到1/5的地区内。

兰斯塔德的空间布局：12个城市共享一个乡村型的郊区

兰斯塔德都市区域在空间分布上呈现多中心结构，也就是说，12个城市没有一个城市成为这个区域的政治、经济和社会的核心。荷兰4个主要城市和其他8个城镇分布在这个区域的周边。在4个大城市间，阿姆斯特丹距离鹿特丹最远，为75公里，而海牙与鹿特丹的距离最近，仅为25公里。在这4个城市间的8个中等规模城市相邻距离大体在25公里左右。在这个城市圈中间留下一个接近3000平方公里的绿色核心。这片绿色核心区的土地70%用于养殖、谷物和花卉种植、民俗旅游产业。30%用于居住，形成了一些小城镇和村庄。这样，这片绿色核心区成为四大城市共享一个共同的郊区。

兰斯塔德都市区域实际上不止一个功能中心，没有哪个城市可以称之为这个区域的首位城市。它们之间也不具备层次结构，因为4个城市都有自己的特殊角色。阿姆斯特丹被认为是荷兰的首都，实际上，中央政府驻地并不在那里，它只是一个金融、贸易和文化中心；鹿特丹是世界第一大港；海牙是荷兰中央政府和若干国际组织的驻地；乌得勒支市则是全国的铁路枢纽，同时是会议和贸易展览中心。这样，兰斯塔德完全不同于那种由一个支配性城市核心，周围由巨大郊区而环绕，土地的市场价值随区位距城市核心的距离而衰减的传统都市结构，如伦敦和巴黎。

相对传统单中心都市区而言，这种多极城镇布局结构下的劳动力市场，不是集中在一个点而是多个点上，这样，每一个城镇郊区的规模都不会太大。实际上，任何一个城市的半径都不可能超过10公里的半径，因为它们之间的距离大约在25公里。一项有关兰斯塔德居民上下班出行模式的分析可以证明这一点。所以，到2003年为止，在兰斯塔德居民中，73%的人工作和居住在同一座城市里，只有18%的人到兰斯塔德地区的另一社区去工作，9%的人到兰斯塔德地区之外去工作。还有一项调查资料表明，从1995年至今，兰斯塔德居民上下班出行距离和时间几乎没有什么变化。这说明，兰斯塔德地区的郊区蔓延速度和程度都比美国的都市区蔓延要小很多。基本维持了一个长期稳定的城市结构。

兰斯塔德的经济状况

产业贡献模式　2005年，兰斯塔德都市区的GDP总量为2150亿欧元，占荷兰全国GDP总量的46%。对GDP做出贡献的主要行业有10个，如果以100为它们的平均贡献值的话，化学工业就业者的贡献最高，为350，金融和商业服务为150，医疗、贸易和运输、水行业为120，花卉为90，高技术为70，创意产业（广告、艺术和出版）为60，非营利行业为60，旅游为50。在兰斯塔德，除开金融和商业服务外，高附加价值产业的就业规模都相对小。化学工业就业者的贡献最高，当然，投资强度也大。医疗、贸易和运输、水行业虽然是高附加价值行业，且高于平均贡献值，但是，在兰斯塔德整个经济中，它们并不是非常重要的行业，例如医疗和水行业在10个行业中就业规模最小，而10个行业中就业规模最大的行业，非营利服务业和旅游行业，其人均贡献却最低。当然，金融和贸易行业不完全适合于这个模式，它们既有较高的就业规模，也产生较大的贡献率。在这10个重要行业中，花卉在兰斯塔德经济是一个较小的行业，但是，它带动了其他行业，如温室建设、长途运输、特殊出口、拍卖等。当然，它本身的就业增长处于停滞状态。估计花卉行业占荷兰总产值的5%。

农业状况　荷兰统计局没有专门对兰斯塔德地区农业状况进行统计，但是，我们可以通过这4个省的农业状况，大体估计出兰斯塔德地区，特别是它的绿色核心的农业状况。

这个地区的总农业面积达到4380平方公里，其中，一般农田作物1644平方公里，园艺性农作物462平方公里，大棚作物72平方公里，草地2202平方公里。养殖牛56万头（其中奶牛28万头）、猪58

万头、马2.1万匹、羊45万只、鸡697万只、鸭5.99万只、兔6.5万只。尽管整个农业和食品加工业一起仅占兰斯塔德地区总产值的3%，无论如何，大约有10万（有规律的83784人和没有规律的19834人）劳动力在整个地区80%的土地面积上从事农业类生产活动。

当然，那里的农业户日趋减少，但是，每个农业户所使用的土地面积正在增加。或者说，他们正在通过规模经营提高农业效率。据荷兰统计局的资料，1995～2006年，荷兰的注册农户从11.3万减至8万户，平均每周减少50户注册农户。小规模农户出局，而大规模农户日趋变大。2006年，13%的农场和园艺型农业企业的用地规模超过50公顷，而1995年，只有6%的农场和园艺型农业企业用地规模超过50公顷。所以，2006年荷兰农场平均经济规模比1995年增加了30%，而增加的主要农业企业是园艺和圈养型高强度养殖部门。一般倾向是，相对年轻的农民管理这类现代化和高强度的农场，而年龄相对大的农民管理大田和放牧型养殖企业。

实际上，兰斯塔德地区农业户一般都有农业活动之外的收入，特别显著增加的是疗养服务业和乡村民俗旅游业。2005～2006年的两年间，疗养服务业的空间增加了50%，而民俗旅游户比2003年增加了16%。

兰斯塔德：抽象概念而非功能实体

由于兰斯塔德不存在一个区域层次的行政管理体制，也不存在共同认可的边界，所以，欧洲经济共同体的报告认为，兰斯塔德只是一个抽象概念。当然，荷兰人比较一致的看法是，兰斯塔德由4个省的建成区组成，而不包括它们共同拥有的绿色核心。

由于国土空间规划和国家基础设施评估的需要、统计和比较的需要，以及劳动力状况考察的需要，荷兰人使用了兰斯塔德的概念，当然，每一种使用在概念上有所差异。例如，在中央政府试图通过规划限制对绿色核心地区的开发时，一些行政辖区的管理当局就声称它们属兰斯塔德地区，而不属绿色核心地区。这样，兰斯塔德并不稳定和一致。

中央政府也没有把兰斯塔德区域认定为一个政策干预层次，但是，始终维持使用这个概念。1958 年就已经出现了这个概念，但是，在中央政府各类政策报告中，兰斯塔德并非一个一致的因素。最近一次在中央政府文件中出现兰斯塔德概念的是 2002 年的“国家城乡规划政策（5）”，实际上，这个政策并没有执行。之所以在使用“兰斯塔德”作为政策空间定位概念始终受到阻力，原因是荷兰人强烈希望维持独处乡村地区的中等规模（7 万人）城市，不主张建立特殊地区，维持国家投资在全国范围均衡的传统。当然，这个概念又总是用来界定不同的政策目标。在 1958 年，使用这个概念是为了阻止这个地区的过度城市化，20 世纪 90 年代，使用这个概念是为了提高这个地区的在全球化条件下的整体经济竞争型，而现在主要关注这个区域的行政管理问题。

兰斯塔德都市区的共同郊区：绿色核心区

绿色核心区规划政策的演变

由于道路拥堵、人口居住郊区化和旅游人口与日俱增，所以，这个绿色核心长期面临城市蔓延的压力。实际上，这个绿色核心低于海平面，由于全球气候变化，荷兰可能在冬季面临暴风雨，所以，它除开农业功能外，还具有蓄洪和排洪重大功能。对兰斯塔德绿色核心区做城镇规划起始于 1958 年。由于战后重建，兰斯塔德区域经济和人口迅速增长，出现了城市蔓延的倾向和严重的交通拥堵问题。于是，政府发表了名为“西部地区”的规划文件。1996 年，在这 4 个城市之间的这块绿色核心有了一个称之为“绿色核心行政管理论坛”的组织，没有行政管理权限，只是一个各方沟通的论坛。

（1）“减缓发展以保护绿色核心”，效果不佳。1960 年，“荷兰城乡规划政策（1）”提出，通过鼓励在荷兰的北部、南部和东部边缘地区发展，以减轻对兰斯塔德绿色核心的压力，保持那个地区的农业功能、蓄水功能和排洪功能，维护那里的绿色特征。在 1960 年代，这个政策显示出十分有限的效果。由于汽车拥有率的增加，人们开始向这个绿色核心中的村镇转移，当然，主要就业岗位还是集中在城市里。

这样，上下班交通量大规模提高。

（2）“保留有限数量的村庄，以备城市人口向乡村地区的转移”，结果绿色核心土地严重丧失。1966年，政府发表了“荷兰城乡规划政策（2）”。这个文件的目标还是向城市增长倾斜，但是，开始努力集中开发边缘地区，而非城市核心，如北荷兰省的北部，弗莱福兰省和三角地带。阻止城市向绿色核心区蔓延的办法是，保留有限数量的村庄，以备城市人口向乡村地区的转移。这些规划是以2000年荷兰人口将达到2000万的预测为基础。实际上，荷兰人现在的预测是，荷兰人口在2030年达到1700万。到了1970年代，这些规划就显示出其非常不成功。地方政府并不在意，绿色核心里的小城镇和村庄继续全力以赴地吸引企业和居民。这样，绿色核心越来越失去其绿色的特征。在1970~1985年的15年间，由于4个核心城市的人口向绿色核心的转移而丧失了18%的人口。

（3）“规划开发增长中心，完全限制村庄开发”和“绿色核心区不只是具有农业功能，而且是休闲和自然保护的场所”，取得了短暂的积极效果。荷兰人发现，他们应当制定新的城乡规划政策。中央政府不仅要提供政策纲要，而且还要直接影响规划。荷兰政府1973年公布了“荷兰城乡规划政策（3）”，1976年公布了“城市化政策文件”。这两个文件确定，重新规划14个城镇作为新住宅开发地区，而不再试图开发荷兰的其他地区，这些规划城镇中有11个在兰斯塔德，有3个在兰斯塔德之外。除此之外的其他小城镇和村庄则通过建设许可的规划手段，控制新住宅的建设。同时，通过城市更新项目，把人们重新吸引回城市中心地区。1977年，荷兰政府公布了“乡村地区政策”的文件。这份文件第一次集中表达了兰斯塔德都市绿色核心区不只是具有农业功能，而且是休闲和自然保护的场所。

1980年代，这些政策产生出了积极的效果：中心城市的人口基本稳定下来，规划增长中心建设了大量新住宅。他们认为，没有这些规划的增长中心，城市蔓延和大规模交通拥堵无法避免。但是，事实上，决策者过高估计了他们对公司选址的影响。大部分公司倾向于选择在兰斯塔德都市区内布置，如靠近斯齐侯机场附近。这就导致了通往增长中心地区的严重上下班交通问题，特别是阿姆斯特丹内外地区。尽管没有人承认“增长中心政策”的失败，但是，它实际上在1980年代就终止了。

（4）“在绿色核心之外建设增长中心，严格控制绿色核心的边界”，还有待观察。荷兰人越来越认为，应当尽可能把商务和居住区规划得靠近现有城市的地方，这将使更多的人使用公共交通，而不是他们的私家车，同时，才能保持绿色核心和其他开放空间的绿色。这些观念成为了1988年发表和1990年修正的“荷兰城乡规划政策（4）”的基础。修正的“荷兰城乡规划政策（4）”叫作“VINREX”。它规划了20个增长中心，而这些增长中心都在绿色核心之外，计划到2005年，兰斯塔德都市区新住宅基本上都将建设在这20个中心里。

实际上，“绿色核心”起初是一个含糊其辞的规划概念。这个核心是一个没有明确边界的地区，许多计划发生的事情也没有在那里出现，但是，那里越来越失去绿色却是事实。而且，这个地区日渐萎缩，因为一些地方不认为它们属于这个地区，如在海牙、三角区、鹿特丹和斯齐侯机场之间所形成的“小环状”地区，乌得勒支市以西的若干个村庄。

从1990年开始，中央政府在“荷兰城乡规划政策（4）”中试图阻止这些开发。于是，正式划定了绿色核心的边界，这样，兰斯塔德的边缘城市的人口为600万，而绿色核心的人口为67万。在边缘城市地区的人口密度为每平方公里1680人，绿色核心的人口密度为每平方公里470人。绿色核心地区的最大部分属于南荷兰省，而较小部分在北荷兰省和乌得勒支省境内。绿色地区包括了43个完整的市政辖区和27个不完整的市政辖区。绿色核心中有6个行政辖区可能被认定为城市，其中Gouda，Alphen aan de Rijn的人口有7万人，其余4个Woerden，Waddinxveen，Boskoop和De Ronde Venen的人口在7万以下。这样，绿色核心并非完全是乡村，周边的城市圈也非完全都是城市。城市与城市间或多或少由绿带隔开。绿色核心内的人口增长速度高于荷兰的人口增长速度。当然，1970年代，绿色核心内的人口增长速度最高，以后再也没有达到这个速度。同时，自20世纪80年代末以来，绿色核心区内乡村行政辖区的人口增长速度比全国平均人口增长速度还要低，而那里城市行政辖区的人口增长速度比全国平均人口增长速度要高2倍。

（5）“保护和开发绿色核心并举”，正在论证中。绿色核心的保护不再是那里土地使用规划政策的唯一目标。除开对商务和住宅建设的限制性措施外，土地使用规划政策主要还是集中在开发绿色核心的潜力上。特别重要的是，这个地区不再被认为是一个单一的整体。从历史上讲，绿色核心区内的居民点都是沿着 Oude Rijn，the Hollandse IJssel 和 the Gouwe 等河流展开的，那里的地势比它们周边的沼泽地区要高和干燥。这些居民点为改造这些湿地提供了基础。现在，依据人口密度，可以把绿色核心划分成为3个部分：北部的沼泽和草地地区，Lek 河两边向南延伸的非常开放的沼泽和草地地区，Lek 河两边向西延伸的草地、农田和种植花木的混合地区。

在居住区，土地使用规划政策的主要目标是，阻止城市蔓延和基础设施的延伸；在湖畔地区规划目标是自然保护和扩大娱乐设施建设，在沼泽和草地地区，规划目标是寻求把养殖业与自然和景观保护结合起来，在种植业和种花业地区，如 Zoetermeer 和 Aalsmeer，规划重点是农业发展。新住宅开发并非完全被排除在外，实际上，在每个市政辖区内都规划了特定地区做住宅开发。到2005年，绿色核心区共建住宅17000套，而在绿色核心区的边缘建设了83000套住宅。

在有关土地使用和环境政策的文件中，相关的省政府、荷兰住宅、空间规划和环境部、荷兰农业、自然管理和渔业部、交通部、公共工程和水资源管理部都承担了提高这个地区绿色程度的任务。未来25年，将投入250亿荷兰盾，创造一个自然保护区，开发水利系统，在城市和绿色核心区之间规划若干个过渡地区，创造新的林区和娱乐区。整个计划包括11个大型项目。

当然，有些反对意见认为，要想维持兰斯塔德地区的国际地位，40年前就应当开发它了。他们认为，欧洲的农业产业部门非常虚弱，以致不可能产生规模经营；只能对那些需要保护的地区进行保护，而整个绿色核心区应当用来支持兰斯塔德地区的城市功能。不过，1995年以来，荷兰的主流呼声还是主张，通过土地使用规划，整体保护这个地区，提高这个地区的绿色品质。

绿色核心区里的几个案例

鲍德格拉夫（Bodegraven）。鲍德格拉夫是地处兰斯塔德绿色核心的一个市政辖区，属南荷兰省。它不仅是绿色核心的中心，也是荷兰的中心。它由三个村庄组成，鲍德格拉夫（Bodegraven）、梅杰（Meije）和纽威伯格（Nieuwerbrug）；2007年总人口19403人，其中0～20岁的有5625人，65岁以上的有2072人；辖区面积38平方公里，其中，梅杰有420人，建设用地0.1平方公里，纽威伯格978人，建设用地0.16平方公里，而鲍德拉夫本身0.79平方公里，人口18005人；其余37平方公里为农田和水域。绿地占整个辖区的90%以上。鲍德格拉夫距离兰斯塔德的4大城市距离大约都在30公里。

鲍德格拉夫的历史可以回溯到罗马帝国时代。现在，那里的奶酪作坊已经不多了，2001年以后，周二的奶酪集市也关闭了，但是，那里依然以奶酪贸易而著称。1940年，那里曾经建立起一座叫作Andrélon的著名香波厂，2005年关闭和拆除了。由于其地处兰斯塔德的绿色核心，连通海牙和乌得勒支市的A12号公路经过该地，省里11号公路与A12号公路在这里衔接。同时，城市间的火车也经过那里，大约每半小时一趟。这样，还是有些工业企业选择落户该地，当然，至今没有形成什么拳头产品。

南荷兰的欧斯特（Oost Zuid-Holland）。这个地区地处绿色核心中，是典型的荷兰景观，地貌平坦，低于海平面。该地区包括16个行政辖区，人口32万，其中44%的人居住在Alphen a/d Rijn和Gouda两座城市中，人口都在7万人，而土地面积分别为17平方公里和55平方公里，所以，人口密度分别为每平方公里4189人和1290人；剩下50%的人居住在周边大约14个村庄式的居民点里，每个村庄不到1万人，人口密度大约在每平方公里1000人左右；2%～3%左右的农业户居民则住在自己的农田里。这个地区原则上禁止在建城区外建设新的建筑物，所以，任何住宅开发都意味着提高居住密度。这个地区距离阿姆斯特丹和鹿特丹大约都在25公里左右，道路交通便利。

除了这些城镇和村庄居民点以外，这里80%以上的土地用于农业，主要是养牛业和园艺。农业注册户从1990年的3320家减至2003

年的2336家。当然，这不意味着农田的减少，只是农户通过集中农业土地而使生产规模扩大了。这个地区与斯齐侯机场相连，所以，发展了出口导向型的高强度园艺农产品，而牛奶业的发展受到土壤性质和地下水位过高的限制；同时，这里的土壤性质限制了建筑开发。这些条件决定了这里的农业用地相当稳定。而且，从事奶牛业生产的农民对这个地区的农业环境十分敏感，他们自我组织起来，进行环境管理。城市居民也可以成为这类民间保护团体的成员。

这个地区成为了许多城市居民在周末和夏季傍晚做运动性休闲娱乐活动的场所。城里来的游客乐于到这里体察乡间的气息和环境，了解乡村古老的历史，如小城镇Gouda以奶酪著名，每周四，周围的人把奶酪拿到这座城市里的奶酪市场上来交易，同时，这里的熏肉和蜂蜜也很著名，而Alphen a/d Rijn则是一个历史的旅游点。城里来的游客也对在传统的农舍和高档住宅里住上一宿兴趣浓厚。这些都给农户带来了可观的第二收入。所有这些都成为发展绿色核心地区经济潜力的社会需求。

案例：荷兰的郊区发展的控制：土地整理

荷兰的郊区

如果我们把兰斯塔德都市区看作一个类似巴黎或伦敦那样的大城市的话，那么，荷兰剩下的部分，84%的国土面积（28377平方公里）和55%的人口（900万人），就如同这座城市的郊区，那里在整体上不再有具备城市核心功能的地区，尽管那里还有12个荷兰人认定的中等规模的城市。

例如从就业岗位来看，全国园艺型农业工作岗位分布图和金融商业服务岗位分布状况大体可以体现出兰斯塔德地区外的郊区形态。根据2000年荷兰统计局的调查，在全国120万商务服务性工作岗位（如会计、广告、设计咨询、金融、保险、法律、运输和管理咨询），43%在兰斯塔德都市区之外，而这些商务服务工作岗位仅占那里331万个工作岗位的17%，而在兰斯塔德地区，商务服务工作岗位占总工作岗位的27%。

荷兰现代郊区发展的历史原因

与法国一样，除开洪水和交通设施的整体破坏之外，荷兰的城市和乡村在战争中都受到了毁灭性的打击，特别是鹿特丹和海牙等大城市几乎完全被摧毁，只有阿姆斯特丹逃过了一劫，因此，战后大规模的城乡重建成为荷兰首要任务。在这样一个背景下，荷兰成为战后重建“国际化城市”的典范。

所谓“国际化城市”是现代派规划设计的核心思想，即不考虑本国建筑风貌和文化特征，使用工业化的方式建设几乎相似的建筑物，特别是居住建筑。正因为如此，荷兰的城市迅速集中了全国在战争中失去住宅的人口。事实上，对于这些移居城市的人口来讲，是不得已而为之。事实上，一旦经济好转，道路被修缮，以及小汽车的发展，他们中间许多人又在1960～1970年代返回到乡村居住。当然，他们的首选之地是城市的郊区，而不一定是他们的原住地，同时，由于他们已经失去了土地，所以也就不再从事农业生产了。无论怎么讲，欧洲人崇尚的还是在乡村居住，而不是在城市核心区居住。从这意义上讲，战争催化了荷兰的集中式城镇化，当然，如果没有现代工业化的支撑，特别是荷兰独特的海上交通枢纽地位，它的这种城镇化就没有基础了；而欧洲传统文化和防治洪水的需要最终导致了荷兰返回到分散城镇化的轨道上来。

对于荷兰这样的低地国家，洪水泛滥是在城乡规划中不能不考虑的重要因素。城市不宜过大，城市本身也不可能具有美国式蔓延的条件；同时，城市规划也不可能独立存在，它必须考虑到周边的环境，以抵御洪水的威胁。所以，战争一结束，荷兰人就开展了国家范围内的总体规划，把城市和乡村的发展统一管理起来。在1950年代，他们首先开展了包括阿姆斯特丹、乌得勒支、哈莱姆、莱顿、海牙、德尔福特、鹿特丹在内的城市圈规划，当时大约包括了400万人。这就是我们前面一节谈到的兰斯塔德地区。

与伦敦大都市规划不同的是，荷兰人不是像英国人那样在伦敦外建设绿带，而是在这个城市圈内保护整个乡村，同时控制每一个城市的规模。从今天看来，荷兰人无疑创造了一个新的规划模式。它不同于当时已有的大都市区规划，如伦敦大都市区规划，而是一个现代意义上城乡区域规划。直到今天，兰斯塔德乡村依然如故，这些城市的建成区没有连接起来。

毫无疑问，如何在大规模城镇化进程中保护这些乡村，是荷兰战后城镇化面临的重大课题。战后初期的粮食问题，1970 年代的自然景观的保护问题，1980 年代的环境污染问题，1990 年代以来的可持续发展问题，都与乡村保护直接相联系，尽管所要解决的问题不同，而"土地整理"总是荷兰人用来解决这些问题的核心工具。

《荷兰土地整理法》

直到 2005 年，荷兰人还在修订他们的《荷兰土地整理法》(2005)，实际上，1924 年荷兰人就有了第一部土地整理法，1954 年又有了关于土地使用而不是关于土地所有权的土地整理法，1985 年又有了包括多项目标的土地整理法。

多次修改有关土地整理的法律说明，对于荷兰人来讲，土地整理的方式是他们解决经济、社会和环境问题的重要手段。战后初期所进行的土地整理是为了向城市提供足够的粮食，但是，随着粮食安全问题的解决，土地整理的目标已经不再是农业的发展，而是非农产业的发展，是增加农民收入调整产业结构需要。现在，在他们看来，如果不执行土地整理，荷兰人失去的就不只是乡村，而且还包括城市，因为，现代农业的过度发展已经严重威胁了城市的存在。从这个变化过程中，我们可以看到城镇化对乡村发展产生的深刻影响。

随着全球化对荷兰农业所产生的竞争压力，高强度现代化农业所产生的环境污染，都要求农民有更大规模的农场，以便有效地经营农业，但是，他们很难买到土地，因为那些不种地的土地所有者宁愿把农田出售给土地开发商，而不愿意把农田卖给其他各农场主，因为开发商可以支付给他们更多的钱。另一方面，土地整理似乎在很大程度上改变了乡村景观，土地整理也耗费耗时，特别是当乡村旅游业发展起来之后，许多乡村土地所有者认为，政府推行的土地整理不再是保护他们，而是与他们作对。于是，《荷兰土地整理法》(2005) 统筹考虑了农业生产和自然景观保护的关系，加速和简化土地整理程序与土地所有者权利的保护之间的关系，统一程序和加速整理土地的关系，行政法和民法的关系。同时，这个修正案把土地整理的权力从中央下放到省一级的乡村规划部门，以便省政府可以在乡村地区推行他们自己的特殊政策，中央政府甚至于不再提出土地整理的指导性意见了。

在1985年的土地整理法中就已经提出，土地整理的决定应当满足保护自然和开展乡村旅游的需要，也就是说，在一定条件下，农业土地可以用于旅游业的发展。但是，当时的中央决策部门主要是农业利益集团来操纵的，因此，他们很难接受农业土地用于娱乐开发，而到了1995年以后，中央决策部门又被发展非农产业的利益集团所主导，他们很难接受继续发展高强度农业的土地合并方案。

这样，新的法律做出了四个重大调整：

第一，把土地整理决策权下放到地方和区域的行政管理部门，以便他们综合地考虑农业发展、保护自然和旅游业的发展，而不是把权力交与一个专门的决策委员会。省政府可以自行决定设置一个独立的决策委员会，还是仅仅设置一个咨询委员会。

第二，基本排除了土地所有者的投票权。长期以来，土地所有者能够行使他们的投票权，以决定土地整理方案。但是，最近公布的土地整理法规定了四种土地整理方式，其中只有一种与改善农业生产土地有关，农民仅仅对这一种方案可以行使投票权。而其他土地整理方式既有相关于农业的，也有与农业无关的。农民投票权不再是这个新法律的一个部分。做出这两个调整的目的是，把保护自然生态环境放到了发展农业生产之上，减少针对农业项目的土地整理的财政投入。

第三，乡村土地使用规划成为行政部门做出土地整理决策的唯一依据。过去，土地整理是一个相当费时间的过程，它需要经过如下阶段，乡村土地使用规划、个人对土地临时使用的决策、土地整理规划、资金安排计划等。现在，新的土地整理法明确提出，决策部门考虑的是，土地整理是否适合于基础设施状况和满足保护自然生态环境的要求。换句话说，乡村土地使用规划决定了土地整理，而不需要一个土地整理规划。减少“土地重新分配计划”阶段，这样便缩短了土地整理的过程。

第四，土地的价值由它的现行使用状态，而不是它的市场价值所决定。这样，所有的乡村土地就具有了平等的价值，不会因为它的区位决定它的价值。在这点上，乡村土地价值和城市土地价值在内涵上是不同的。长期以来，荷兰人采用了决定城市土地价值的方式来决定乡村土地价值。实践证明，这种方式不利于环境保护，因此，他们在进行土地整理 50 年之后，终于做出了这项调整。

当然，下放土地整理的决策权可能会使决策更符合当地的实际情况，特别是有利于城乡协调发展和环境保护。但是，地方当局是否能够真正地做出正确的决策还需要实践的检验。同时，土地整理的财政大权下放到地方政府可能有利于推进土地使用的合理化，但是，地方部门可能从政治上更多地考虑他们的资金，而且，资金的流失可能相对于中央控制会大一些。实际上，荷兰人每年用在土地整理上财政投入大约需要 6 亿欧元，而他们的每年预算仅有 2.2 亿，所以，荷兰人野心勃勃的土地整理计划可能还会落空。

当然，我们需要注意的是，他们在进行了 50 年土地整理之后所做出的一系列改革，特别是从区域尺度上和以更为综合的方式来编织城乡土地使用规划，然后进行土地整理的基本方法。

案例：荷兰和德国的土地整理和村庄更新比较

随着第二次世界大战的结束，欧洲人开始关注城乡生活标准的差别问题，关注从战时经验中领会到的粮食安全问题。当时，欧洲人的口号是“决不再挨饿”。他们认为，通过土地整理，重建和扩大农业，从而实现提高乡村居民生活标准和解决粮食安全问题的目标。

发展农业生产为导向的“乡村更新”和“土地整理”

以荷兰和德国为例，他们把土地整理包括在乡村更新的综合项目中，而“乡村更新”和“土地整理”这样一些政策当时仅仅以发展农业生产为导向。在他们看来，发展农业生产是增加农民收入的唯一手段，而土地整理是减少城乡差距的手段。荷兰人于1958年才把1954年的《土地整理法》具体化。事实上，这项法律把土地整理规定为乡村更新的主要内容，而优先发展规范把土地整理规定为核心政策；同样，在前西德，LUBKE-Plans是"乡村更新"的主要文件，而《建筑法》成为乡村更新和土地整理的法律基础。

政府投入和简化政府办事程序 由于荷兰人和德国人的目光集中在粮食安全问题上，所以，当时的政府进行了两项工作，一是为土地整理和乡村更新提供财政资助，对土地整理和乡村更新项目提供大规模资金补贴；二是简化政府办事程序，以便提高办事效率。土地整理和乡村更新项目的费用一般涉及土地和景观的形体改变，重新安排农民的住宅和生产建筑，履行新土地产权的法律，测量等等。显然，政府补贴越高，农民日后需要承担的费用就越低。

除开直接的财政补贴外，荷兰人和德国人为了大规模推进土地整理和乡村更新，还专门建立了政府专门部门，以便对项目实施管理以及对发展项目区域的农业生产条件进行研究。同时，荷兰和德国人在整个土地整理和乡村更新的过程中，从来没有停止过对行政体制实施改革，特别是对谁有权利开始建立一个特定的土地整理和乡村更新项目，对没有经过实验的新政策进行研究和改革，其目标无非是提高办事效率。

经验和教训 经过近十几年的努力，到了20世纪70年代，欧洲人开始认识到他们为实现粮食安全所付出的代价，特别是在乡村环境方面所付出的代价。在荷兰和德国，乡间灌木类的树篱消失了，乡间小道变成了水渠，开满野花的草地变成了农田，高强度的农业和养殖业的发展改变了地表水，那里原先所有的多样性的动植物也随之消失。同时，农产品增长的需求消失了，代之而起的需求是合理增加农产品收入；公众日益关注因高强度农业发展所带来的环境污染，需要良好的自然环境和景观。但是，农业利益集团的政治权利还是相当强大的，一时难以减缓农业生产的发展。

从战后恢复到20世纪60年代早期，荷兰政府单一通过土地整理补贴来改善农业生产结构。从20世纪60年代中期起，荷兰政府增加了土地储备和农业结构调整补贴两类支出，而荷兰城镇化进程也是在这个时期开始加速。在20世纪60至70年代早期的这段城镇化高峰期，政府对土地整理的补贴也翻了一番。可以理解，城市发展需要乡村土地，因此，政府的投入也高。而在城镇化达到城市向区域城市发展时期后，土地整理的政府补贴的增长速度开始减缓，甚至开始下降，最低点大体维持在1968年的水平上，同时，区域城市发展时期的土地储备和农业结构调整补贴的规模逐年增加，因为，城市人口向乡村地区的转移导致了对土地的需求和对非农产业的需求。城市人口向乡村转移时对土地所产生的需求不同于战后人口向城市中心聚集所产生的需求，迁移到乡村去的人们是在追求一种较之于中心城市更好的生活，他们完全可以承受乡村的土地价格，无须政府补贴。到了20世纪80年代末期，土地整理的政府补贴仍然维持在1968年的水平上，没有改变，而农业结构调整补贴在整个政府补贴中的比例越来越大，以适应城乡生活标准的提高。

从荷兰的经验中，我们可以总结出这样几点：

1. 城市核心区人口聚集达到总人口的50%以前，政府需要稳定投入土地整理，以便满足城市发展的需要；

2. 在这个时期政府投入所形成的规模必将维持一个相当长的时期，当然，这个投入规模所能整理的土地规模越来越小；

3. 政府应当逐年投入资金储备土地；

4. 城市核心区人口聚集达到总人口的50%以后，政府需要加大对农业产业结构的调整，以便满足区域城市的发展需要。

正如其他社会政策一样，土地整理政策受到了广泛的批判。但是，从实现这项政策所设定的目标来讲，它还是成功的。荷兰人在1964～1968年成立了专门工作小组来评价荷兰的土地整理政策和成果。他们的结论是，提高土地整理政策综合程度，对所预期的目标进行修正，为特定区域制定特殊法令。荷兰在1968年后，开始减少土地整理项目，限制土地整理的预算，而增加农民在土地整理中所应当承担的费用。这样，过去单纯扩大农业生产的土地整理规划消失了。

1985年，荷兰通过了它的第二部《土地整理法》，在这个法案中，土地整理只是从属于空间规划的一个部分，整理的目标旨在扩大土地使用的多样性，如明确了农业土地可以用于娱乐的目的。这样，农业在乡村地区的支配性地位彻底改变了。实际上，这项法案在1979年就已经产生，但是，经过了6年才得以通过和实施。同时，这个新的法案在执行中也并非顺利，特别是在规划方面，失败的案例不少。所以，荷兰政府又成立了专门委员会，研究执行这项法案的程序和具体政策，其中最重要的改革有两项，一是改善整个项目区域，而非集中在某个特定项目上；二是对实施项目的机构实施改革。

直到20世纪70年代，德国人仍然在经济发展和生态保护方面处于两难的境地。此后他们用了10年时间，才完全意识到单纯的土地整理和村庄更新会危及乡村环境。至此，德国人不再把扩大农业生产看作他们的目标，他们也不再把乡村看作单纯的生产空间，他们甚至承认政府不再拥有唯一的权力，决策也未必英明。事实上，这些观念都成为日后欧盟乡村发展政策的主导思想，如通过乡村产业结构调整来增加农民的收入，改善乡村环境，自下而上的地方利益集团主导的乡村发展决策机制，等等。

跨入20世纪90年代，欧洲人对乡村地区所具有的价值有了比20世纪50年代更为全面的认识。这个时期，农产品的过剩倒是成了政治和农业问题，同时，乡村逐步从生产空间变成了消费空间；如果它距离城镇不远，它就逐步就地转化成为了郊区。之所以如此，原因有三，人们有了更多的闲暇时间；小汽车使人们可以旅行较长的距离，而费用低廉；人们甚至可以往返于城镇和乡间上下班。这样，乡村并非遥不可及，它与城市一样，可以成为所有公民居住生活和工作的地方。

事实上，这已经成为欧洲发达国家的现实。但是，新的问题出现了：乡村空间需要得到控制和管理，乡村社会需要相对稳定，居住在乡村的人一方面可以在许多方面成就自己的愿望，同时，也要成为乡村社区的一员。

从某种程度上讲，荷兰和德国的乡村地区都在大都市区域内，那里拥有绿色的开放空间，却也受到城市中心的巨大影响。估计到2013年，荷兰和德国将有20万户居民要居住到乡村地区。这个城镇郊区化阶段正在深刻地改变着乡村区域的环境、经济和社会景观，特别是已经在乡村地区的社会目标和土地所有者利益之间出现了矛盾。

土地整理和村庄更新的传统方式和现代管理趋势

在20世纪七八十年代，荷兰和德国政府普遍采用直接干预，通过垂直方式推进土地整理和村庄更新；政府使用法律和财政的手段来消除不确定因素，从而保证一切都是静态的和可以预计的；这样，国家似乎站在社会之外独立行事，土地整理和村庄更新只有两方，政府主导，个人受制；规划以政府认定的存在的问题为出发点，而这些政府认定的问题通过政府提供的项目及其资金来得以解决，决策以权力为基础，因此，决策的内容只需要宣布，然后由受制方去执行就是了，这样，土地整理和村庄更新决策和执行都是线形的。

到了20世纪90年代，荷兰和德国政府开始认识到，乡村社会问题的解决不完全是政府一家的责任，社会的发展和复杂程度不再允许使用垂直方式推进土地整理和村庄更新。于是，在土地整理和村庄更新上，政府管理逐步从垂直方式转变为水平方式，其特征是，从层次导向转变为网络导向，由直接干预改变成国家作为乡村建设的一方参与其中；任何乡村发展目标的实现在很大程度上依赖于参与乡村建设的其他方，包括政府，利益集团，市场和个人，大家共同负责；这样，乡村发展的决策具有不确定性，当然，也意味着机会；政府不是通过规则和程序来实施管理，而是通过与地方利益集团和个人的协商来实施管理；政府与之协商的对象是根据当地存在的问题确定的，他们既是协商对象，事实上，他们也是决策者；在水平管理状态下，包括政府在内的各方甚至应当认识到他们之间是利益攸关的，他们既希望从参与的它方那里获得，也要准备为他方付出，协商各方相互之间具有灵活性，以便双赢，当然，参与各方都是志愿的，任一方可以进入或退出决策过程，因此，管理是动态的，不一定完全可以预测；决策依赖于参与各方的利益；决策过程循环往复，政府通过对话，做出决定，然后把决定送达利益各方；规划过程不是项目导向而是管理导向的。

荷兰的教训

事实上，德国人较之于荷兰人更早综合地认识到了乡村地区的环境、社会和经济价值。因此，当全球化和农业竞争性出现时，他们已经有了较为适当的应对政策，而荷兰对此形势的应对政策准备不足。于是，荷兰人开始第三次调整他们的《荷兰土地整理法》。2005年，这部法律的草案开始交由公众讨论。在2003年期间，荷兰土地调整基本上是城市土地调整，而没有涉及乡村区域，原因一是乡村土地调整需要较长时间，从而使农民长期处于不稳定状态，较长的等待时间可能使参与者改变他们的兴趣；二是政府财政资金不足。

实际上，这两条原因表现了政府与农民之间在对土地整理方面的认识差距。政府希望使用土地整理来实现他们的目标，而没有考虑农民的利益，而农民视土地整理为“披着羊皮的狼”，对政府的政策充满敌意。于是，荷兰人开始了一些实验，如在Ponte的土地整理实验，主要变化是增加农民的自愿参与，允许农民在规划方案制定出来之后，若不满意，还可以拒绝执行；在决策中，公平划分各方的权利。

本来，荷兰和德国在土地整理上一直是一致的，为什么突然在20世纪90年代发生了差异呢？总结原因可能有六条：

1. 德国相关与土地整理和乡村更新的法律比起荷兰人要具有更大的弹性。德国的《土地整理法》第一款在说明土地整理目的时提出，“土地的一般使用和开发”是土地整理的目的之一，这个表达足以涵盖了建设一个健康和谐的乡村的目标；在第三十七和三十八款中提出，“土地整理当局应当保障公众的利益，特别是考虑形体规划的要求，”这项规定从空间规划上约束了土地整理对自然景观和环境的影响。

2. 德国人在他们的各项土地整理和乡村更新法规中一贯主张土地整理的民主管理，如赋予“参与团体”对整个土地整理和村庄更新的完全控制权，而荷兰人以专家为主，农民仅仅有对专家工作程序进行表决的权利，如是否开始一个项目，是否实际上实现了一个地块的设计。农民没有对整个土地整理和村庄更新的完整控制权，因此，农民对政府缺少信任。

3. 德国人在采用民主的项目管理方式上特别尊重农民对乡村环境的态度。事实上，德国农民一般可以接受外来人跨越他们的农田，到那里感受乡村的自然景观。但是，荷兰人在文化上较为保守，他们使用篱笆把农田围起来，不希望人们跨越田野草场。

4. 德国人的文化在一定程度上可以容忍部分时间的农业工作，部分时间非农业工作，这就是为什么德国农民可以从非农业劳动中增加收入。这样，德国农民比较容易接受乡村地区的“消费”性质，而不太计较因为减少了农业用地而减少他们的农业收入。但是，全日制的农民在荷兰农民中居于主导地位。

5. 德国有一个弹性的战略体制来贮备用于村庄扩大和村庄基础设施建设所需要的土地，但是，荷兰乡村缺少这样的战略体制。

6. 通过村庄更新和为城市发展而做的土地整理可以有效地控制大都市的发展。但是，荷兰的土地整理没有把其核心放到乡村。

事实上，大部分欧洲发达工业国家现在都面临着乡村发展的挑战，乡村发展的综合特征正在改变着土地整理的传统意义，即谨慎地使一个个乡村土地所有者的土地合理化起来。

2005 年，荷兰政府开始把一部新的《荷兰土地整理法》交由公众讨论。与其他一些国家一样，土地整理面临重重困难。由于全球化和环境保护法律，农民需要较大的地块来从事有效率的农业生产，同时，农民向开发商出售土地的价格高昂，因此，需要土地整理。另一方面，传统的土地整理方式已经不合时宜，因为土地整理大规模改变了自然环境状态，耗时耗费，农民不再认为对他们有利。

从荷兰和德国在土地整理上的差异揭示出，不同的文化也有可能在乡村建设的模式上产生出不同的结果。德国人和荷兰人的乡村建设模式并非完全适用于其他地区。